초스피드

무료 동영상과 함께 공부하는
전기기능사
공개문제 맞춤 교재 　실기

유인종 지음

BM (주)도서출판 성안당

2018. 1. 15. 초 판 1쇄 발행
2026. 1. 7. 6차 개정증보 6판 1쇄 발행

지은이 | 유인종
펴낸이 | 이종춘
펴낸곳 | BM (주)도서출판 성안당

주소 | 04032 서울시 마포구 양화로 127 첨단빌딩 3층(출판기획 R&D 센터)
     | 10881 경기도 파주시 문발로 112 파주 출판 문화도시(제작 및 물류)
전화 | 02) 3142-0036
     | 031) 950-6300
팩스 | 031) 955-0510
등록 | 1973. 2. 1. 제406-2005-000046호
출판사 홈페이지 | www.cyber.co.kr
ISBN | 978-89-315-1447-6 (13560)
정가 | 32,000원

이 책을 만든 사람들

기획 | 최옥현
진행 | 박경희
교정·교열 | 김원갑
전산편집 | 정희선
표지 디자인 | 박현정
홍보 | 김계향, 임진성, 김주승, 최정민, 이해솜
국제부 | 이선민, 조혜란
마케팅 | 구본철, 차정욱, 오영일, 나진호, 강호묵
마케팅 지원 | 장상범
제작 | 김유석

이 책의 어느 부분도 저작권자나 BM (주)도서출판 성안당 발행인의 승인 문서 없이 일부 또는 전부를 사진 복사나 디스크 복사 및 기타 정보 재생 시스템을 비롯하여 현재 알려지거나 향후 발명될 어떤 전기적, 기계적 또는 다른 수단을 통해 복사하거나 재생하거나 이용할 수 없음.

■ 도서 A/S 안내

성안당에서 발행하는 모든 도서는 저자와 출판사, 그리고 독자가 함께 만들어 나갑니다.
좋은 책을 펴내기 위해 많은 노력을 기울이고 있습니다. 혹시라도 내용상의 오류나 오탈자 등이 발견되면 **"좋은 책은 나라의 보배"**로서 우리 모두가 함께 만들어 간다는 마음으로 연락주시기 바랍니다. 수정 보완하여 더 나은 책이 되도록 최선을 다하겠습니다.
성안당은 늘 독자 여러분들의 소중한 의견을 기다리고 있습니다. 좋은 의견을 보내주시는 분께는 성안당 쇼핑몰의 포인트(3,000포인트)를 적립해 드립니다.

잘못 만들어진 책이나 부록 등이 파손된 경우에는 교환해 드립니다.

• 저자 문의 e-mail : yoo001@naver.com
• 본서 기획자 e-mail : coh@cyber.co.kr(최옥현)
• 홈페이지 : http://www.cyber.co.kr 전화 : 031) 950-6300

머리말

이 책은 전기인이 되기 위한 첫 번째 자격증인 전기기능사 실기를 준비하기 위한 전문교재로, 누구라도 이해하기 쉽게 설명한 기초적인 이론과 표준화된 작업방법을 제시하여 순서대로 공부하다 보면 학습의 메커니즘과 시퀀스 제어의 원리를 스스로 깨우치게 구성하였다.

따라서 이 책은 전기기능사 실기시험을 준비하면서 전기에 대해 전혀 모르는 초보자부터 전기를 전공하는 학생, 교사 및 시퀀스 제어를 공부하고자 하는 모든 분들에게 도움이 될 수 있는 교재이다.

이 책의 특징

1. 교재의 모든 내용은 QR코드를 스캔하여 영상으로 시청할 수 있게 하였다.
2. 작업에 사용되는 재료와 중요한 작업 과정을 사진으로 쉽게 설명하였다.
3. 교재 곳곳에 저자만의 노하우를 수록하여 쉽고 빠르게 이해할 수 있게 하였다.
4. 공개문제 맞춤 교재로 작업의 순서와 방법을 쉽게 이해하고 작업할 수 있게 하였다.
5. 학습자료를 카페에서 내려 받아 사용할 수 있도록 QR코드를 삽입해 놓았다.

이 책을 통해 수험자, 학생, 교사 모두에게 조금이나마 도움이 되길 바라며, 부족한 점이 있으면 보완하여 충실한 교재가 되도록 계속해서 노력할 것이다.

이 책의 출판을 위해 애써 주신 성안당 직원분들에게 감사의 말씀을 드린다.

저자 씀

차례

PART I 핵심이론

1강 배선용 재료와 공구 — 24
1. 배선용 재료(지급재료 목록) — 24
2. 실기작업에 꼭 필요한 공구와 재료 — 30
3. 작업에 도움이 되는 공구와 재료 — 32

2강 단자와 접점 — 34
1. 단자 — 34
2. 접점 — 35

3강 제어용 기구 및 계전기 — 38
1. 푸시버튼 스위치(push button switch : PB) — 38
2. 셀렉터 스위치(selector switch : SS) — 40
3. 파일럿 램프(pilot lamp : 표시등) — 41
4. 리밋 스위치(limit switch : LS) — 43
5. 버저(buzzer : BZ) — 43
6. 배선용 차단기(MCCB) — 44
7. 퓨즈 홀더 및 유리관 퓨즈 — 44
8. 전자식 과전류 계전기(EOCR) — 45
9. 전자접촉기(magnetic contactor : MC) — 46
10. 전자계전기(relay : 릴레이) — 47
11. 타이머(timer : T) — 47
12. 플리커 릴레이(flicker relay : FR) — 48
13. 플로트레스 스위치(floatless switch : FLS) — 48

4강 릴레이 접점번호 부여 — 50
1. 릴레이(relay) — 50
2. 8핀 릴레이 접점이 1개 사용된 경우 — 52
3. 8핀 릴레이 접점이 2개 사용된 경우 — 53
4. 11핀 릴레이가 사용된 경우 — 56
5. 14핀 릴레이 — 56

5강 계전기 접점번호 부여   58
  1 전자식 과전류 계전기(EOCR)   58
  2 전자접촉기(MC)   59
  3 타이머(T)   60
  4 플리커 릴레이(FR)   62
  5 플로트레스 스위치(FLS)   63

6강 제어판 단자대 이름 부여   64
  1 단자대 이름 부여   64
  2 단자대 이름 요약정리   68
  3 공개문제 2번 단자대 이름 적어 넣기   70
  4 공개문제 9번 단자대 이름 적어 넣기   72
  5 공개문제 11번 단자대 이름 적어 넣기   74
  6 공개문제 17번 단자대 이름 적어 넣기   76

7강 회로 구성방법   78
  1 회로 연결 시 참고사항   78
  2 회로도   78
  3 기구 배치도   79
  4 계전기 접점번호 부여   80
  5 주회로 배선작업   81

8강 제어판 단자대와 외부기구 연결   91
  1 전원측 단자대(TB1)   91
  2 부하측 단자대(TB2, TB3)   92
  3 셀렉터 스위치(SS)   93
  4 푸시버튼 스위치(PB)   94
  5 표시등(램프)   96
  6 표시등, 버저(YL, BZ)   97
  7 TB4 단자대(LS1, LS2)   98
  8 TB4 단자대(E1, E2, E3)   100

차례

PART II 제어판 작업 및 결선방법

1강 제어판 작업   104
1. 재료 준비 및 확인   104
2. 제어판 제도   105
3. 제어판 기구 배치 및 고정   106
4. 마스킹 테이프 부착 및 단자대 이름 부여   107
5. 주회로 배선작업   108
6. 보조회로 배선작업   111

2강 회로 점검방법   116
1. 회로의 점검   116
2. 육안 점검방법   116
3. 벨 시험기 점검방법   125

3강 기구 조립 및 결선작업   129
1. 외부기구 결선작업 연습 순서   129
2. 외부기구 조립 및 결선작업   130
3. 외부기구 연결 연습   144

4강 배관·입선·결선작업   157
1. 배관작업   157
2. 케이블 배선작업   168
3. 입선작업   170
4. 결선작업   172

PART III 공개문제 작업과정

1강 수험자 유의사항   180

2강 지참 준비물 및 유의사항   184
1. 지참 준비물   184
2. 유의사항   185

3강 공개문제 2번 : 전기 설비의 배선 및 배관 공사 ... 186
1. 배관 및 기구 배치도 ... 187
2. 제어판 내부 기구 배치도 ... 188
3. 기구의 내부 결선도 및 구성도 ... 189
4. 회로도 ... 189
5. 계전기 접점번호 적어 넣기 ... 190
6. 단자대 이름 적어 넣기 ... 191
7. 주회로 배선 ... 192
8. 보조회로 배선 ... 196
9. 제어판 점검 ... 205
10. 배관 및 입선작업 순서 ... 206
11. 결선작업 ... 207
12. 마무리 작업 ... 210

4강 공개문제 9번 : 전기 설비의 배선 및 배관 공사 ... 211
1. 배관 및 기구 배치도 ... 212
2. 제어판 내부 기구 배치도 ... 213
3. 기구의 내부 결선도 및 구성도 ... 214
4. 회로도 ... 214
5. 계전기 접점번호 적어 넣기 ... 215
6. 단자대 이름 적어 넣기 ... 216
7. 주회로 배선 ... 217
8. 보조회로 배선 ... 221
9. 제어판 점검 ... 232
10. 배관 및 입선작업 순서 ... 233
11. 결선작업 ... 234
12. 마무리 작업 ... 237

5강 공개문제 13번 : 전기 설비의 배선 및 배관 공사 ... 238
1. 배관 및 기구 배치도 ... 239
2. 제어판 내부 기구 배치도 ... 240
3. 기구의 내부 결선도 및 구성도 ... 241
4. 회로도 ... 241
5. 계전기 접점번호 적어 넣기 ... 242
6. 단자대 이름 적어 넣기 ... 243

차례

7	주회로 배선	244
8	보조회로 배선	248
9	제어판 점검	257
10	배관 및 입선작업 순서	258
11	결선작업	259
12	마무리 작업	262

 공개문제 16번 : 전기 설비의 배선 및 배관 공사   263

1	배관 및 기구 배치도	264
2	제어판 내부 기구 배치도	265
3	기구의 내부 결선도 및 구성도	266
4	회로도	266
5	계전기 접점번호 적어 넣기	267
6	단자대 이름 적어 넣기	268
7	주회로 배선	269
8	보조회로 배선	273
9	제어판 점검	282
10	배관 및 입선작업 순서	283
11	결선작업	284
12	마무리 작업	287

PART IV 공개문제 실제 작업도면

전기 설비의 배선 및 배관 공사

출제기준

과 목	전기설비 작업	실기검정방법	작업형	시험시간	5시간 정도

주요항목	세부항목	세세항목
전기 설비 공사	1. 전기공사 준비하기	(1) 전기공사를 수행하기 위하여 전기공사 도면을 이해할 수 있다. (2) 전기공사 수행을 위한 필요 자재물량을 산출할 수 있다. (3) 전기공사를 수행하기 위해 공구를 용도에 맞게 준비할 수 있다.
	2. 전기배관 배선하기	(1) 배관·배선 공사를 위해 전선관 및 전선을 원하는 사이즈로 재단할 수 있다. (2) 배관·배선 공사를 위해 도면을 이해하고 금속관, PVC관 배관을 할 수 있다. (3) 전기배선을 위해 전선 접속을 정확하게 수행할 수 있다.
	3. 전기기계 기구 설치하기	(1) 각종 장비의 매뉴얼에 따라 해당 장비가 정상적으로 동작되는지를 판단할 수 있다. (2) 설계도면에 따라 선로의 시공의 적합성에 대하여 판단할 수 있다. (3) 기기의 설치위치 및 관로의 구성을 파악하여 문제점을 판단할 수 있다.
	4. 전동기 제어 및 운용하기	(1) 시퀀스 원리를 활용하여 작업지침서에 따라 시퀀스 회로를 완성하고 제어용 기기(전자접촉기 등)를 설치할 수 있다. (2) 전동기 정회전, 역회전 원리를 기초로 작업지침서에 따라 전동기 단자에 전원선을 연결할 수 있다. (3) 전동기 기동원리를 기초로 작업지침서에 따라 전동기 기동장치를 설치 및 기동 운전할 수 있다. (4) 전동기 운전조건을 활용하여 운전지침에 따라 전동기를 기동하고 정지할 수 있다. (5) 전동기 정격운전조건을 기초로 하여 전동기 운전지침에 따라 전동기 운전값을 계측, 기록, PC에 모니터링을 할 수 있다.
	5. 전기시설물의 검사 및 점검하기	(1) 계측기를 활용하여 지정된 운전정격값에 따라 운전값(전압, 전류, 역률, 전력 등)을 측정할 수 있다. (2) 계측된 값을 활용하여 운전지침에 따라 운전값을 기록, 저장, 컴퓨터 모니터링을 할 수 있다. (3) 계측된 값을 활용하여 정상 운전값에 따라 계측된 값을 비교하여 기록할 수 있다. (4) 운전지식을 활용하여 운전지침에 따라 전력시설물을 정지 또는 가동시킬 수 있다.

작업 순서

작업 준비

이 작업은 공개문제 1번 전기 설비의 배선 및 배관 공사 회로를 구성한 것으로, 제어판의 크기는 400×420을 사용했다.

① 재료점검 : 재료점검 시간이 주어지면 도면의 지급재료 목록과 실제 지급된 재료를 비교해 수량을 확인해야 한다.

② 도면에 요구사항이나 주의사항 중 중요한 내용에 밑줄을 그어 놓고 작업이 끝난 후 반드시 도면대로 되었는지 확인해야 한다.

① 지급재료 확인

② 지급재료 목록

자격종목	전기기능사				
일련번호	재료명	규격	단위	수량	비고
1	합판	400×420×12[mm]	장	1	
2	케이블 타이	100[mm]	개	25	
3	나사못	3.5×25	개	4	납작머리
4	나사못	4×12	개	96	납작머리
5	나사못	4×16	개	16	둥근머리
6	나사못	4×20	개	18	둥근머리
7	케이블	4C 2.5[mm^2]	[m]	1	
8	케이블 새들	4C 케이블용	개	2	
9	케이블 커넥터	4C 케이블용	개	1	
10	유리관 퓨즈 및 홀더	250[V] 30[A]	개	1	퓨즈 10[A] 2개 포함

1 접점번호 적어 넣기(3분)

시험이 시작되면 계전기 내부 결선도를 참고하여 도면에 접점번호를 적어 넣는다.

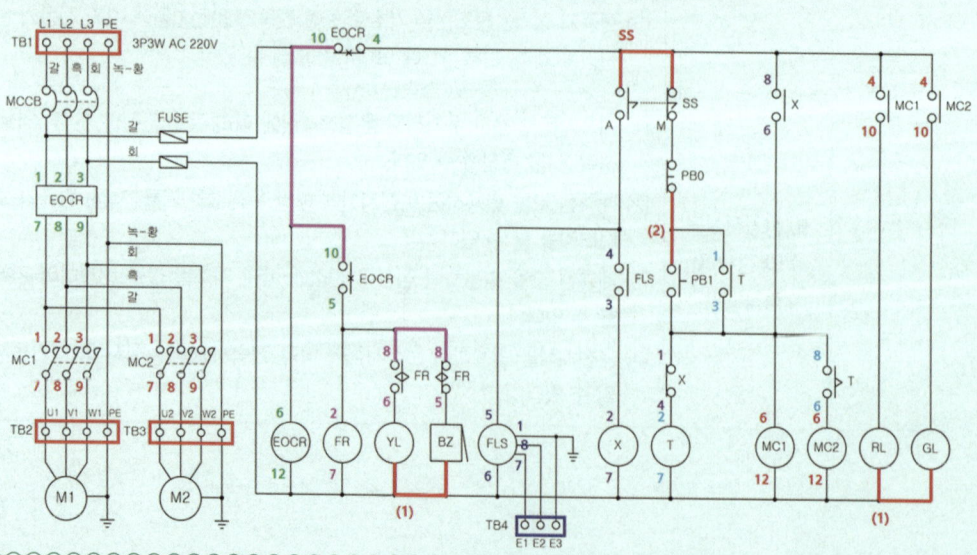

2 제어판 제도 및 기구 부착(25분)

① 제어판 내부 기구 배치도를 보고 치수에 맞게 제도한다.
② 기구 배치도에 맞게 기구를 배치하되 좌우 균형을 맞추어 고정한다.
③ 마스킹 테이프를 붙이고 단자대 이름과 소켓의 이름을 적어 넣는다.
④ 배선이 지나갈 자리에 종이테이프를 붙이면 수직·수평 배선을 맞추기 편리하다.

1 제어판 제도

2 기구 부착

3 단자대 이름 부여

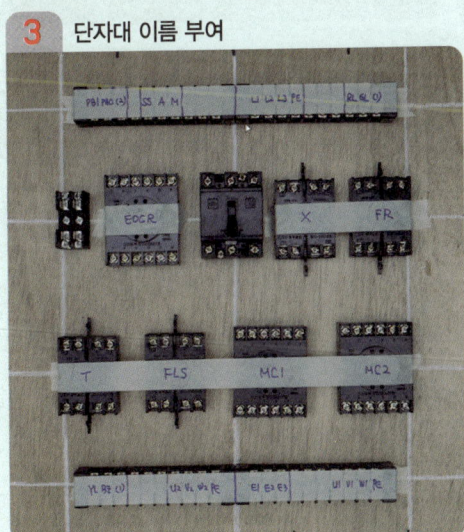

4 배선 라인 표시

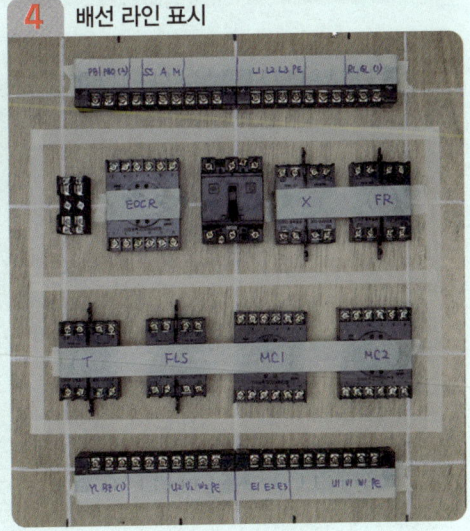

3 주회로 배선작업 (25분)

① (가)·(나)회로를 배선한다. L1은 갈색, L2는 흑색, L3는 회색 전선을 사용하고 PE는 녹-황색 전선을 사용한다.
② (다)·(라)회로를 배선한다. 퓨즈의 1차측도 주회로 전선을 사용한다.
③ (마)회로를 배선한다. 전선의 색상을 맞추어 작업해야 한다.
④ (바)·(사)회로를 배선한다.

1 (가)·(나)회로

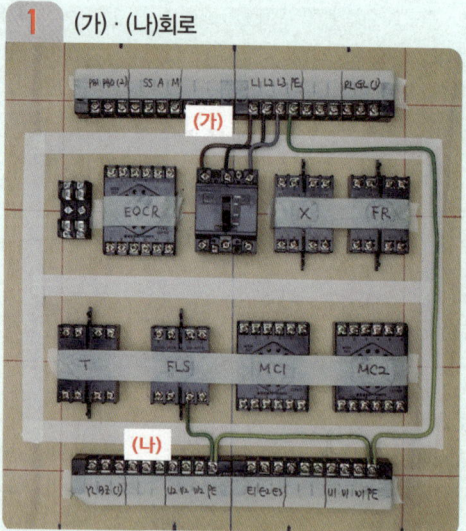

2 (다)·(라)회로

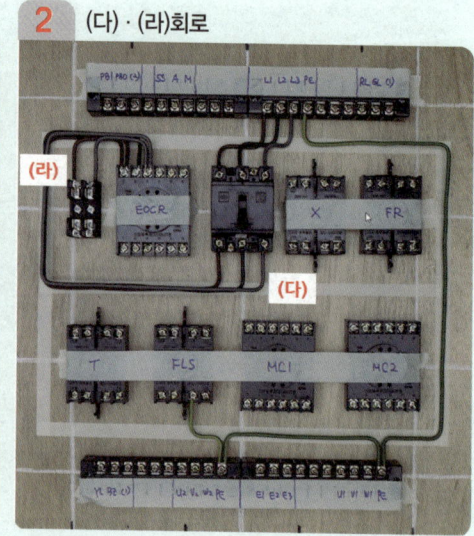

3 (마)회로

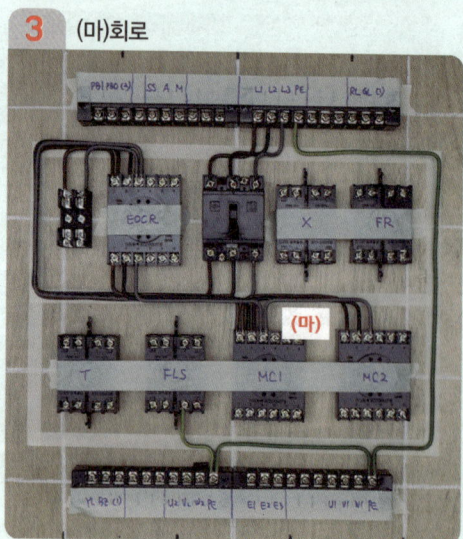

4 (바)·(사)회로

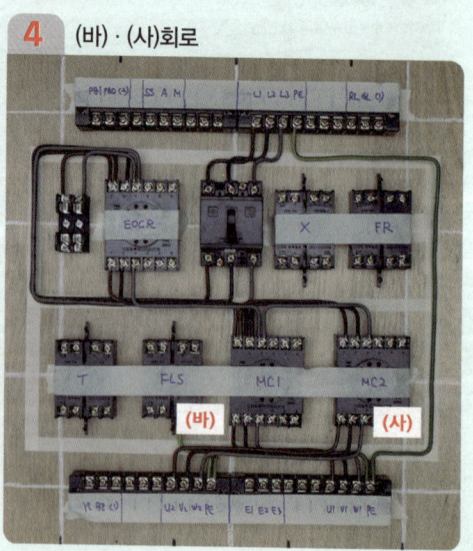

4 보조회로 배선작업(40분)

① 아래쪽 모선을 배선한다. 연결할 단자가 많은 경우 단자 자석이나 마스킹 테이프를 잘라서 연결해야 할 단자를 표시한다.
② 위쪽 모선 (2)·(3)번 회로를 배선한다.
③ (4)~(11)번 회로를 차례대로 배선한다.
④ (12)~(18)번 회로를 차례대로 배선하여 제어판 작업을 완성한다.

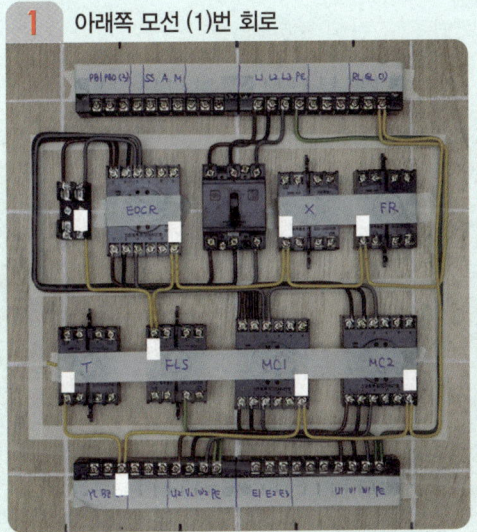

1 아래쪽 모선 (1)번 회로

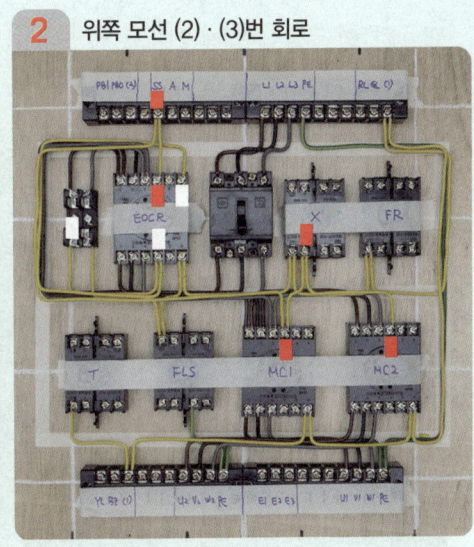

2 위쪽 모선 (2)·(3)번 회로

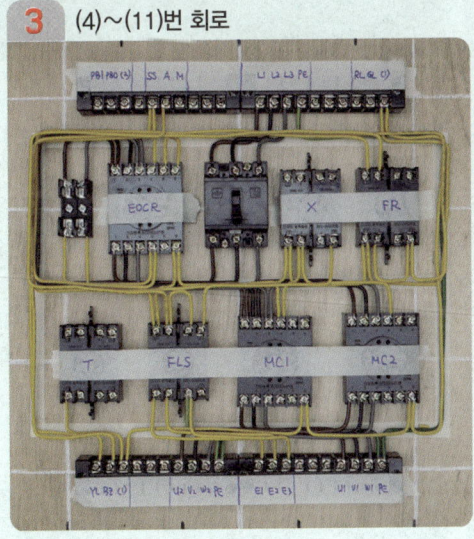

3 (4)~(11)번 회로

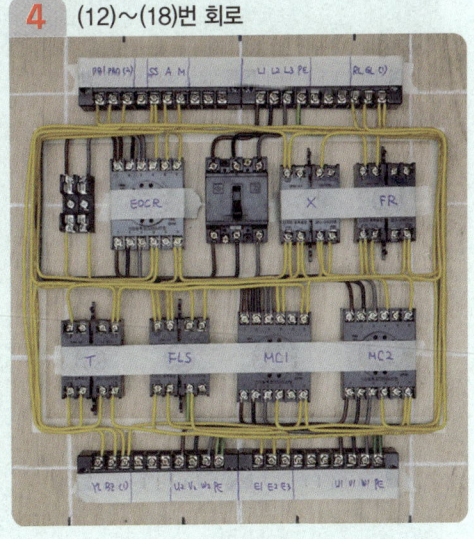

4 (12)~(18)번 회로

작업 순서

5 벽판 제도 및 기구 부착(25분)

① 배관 및 기구 배치도를 참고하여 벽판에 제도한다. 80[cm] 자를 이용하면 편리하며, 단자대와 컨트롤 박스 표시 옆에 설치해야 하는 기구의 이름을 적어 넣는다.
② 컨트롤 박스와 단자대를 부착한다.
③ 새들의 위치는 제어판, 컨트롤 박스, 직각 배관 부분은 각각 15[cm] 지점에 표시하고 단자대와 케이블 부분은 10[cm] 지점에 표시하면 된다. 2구 컨트롤 박스의 뚜껑을 이용하여 표시하면 편리하다.
④ 배관의 종류에 맞게 컨트롤 박스에 커넥터를 조립해 놓는다.

1 벽판 제도

2 기구 부착

3 새들 위치 표시

4 커넥터 조립

6 PE 전선관 배관(20분)

① 필요한 길이만큼 전선관을 잘라 안쪽에 스프링을 넣은 후 반듯하게 펴준다. 직각 배관해야 할 곳을 표시하고 무릎 위에서 2~3회 정도 강하게 구부려 준다.
② 새들 2개로 고정하고 필요한 경우 스프링을 넣고 구부리면 직각 배관의 모양이 잘 유지된다.
③ 여분의 전선관을 제어판 위쪽에서 2[cm] 정도를 잘라낸다.
④ 커넥터를 끼우고 제어판 위로 5[mm] 정도 올라오게 조정한 후 새들로 고정한다.

1 전선관 굽힘작업

2 직각 배관 부분

3 커넥터 위치에 맞춰 자르기

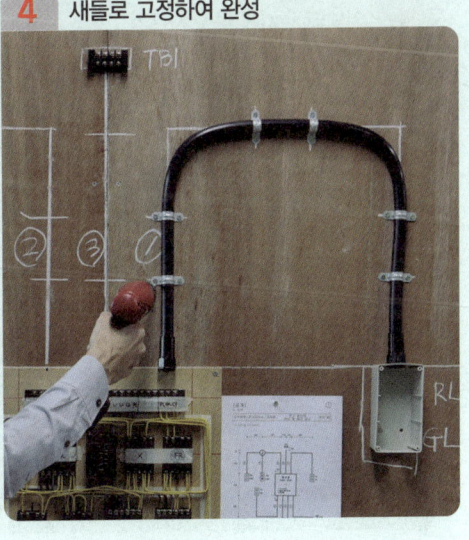

4 새들로 고정하여 완성

7　플렉시블 전선관 배관(10분)

① 전선관을 커넥터에 삽입하고 새들로 고정한다. 전선관을 치수에 맞춰 자르지 말고 지급된 전선관을 그대로 사용하면 된다.
② 직각 배관 부분에는 적당하게 반경을 잡아 구부린 후 새들로 고정한다.
③ 커넥터에 삽입할 수 있도록 전선관을 컨트롤 박스의 위쪽 2[cm] 정도를 자른 후 커넥터에 삽입하고 새들로 고정하여 배관을 완성한다.
④ 제어판 부분에는 커넥터가 제어판 위로 5[mm] 정도 올라와야 한다.

1 커넥터에 삽입하고 새들로 고정

2 직각 배관 부분

3 커넥터 위치에 맞춰 자르기

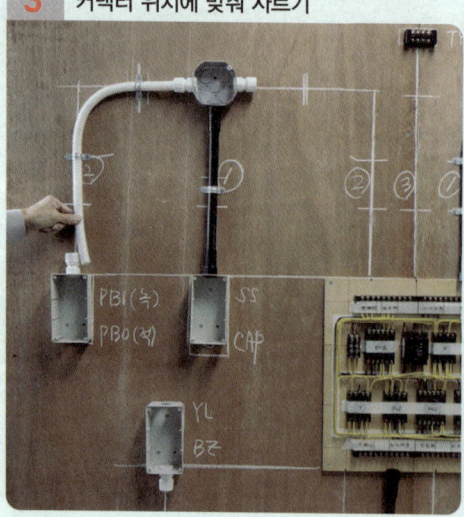

4 새들로 고정하여 완성

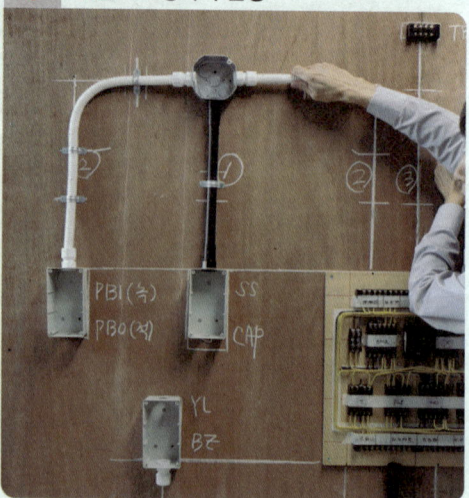

8 케이블 배선(15분)

① 결선에 필요한 충분한 길이(15[cm] 정도)로 피복을 벗겨낸다. 파이프 커터기를 이용하여 가볍게 칼집을 넣고 양손으로 케이블을 비틀어주면 피복을 쉽게 제거할 수 있다.
② 케이블 안쪽의 개재물을 모두 잘라내고 전선 4가닥만 남겨 놓는다.
③ 케이블 그랜드의 방향에 주의하여 케이블에 고정한다. 육각 너트 부분 쪽이 제어판 위로 5[mm] 올라오도록 위치를 조정한 후 필요한 길이를 계산하여 케이블을 자른다.
④ 단자대 끝에서 5[cm]까지 피복을 벗기고 결선하여 케이블 배선을 완성한다.

1 케이블 피복 제거
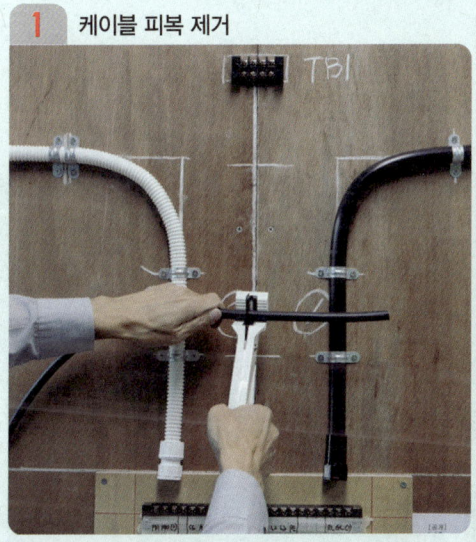

2 개재물 제거
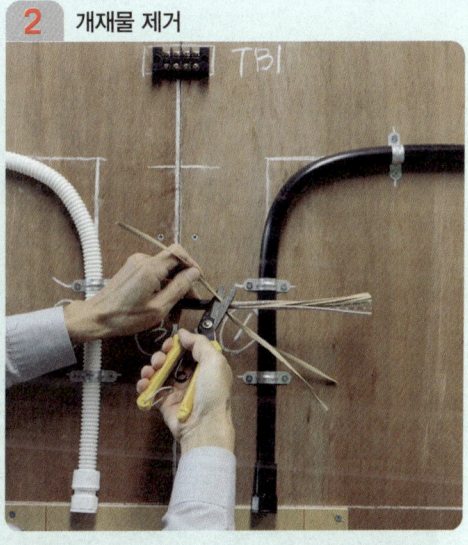

3 케이블에 커넥터 장착
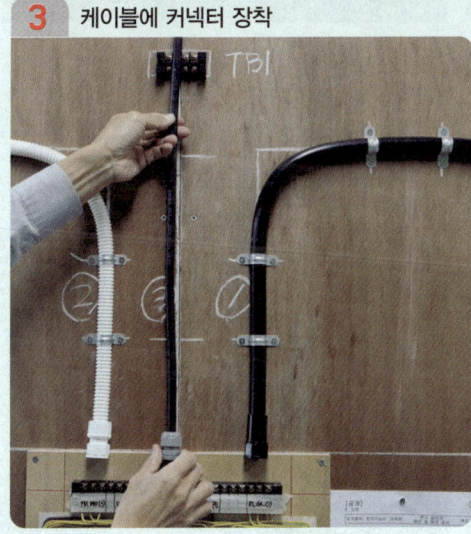

4 케이블 배선
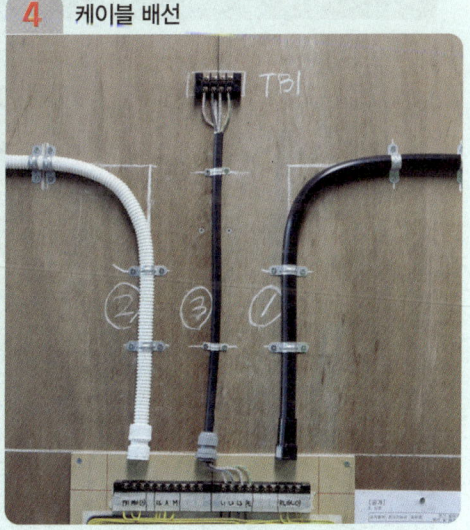

작업순서

9 입선작업 (15분)

① 배관 라인을 따라 결선에 필요한 전선의 길이를 측정한다. 제어판과 컨트롤 박스 내에서 충분히 여유를 주어야 한다.
② 길이를 측정했으면 전선을 구부려서 입선에 필요한 가닥수를 준비한다. 홀수 가닥의 전선은 끝을 구부려 놓아야 입선이 쉽다.
③ 제어판 방향에서 전선을 한꺼번에 밀어 넣으면 쉽게 입선이 된다.
④ 플렉시블 전선관에도 밀어 넣으면 된다. 만일 들어가지 않으면 전선 한 가닥을 구부려 놓고 여기에 나머지 전선을 대고 테이핑하여 입선하면 된다.

1 전선의 길이 측정
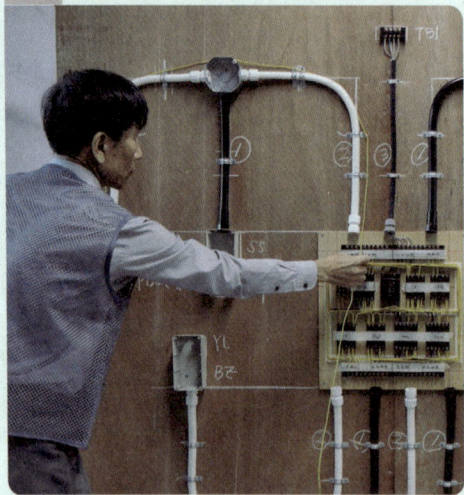

2 전선 끝부분 구부려 놓기

3 제어판 쪽에서 밀어 넣기
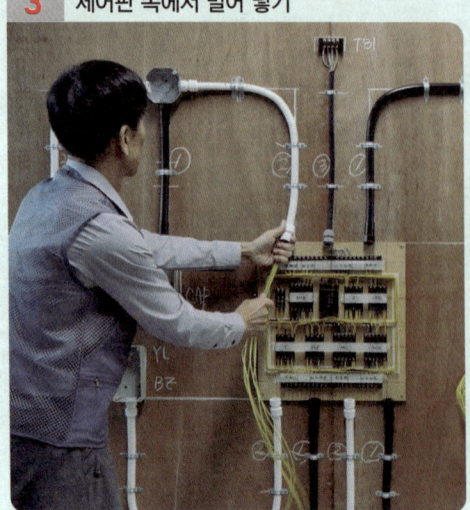

4 입선 완료
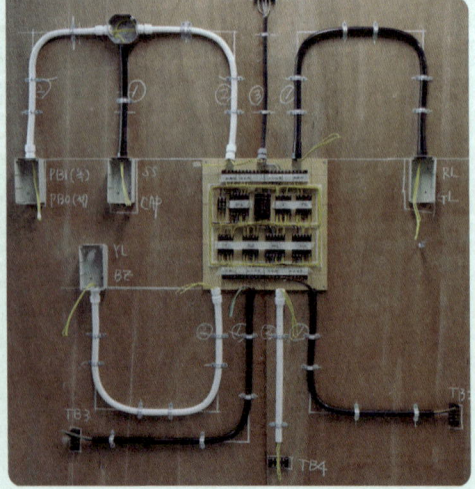

10 결선작업(50분)

① 컨트롤 박스의 뚜껑에 필요한 기구를 조립하고 공통단자가 있으면 연결해 놓는다.
② 결선작업 시 제어판 단자대 부분을 먼저 연결한다.
③ 전선 끝의 피복을 벗기고 벨 시험기로 공통선을 찾아 미리 연결해 놓은 공통단자에 연결한 후 나머지 단자를 연결한다.
④ 뚜껑을 덮고 잘 연결되었는지 확인한다.

1 기구 조립 및 공통선 연결

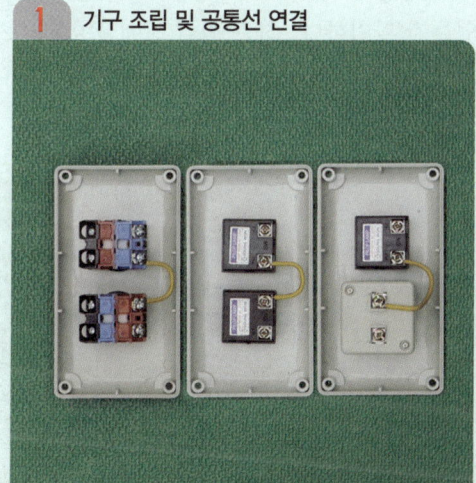

2 제어판 부분 연결

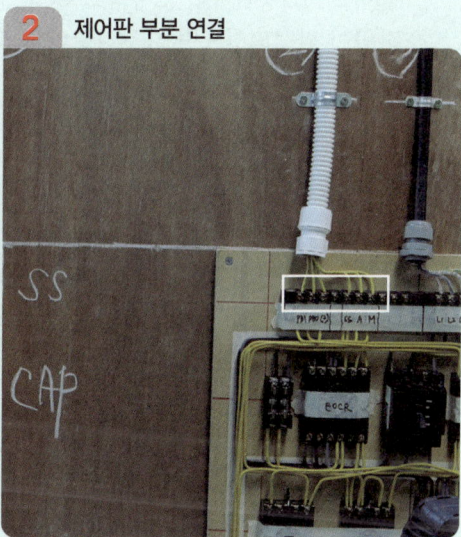

3 기구의 단자에 연결

4 연결 후 확인

작업 순서

11 마무리 작업 및 최종 점검 (30분)

① 전원 단자대에는 동작시험을 할 수 있도록 전원선의 색상에 맞춰 100[mm] 정도 인출하고 피복은 전선 끝에서 10[mm] 정도 벗겨둔다.
② 회로에 이상이 없으면 케이블 타이를 이용해 선이 흐트러지지 않게 적당한 간격으로 묶어주고 꼬리 부분을 잘라낸다.
③ 퓨즈를 삽입하고 차단기를 올린 후 L1상과 퓨즈 2차측 왼쪽 단자를 벨 시험기로 확인하고, L3상과 퓨즈 2차측 오른쪽 단자도 확인한다.
④ 작업이 완성되었으면 요구사항대로 되었는지 확인한다. 최종 퇴실 전에 종이테이프는 제거하고 주변을 정리한다.

1 TB1 단자대 마무리

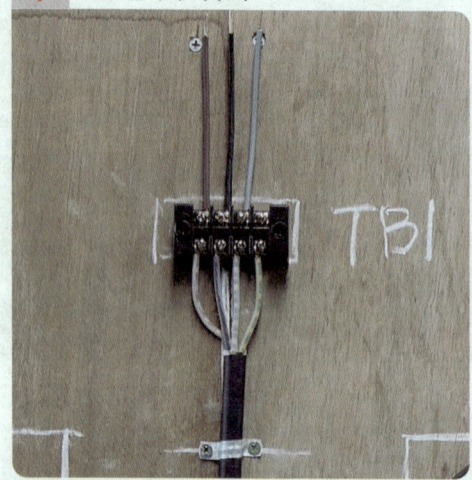

2 케이블 타이 작업

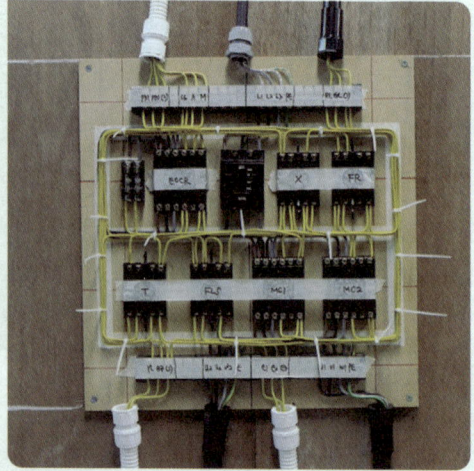

3 전원선 연결 확인

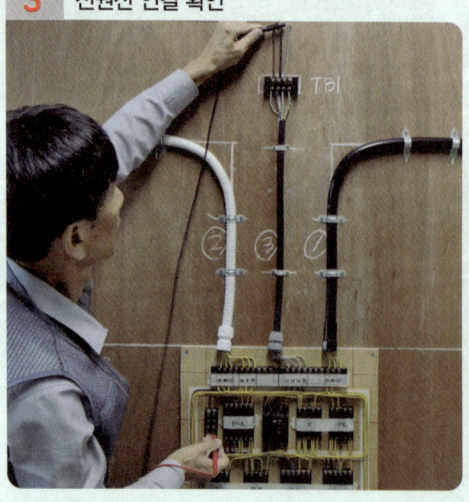

4 최종 검검

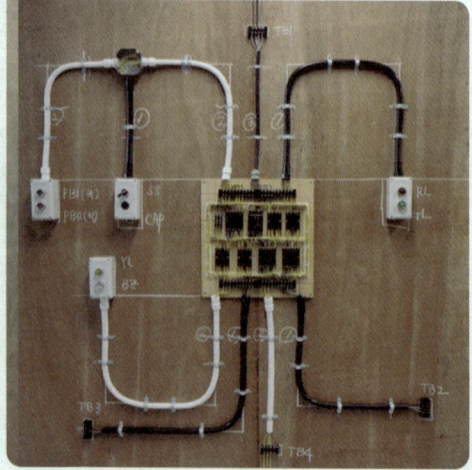

Start

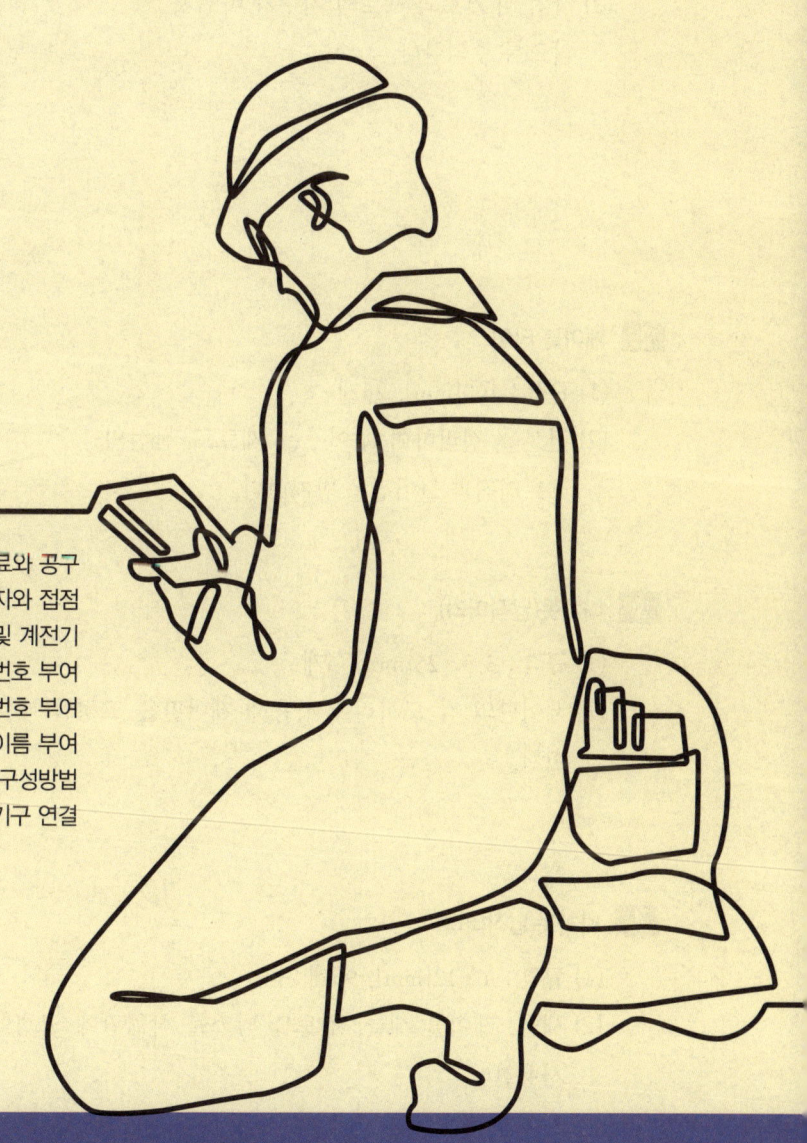

1강 배선용 재료와 공구
2강 단자와 접점
3강 제어용 기구 및 계전기
4강 릴레이 집점번호 부여
5강 계전기 접점번호 부여
6강 제어판 단자대 이름 부여
7강 회로 구성방법
8강 제어판 단자대와 외부기구 연결

1강 배선용 재료와 공구

학습목표 미리보기 전기기능사 실기시험에 지급되는 재료의 규격과 용도를 살펴보고 필수로 준비해야 하는 공구를 알아보자.

1 배선용 재료(지급재료 목록)

1 합판

(1) 규격 : $400 \times 420 \times 12$[mm], 1장

(2) 작업 시 가로와 세로의 치수가 바뀌지 않도록 주의한다.

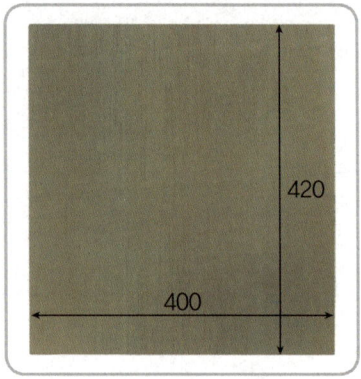

2 케이블 타이

(1) 규격 : 100[mm], 25개

(2) 전선을 정리하여 묶어주는 재료로 전선의 흐트러짐과 늘어짐을 방지한다.

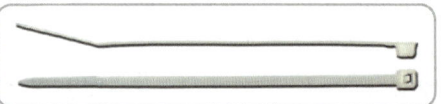

3 나사못(납작머리)

(1) 규격 : 3.5×25[mm], 4개

(2) 제어판의 각 모서리에 사용해 제어판을 고정할 때 사용한다.

4 나사못(납작머리)

(1) 규격 : 4×12[mm], 96개

(2) 새들, 케이블 새들, 컨트롤 박스를 작업판에 고정할 때 사용한다.

5 나사못(둥근머리)

(1) 규격 : 4×16[mm], 16개
(2) 단자대를 고정할 때 사용한다.

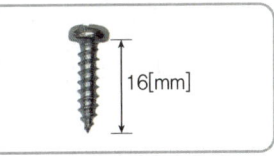

6 나사못(둥근머리)

(1) 규격 : 4×20[mm], 18개
(2) 퓨즈 홀더와 8핀 소켓, 12핀 소켓을 제어판에 고정할 때 사용한다.

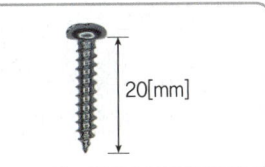

7 케이블

(1) 규격 : 4C×2.5[mm²], 1[m]
(2) 케이블 배선작업에 사용한다.

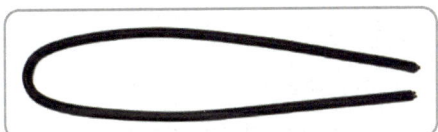

8 케이블 새들

(1) 규격 : 4C 케이블용, 2개
(2) 케이블 고정에 사용한다.

9 케이블 커넥터(케이블 그랜드)

(1) 규격 : 4C 케이블용, 1개
(2) 케이블을 제어함에 인입할 때 사용한다.

10 유리관 퓨즈 및 홀더

(1) 규격 : 퓨즈 10[A] 2개 포함
(2) 퓨즈 홀더 : 250[V] 30[A], 1개
(3) 작업 종료 후 퓨즈를 삽입하고 뚜껑을 덮어 놓아야 한다.

11 새들

(1) 규격 : 16[mm] 전선관용, 40개
(2) PE 전선관, 플렉시블 전선관 고정에 사용한다.

12 8각 박스

(1) 규격 : 철재 44[mm], 1개
(2) 전선관이 분기되는 곳에 사용한다.
(3) 배관용 구멍을 쉽게 따낼 수 있는 구조로 되어 있다.

13 PE 전선관

(1) 규격 : 16[mm], 6[m]
(2) 직각 구부림 작업을 할 때 반드시 스프링 벤더를 사용해야 한다.

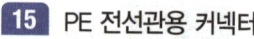

14 플렉시블 전선관

(1) 규격 : 16[mm], 6[m]
(2) 표면이 요철로 되어 있으며 가요성이 좋아 구부림 작업이 쉽다.

15 PE 전선관용 커넥터

(1) 규격 : 16[mm], 7개
(2) PE 전선관을 컨트롤 박스나 제어함에 연결할 때 사용한다.

16 플렉시블 전선관용 커넥터

(1) 규격 : 16[mm], 7개

(2) 플렉시블 전선관을 컨트롤 박스나 제어함에 연결할 때 사용한다.

(3) 뚜껑 부분이 막혀 있어 구멍을 따내어야 한다.

17 비닐절연전선

(1) 규격 : 1.5[mm²](1/1.38), 황색, 50[m]

(2) 보조회로 배선작업에 사용한다.

18 비닐절연전선

(1) 규격 : 2.5[mm²](1/1.78), 5[m]

(2) 주회로 L1은 갈색, L2는 흑색, L3는 회색, PE는 녹/황색 전선을 사용한다.

(3) 4가닥을 한꺼번에 감아서 지급한다.

19 단자대

(1) 규격 : 10P 20[A] 220[V], 4개

(2) 제어판 위-아래에 각각 2개씩 사용한다.

20 단자대

(1) 규격 : 4P 20[A] 220[V], 4개

(2) 전원, 부하, FLS, LS단자 처리에 사용한다.

21 배선용 차단기

(1) 규격 : 3P AC 250[V] 30[A], 1개
(2) 회로에 과전류가 흐를 때 전로를 차단하여 회로를 보호한다.
(3) 차단기 고정용 나사못 2개는 차단기 박스 안에 별도로 들어 있다.

22 12P 소켓

(1) 규격 : 12P, 3개
(2) EOCR, MC1, MC2의 배선작업에 사용한다.
(3) 단자번호는 흑색으로 표시해 잘 보이지 않아 흰색으로 표시했다.

23 8P 소켓

(1) 규격 : 8P, 4개
(2) 릴레이, 타이머, 플로트레스 스위치, 플리커 릴레이에 공용으로 사용한다.
(3) 단자번호는 흑색으로 표시해 잘 보이지 않아 흰색으로 표시했다(아래쪽 중앙부터 반시계 방향으로 표시됨).

24 램프(표시등)

(1) 규격 : 25Ø, 3개 또는 4개
(2) 회로의 동작 상태를 표시한다.

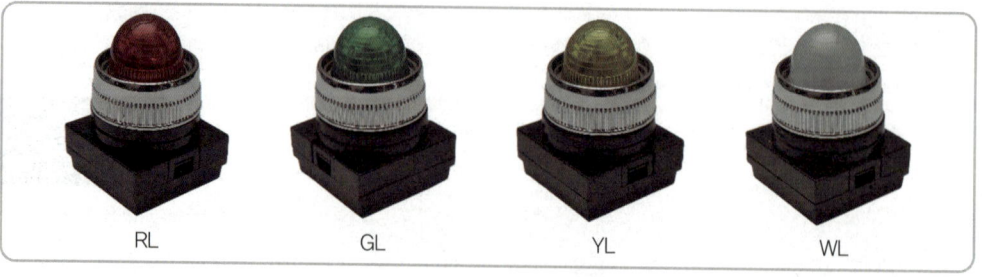

RL   GL   YL   WL

25 푸시버튼 스위치

(1) 규격 : 25Ø, 1a1b, 2개 또는 3개
(2) 제어회로의 기동과 정지에 사용한다.

26 셀렉터 스위치

(1) 규격 : 25Ø, 1a1b, 1개
(2) 자동/수동 동작을 선택할 때 사용한다.

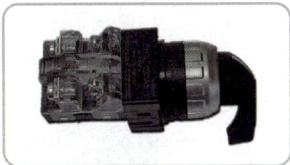

27 버저

(1) 규격 : 25Ø, 220[V], 1개
(2) 경보를 울리도록 설치하는 기구

28 홀마개

(1) 규격 : 25Ø, 1개
(2) 2구 컨트롤 박스 중 기구를 사용하지 않는 빈 구멍을 막는 곳에 사용한다.

29 컨트롤 박스

(1) 규격 : 25Ø, 2구, 4개
(2) 푸시버튼 스위치, 램프, 셀렉터 스위치, 버저 등 25Ø의 기구를 조립해 사용한다.

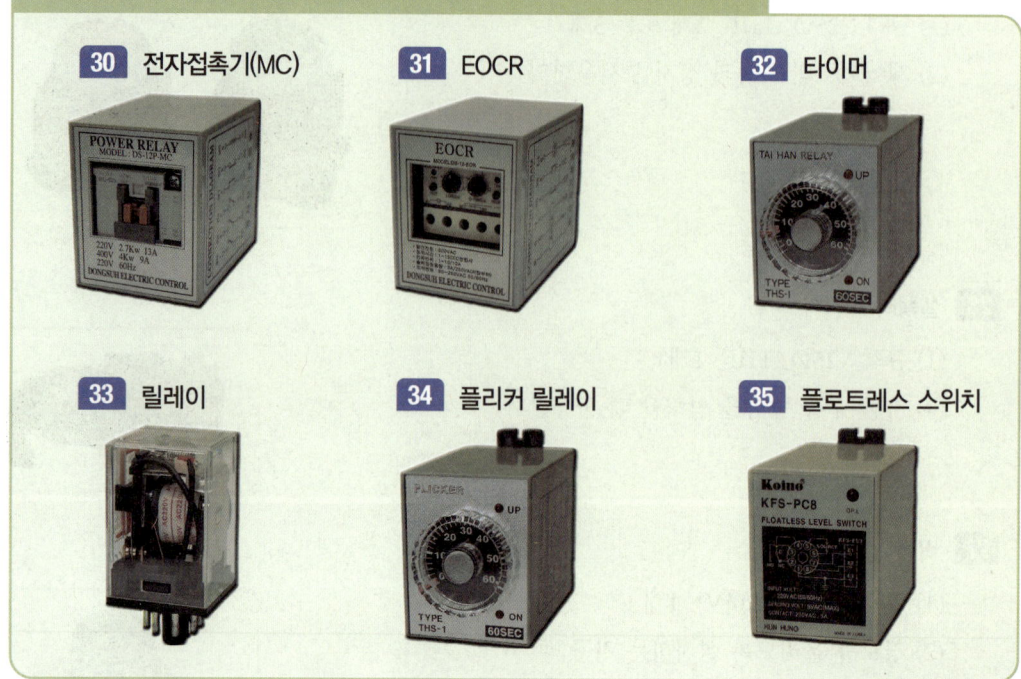

2 실기작업에 꼭 필요한 공구와 재료

시험에 필요한 공구는 지급되지 않으므로 반드시 개인이 준비해야 한다.

1 와이어 스트리퍼

(1) 규격 : 0.8~2.6[mm²]용

(2) 전선의 피복을 벗기거나 자를 때 사용한다.

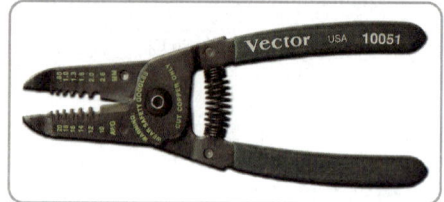

2 파이프 커터

(1) 규격 : 230[mm] (액셀 파이프 커터)

(2) PE 전선관, 플렉시블 전선관을 자를 때 사용한다.

(3) 케이블 피복 제거에 사용할 수 있다.

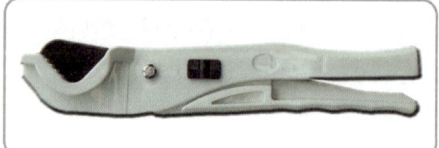

3 충전 드릴

(1) 규격 : 충전식으로 정역 회전과 토크 조절이 가능한 제품을 선택한다.
(2) 배선, 배관작업 시 일반 드라이버보다 작업 속도가 빠르다.

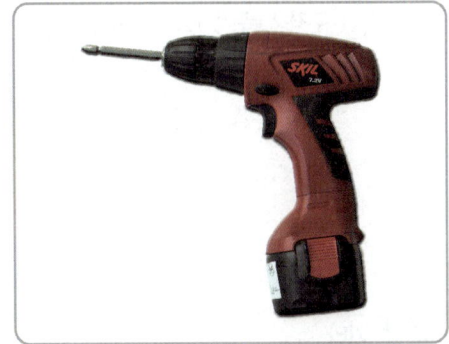

4 드라이버

(1) 규격 : 양용, 200[mm] 정도
(2) 정밀한 작업 시 사용하며 손잡이가 커야 힘이 잘 들어간다.

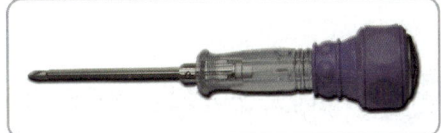

5 벨 시험기

(1) 규격 : 9[V] 건전지 교체형, 선 길이 1[m]
(2) 회로 시험기를 사용해도 된다.

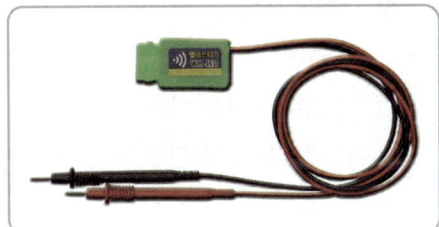

6 스프링 벤더

(1) 규격 : 16[mm] 전선관용, 길이 1[m]
(2) PE 전선관 배관에 사용한다.
(3) 스프링의 끝에 전선을 연결해 놓으면 작업이 편리하다.

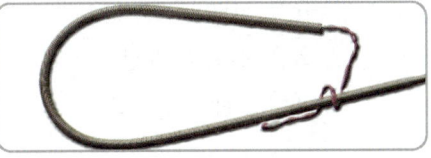

7 플라스틱 자

(1) 규격 : 길이 50[cm], 폭 5[cm]
(2) 제어판 기구 배치, 벽판에 치수를 표시할 때 사용한다.
(3) 수평계를 부착하여 사용할 수 없다.

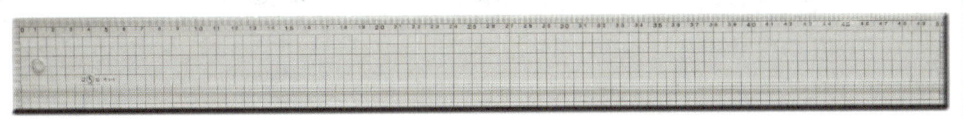

8 마스킹 테이프

(1) 규격 : 폭이 12~50[mm]

(2) 제어판 단자대나 소켓 위에 붙이고 소켓의 이름이나 기구의 이름을 적어 넣는다.

9 기타

손 보호용 장갑, 펜 종류

3 작업에 도움이 되는 공구와 재료

시험에 도움이 되는 공구와 재료로 작업에 필요한 경우 본인의 형편에 맞게 준비한다.

1 다목적 가위

(1) 규격 : 190[mm]
(2) 필수 공구는 아니지만 있으면 편리하다.
(3) 케이블 절단 및 케이블 타이 꼬리 자르기

2 펜치

(1) 규격 : 180[mm] 정도
(2) 굵은 전선의 절단이나 8각 박스의 구멍을 제거할 때 사용한다.

3 수평자

(1) 규격 : 600~1000[mm]
(2) 손잡이가 있는 것으로 벽판에 수직, 수평선을 그을 때 사용한다.

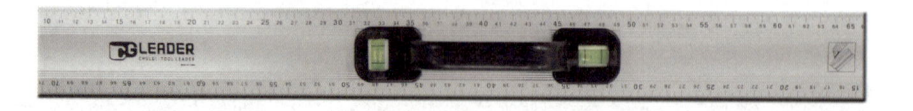

4 단자 자석

(1) 규격 : 자석 지름 6[mm] 정도

(2) 제어판 작업 시 필요한 단자에 부착하여 배선작업에 이용한다.

5 자화기

(1) 규격 : 내경이 6[mm] 정도

(2) 드라이버 비트에 끼워 사용하면 나사못이 떨어지지 않는다.

6 기타

작업 조끼, 손목 자석밴드, 공구함

2강 단자와 접점

학습목표 미리보기 단자의 의미와 a접점, b접점을 구분하고, c접점과의 관계를 알아보자.

1 단자

단자는 배선 기구에 선을 연결할 수 있는 모든 곳을 말하며 시퀀스 도면에서 살펴보면 다음과 같다.

(1) 선의 끝에 연결된 작은 원이다.
(2) 선의 끝에 연결된 각종 계전기와 FUSE와 같이 기구에 연결되는 부분이 단자이다.
(3) 단자의 이름은 도면에 정해진 것도 있고, 내가 필요에 따라 정해야 하는 경우도 있다.

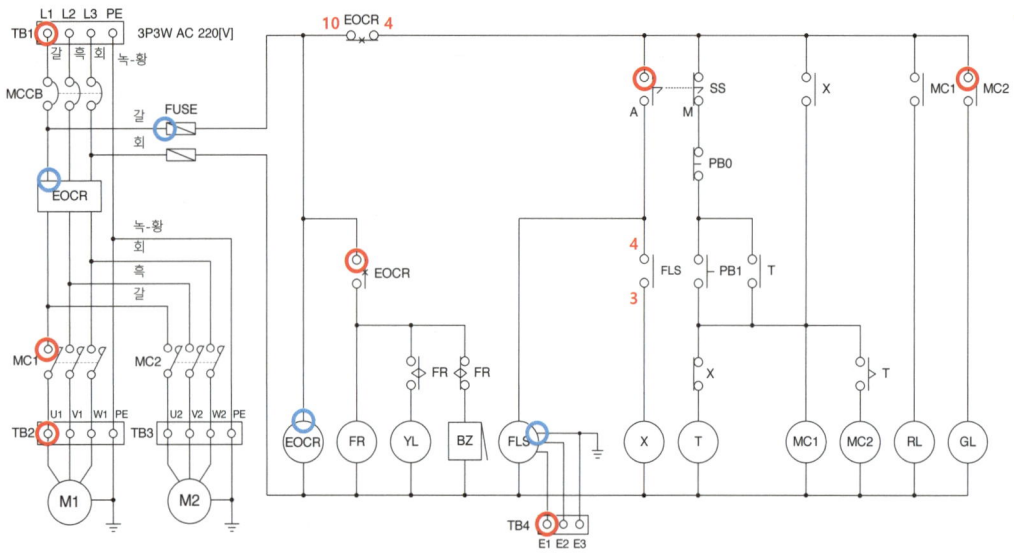

(4) 각 배선 기구의 단자를 하나씩만 표시하면 다음과 같다.

2 접점

2개 이상의 단자가 연결되거나 떨어진 상태를 기호로 그려 놓은 것(동작하기 전의 상태를 표시)

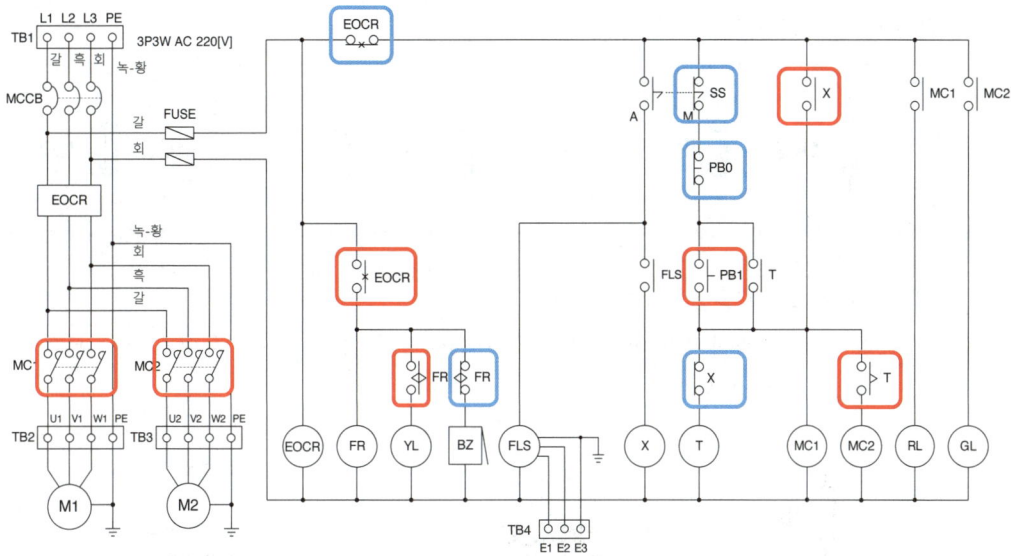

1 a접점(열려 있는 접점)

두 단자의 오른쪽에 가동부가 있고 스위치를 조작하거나 계전기가 동작하면 오른쪽의 금속 부분이 이동해서 두 단자를 붙여주어 회로를 구성해 준다.

(1) 여러 종류의 a접점

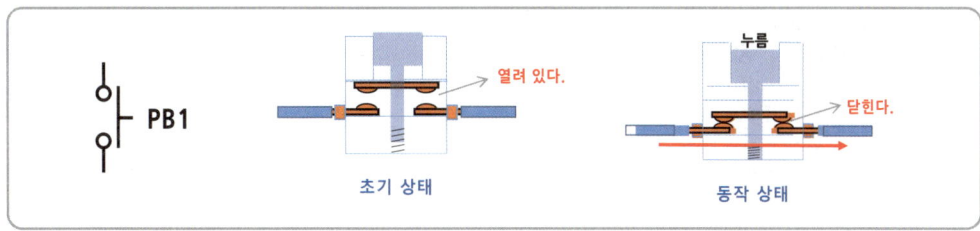

(2) 푸시버튼 스위치의 a접점 동작 예제

동작 전에는 접점이 열려 있다가 푸시버튼 스위치를 누르면 두 단자가 연결되어 전류가 흐를 수 있게 된다.

2 b접점(닫혀 있는 접점)

두 단자의 왼쪽에 가동부가 있고, 동작하지 않은 상태에서 2개의 단자가 붙어있다. 조작하거나 계전기가 동작하면 왼쪽의 금속 부분이 이동해서 두 단자를 떨어지게 한다.

(1) 여러 종류의 b접점

(2) 푸시버튼 스위치의 b접점 동작 예제

동작 전에는 접점이 닫혀 있다가 푸시버튼 스위치를 누르면 두 단자가 떨어져서 전류가 흐를 수 없게 된다.

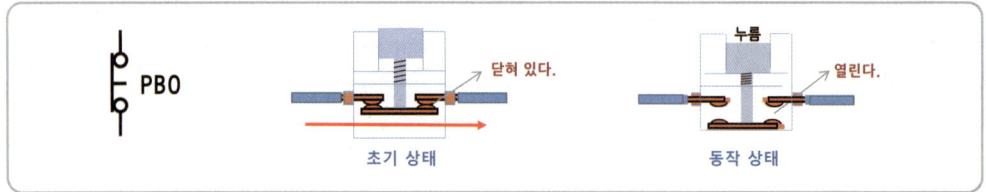

3 c접점(트랜스퍼 접점)

(1) a접점과 b접점의 가동부를 공유하는 접점이다.
(2) 공개문제에서는 접점을 쉽게 해석하기 위해 접점을 나누어서 그려 놓았다.

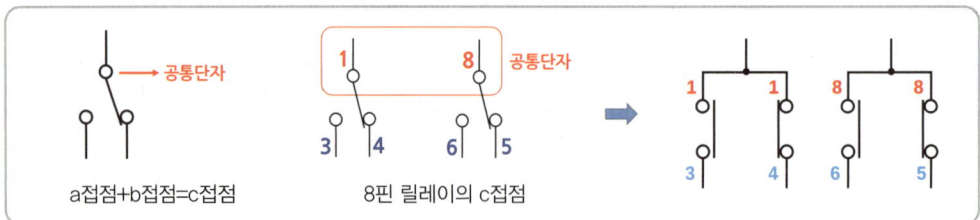

(3) 대부분의 계전기는 접점부가 c접점의 형태로 되어 있다.

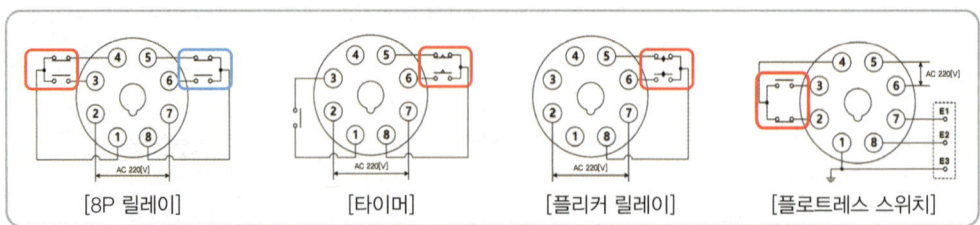

자세히 알아보기 — 공구 사용법 (1)

1 와이어 스트리퍼

(1) 피복을 벗길 때 황색 전선은 1.3[mm] 구경, 주회로 전선은 1.6[mm] 구경을 사용하면 되고 날 부분에 종이테이프를 붙여서 표시해 놓으면 편리하다.

(2) 전선을 자르거나 피복을 벗길 때는 전선과 와이어 스트리퍼의 날을 직각으로 맞춰서 사용해야 자르기도 쉽고 피복도 깔끔하게 벗겨진다. 전선을 자를 때에는 날의 끝까지 깊숙하게 넣어야 쉽게 잘린다.

(3) 피복을 벗길 때 스트리퍼를 누르면 '썩컥'하는 느낌이 나며 이때 오른손의 힘을 빼고 오른쪽으로 이동하면 피복이 벗겨진다. 잘 벗겨지지 않으면 전선을 잘 잡고 왼손의 엄지손가락으로 스트리퍼를 살짝 밀어주면 된다.

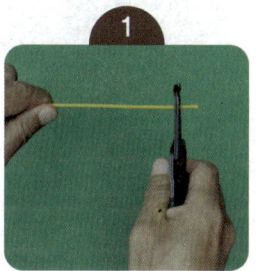
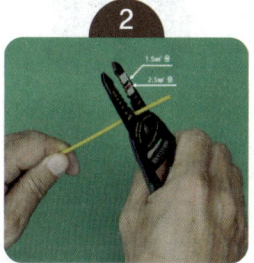
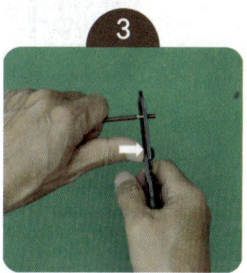

1	2	3
스트리퍼는 수직을 유지	날의 끝까지 깊숙이 넣는다.	엄지손가락으로 살짝 민다.

2 파이프 커터기

(1) 전선관을 자를 때에는 커터기를 벌려 전선관을 넣고 오른손에 힘을 주면서 왼손으로는 전선관을 돌려주어야 쉽게 절단이 된다. 전선관을 돌려주지 않고 오른손의 힘만으로 눌러서 자르면 전선관이 찌그러져서 커넥터 삽입이 불편하다.

(2) 제어판에 연결할 전선관을 자를 때에는 제어판의 아래쪽에 커터기의 오른쪽을 맞추어 밀착하고 자르면 커넥터를 끼웠을 때 제어판 위로 적당하게 올라오게 된다.

(3) 케이블의 피복을 벗길 때도 사용할 수 있다. 커터기 날이 1[mm] 정도 들어가게 누르면서 왼손으로 케이블을 돌려주면 케이블의 피복을 쉽게 벗겨낼 수 있다.

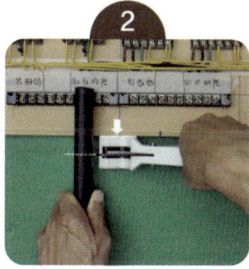

1	2	3
힘주어 누르고 돌려줌	제어판의 아래쪽에 밀착	살짝 누르고 돌려줌

3강 제어용 기구 및 계전기

학습목표 미리보기 실기시험에 사용되는 재료의 구조와 계전기의 기호 및 접점을 구체적으로 알아보자.

1 푸시버튼 스위치(push button switch : PB)

시퀀스 제어에서 가장 기본적인 입력 요소이다.

(1) 버튼을 누르면 접점이 열리거나 닫히는 동작을 한다(수동 조작).
(2) 손을 떼면 스프링의 힘에 의해 자동으로 복귀한다(자동 복귀).
(3) 일반적으로 기동은 녹색, 정지는 적색을 사용한다.
(4) 여러 개를 사용할 경우 숫자를 붙여서 사용한다. PB0, PB1, PB2 ……

1 푸시버튼 스위치 a접점의 구조

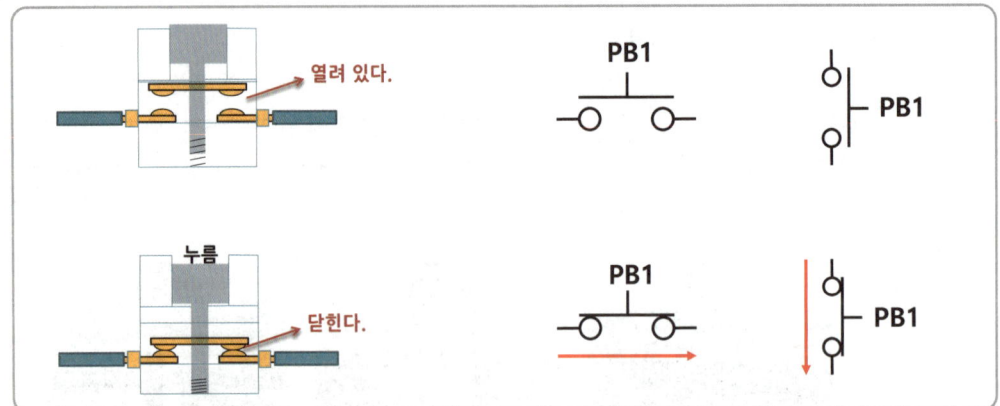

(1) 스위치를 조작하기 전에는 접점이 열려 있다가 스위치를 누르면 닫히는 접점이다.
(2) 필요한 경우 두 단자의 번호를 ③, ④로 붙여서 사용한다.

2 푸시버튼 스위치 b접점의 구조

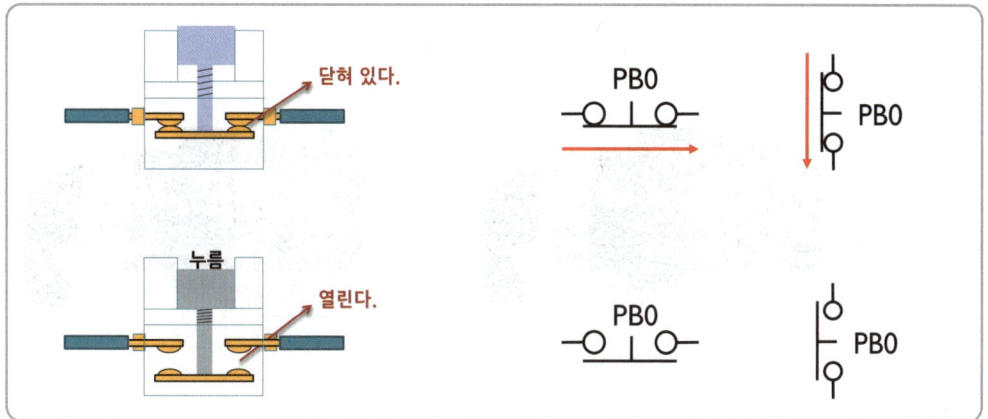

(1) 스위치를 조작하기 전에는 접점이 닫혀 있다가 스위치를 누르면 열리는 접점이다.
(2) 필요한 경우 두 단자의 번호를 ①, ②로 붙여서 사용한다.

3 단자 구조

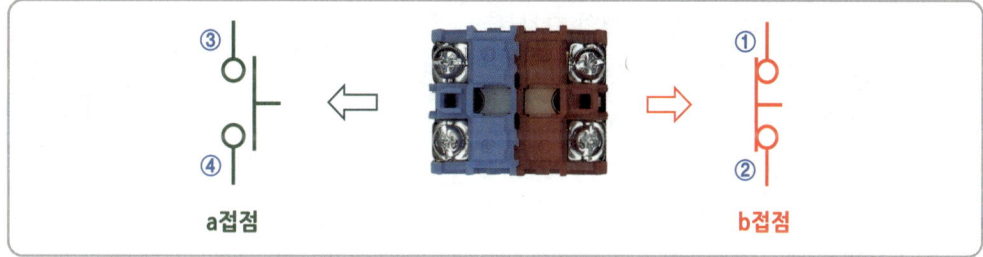

(1) 일반적으로 4개의 단자로 구성되어 있다.
(2) 스위치의 단자 부분은 색상으로 구분되어 있으며, 파란색 부분의 단자는 a접점이고 빨간색 부분의 단자는 b접점이다.
(3) 필요한 경우 a접점은 ③, ④번으로 번호를 붙이고, b접점은 ①, ②번으로 번호를 붙여 사용한다.
(4) 벨 시험기로 접점을 찾는 방법은 벨 시험기의 리드선을 두 단자에 대어 '삐' 소리가 나는 것이 b접점이고, 나머지 두 단자는 a접점이다.
(5) a접점이 필요하면 파란색 부분의 단자를 사용하고, b접점이 필요하면 빨간색 부분의 단자를 선택하여 사용한다.

2 셀렉터 스위치(selector switch : SS)

손잡이를 돌려 동작할 회로를 선택하는 곳에 사용하는 스위치이다.

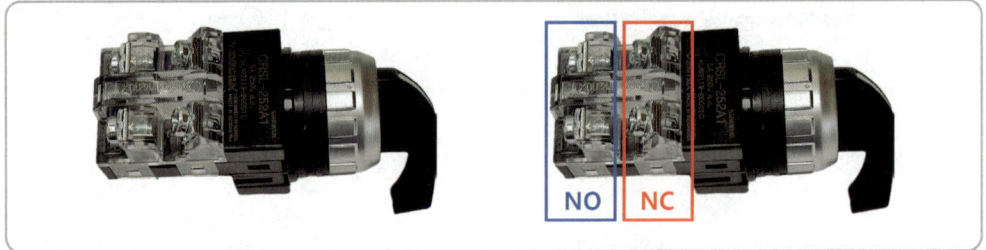

1 셀렉터 스위치의 단자

(1) NO단자와 NC단자로 구성되어 있다.
(2) 공개문제에서는 2단 셀렉터 스위치가 사용되었다.
(3) 손잡이를 돌려가면서 벨 시험기로 접점의 상태를 확인한다.

2 회로도와 구성도

(1) 공개문제 회로도에는 4개의 단자로 표시했고, 위쪽 2개의 단자는 같은 선에 연결되어 있다(공통단자 SS).
(2) 셀렉터 스위치 단자 이름은 SS, A, M으로 적어 넣으면 된다.
(3) 셀렉터 스위치 손잡이 지시부를 11시 방향으로 돌리면 수동(M) 회로가 동작하고, 1시 방향으로 돌리면 자동(A) 회로가 동작한다.

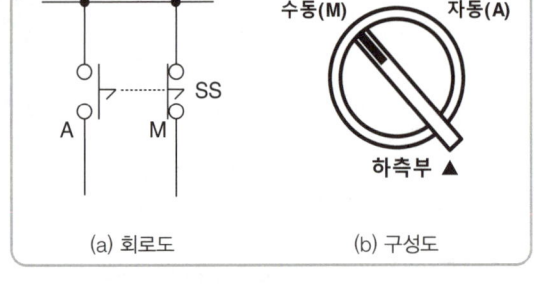

(4) 작업이 종료되면 셀렉터 스위치는 구성도와 같은 수동(M) 방향으로 돌려놓는다.
(5) 수동(M)과 자동(A)의 방향이 바뀔 수 있으므로 구성도를 잘 확인해야 한다.
(6) 일반적으로 11시 방향은 수동(M) 동작을, 1시 방향은 자동(A) 동작을 수행한다.

3 셀렉터 스위치의 올바른 위치

(1) 스위치 고정 및 결선작업 시 방향에 주의한다.
(2) 정면에서 보았을 때 항상 11시 방향과 1시 방향을 지시하도록 고정해야 한다.

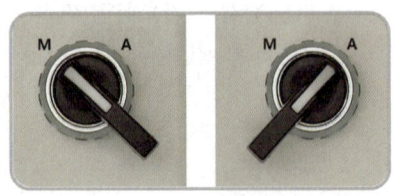

4 2단 셀렉터 스위치 결선 방법(구성도 참고)

(1) 손잡이를 왼쪽 또는 오른쪽으로 돌리면서 벨 시험기로 접점의 구성 상태를 확인한다.

(2) a접점과 b접점 단자 하나씩 연결하여 공통단자(SS)로 하고, 제어판 단자대의 SS단자에 연결한다.

(3) 셀렉터 스위치의 손잡이 지시부를 자동(A) 방향으로 돌려놓는다(자동단자 찾기).

(4) (1)과 같은 방법으로 위·아래 두 단자에 벨 시험기의 리드선을 대어 '삐' 소리 나는 단자를 찾아 제어판 단자대의 자동(A) 단자에 연결한다.

(5) 나머지 단자는 수동(M) 단자에 연결하면 된다.

셀렉터 스위치 구성도

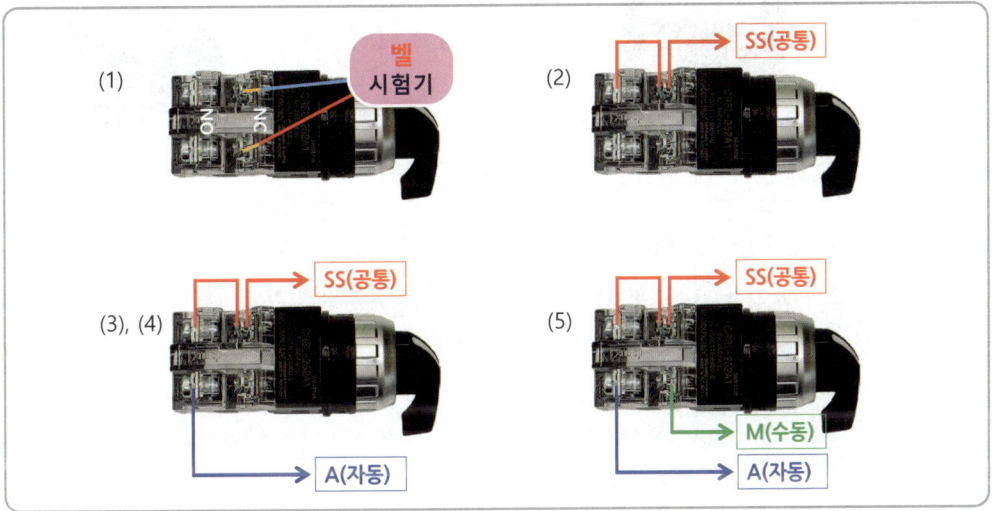

3 파일럿 램프(pilot lamp : 표시등)

시퀀스 제어에서 동작 상태 및 고장 등을 구별하기 위해 사용한다.

1 표시등의 색상

공개문제에서는 4종류의 색상을 아래와 같이 사용하였다.

(1) RL(Red Lamp) : 전동기 M1이 동작할 때 점등
(2) GL(Green Lamp) : 전동기 M2가 동작할 때 점등
(3) YL(Yellow Lamp) : 주로 EOCR 접점이 동작했을 때 점등
(4) WL(White Lamp) : 계전기가 동작하거나 정지했을 때 점등

2 표시등의 단자

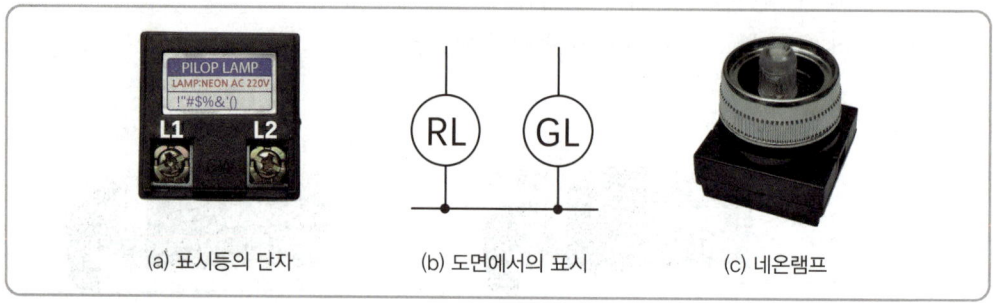

(a) 표시등의 단자   (b) 도면에서의 표시   (c) 네온램프

(1) 표시등은 L1, L2 2개의 단자로 구성되어 있다.
(2) 극성의 구분이 없으므로 두 단자를 구분해서 사용할 필요는 없다(직류는 극성 구분).
(3) 원 안에는 표시등의 약호(색상)를 사용해 표시하며, 외부의 2선에 전원이 연결되면 램프가 점등되는 출력 요소이다.
(4) 표시등의 플라스틱 색상 커버를 빼내면 네온램프가 내장되어 있다.

3 표시등 확인 방법

(1) 점등 여부를 확인하려면 램프에 전원을 연결해서 확인해야 한다.
(2) 네온램프가 내장되어 벨 시험기나 회로 시험기로 정상 제품 여부를 확인할 수 없다.
(3) 여러 번 사용하면 램프가 빠지므로 가끔은 컬러 커버를 빼고 램프를 돌려서 고정해야 한다.
(4) 램프를 점검할 때 귀에 가까이 대고 흔들어 보면 점검이 가능하다(달그락거리는 소리가 나면 램프가 빠진 것임).

4 리밋 스위치(limit switch : LS)

레버에 물체가 닿으면 접점이 동작하는 스위치이다.

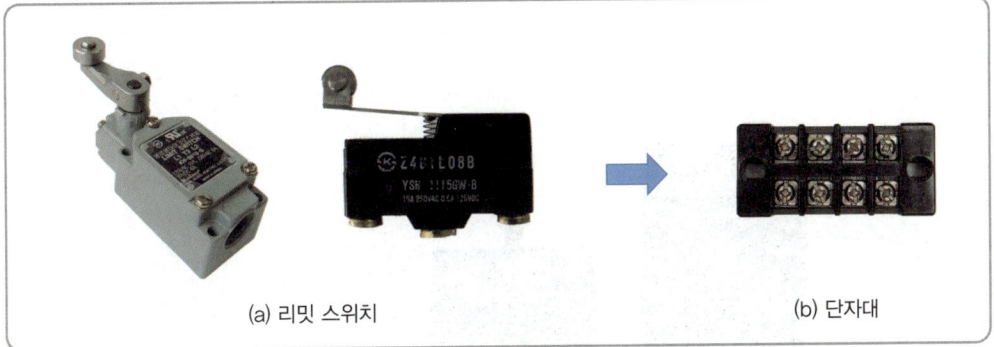

(a) 리밋 스위치　　　　(b) 단자대

(1) 스위치 내부에는 마이크로 접점이 내장되어 있고 단자대로 대체하여 작업한다.
(2) 2개의 리밋 스위치를 각각 LS1, LS2로 표시하며, a접점만 사용한다.
(3) 계전기가 아니므로 필요한 경우 ③, ④번으로 번호를 붙여서 사용한다.

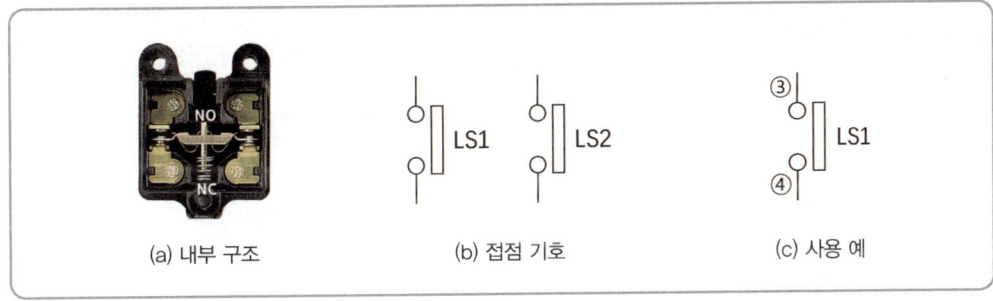

(a) 내부 구조　　　　(b) 접점 기호　　　　(c) 사용 예

5 버저(buzzer : BZ)

(1) 회로에 이상이 발생했을 때 경보를 울리도록 설치하는 기구이다.
(2) 단자와 도면에서의 표시

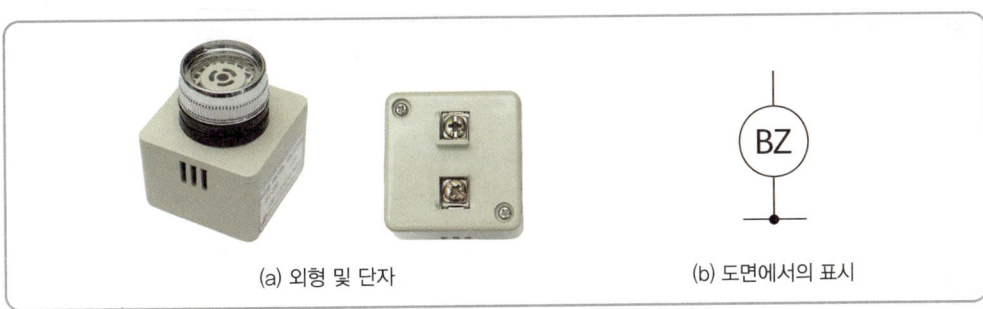

(a) 외형 및 단자　　　　(b) 도면에서의 표시

6 배선용 차단기(MCCB)

(1) 회로에 과전류가 흐를 때 전로를 차단하여 회로를 보호한다.
(2) 나사가 전선을 누르면서 접속된다.
(3) 굵기가 다른 전선을 접속하면 접속이 불완전하다.

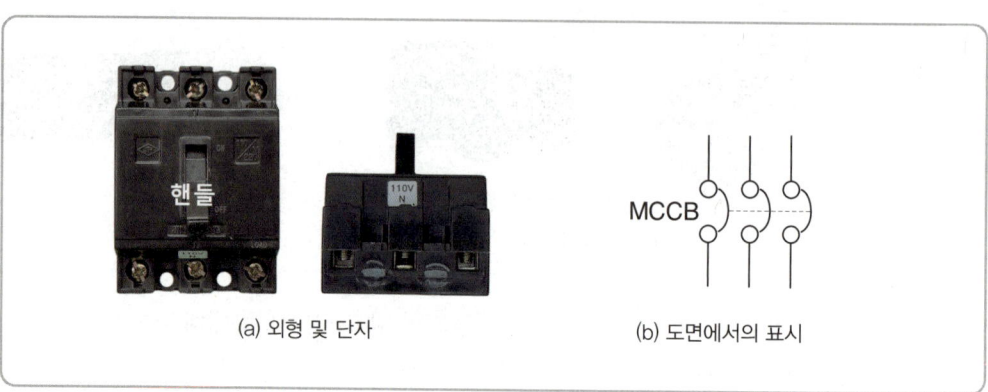

(a) 외형 및 단자　　　　　(b) 도면에서의 표시

7 퓨즈 홀더 및 유리관 퓨즈

(1) 과전류가 흐르면 퓨즈가 녹아 끊어지면서 회로를 보호한다.
(2) 단자가 약해 파손에 주의해야 한다.
(3) 퓨즈 홀더에 유리관 퓨즈를 끼워 넣고, 뚜껑도 덮어야 한다.

(a) 외형 및 단자　　　(b) 유리관 퓨즈　　　(c) 도면에서의 표시

8 전자식 과전류 계전기(EOCR)

1 EOCR의 기초

(1) 회로에 과전류가 흘렀을 때 접점을 동작시켜 회로를 보호하는 역할을 한다.

(2) 모터를 보호하기 위해 내부에 CT가 내장되어 있고, 12핀 소켓에 접속하여 사용한다.

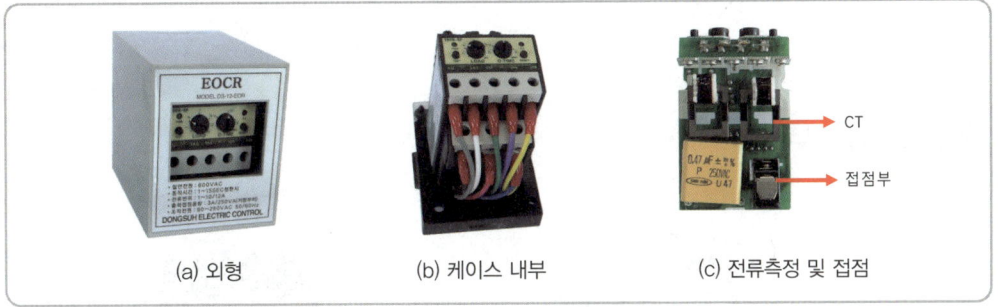

(a) 외형　　(b) 케이스 내부　　(c) 전류측정 및 접점

(3) EOCR의 주회로 부분은 1차측과 2차측이 연결되어 있다.

(4) 접점부는 4개의 단자로 표시되고, 아래쪽 2개의 단자는 연결되어 있다.

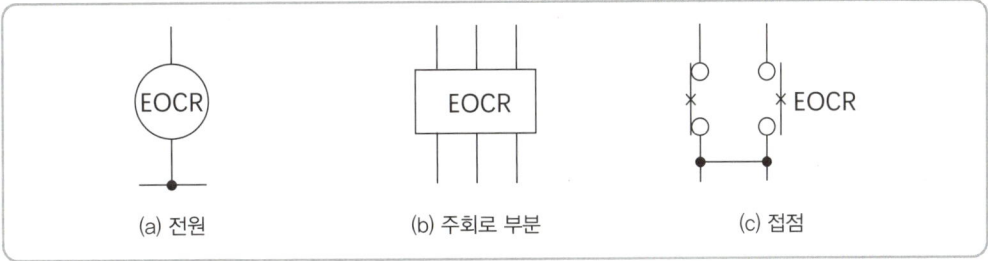

(a) 전원　　(b) 주회로 부분　　(c) 접점

2 EOCR의 핀과 12핀 소켓

(1) 배선작업은 12핀 소켓에 한다.

(2) EOCR은 12개의 핀이 원형으로 배치되어 있고, 핀을 소켓에 접속하여 동작시험을 한다.

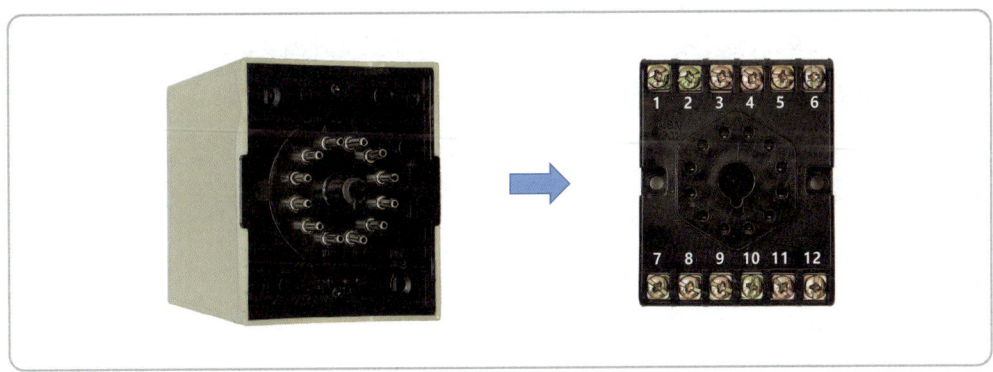

9 전자접촉기(magnetic contactor : MC)

1 전자접촉기의 기초

전자석의 흡인력을 이용하여 접점을 개폐하는 기능을 하는 계전기이다.

(1) 전자 코일에 전류가 흐를 때만 동작하고 전류를 끊으면 스프링의 힘에 의해 원래의 상태로 되돌아간다.

(2) 250[V], 10[A] 이상의 부하 개폐에 사용한다.

2 전자접촉기의 외형

(a) 외형   (b) 케이스 내부의 전자접촉기

3 전자접촉기의 기호와 접점

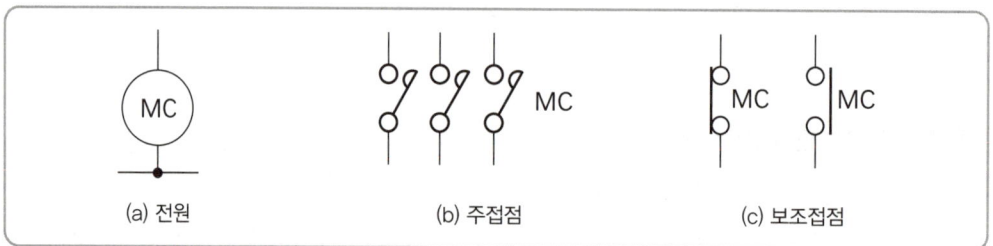

(a) 전원   (b) 주접점   (c) 보조접점

(1) 전자접촉기의 기호는 MC(magnetic contactor)를 사용한다.
(2) 주접점은 전동기 등 큰 전류를 필요로 하는 주회로에 사용한다.
(3) 보조접점은 작은 전류용량의 접점으로, 보조회로에 사용한다.
(4) 12핀 전자접촉기는 주접점 3개와 보조접점 2개로 구성되어 있다.
(5) 공개문제에서는 2개의 전자접촉기를 사용하며 MC1, MC2로 표시한다.

4 MC의 핀과 12핀 소켓

(1) 배선작업은 12핀 소켓에 한다.
(2) 12개의 핀이 원형으로 배치되어 있고, 핀을 소켓에 접속하여 동작시험을 한다.

10 전자계전기(relay : 릴레이)

전자석의 흡인력을 이용하여 접점을 개폐하는 기능을 하는 계전기이다.

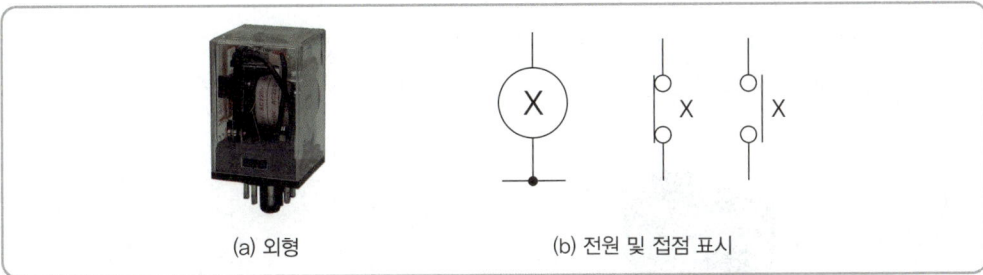

(a) 외형　　　　　　　　(b) 전원 및 접점 표시

(1) MC와 동작 원리는 같고 접점 용량만 작다.
(2) 8핀 릴레이에는 2세트의 c접점이 내장되어 있다.
(3) 공개문제에서 릴레이는 X, X1, X2 등으로 표시하여 사용한다.
(4) 8핀 소켓에 배선작업을 하고, 핀을 소켓에 접속하여 동작시험을 한다.

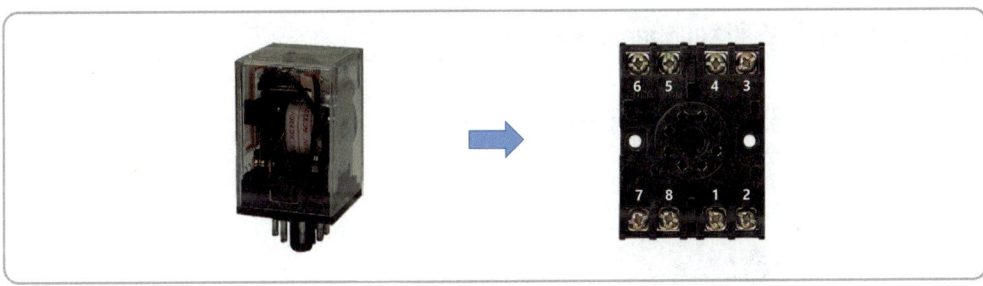

11 타이머(timer : T)

설정해 놓은 시간이 경과한 후에 접점을 개폐하는 기능을 가진 계전기이다.
(1) 시험에 사용되는 8핀 타이머는 순시 a접점 1개, 한시(가동부 오른쪽에 삼각형 모양) c접점 1세트가 내장되어 있다.
(2) 앞쪽의 노브를 돌려 동작할 시간을 설정한다.

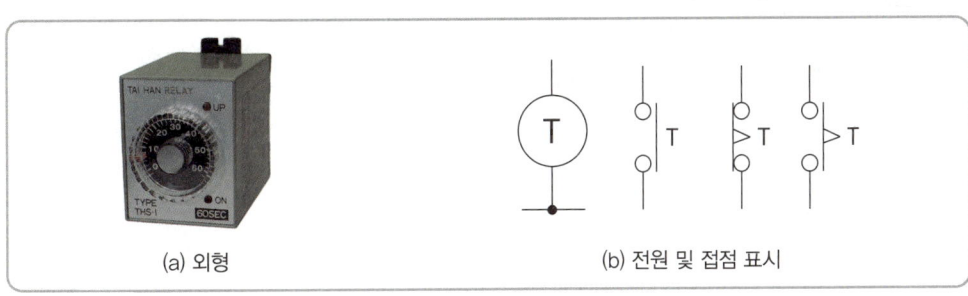

(a) 외형　　　　　　　　(b) 전원 및 접점 표시

12 플리커 릴레이(flicker relay : FR)

설정해 놓은 시간 간격으로 접점을 개폐하는 기능을 가진 계전기이다.
    (1) 전원 투입과 동시에 설정한 시간 간격으로 점멸한다.
    (2) 1세트의 c접점이 있으며 가동부 양쪽에 삼각형 모양으로 표시되어 있다.
    (3) 앞쪽의 노브를 돌려 동작할 시간을 설정한다.

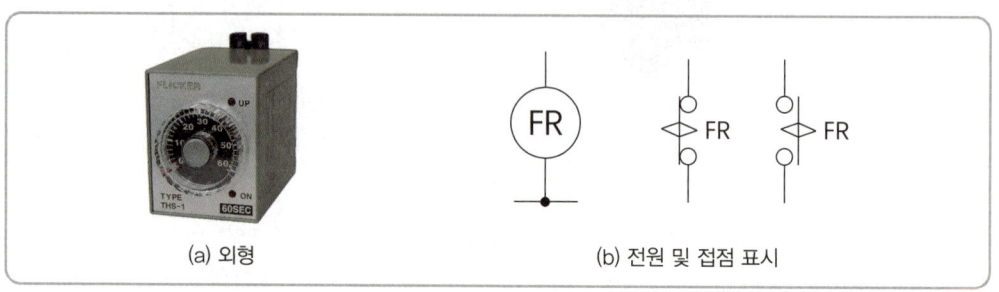

13 플로트레스 스위치(floatless switch : FLS)

급수나 배수 등 액면 제어에 사용하는 계전기이다.

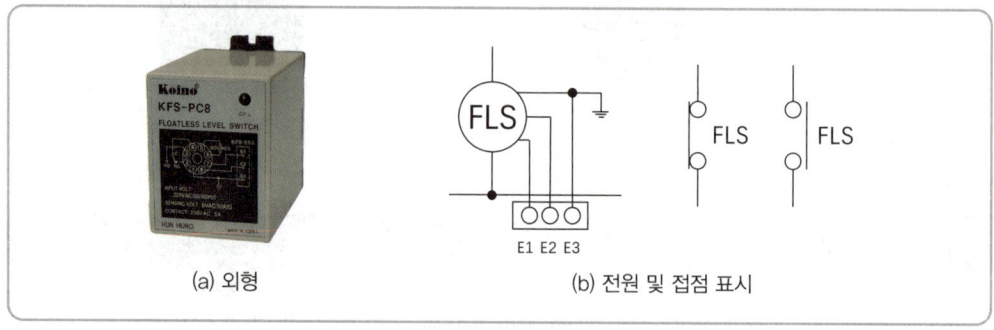

(1) 수위를 감지하는 E1은 수위의 상한선을 감지하고, E2는 수위의 하한선을 감지하며, E3는 물탱크의 맨 아래에 오도록 설치한다.
(2) E3단자는 반드시 접지를 시행해야 한다.
(3) b접점은 급수에 사용하고, a접점은 배수에 사용한다.
(4) 공개문제에서는 a접점만 사용하므로 배수를 제어하는 회로이다.
(5) FLS 접점을 강제로 동작하려면 E1단자와 E3단자를 접촉하면 된다.

자세히 알아보기 — 공구 사용법 (2)

1. 전동 드릴

전동 드릴을 제어판 작업에 사용할 때 토크를 너무 강하게 설정해 놓으면 나사못의 머리 홈이 뭉개질 수 있으니 주의해야 하며, 정밀한 작업을 요구하는 곳은 수동 드라이버를 사용하는 것이 좋다.

(1) 드릴의 비트는 너무 짧거나 길어도 작업이 불편하므로 보이는 날의 길이는 7~10[cm] 정도의 길이를 사용하면 적당하다.

(2) 나사못을 박을 때에는 엄지손가락으로 방아쇠 위쪽의 버튼을 누르면 드릴이 정회전하여 나사못을 박을 수 있고, 반대쪽은 검지손가락으로 버튼을 누르면 역회전하여 나사못을 제거할 수 있다.

(3) 드릴에 따라 속도 조절이 가능한 경우 1단을 선택해 사용하면 정밀한 작업이 가능하다. 더 중요한 것은 토크를 적당하게 조절해야 한다. 토크가 약하면 나사못이 끝까지 안 박히고, 너무 강하면 나사못의 머리가 뭉개지게 된다.

10[cm] 이내의 비트사용

엄지로 누르면 정회전

토크를 적당하게 설정

2. 펜치

펜치는 지참 공구 목록에 포함되어 있으나 사용 용도는 제한적이다. 전선관이 연결되는 곳에 8각 박스 1개가 사용되는데 8각 박스에서 3방향의 구멍을 떼어낼 때 사용한다.

(1) 8각 박스를 옆으로 세워둔 상태에서 펜치로 따낼 구멍을 내리치면 안쪽으로 밀려 내려가게 된다.

(2) 안쪽으로 밀려 내려간 조각을 펜치로 잡고 좌-우로 흔들면 구멍을 따낼 수 있다.

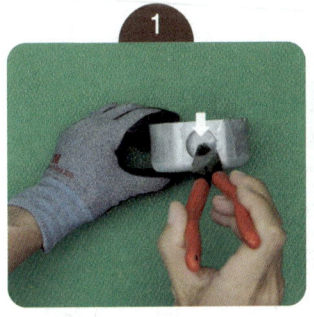
위에서 내려치면 아래로 밀림

좌우로 흔들어 구멍을 따냄

4강 릴레이 접점번호 부여

학습목표 미리보기 8핀 릴레이의 접점구조를 이해하고 도면에 적절한 접점번호를 적어 넣는 방법을 알아보자.

1 릴레이(relay)

1 릴레이의 기초

전자석의 힘을 이용하여 접점을 개폐하는 기능을 갖는 계전기이다.
(1) 여자 : 전자 코일에 전류를 흘려주어 전자석이 철편을 끌어당긴 상태이다.
(2) 소자 : 전자 코일에 전류가 끊겨 원래대로 되돌아간 상태이다.

2 릴레이의 단자 구조와 공통단자

(1) 각종 계전기 접점에서 a접점과 b접점에 공통으로 사용되는 단자를 공통단자라 한다.
(2) 계전기의 접점부는 대부분 c접점의 형태로 되어 있다.
(3) 8핀 릴레이의 구조

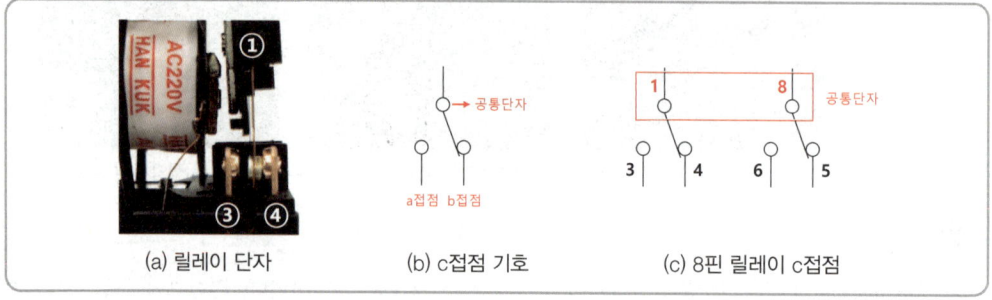

(a) 릴레이 단자   (b) c접점 기호   (c) 8핀 릴레이 c접점

3 8핀 릴레이 내부 결선도

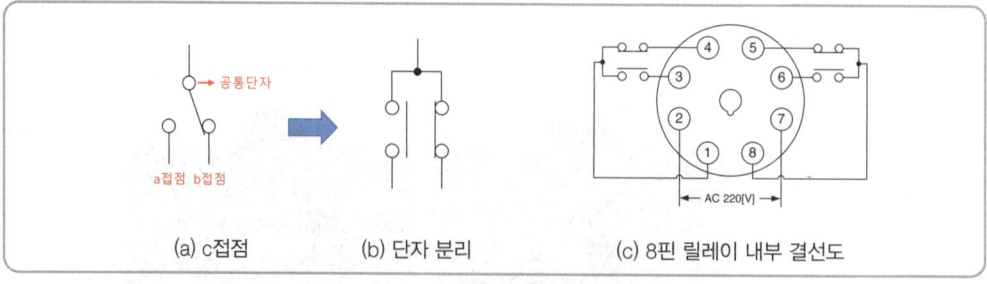

(a) c접점   (b) 단자 분리   (c) 8핀 릴레이 내부 결선도

(1) 3개의 단자로 구성된 릴레이의 c접점 2세트가 내장되어 있다.
(2) a, b접점을 쉽게 구분할 수 있도록 단자를 분리하여 c접점을 표시한다.
(3) c접점 2개와 전원단자를 포함한 연결 상태를 내부 결선도로 그려 놓았다.

4 8핀 릴레이의 접점

내부 결선도에서 전원단자와 c접점 2세트를 따로 분리하면 다음과 같다.

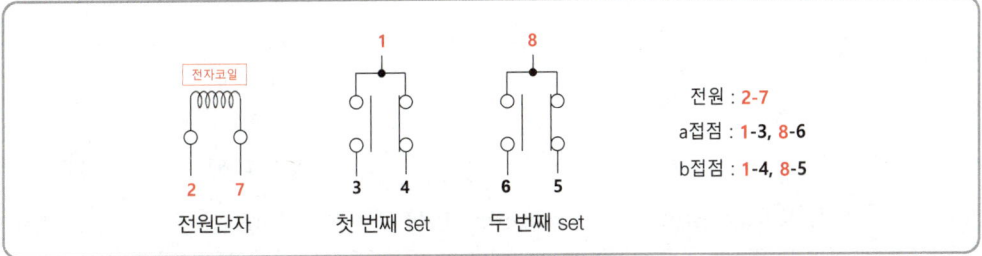

(1) 전원단자 번호는 2-7번을 사용한다.
(2) 내부 결선도에서 왼쪽의 c접점 부분을 편의상 첫 번째 세트, 오른쪽의 c접점 부분을 두 번째 세트라고 칭한다.
(3) 회로에 릴레이 접점이 2개 사용되는 경우 앞쪽에 있는 접점은 첫 번째 세트의 접점을 사용하고, 뒤쪽에 있는 접점은 두 번째 세트의 접점을 사용하면 된다(바꾸어 사용해도 된다).
(4) a접점과 b접점이 같은 선에 연결된 경우 첫 번째 세트의 c접점을 사용하면 된다.

5 교재에 사용된 모든 계전기의 접점번호를 부여하는 원칙

(1) 모든 계전기의 전원단자 번호는 위-아래를 바꾸어 사용해도 된다.
(2) 공통단자 번호를 위쪽에 사용한다.
(3) 접점이 단독으로 사용되면 위-아래를 바꾸어 사용해도 된다.
(4) a, b접점이 같은 선에 연결되어 있으면 c접점을 사용하며, 연결된 부분을 공통단자로 사용한다. (단, c접점 사용이 불편하면 각각 사용할 수 있다.)
(5) 주회로의 접점은 위-아래를 바꾸어 사용하지 않는다.
(6) 한번 사용한 접점번호는 중복해서 사용하지 않는다.
(7) 8핀 계전기의 공통단자(두 개의 단자가 연결된 단자)

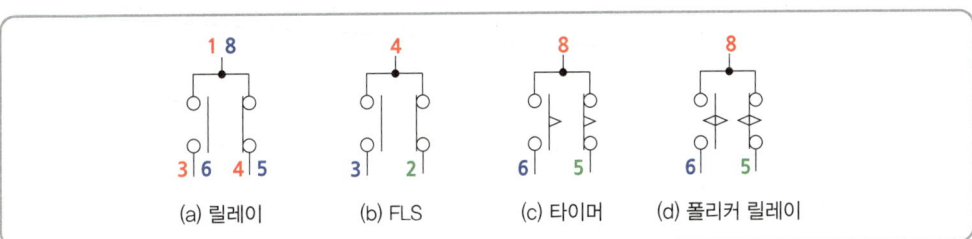

2 8핀 릴레이 접점이 1개 사용된 경우

1 a접점이 1개 사용된 경우

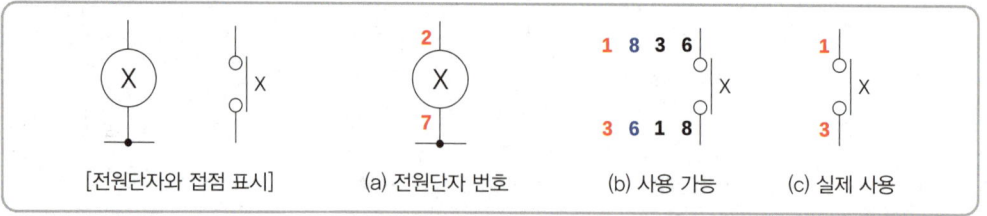

(1) 전원단자 번호는 2-7번을 사용한다. (7-2번을 사용해도 된다.)
(2) a접점이 1개 사용된 경우 첫 번째 세트와 두 번째 세트 중 사용 가능한 접점번호는 모두 4개이다.
(3) a접점은 첫 번째 세트의 a접점인 1-3번을 사용한다.

2 a접점이 1개 사용된 회로

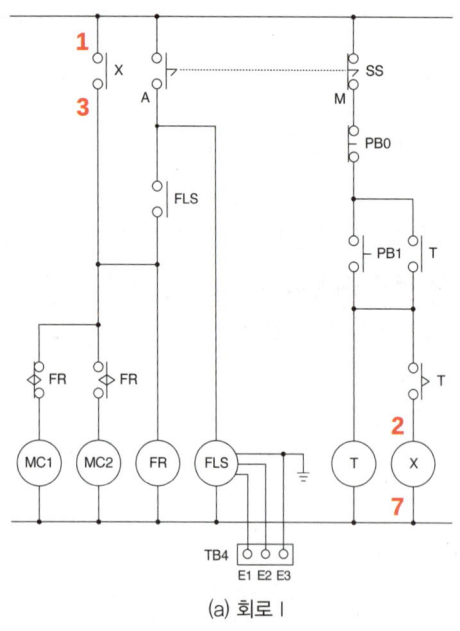

(a) 회로 I

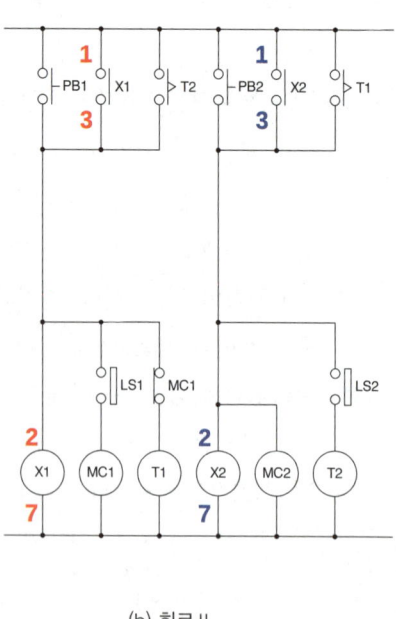

(b) 회로 II

(1) 회로 I, II에서 릴레이 X, X1, X2의 전원단자 번호는 2-7번을 사용한다.
(2) X, X1, X2의 접점번호는 첫 번째 세트의 a접점인 1-3번을 사용한다.

3 8핀 릴레이 접점이 2개 사용된 경우

1 a접점이 2개 사용된 경우

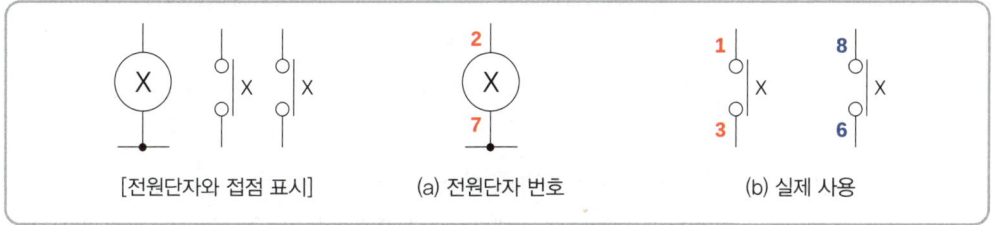

(1) 릴레이의 전원단자 번호는 2-7번을 사용한다.
(2) 앞쪽에 있는 a접점은 첫 번째 세트의 a접점번호인 1-3번을 사용하고, 뒤쪽에 있는 a접점은 두 번째 세트의 a접점번호인 8-6번을 사용한다.
(3) 두 접점 모두 접점번호를 바꾸어 사용할 수 있다.
(4) 한번 사용한 접점은 다시 사용하지 않는다.

2 a접점이 2개 사용된 회로

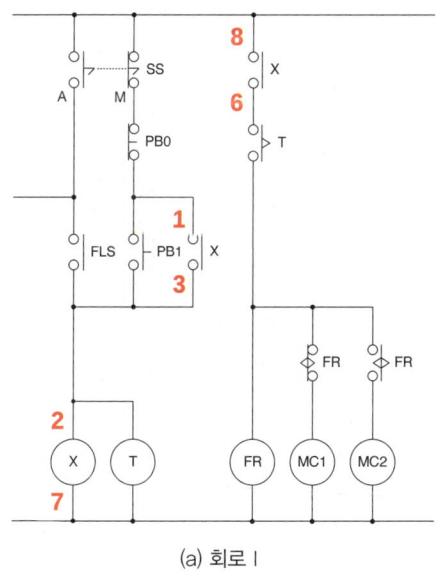

(a) 회로 I

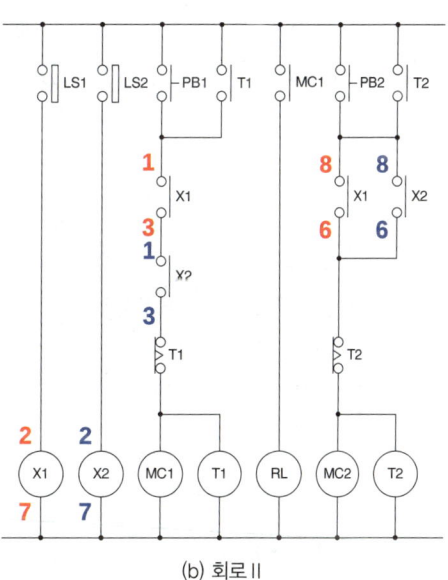

(b) 회로 II

(1) 회로 I, II에서 릴레이 X, X1, X2의 전원단자 번호는 2-7번을 사용한다.
(2) 앞에 있는 a접점은 1-3번을 사용하고, 뒤에 있는 a접점은 8-6번을 사용한다.
(3) 두 접점 모두 접점번호를 바꾸어 사용할 수 있다.

3 a접점과 b접점이 1개씩 사용된 경우

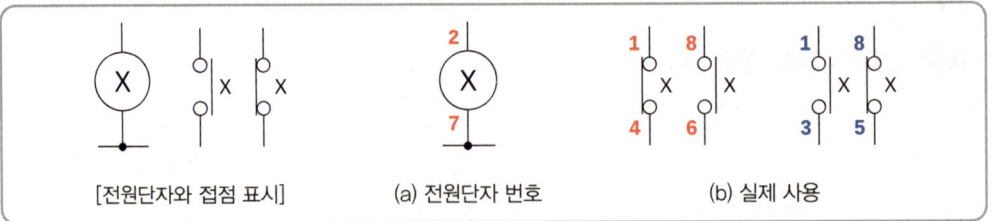

[전원단자와 접점 표시]   (a) 전원단자 번호   (b) 실제 사용

(1) 릴레이의 전원단자 번호는 2-7번을 사용한다.
(2) 앞쪽에 있는 접점은 첫 번째 세트에 있는 접점번호를 사용하고, 뒤쪽에 있는 접점은 두 번째 세트에 있는 접점번호를 사용하면 된다.
(3) 두 접점 모두 접점번호를 바꾸어 사용할 수 있다.
(4) 앞쪽에 있는 접점에 두 번째 세트에 있는 접점번호를 먼저 사용해도 된다.

4 a접점과 b접점이 1개씩 사용된 회로

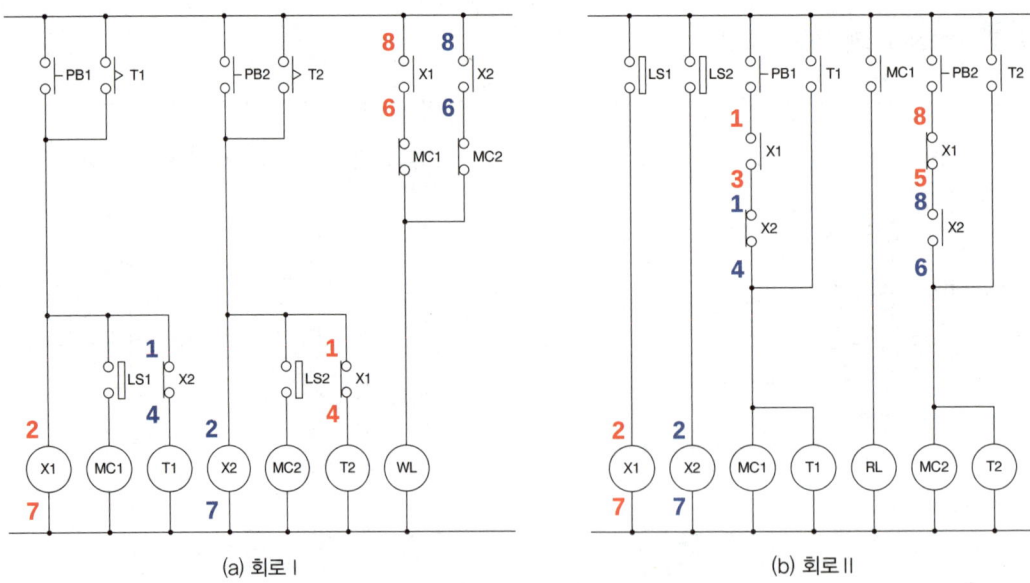

(a) 회로 I   (b) 회로 II

(1) 릴레이 X1, X2의 전원단자 번호는 2-7번을 사용한다.
(2) 회로 I 에서 앞쪽에 있는 b접점은 1-4번을, 뒤쪽에 있는 a접점은 8-6번을 사용한다.
(3) 회로 II 에서 앞쪽에 있는 접점은 첫 번째 세트에 있는 접점번호(1-3, 1-4번)를 사용하고, 뒤쪽에 있는 접점은 두 번째 세트에 있는 접점번호(8-5, 8-6번)를 사용한다.
(4) 접점 모두 접점번호를 바꾸어 사용할 수 있다.

5 a접점과 b접점이 같은 선에 연결되어 사용된 경우

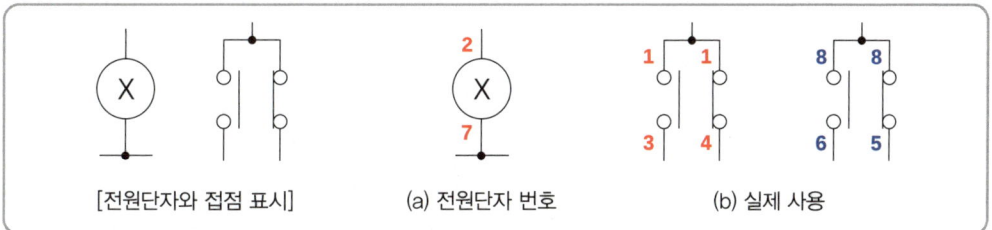

(1) 릴레이의 전원단자 번호는 2-7번을 사용한다.
(2) 첫 번째 세트의 c접점을 사용한다(두 번째 세트의 접점을 사용해도 됨).
(3) 같은 선에 연결된 단자를 공통단자로 사용한다(1, 8번 단자).

6 a접점과 b접점이 같은 선에 연결되어 사용된 회로

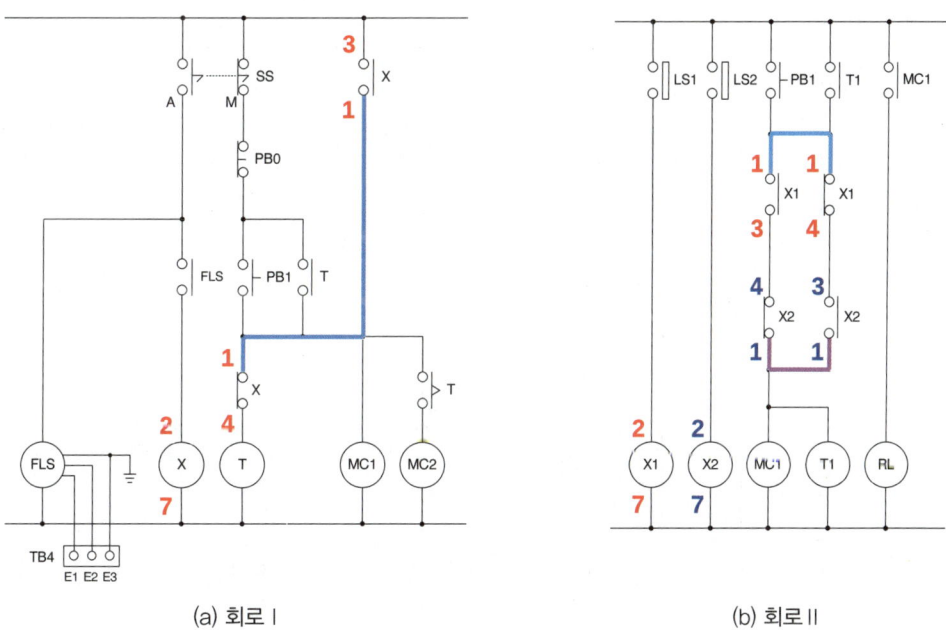

(a) 회로 I   (b) 회로 II

(1) 릴레이 X, X1, X2의 a접점과 b접점은 같은 선에 연결되어 있어 첫 번째 세트에 있는 c접점을 사용한다(1-3, 1-4번).
(2) 두 번째 세트의 c접점을 사용해도 된다(8-6, 8-5번).
(3) 같은 선에 연결된 단자는 반드시 공통단자 번호(1, 8번)를 사용해야 한다.
(4) c접점 사용(1-3, 1-4번)이 불편하면 각각 다른 세트의 접점번호(8-6, 8-5번)를 사용해도 된다.

4 11핀 릴레이가 사용된 경우

(1) 11핀 릴레이는 3세트의 c접점으로 구성되어 있다.

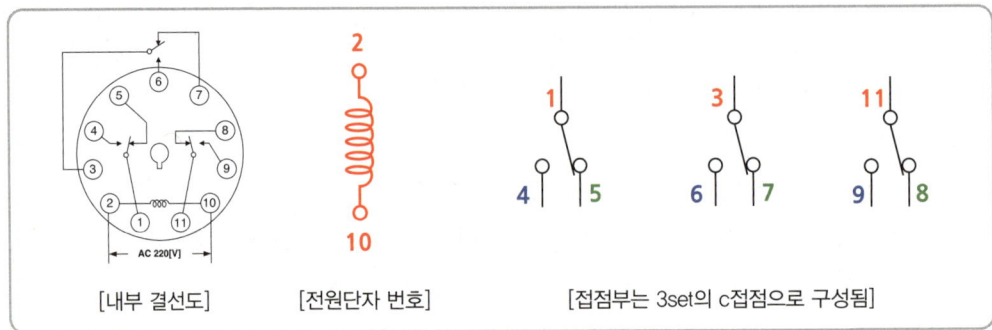

[내부 결선도]   [전원단자 번호]   [접점부는 3set의 c접점으로 구성됨]

(2) 11핀 릴레이가 사용된 회로

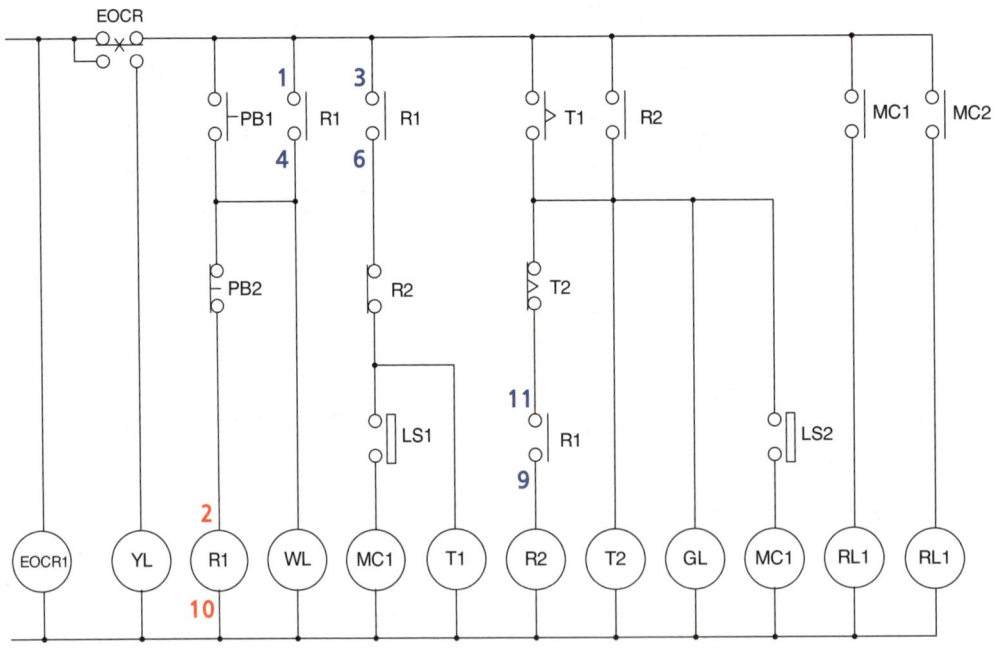

5 14핀 릴레이

14핀 릴레이는 4세트의 c접점으로 구성되어 있으며 소켓에는 작은 글씨로 번호가 적혀 있으므로 반드시 확인하고 작업해야 한다 (내부 결선도와 소켓의 번호가 다름에 주의).

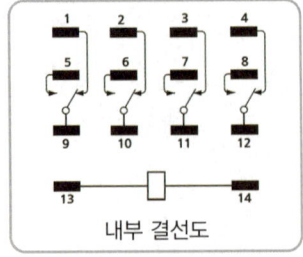

내부 결선도

자세히 알아보기   **c접점 제대로 사용하기**

c접점의 공통단자와 접점 사용(8핀 릴레이의 경우)

(1) 대부분의 계전기는 c접점의 형태로 접점이 1~4개 내장되어 있다.

(2) 하나의 a접점이 사용된 경우에는 1-3번 단자를 사용한다.

(3) 하나의 b접점이 사용된 경우에는 1-4번 단자를 사용한다.

(4) 접점이 단독으로 사용된 경우에는 위·아래의 번호를 바꾸어 사용해도 된다.

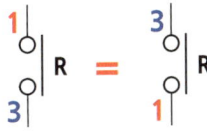 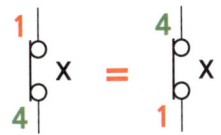

(5) 공통단자를 사용한 곳에서는 번호를 바꾸어 사용할 수 없다.
    1번 단자가 연결되어 있어 릴레이 a접점이 동작된 것과 같은 결과가 된다.

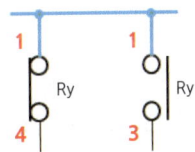 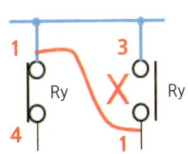

(6) a·b접점이 떨어져 있는 경우에는 다른 세트의 접점을 사용해야 한다.
    1번 단자가 연결되어 있어 푸시버튼 스위치가 동작된 것과 같은 결과가 된다.

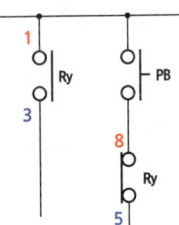 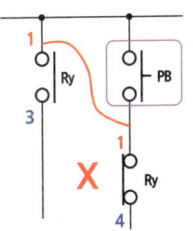

(7) 한번 사용한 접점은 다시 사용할 수 없다.
    1번 단자가 연결되어 푸시버튼 스위치가 동작된 것과 같은 결과가 된다.

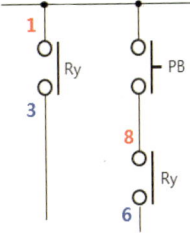 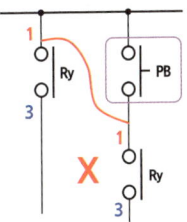

5강 계전기 접점번호 부여

학습목표 미리보기 각종 계전기의 접점구조를 이해하고 도면에 적절한 접점번호를 적어 넣는 방법을 알아보자.

1 전자식 과전류 계전기(EOCR)

EOCR에 설정된 전류값 이상의 과전류가 흘렀을 때 EOCR 접점이 동작하여 회로를 보호하는 역할을 한다.

1 EOCR의 내부 결선도

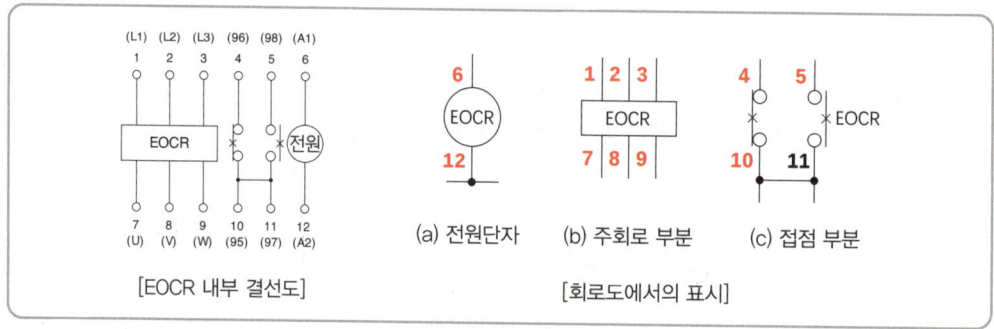

(1) 주회로 1차측과 2차측이 직결되어 있고 내부에 CT가 내장되어 있어 회로에 흐르는 전류를 측정한다.

(2) 10번, 11번 단자는 연결되어 있으므로 10번 단자만 사용하면 된다.

2 EOCR은 모든 회로에 똑같이 사용

(1) 전원단자 번호는 6-12번을 사용한다(12-6번도 가능).

(2) 주회로 1차측은 1, 2, 3번을, 2차측은 7, 8, 9번을 사용한다.

(3) 접점은 같은 선에 연결되어 b접점은 10-4번을 사용하고 a접점은 10-5번을 사용한다.

(4) 접점번호는 절대로 바꾸어 사용할 수 없다.

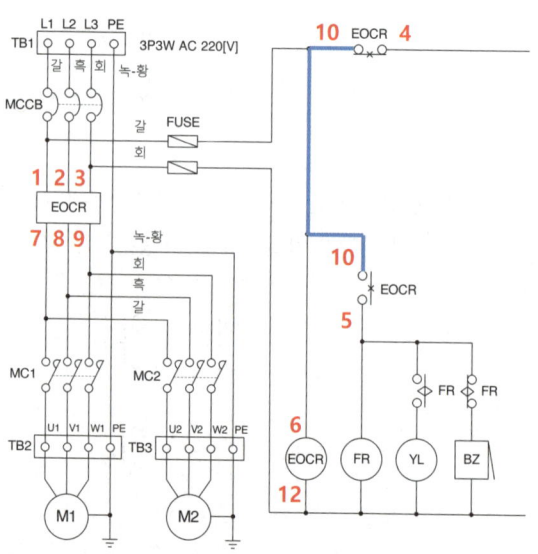

2 전자접촉기(MC)

전자석의 흡인력을 이용하여 접점을 개폐하는 계전기로, 전동기의 빈번한 기동, 정지회로에 사용하는 계전기이다.

1 전자접촉기의 내부 결선도

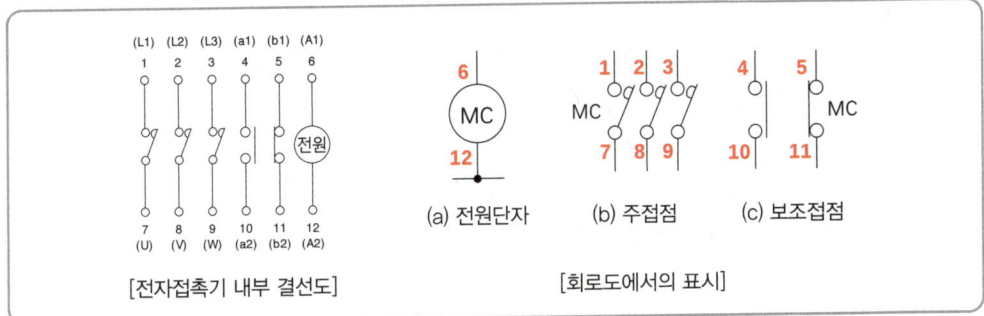

주접점은 주회로에 사용하고, 보조접점은 보조회로에 사용한다.

2 전자접촉기가 사용된 회로

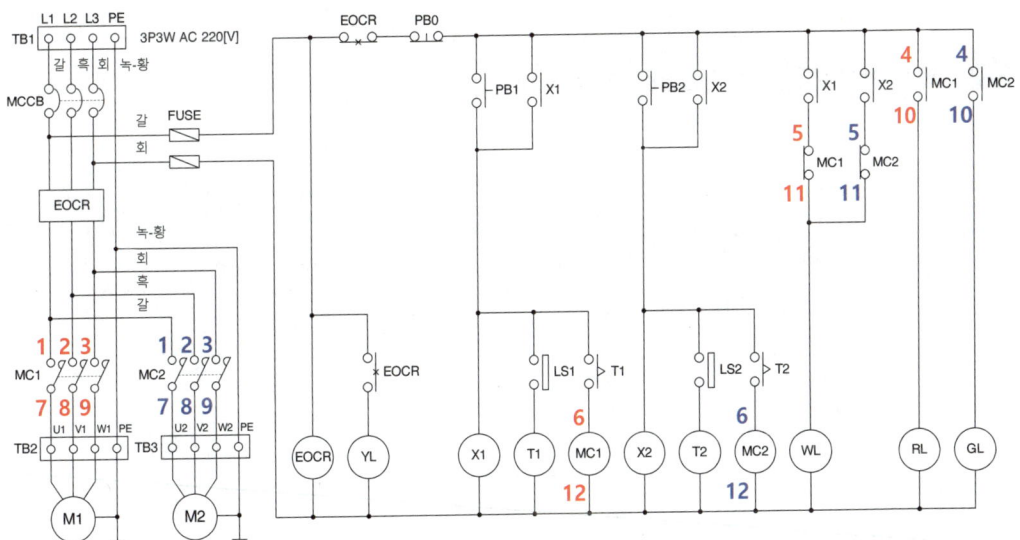

(1) MC의 전원단자 번호는 6-12번을 사용한다(12-6번도 가능).
(2) 주접점의 1차측은 1, 2, 3번을 사용하고, 2차측은 7, 8, 9번을 사용한다.
(3) 주접점은 접점번호를 바꾸어 사용하지 않는다.
(4) 보조 a접점은 4-10번을, b접점은 5-11번을 사용한다(바꾸어 사용 가능).
(5) 공개문제에 따라 보조 a, b접점을 사용하지 않는 회로도 있다.

3 타이머(T)

미리 설정된 시간이 지난 후 접점이 동작하는 계전기이다.

1 타이머의 내부 결선도

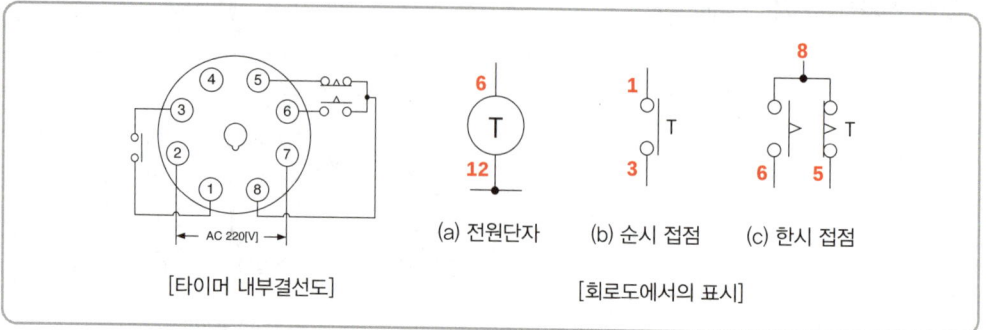

[타이머 내부결선도]   [회로도에서의 표시]

(1) 전원이 공급되면 순시 접점은 순간적으로 동작하고, 한시 접점은 설정한 시간이 지난 후 접점이 동작한다.
(2) 전원이 끊기면 모든 접점이 순식간에 복귀된다.
(3) 공개문제에 사용하는 타이머는 한시 동작 순시 복귀 타이머(on delay timer)를 사용한다.

2 타이머 한시 a접점 또는 b접점만 사용된 회로

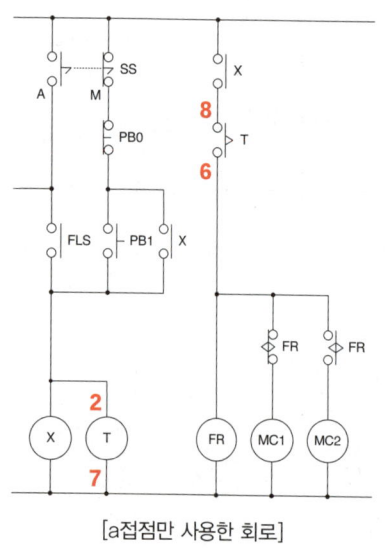
[a접점만 사용한 회로]

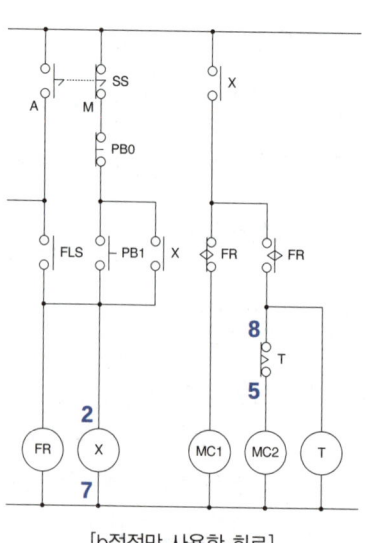
[b접점만 사용한 회로]

(1) 타이머의 전원단자 번호는 2-7번을 사용한다(7-2번도 가능).
(2) 한시 a접점은 8-6번을, 한시 b접점은 8-5번을 사용한다(위-아래 바꾸어 사용 가능).

3 타이머 순시 접점과 한시 a접점 또는 b접점이 사용된 회로

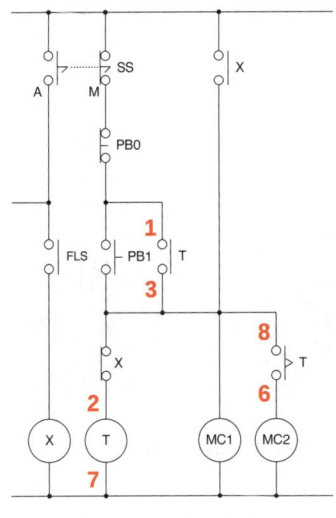 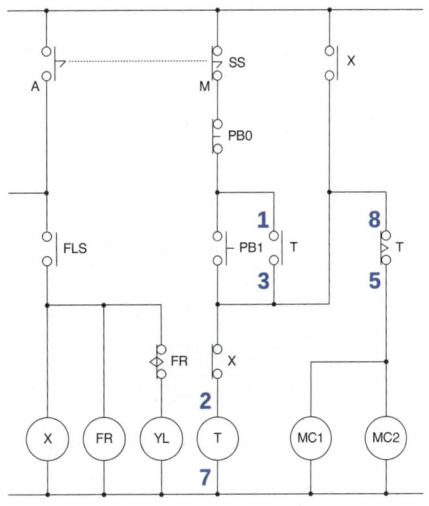

[순시와 한시 a접점을 사용한 회로] [순시와 한시 b접점을 사용한 회로]

(1) 순시 접점은 1-3번을 사용한다(3-1번도 가능).

(2) 한시 a접점은 8-6번, 한시 b접점은 8-5번을 사용한다(위-아래 바꾸어 사용 가능).

4 타이머 한시 접점과 순시 접점이 사용된 회로

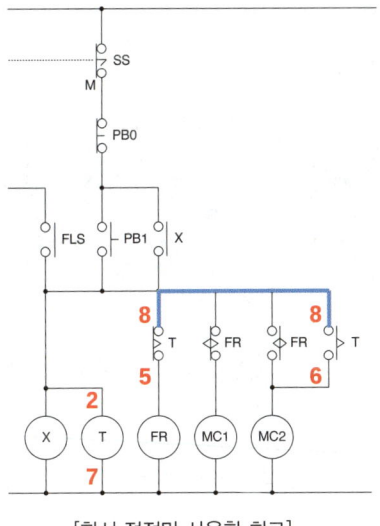 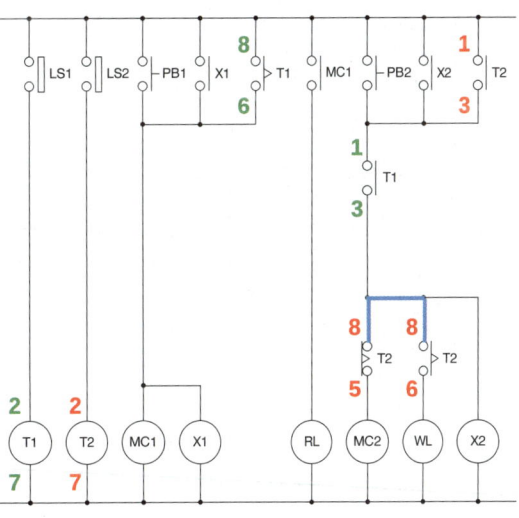

[한시 접점만 사용한 회로] [순시와 한시 접점을 사용한 회로]

(1) 순시 접점은 1-3번을 사용한다(3-1번도 가능).

(2) 두 단자가 연결된 부분의 한시 접점(8-5, 8-6번)은 위-아래 단자 번호를 바꾸어 사용할 수 없다.

4 플리커 릴레이(FR)

설정된 시간 간격으로 점멸하는 기능을 가진 계전기이다.

1 플리커 릴레이의 내부 결선도

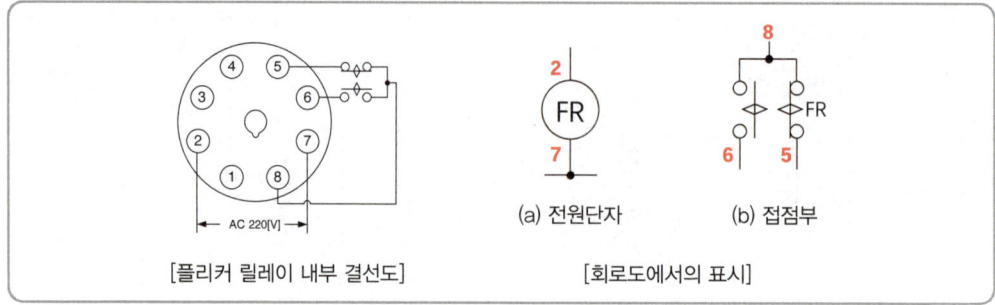

[플리커 릴레이 내부 결선도]   [회로도에서의 표시]

(1) 플리커 릴레이는 가동부의 왼쪽과 오른쪽에 삼각형 모양을 하고 있다.
(2) on delay 타이머와 off delay 타이머를 조합한 계전기이다.
(3) 접점부는 1세트의 c접점으로 구성되어 있다.

2 플리커 릴레이가 사용된 회로

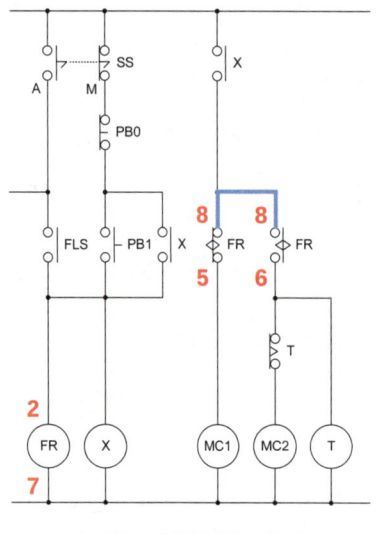

[c접점이 인접해 있는 회로]

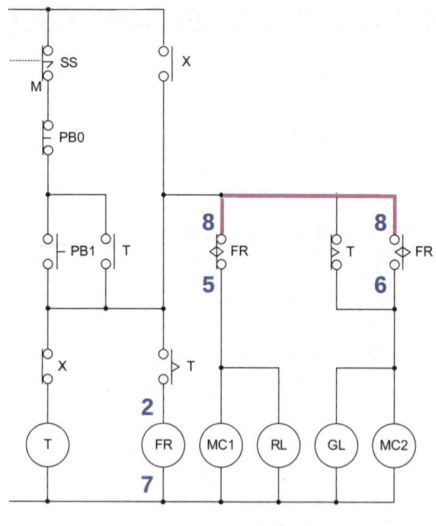

[c접점이 떨어져 있는 회로]

(1) 플리커 릴레이의 전원단자 번호는 2-7번을 사용한다(7-2번도 가능).
(2) b접점만 사용한 회로(공개문제 7, 8번)에는 8-5번을 사용한다(위-아래 바꾸어 사용 가능).
(3) a접점은 8-6번을 사용하고, b접점은 8-5번을 사용한다(공통단자는 8번).
(4) 두 단자가 연결된 부분의 접점(8-5, 8-6번)은 위-아래 단자 번호를 바꾸어 사용할 수 없다.

5 플로트레스 스위치(FLS)

급수, 배수 등 액면 제어에 사용하는 계전기이다.

1 플로트레스 스위치의 내부 결선도

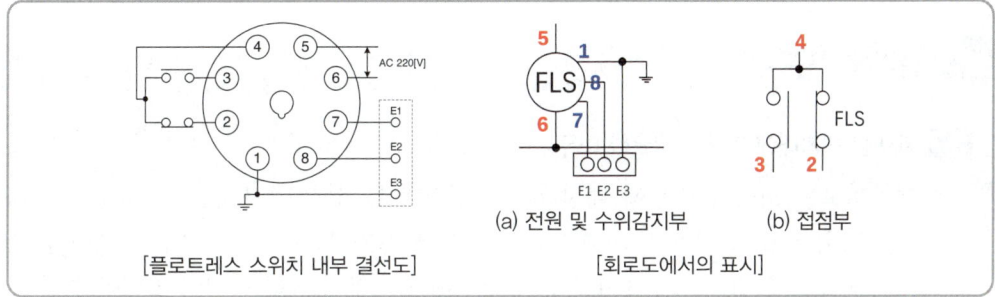

(1) E1, E2, E3에는 수위를 감지하기 위한 전극봉(시험 시 전선 사용)을 설치한다.
(2) E3는 반드시 접지를 해야 한다.
(3) 접점부는 1세트의 c접점으로 구성되어 있다.

2 플로트레스 스위치가 사용된 회로

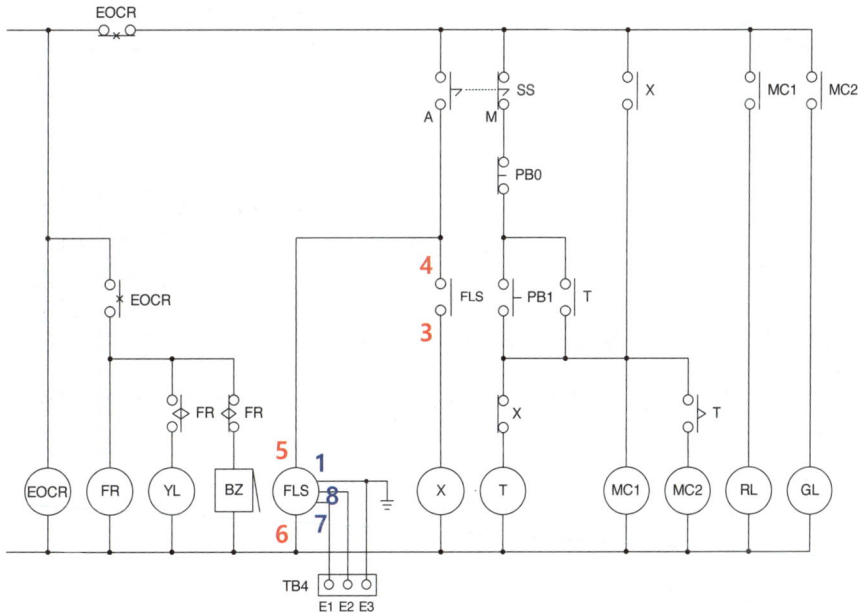

(1) 전원단자 번호는 5-6번을 사용한다(6-5번도 가능).
(2) 공개문제에서는 배수회로로 a접점만 사용한다(4-3번 또는 3-4번).
(3) 7번 단자는 E1에, 8번 단자는 E2에, 1번 단자는 E3에 연결한다(순서 바뀌면 안 됨).
(4) 동작시험 시 E1과 E3를 접촉하면 계전기 접점이 동작한다.

6강 제어판 단자대 이름 부여

학습목표 미리보기 배관 및 기구 배치도와 시퀀스 회로도를 보고 제어판 단자대에 이름을 부여하는 방법을 알아 보자.

1 단자대 이름 부여

1 제어판 단자대에 이름이 필요한 이유

제어회로는 제어판 내부에 배선하지만 푸시버튼 스위치, 표시등, 셀렉터 스위치, 전동기, 버저, 리밋 스위치 등은 제어판의 외부에 설치하는데 이들 기구는 제어판 단자대를 거쳐 외부로 연결되므로 제어판 단자대에 해당 기구의 이름을 적어 넣어야 한다.

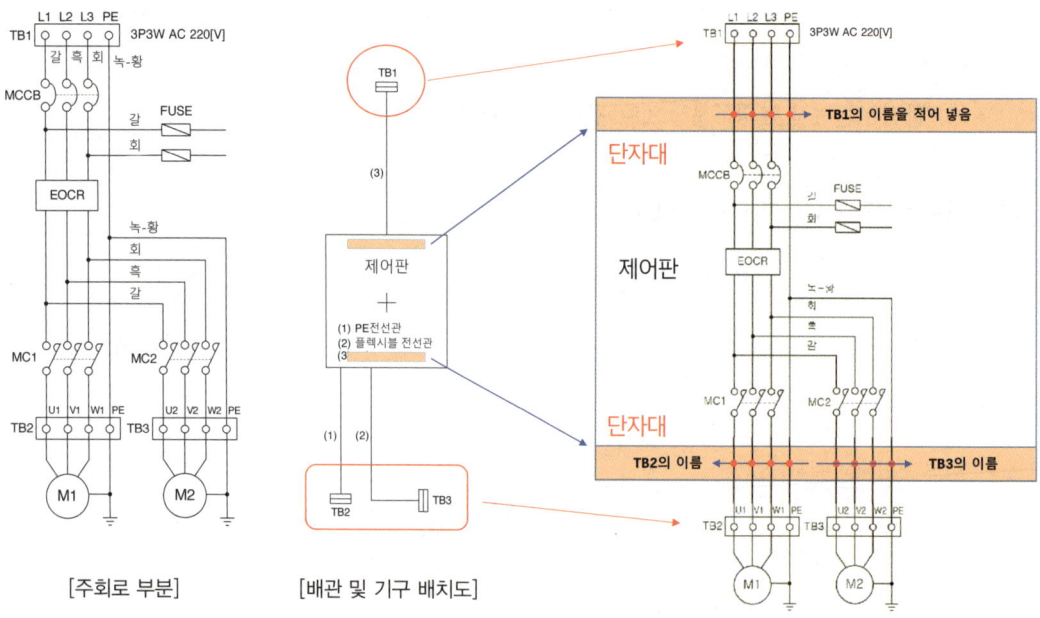

[주회로 부분] [배관 및 기구 배치도]

(1) 배관 및 기구 배치도에서 TB1이 제어판 위쪽으로 인출되어 위쪽 단자대에는 TB1에 해당하는 이름을 적어 넣는다.
(2) 배관 및 기구 배치도에서 TB2와 TB3는 제어판 아래쪽으로 인출되어 TB2와 TB3에 해당하는 이름을 적어 넣는다.

2 제어판 단자대에 이름을 적어 넣는 순서

(1) 배관 및 기구 배치도를 보고 제어판의 위쪽 단자대에는 왼쪽 배관부터 차례대로 연결되어 있는 기구의 이름을 적어 넣는다.
(2) 제어판 아래쪽 단자대에도 왼쪽 배관부터 차례대로 연결되어 있는 기구의 이름을 적어 넣는다.
(3) 배관의 순서대로 이름을 적어 넣어야 제어판 외부에서 전선이 교차하지 않는다.

3 제어판 단자대에 이름을 적어 넣는 방법

(1) 단자대 TB1, TB2, TB3, TB4는 도면에 주어진 이름을 그대로 사용한다.
(2) PB, LS, 표시등, BZ, 셀렉터 스위치 등은 기호를 그대로 사용한다.
(3) 공통단자 번호를 사용하는 경우 뒤쪽에 적어 넣는다.
(4) 필요한 경우 a접점은 ③-④번으로, b접점은 ①-②번으로 적어 넣는다.
(5) 제어판 단자대는 여유가 많으므로 적당하게 나누어서 사용한다.

4 전원 단자대(TB1)와 부하측 단자대(TB2, TB3)

(1) 전원 단자대(TB1)는 상의 배열순서에 따라야 한다.

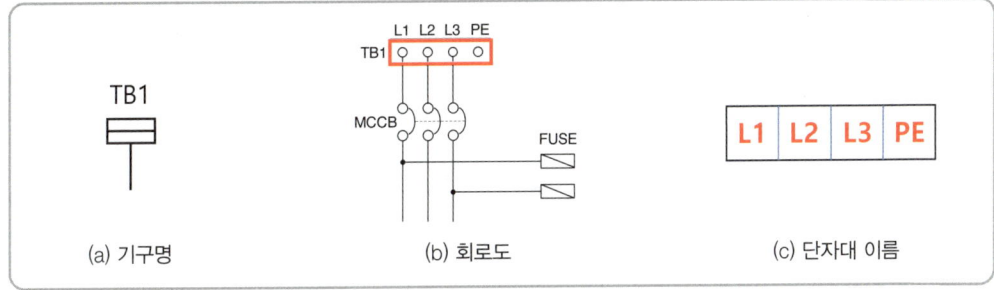

(2) 부하측 단자대(TB2, TB3)도 상의 배열순서에 따라야 한다.

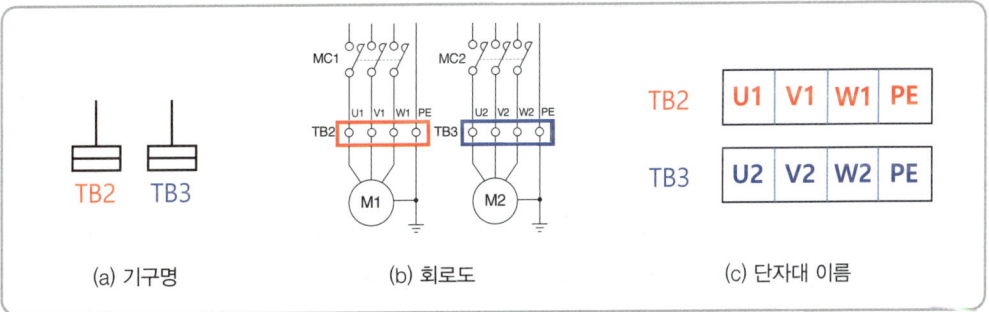

5 셀렉터 스위치(SS)

(1) 2개의 단자를 연결한 공통단자는 SS를 사용한다.
(2) 회로도에서 왼쪽이 A단자이고, 오른쪽이 M단자이다.

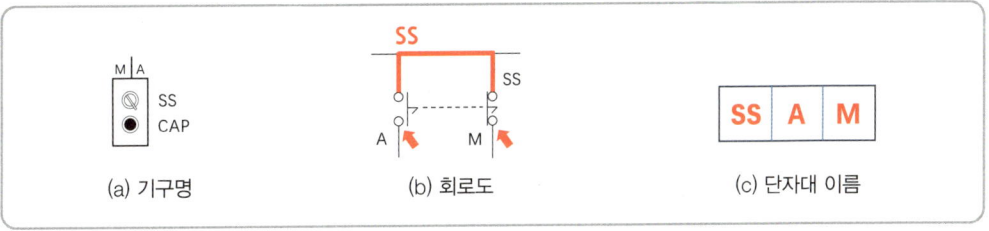

6 푸시버튼 스위치(PB)

(1) 푸시버튼 스위치의 두 단자가 연결된 경우 공통단자 이름은 (2)번을 사용한다.
(2) 회로도에서 위쪽 단자는 PB0이고, 아래쪽 단자는 PB1이다.
(3) 회로도에서 PB0, PB1의 위치와 관계없이 2구 컨트롤 박스 위쪽에 사용한 기구의 이름을 먼저 적어 넣는다.

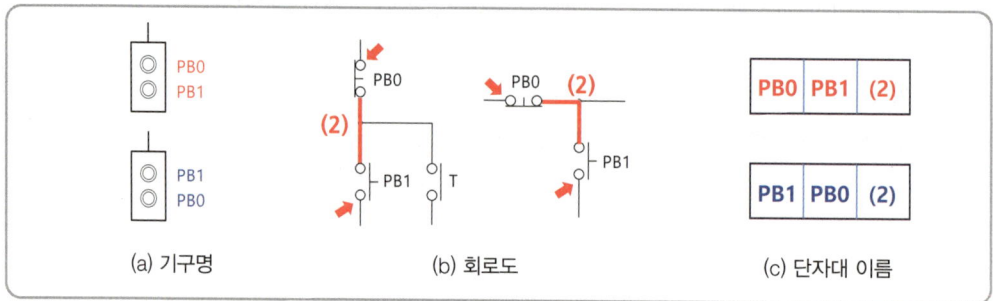

(4) a접점이 단독으로 사용된 경우 번호를 붙여서 단자를 구분한다(a접점은 ③, ④번).

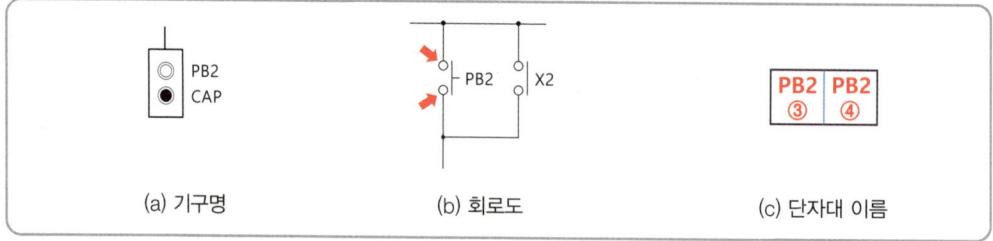

7 표시등(RL, GL)

(1) 아래쪽 모선에 연결된 2개의 단자를 연결한 공통단자 이름은 (1)번을 사용한다.
(2) 회로도에서 위쪽 단자는 표시등의 기호인 RL, GL로 적어 넣는다.
(3) 회로도에서 표시등 위치와 상관없이 2구 컨트롤 박스 위쪽에 사용한 기구의 이름을 먼저 적어 넣는다.

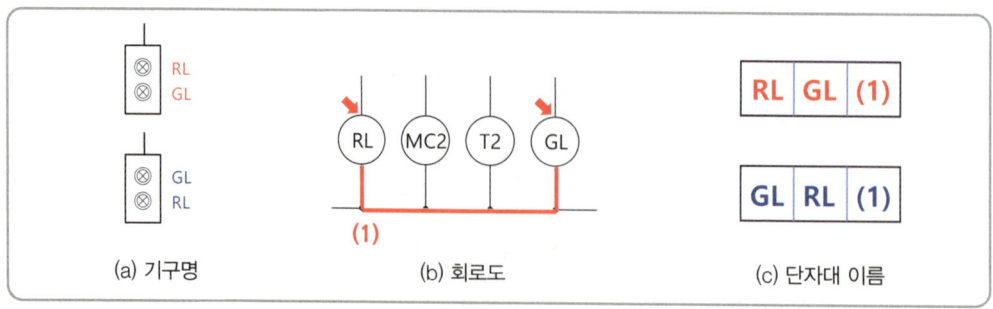

8 표시등(WL, YL)

(1) 아래쪽 모선에 연결된 2개의 단자를 연결한 공통단자 이름은 (1)번을 사용한다.
(2) 회로도에서 위쪽 단자는 표시등의 기호인 WL, YL로 적어 넣는다.
(3) 회로도에서 표시등 위치와 관계없이 2구 컨트롤 박스 위쪽에 사용한 기구의 이름을 먼저 적어 넣는다.

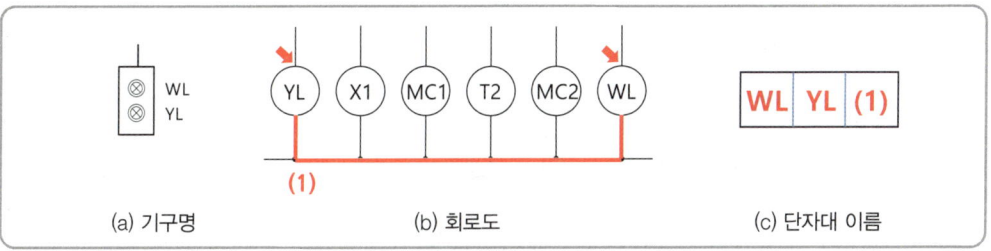

(a) 기구명 (b) 회로도 (c) 단자대 이름

9 표시등, 버저(YL, BZ)

(1) 아래쪽 모선에 연결된 2개의 단자를 연결한 공통단자 이름은 (1)번을 사용한다.
(2) YL, BZ의 위쪽 단자가 FR 접점에 연결되어 있으면 YL, BZ로 각각 적어 넣는다.
(3) YL, BZ의 위쪽 단자가 연결되어 있으면 YL, BZ의 약자인 YB로 적어 넣는다.

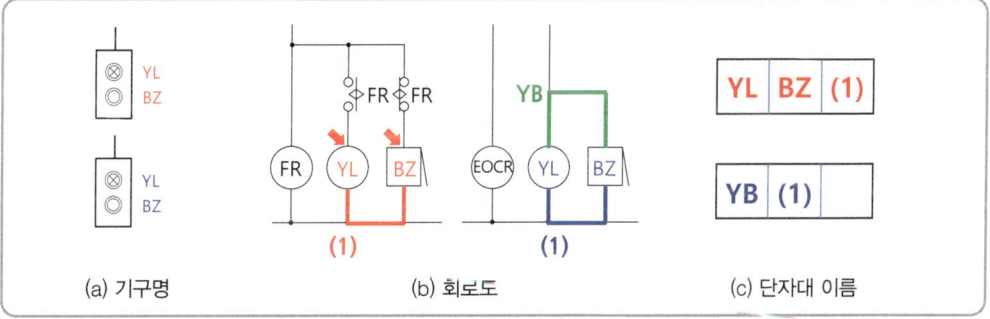

(a) 기구명 (b) 회로도 (c) 단자대 이름

10 TB4(수위 감지선)

TB4 단자대에 주어진 이름 E1, E2, E3를 순서대로 적어 넣는다.

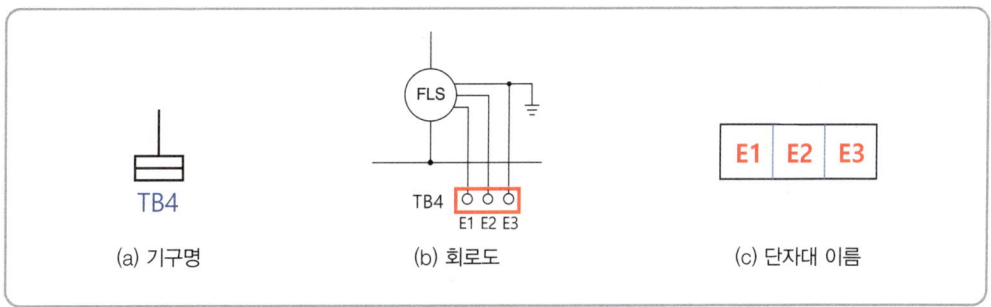

(a) 기구명 (b) 회로도 (c) 단자대 이름

11 TB4(리밋 스위치)

(1) LS의 a접점이 단독으로 사용되면 번호를 붙여서 단자를 구분한다(a접점은 ③, ④번).

(2) LS의 위쪽 단자는 ③번이고, 아래쪽 단자는 ④번이다(바꾸어 사용 가능).

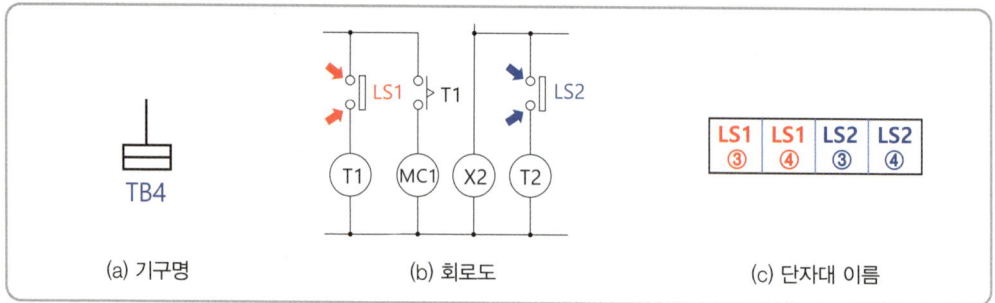

(3) LS의 위쪽 모선에 연결된 2개의 단자를 연결한 공통단자 이름은 (3)번을 사용한다.

(4) 회로도의 아래쪽 단자가 각각 LS1, LS2가 된다.

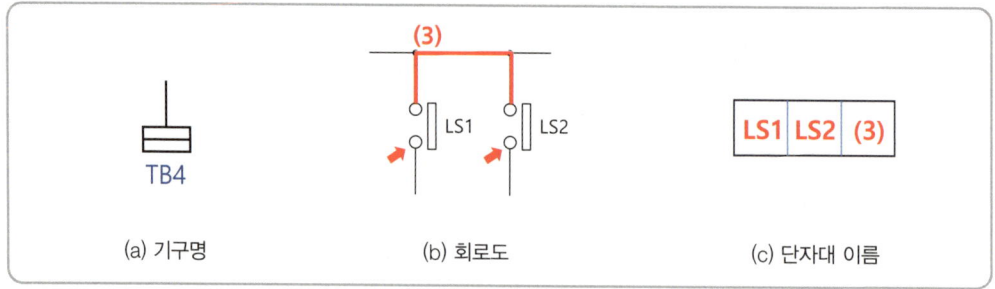

2 단자대 이름 요약정리

(1) 배관 및 기구 배치도를 보고 제어판의 왼쪽 배관부터 외부로 연결된 기구를 확인한다.
   ① 1번 배관의 끝에 연결된 기구는 PB1, PB0와 SS
   ② 2번 배관의 끝에 연결된 기구는 TB1
   ③ 3번 배관의 끝에 연결된 기구는 RL, GL
   ④ 4번 배관의 끝에 연결된 기구는 YL, BZ
   이와 같은 방법으로 확인한다.

(2) 회로도에서 기구가 연결되어 공통단자가 있으면 연결해 놓고 이름을 붙여준다.
   ① 셀렉터 스위치의 공통단자는 SS
   ② 아래쪽 모선에 연결된 표시등, 부저 등의 공통단자는 (1)번

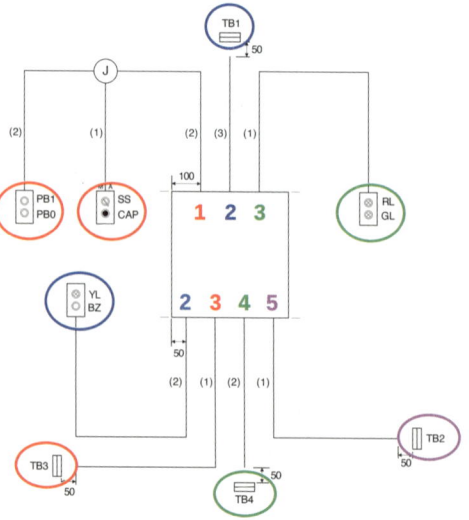

③ 푸시버튼 스위치의 공통단자는 (2)번

④ 리밋 스위치의 공통단자는 (3)번

⑤ YL, BZ의 위쪽 공통단자는 YB

(3) 공통단자 이름은 뒤쪽에 적어 넣는다.

(4) TB1, TB2, TB3 단자대는 주어진 상의 배열순서를 그대로 사용한다.

[제어회로도]

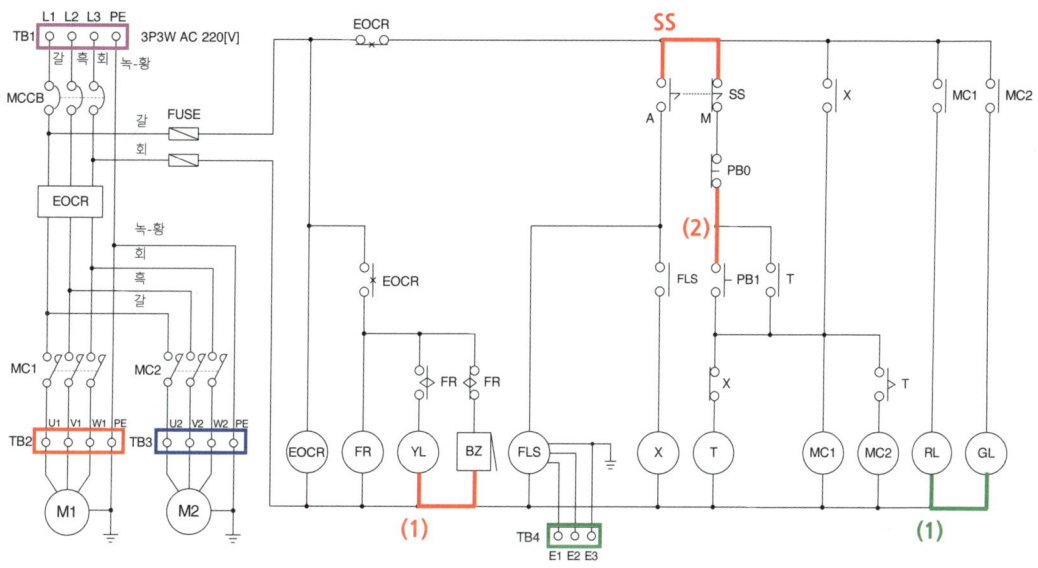

(5) 1번 배관의 끝에는 PB1, PB0와 SS가 연결되어 있다.

단자대 제일 왼쪽부터 PB1, PB0, (2), SS, A, M으로 적어 넣는다.

(6) 2번 배관의 끝에는 TB1이 연결되어 있어 L1, L2, L3, PE로 적어 넣는다.

(7) 3번 배관의 끝에는 RL, GL이 연결되어 있다. RL, GL, (1)로 적어 넣는다.

(8) 4번 배관의 끝에는 YL, BZ가 연결되어 있다.

제어판 아래쪽의 왼쪽 끝에 YL, BZ, (1)로 적어 넣는다.

(9) 5번 배관의 끝에는 TB3가 연결되어 있어 U2, V2, W2, PE로 적어 넣는다.

(10) 6번 배관의 끝에는 TB4가 연결되어 있어 E1, E2, E3로 적어 넣는다.

(11) 7번 배관의 끝에는 TB2가 연결되어 있어 U1, V1, W1, PE로 적어 넣는다.

(12) 제어판의 위쪽과 아래쪽에는 10P 단자대 2개씩 사용하므로 10P 단자대의 왼쪽과 오른쪽 끝에 각각 외부기구를 표시해 주면 구분하기 쉽다.

(13) 위쪽 단자대 사용 예제

PB1, PB0				S				TB1				GL, GL		
PB1	PB0	(2)	구분용 비워둠	SS	A	M		L1	L2	L3	PE		RL	GL	(1)

I 핵심이론

3 공개문제 2번 단자대 이름 적어 넣기

배관 및 기구 배치도와 제어회로도를 참고하여 단자대에 이름을 적어 넣어 보자.

1 배관 및 기구 배치도

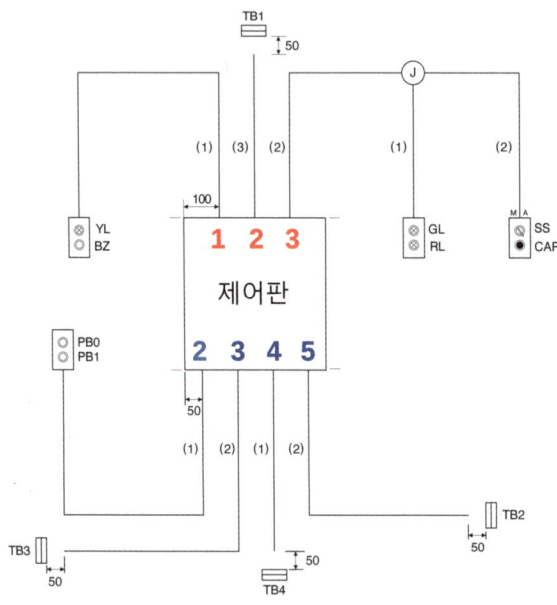

2 제어회로도

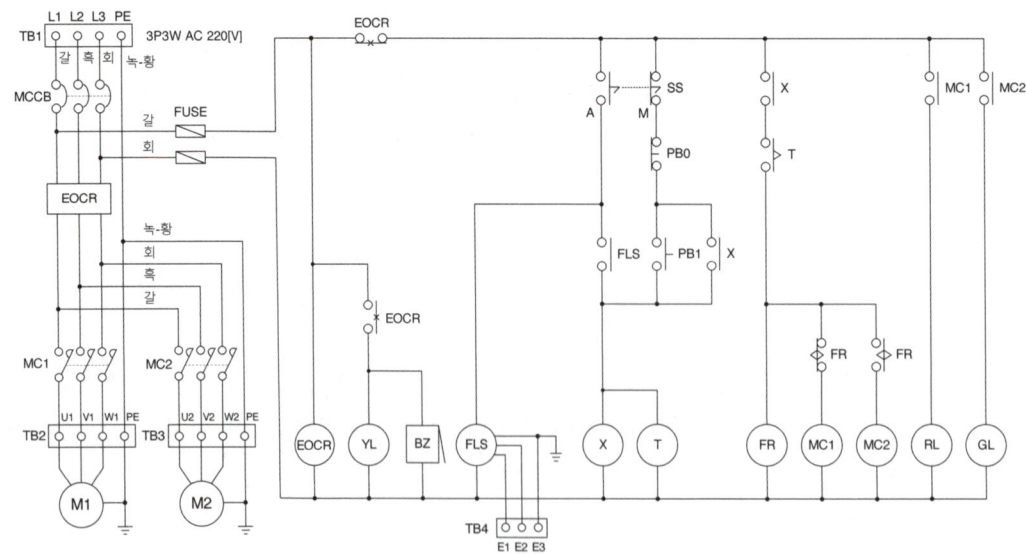

(1) TB1, TB2, TB3, TB4는 이름이 주어진 순서대로 적어 넣는다.

(2) 2구 박스는 위쪽 기구의 이름부터 적어 넣는다.

(3) 기구에서 연결되는 공통단자를 표시하고 공통단자 이름을 적어 넣는다.

3 제어판 단자대에 이름을 적어 넣기

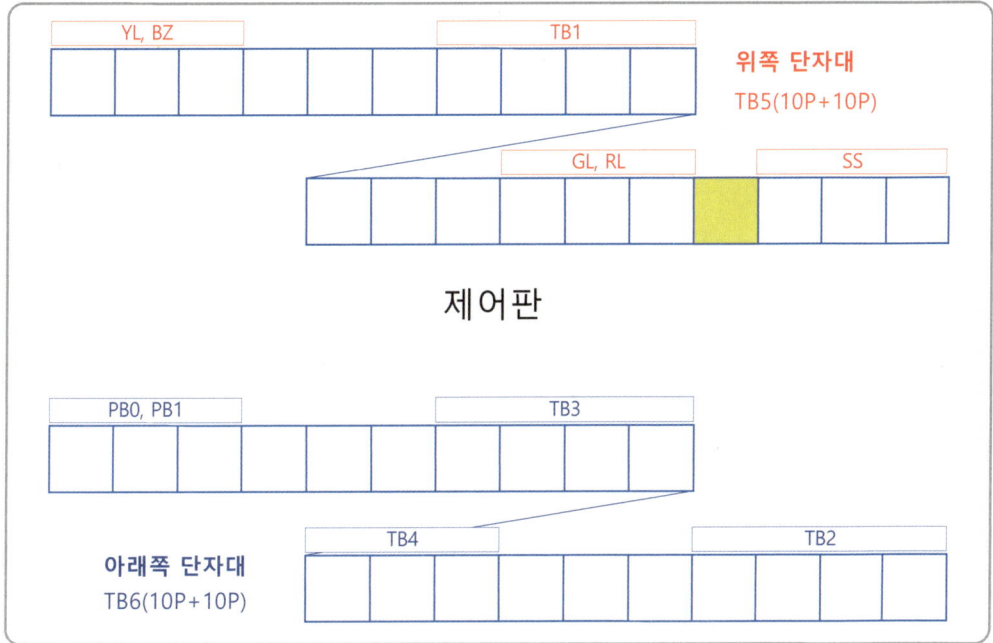

4 결과 확인

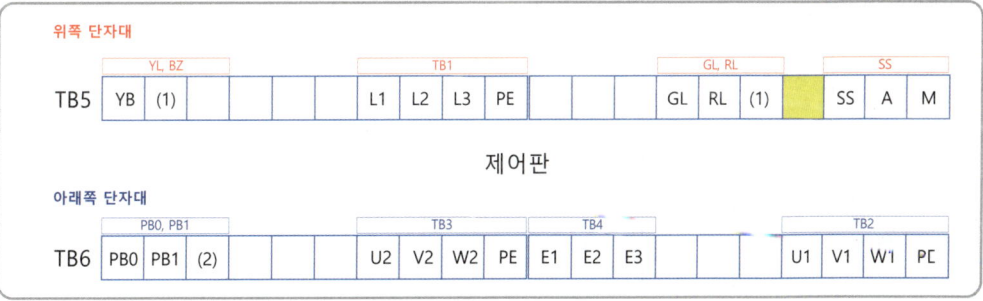

(1) 1, 2번 배관에 연결된 기구 이름은 왼쪽의 10P 단자대에, 3번 배관에 연결된 두 기구 이름은 오른쪽 10P 단자대에 적어 넣는다.

(2) 4, 5번 배관에 연결된 기구 이름은 왼쪽의 10P 단자대에, 6, 7번 배관에 연결된 기구 이름은 오른쪽 10P 단자대에 적어 넣는다.

(3) YL, BZ의 위쪽 단자도 같은 선에 연결되어 있으므로 YB로 적어 넣는다.

(4) GL-RL과 SS는 3번 배관에서 같이 나오므로 오른쪽 끝에 맞추어 이름을 적어 넣고, 단자를 구분하기 위해 빈칸 하나를 넣는다.

I 핵심이론

4 공개문제 9번 단자대 이름 적어 넣기

배관 및 기구 배치도와 제어회로도를 참고하여 단자대에 이름을 적어 넣어 보자.

1 배관 및 기구 배치도

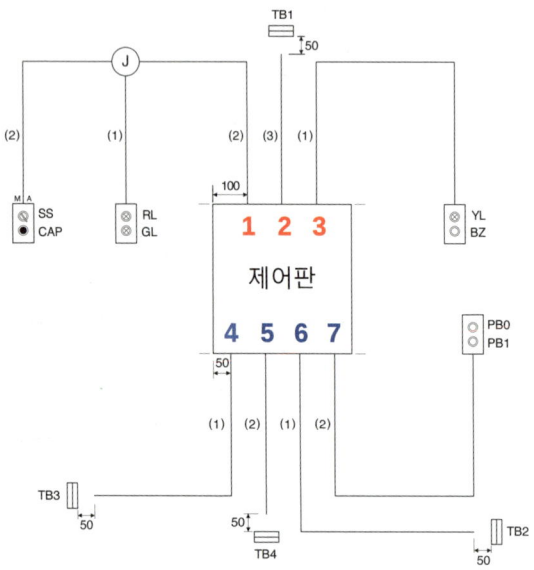

2 제어회로도

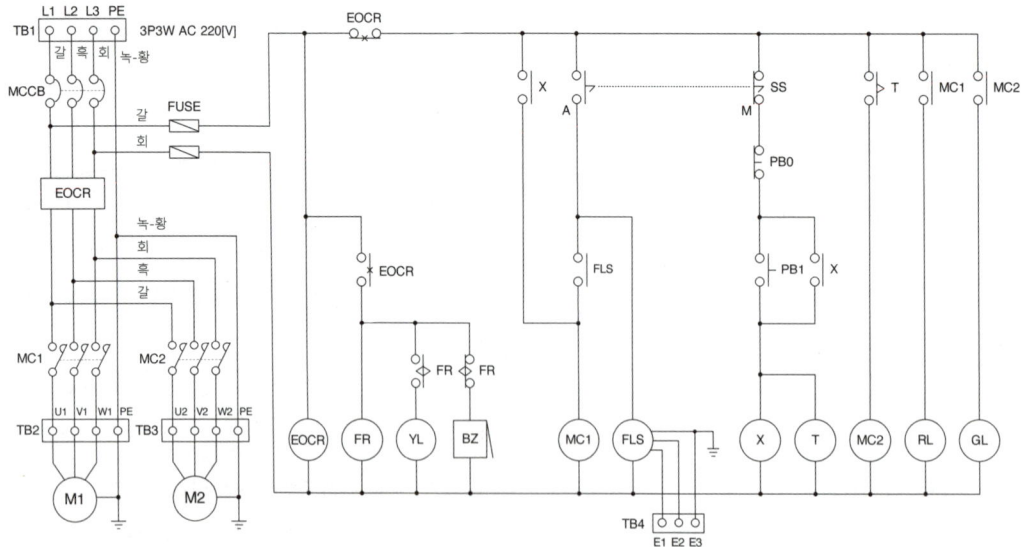

(1) TB1, TB2, TB3, TB4는 이름이 주어진 순서대로 적어 넣는다.
(2) 2구 박스는 위쪽 기구의 이름부터 적어 넣는다.
(3) 기구에서 연결되는 공통단자를 표시하고 공통단자 이름을 적어 넣는다.

3 제어판 단자대에 이름을 적어 넣기

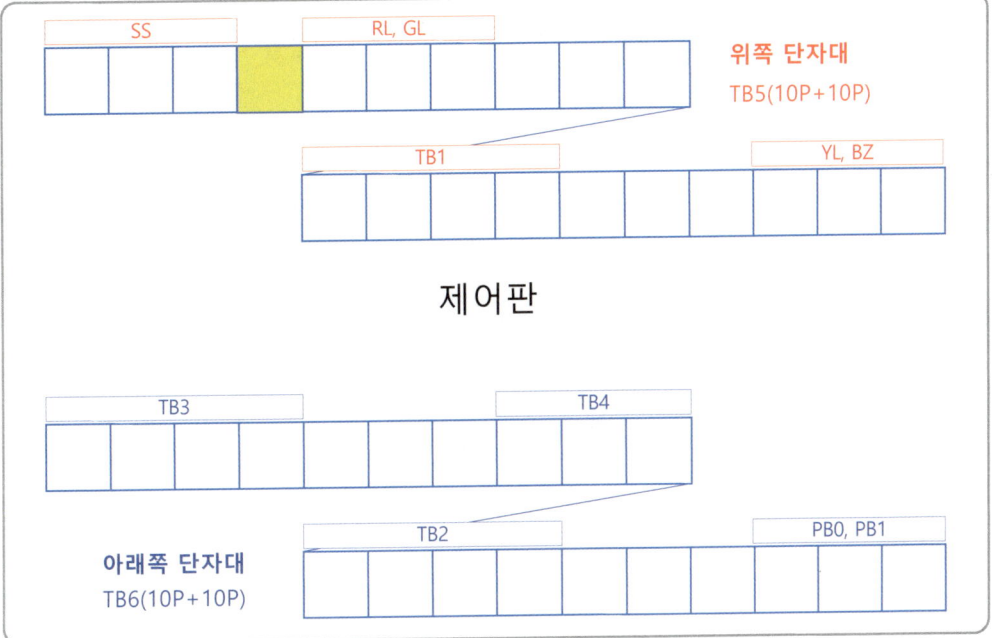

4 결과 확인

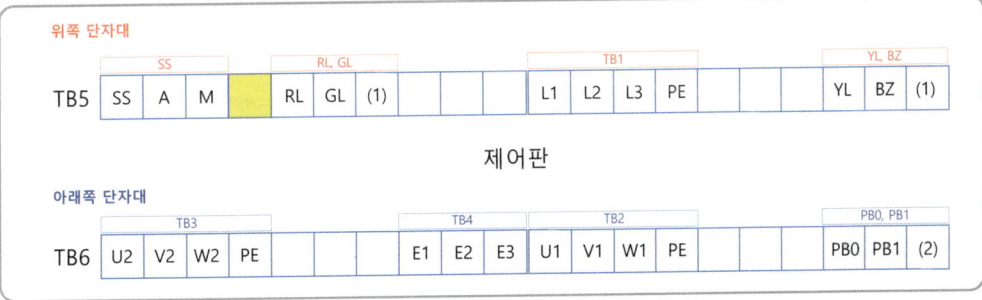

(1) 1번 배관에 연결된 두 기구 이름은 왼쪽의 10P 단자대에, 2, 3번 배관에 연결된 기구 이름은 오른쪽 10P 단자대에 적어 넣는다.

(2) 4, 5번 배관에 연결된 기구 이름은 왼쪽의 10P 단자대에, 6, 7번 배관에 연결된 기구 이름은 오른쪽 10P 단자대에 적어 넣는다.

(3) SS와 RL-GL은 1번 배관에서 같이 나오므로 왼쪽 끝에 맞추어 이름을 적어 넣고, 단자를 구분하기 위해 빈칸 하나를 넣는다.

5 공개문제 11번 단자대 이름 적어 넣기

배관 및 기구 배치도와 제어회로도를 참고하여 단자대에 이름을 적어 넣어 보자.

1 배관 및 기구 배치도

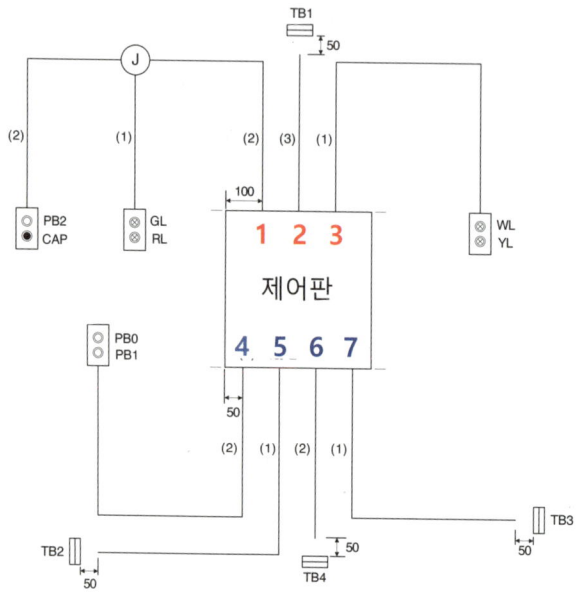

2 제어회로도

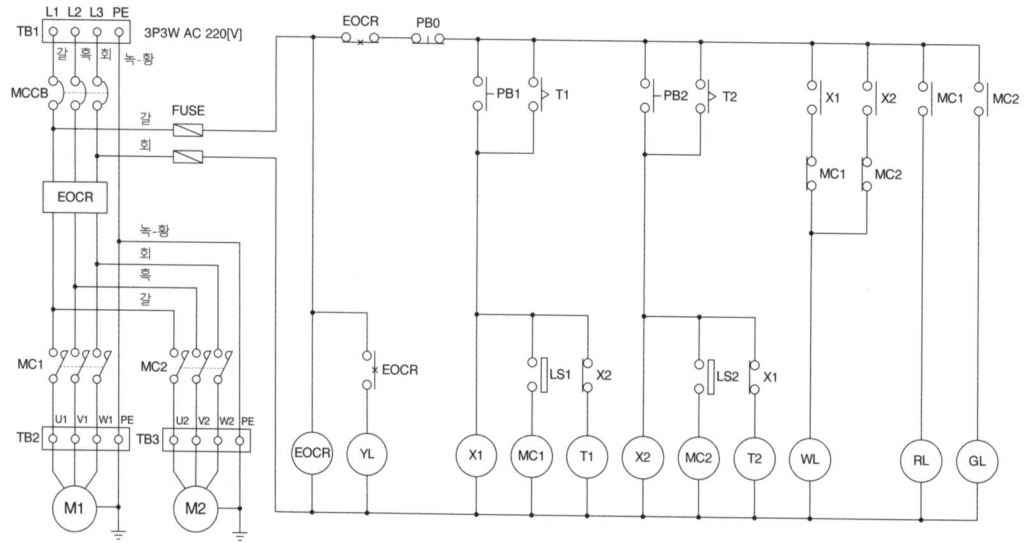

(1) TB1, TB2, TB3, TB4는 이름이 주어진 순서대로 적어 넣는다.
(2) 2구 박스는 위쪽 기구의 이름부터 적어 넣는다.
(3) 기구에서 연결되는 공통단자를 표시하고 공통단자 이름을 적어 넣는다.

3 제어판 단자대에 이름을 적어 넣기

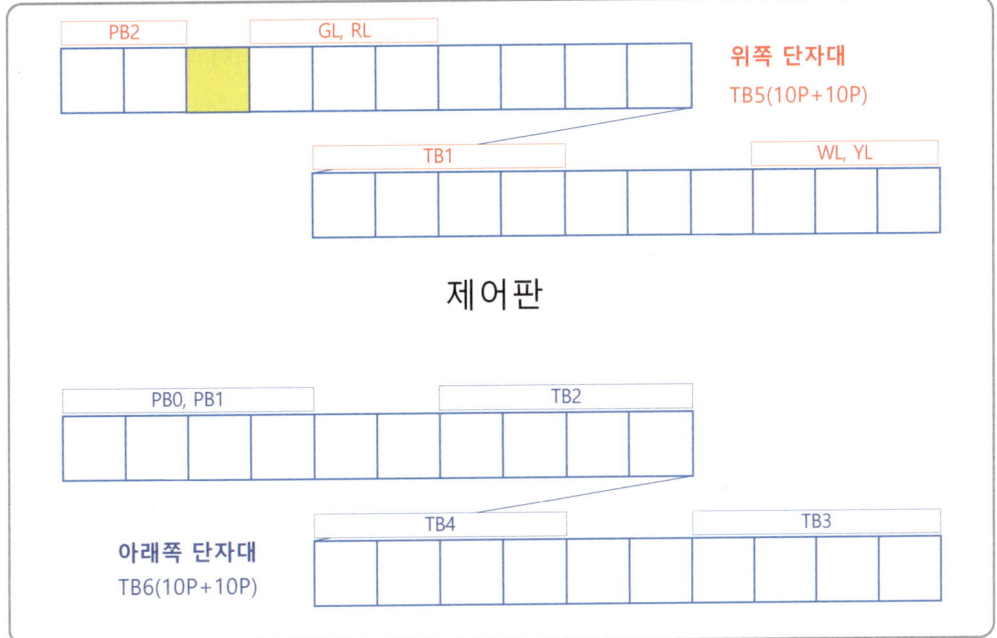

4 결과 확인

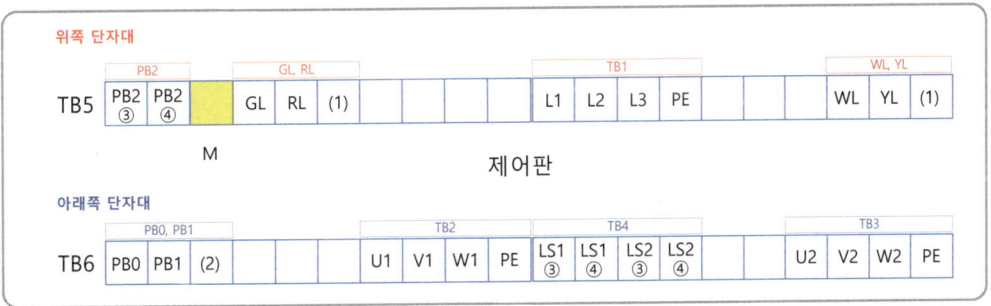

(1) 1번 배관에 연결된 두 기구 이름은 왼쪽의 10P 단자대에, 2, 3번 배관에 연결된 기구 이름은 오른쪽 10P 단자대에 적어 넣는다.

(2) 4, 5번 배관에 연결된 기구 이름은 왼쪽의 10P 단자대에, 6, 7번 배관에 연결된 기구 이름은 오른쪽 10P 단자대에 적어 넣는다.

(3) PB2, LS1, LS2는 모두 a접점만 사용하므로 두 단자의 이름을 각각 ③번, ④번으로 적어 넣는다.

6 공개문제 17번 단자대 이름 적어 넣기

배관 및 기구 배치도와 제어회로도를 참고하여 단자대에 이름을 적어 넣어 보자.

1 배관 및 기구 배치도

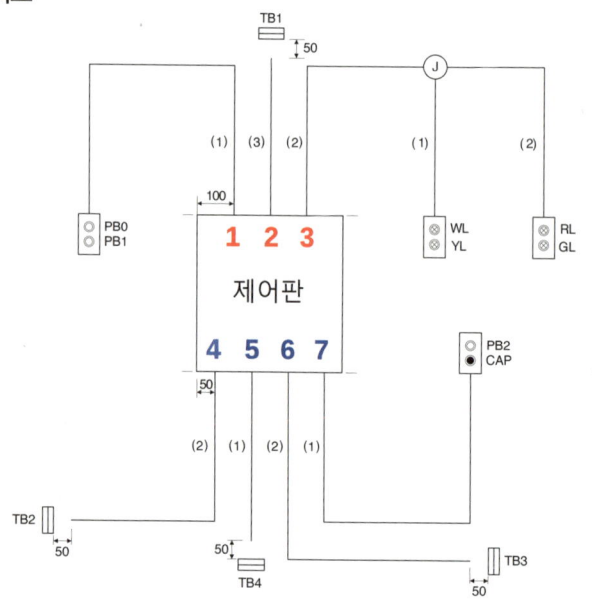

2 제어회로도

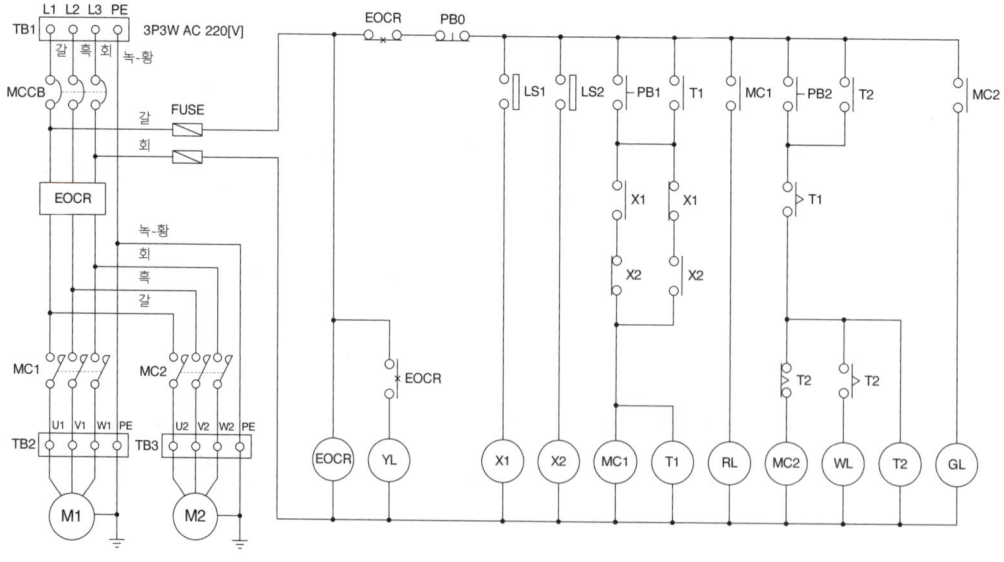

(1) TB1, TB2, TB3, TB4는 이름이 주어진 순서대로 적어 넣는다.
(2) 2구 박스는 위쪽 기구의 이름부터 적어 넣는다.
(3) 기구에서 연결되는 공통단자를 표시하고 공통단자 이름을 적어 넣는다.

3 제어판 단자대에 이름을 적어 넣기

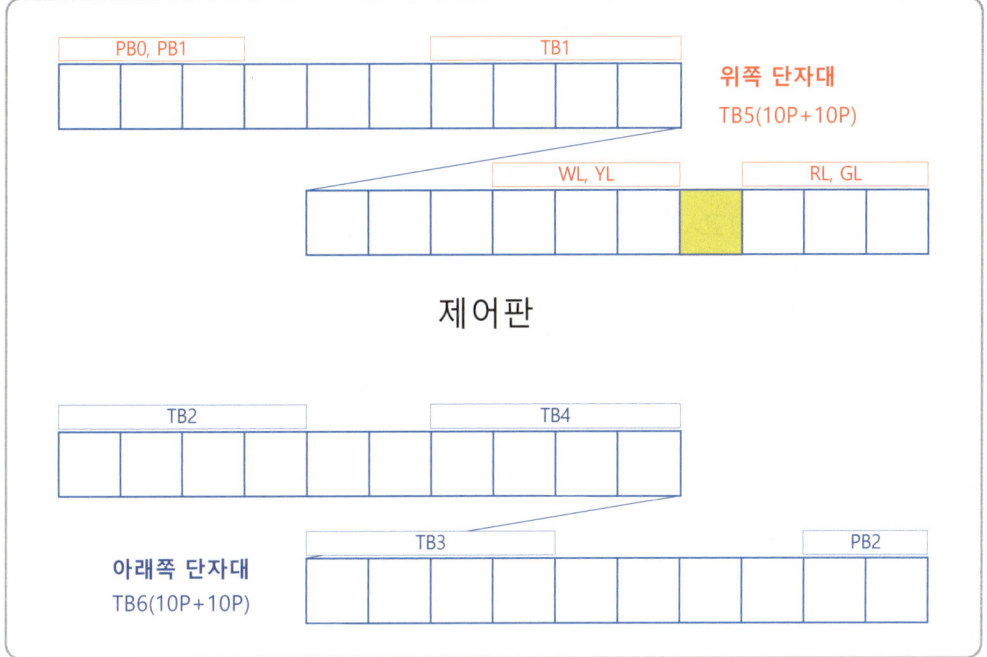

4 결과 확인

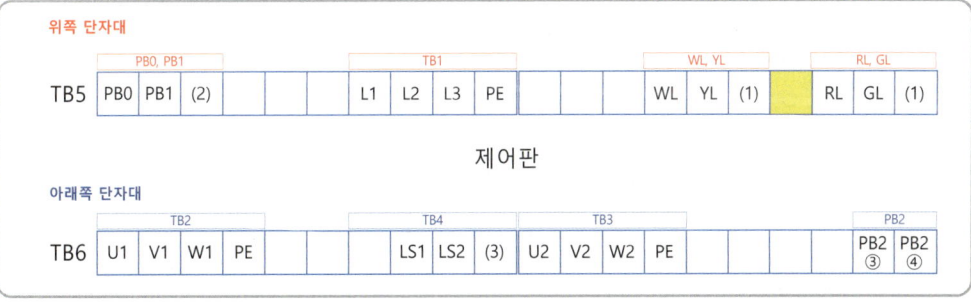

(1) 1, 2번 배관에 연결된 기구 이름은 왼쪽의 10P 단자대에, 3번 배관에 연결된 두 기구 이름은 오른쪽 10P 단자대에 적어 넣는다.

(2) 4, 5번 배관에 연결된 기구 이름은 왼쪽의 10P 단자대에, 6, 7번 배관에 연결된 기구 이름은 오른쪽 10P 단자대에 적어 넣는다.

(3) PB2는 a접점만 사용하므로 두 단자의 이름을 각각 ③번, ④번으로 적어 넣는다.

7강 회로 구성방법

학습목표 미리보기
회로도의 단자가 기구의 어느 단자와 연결되는지를 살펴보자.

1 회로 연결 시 참고사항

(1) 회로도의 단자와 기구 배치도에 있는 기구의 단자와 매칭되어야 한다.
(2) 한 단자에서 시작하여 선에 연결된 모든 단자를 연결해야 하며, 단자를 통과하여 연결하면 안 된다.
(3) 되도록 최단 거리로 연결한다.
(4) 표시등, 푸시버튼 등은 나중에 단자대를 거쳐 외부에 연결해야 한다.

2 회로도

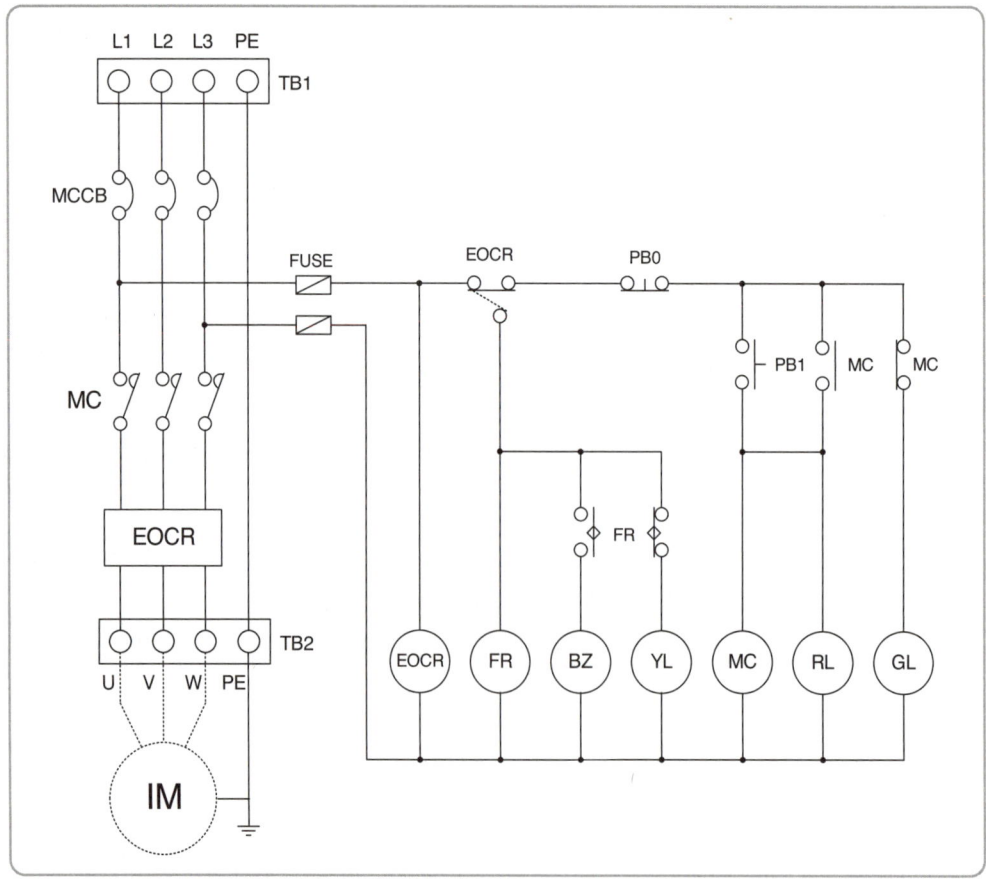

[범례]

기호	명칭	기호	명칭
TB1, TB2	4P 단자대	PB1	푸시버튼 스위치(녹색)
MCCB	배선용 차단기	BZ	버저
MC	전자접촉기	RL	표시등(적색)
EOCR	전자식 과전류 계전기	GL	표시등(녹색)
FR	플리커 릴레이	YL	표시등(황색)
PB0	푸시버튼 스위치(적색)		

3 기구 배치도

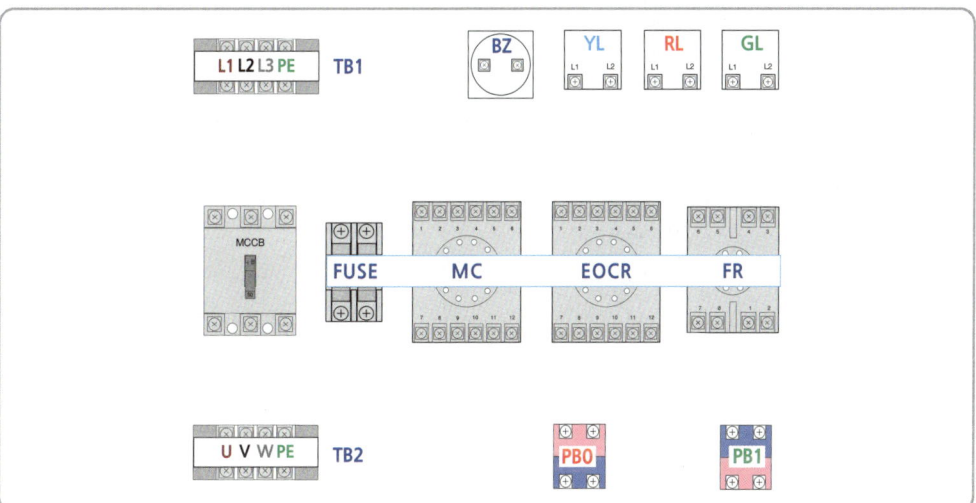

1 배선 기구 사용 시 유의사항

(1) 표시등의 L1 · L2 단자는 굳이 구분하여 사용하지 않아도 된다.
(2) 푸시버튼 스위치에서 빨간색 부분의 단자는 b접점(NC)이고, 파란색 부분의 단자는 a접점(NO)이다.
(3) 계전기 소켓 위에 종이테이프를 붙이고 계전기의 이름을 적어 넣는다.

2 회로 연결순서

(1) 주회로의 색상은 정해져 있으며, 위쪽부터 차례로 연결한다. (가)~(바)회로로 구분(L1상 : 갈색, L2상 : 흑색, L3상 : 회색, PE : 녹-황색)
(2) 제어회로의 아래쪽 모선을 연결한다. (1)번 회로
(3) 제어회로의 위쪽 모선을 연결한다. (2)~(4)번 회로
(4) 가운데 회로를 왼쪽부터 차례로 연결한다. (5)~(9)번 회로
(5) 모터의 접속은 생략하고 단자대까지만 배선한다.

4 계전기 접점번호 부여

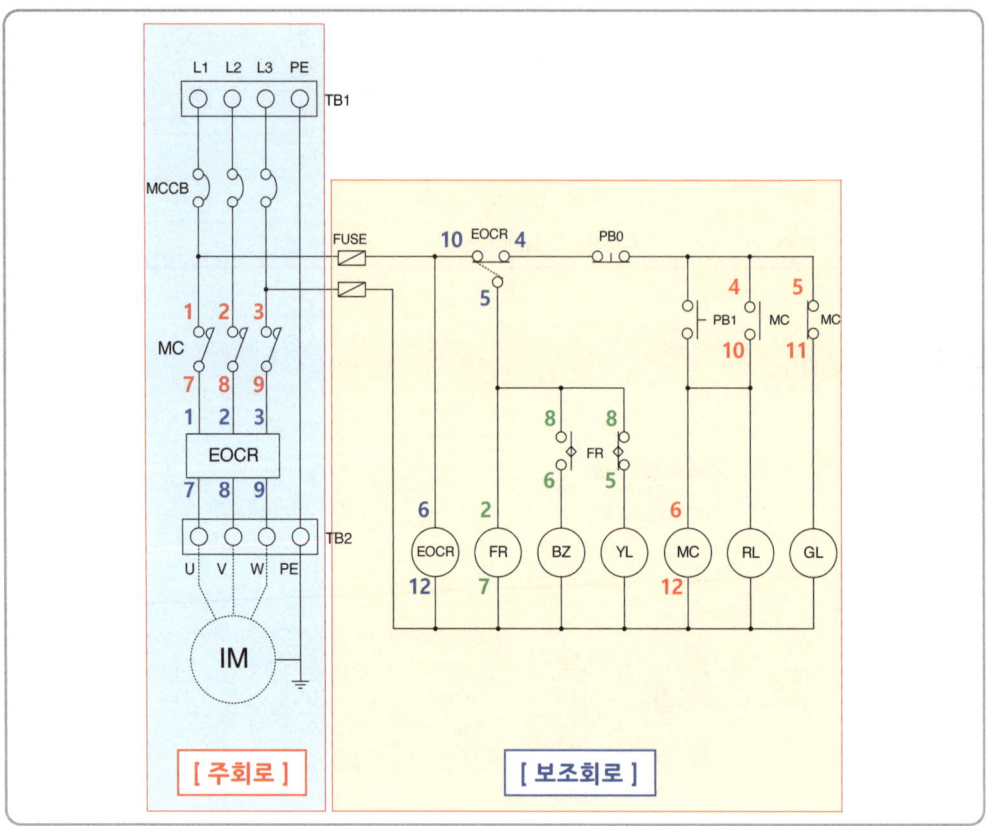

계전기 내부 결선도를 참고하여 계전기 접점번호를 부여한다.
  (1) **주회로** : 전동기가 연결되어 큰 전류를 소비하는 회로
  (2) **보조회로** : 주회로에 연결된 전동기를 제어하는 회로

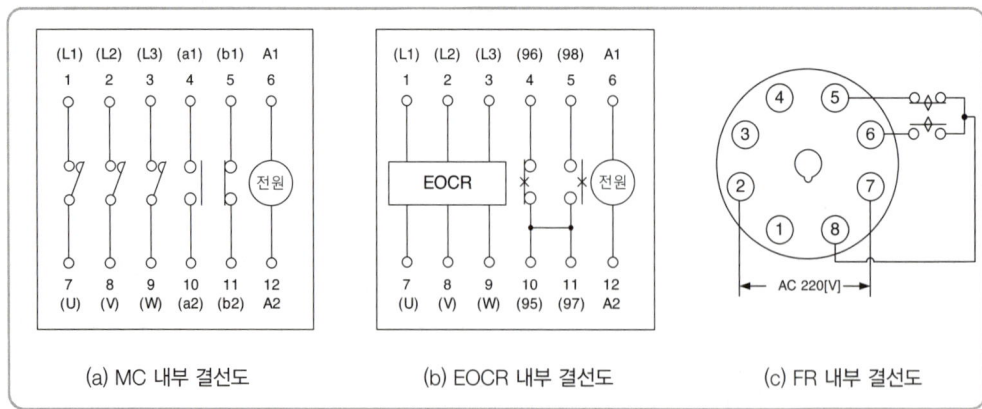

(a) MC 내부 결선도   (b) EOCR 내부 결선도   (c) FR 내부 결선도

5 주회로 배선작업

주회로 연결 시 전선의 색상을 꼭 맞춰서 사용해야 한다.

1 주회로에서의 (가) · (나)회로

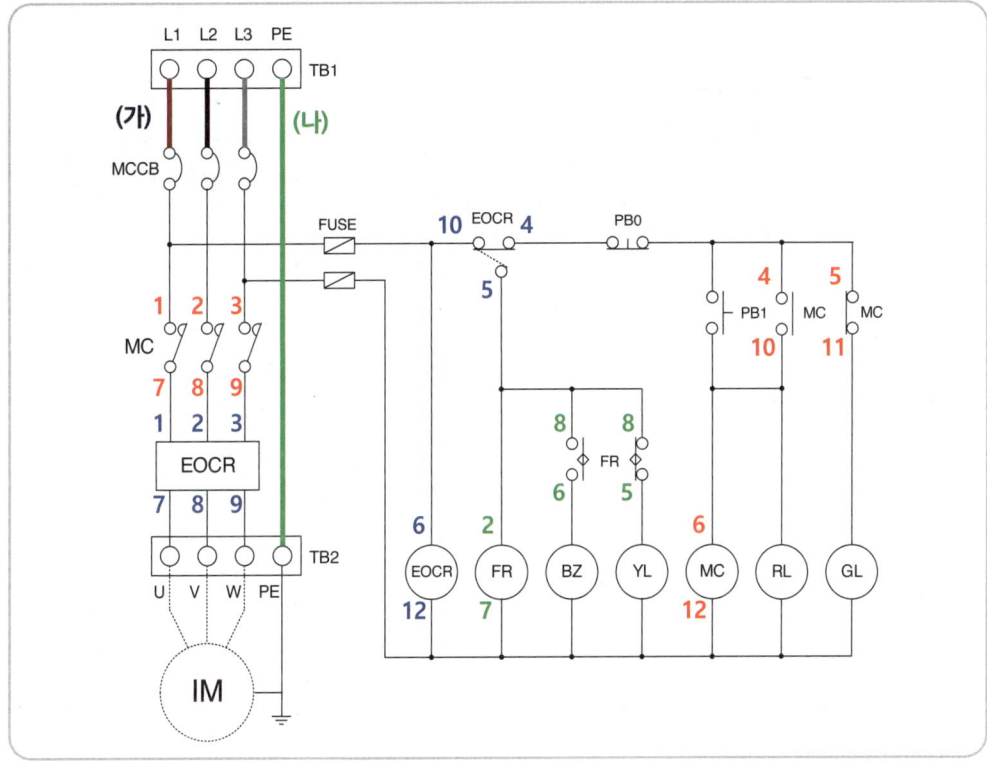

(1) (가)회로 : TB1의 L1 · L2 · L3단자와 차단기의 1차측 단자를 차례대로 연결한다(L1상 : 갈색, L2상 : 흑색, L3상 : 회색 전선).

(2) (나)회로 : TB1의 PE단자와 TB2의 PE단자를 연결한다(녹-황색 전선).

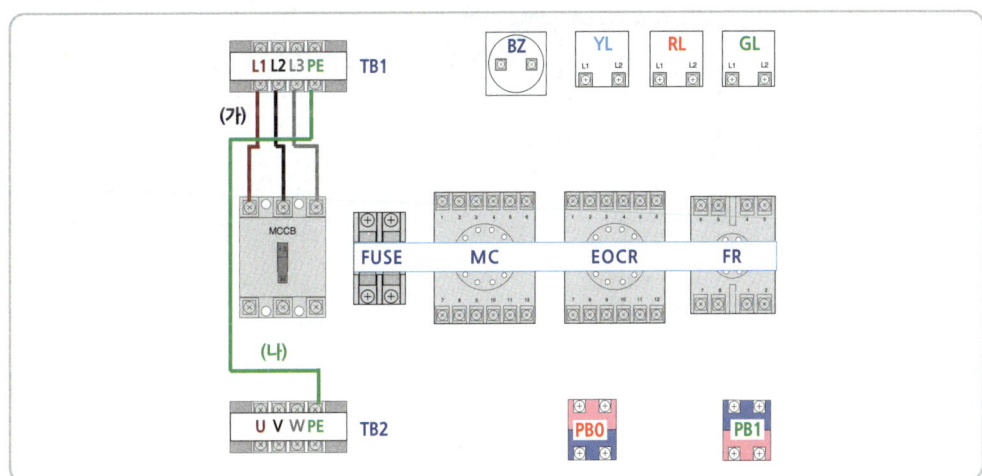

2 주회로에서의 (다)·(라)회로

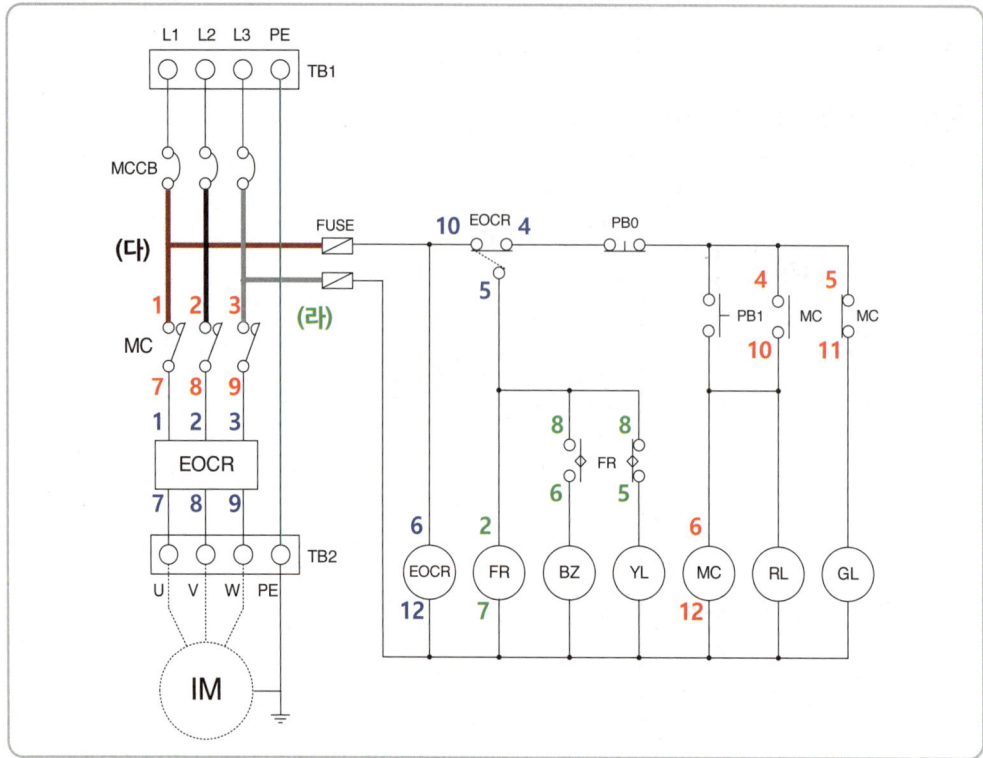

(1) (다)회로 : 차단기의 2차측 단자와 MC-①·②·③번 단자를 차례로 연결한다.
(2) (라)회로 : MC-①·③번 단자와 퓨즈 1차측 단자를 연결한다. 퓨즈의 1차측은 갈색, 회색 전선을 사용한다.

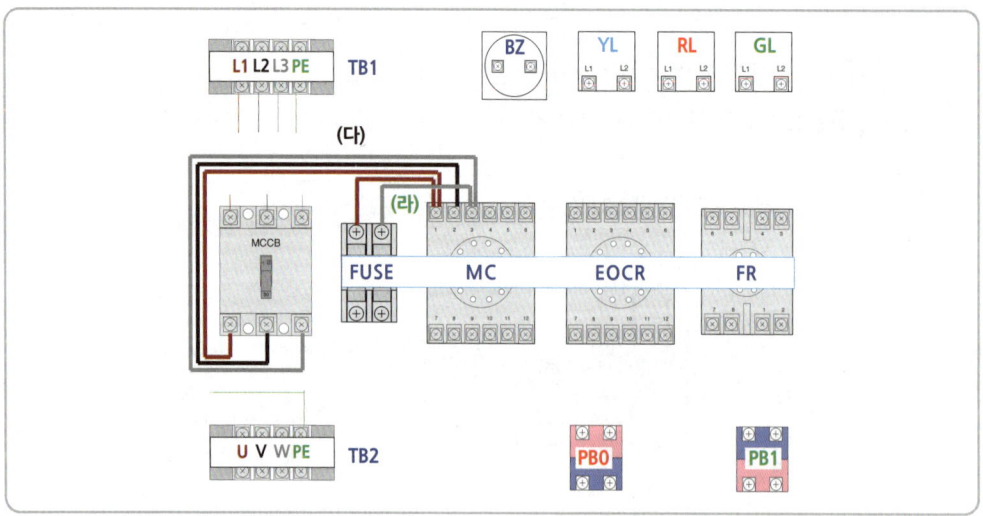

3 주회로에서의 (마)회로

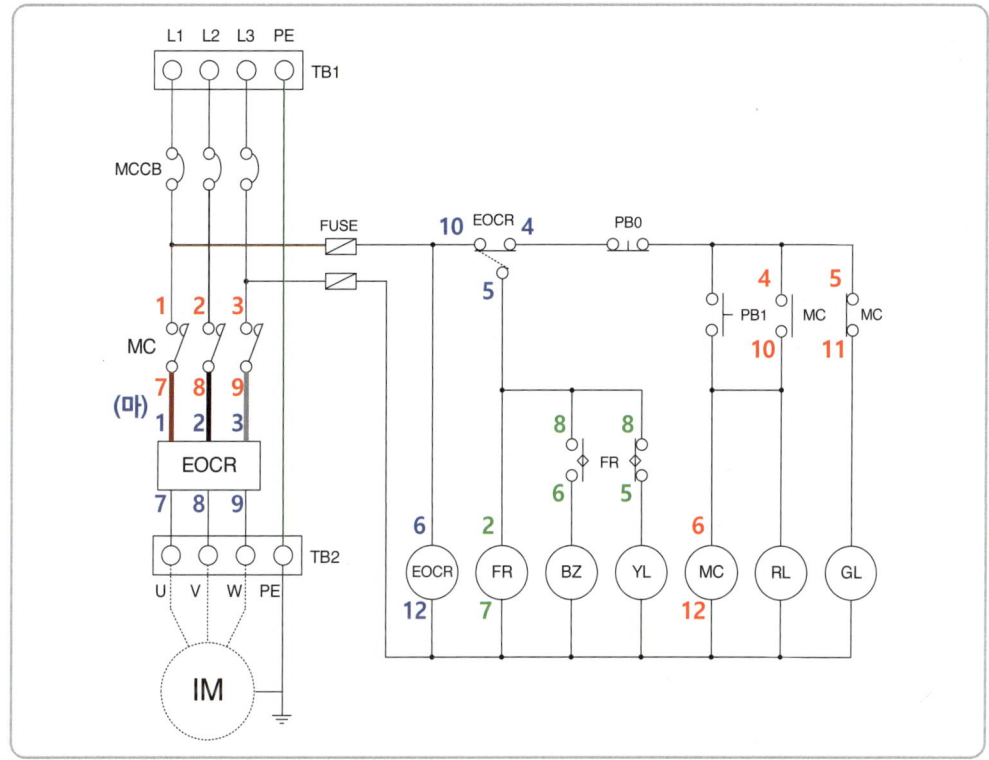

(마)회로는 MC-⑦·⑧·⑨번 단자와 EOCR-①·②·③번 단자를 차례대로 연결한다.

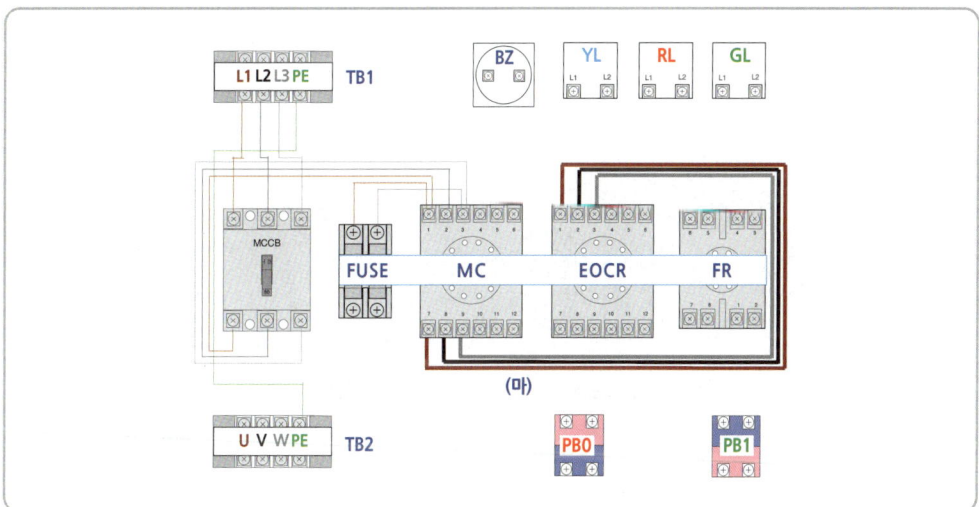

4 주회로에서의 (바)회로

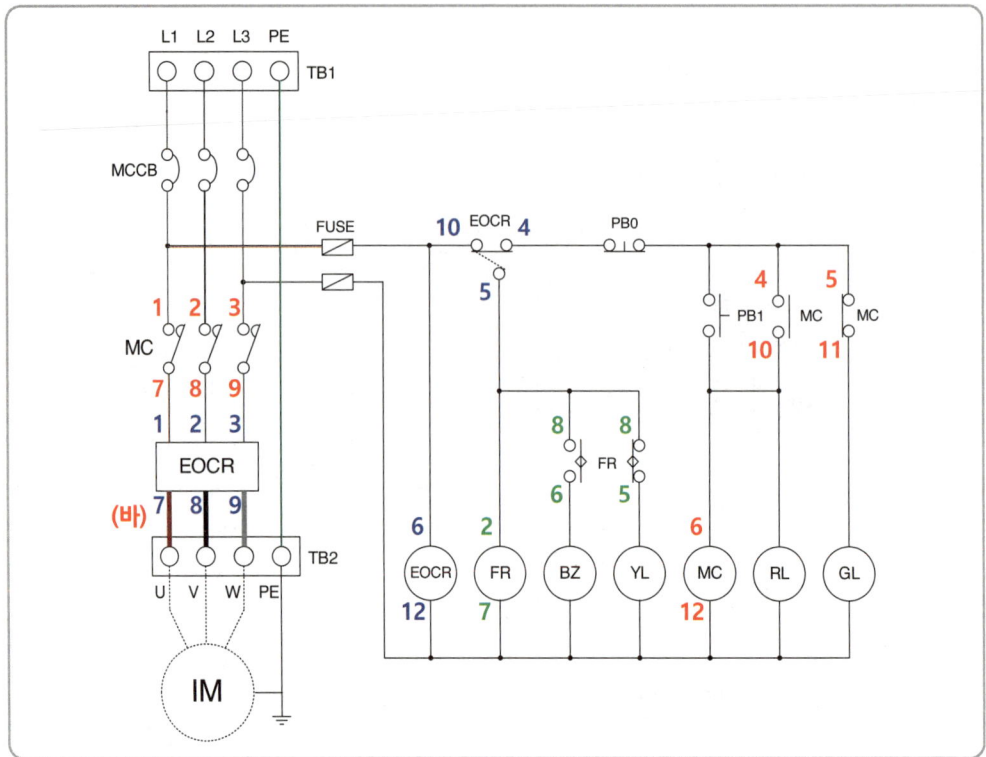

(바)회로는 EOCR-⑦ · ⑧ · ⑨번 단자와 TB2-U · V · W단자를 차례대로 연결한다.

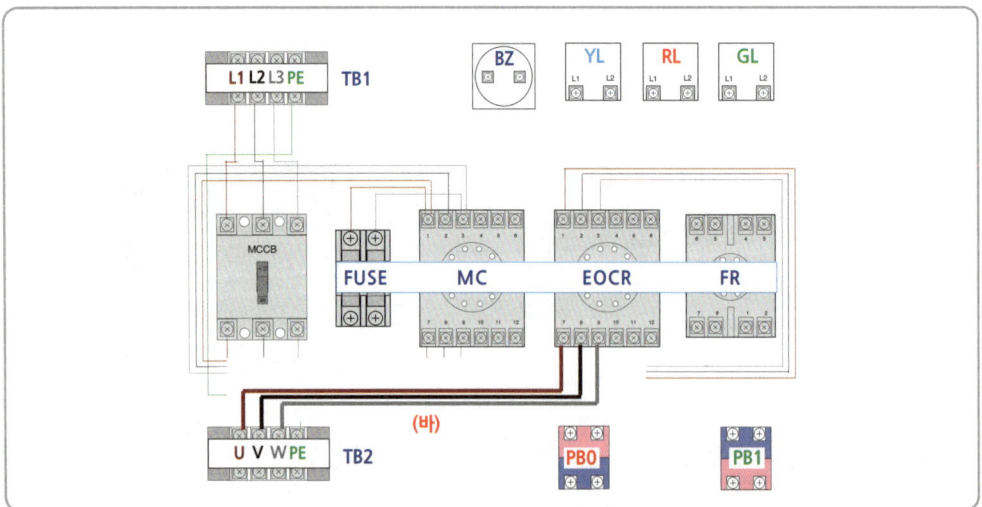

5 보조회로에서의 (1)번 회로

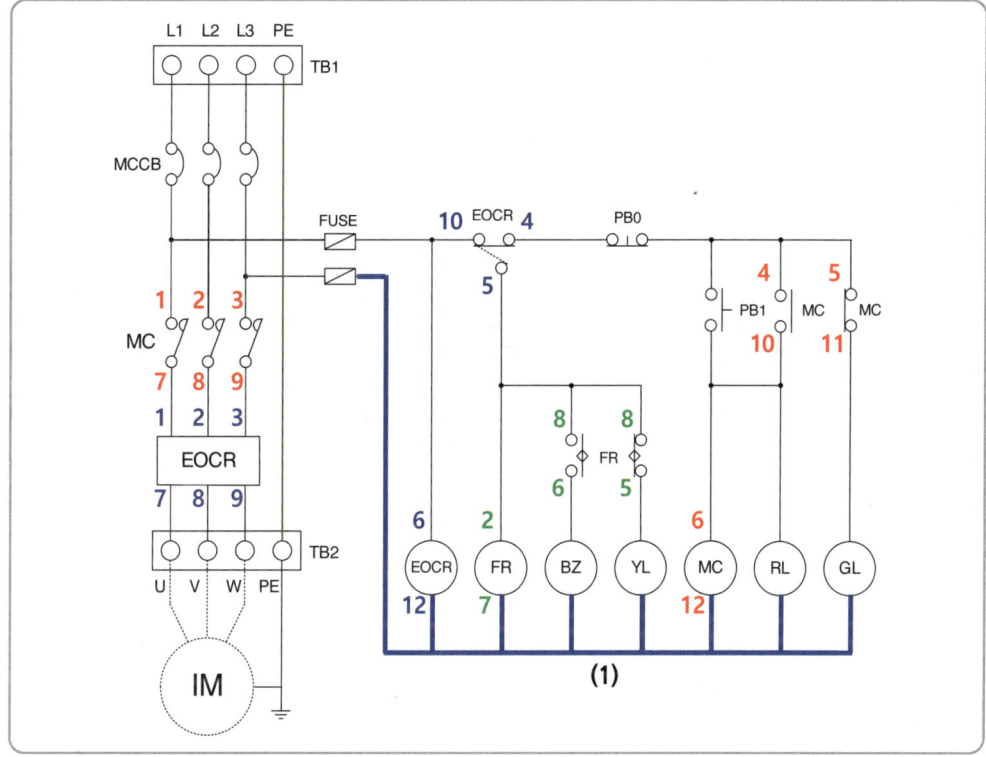

(1) 연결해야 하는 단자가 많은 경우에는 연결할 단자에 단자 자석이나 마스킹 테이프를 잘라 붙여 놓으면 배선작업이 쉽다.

(2) 퓨즈 2차 ⇔ EOCR-⑫ ⇔ FR-⑦ ⇔ BZ ⇔ YL ⇔ MC-⑫ ⇔ RL ⇔ GL단자를 찾아 표시하고 최단 거리로 연결한다(제어회로도 순서에는 관계없이 총 8개 단자를 연결).

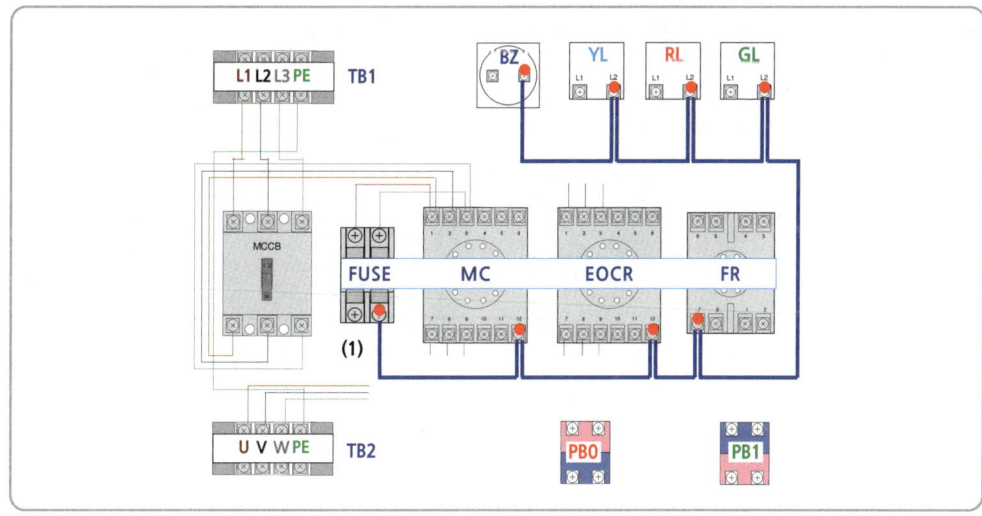

6 보조회로에서의 (2)·(3)번 회로

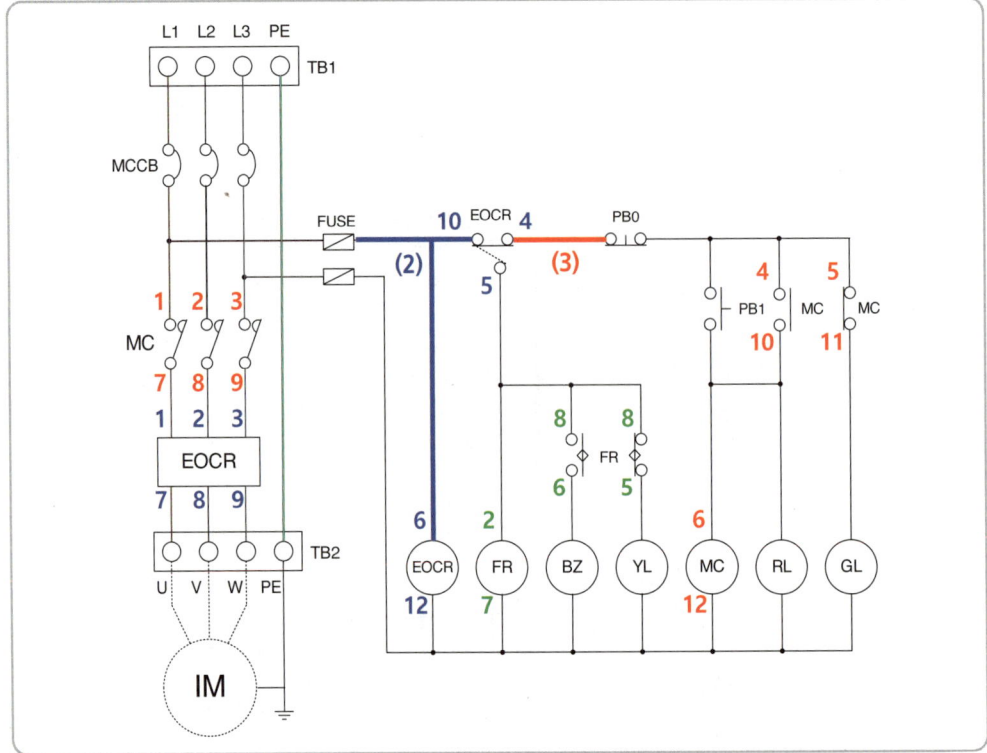

(1) (2)번 회로 : 퓨즈 2차 ⇔ EOCR-⑩·⑥번 단자를 찾아 표시하고 최단 거리로 연결한다
(제어회로도 순서에는 관계없이 총 3개 단자를 연결하면 된다).

(2) (3)번 회로 : EOCR-④번 단자와 PB0-①번 단자를 연결한다.

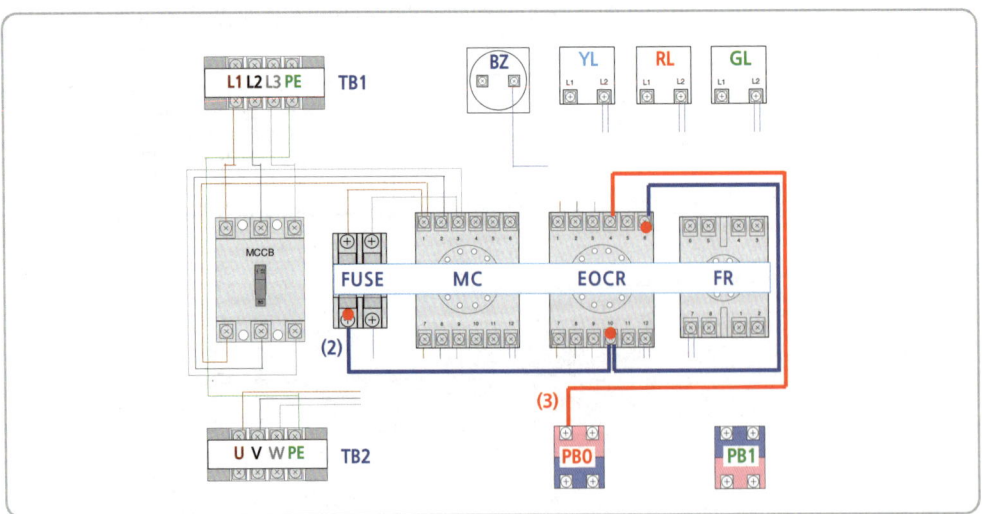

7 보조회로에서의 (4) · (5)번 회로

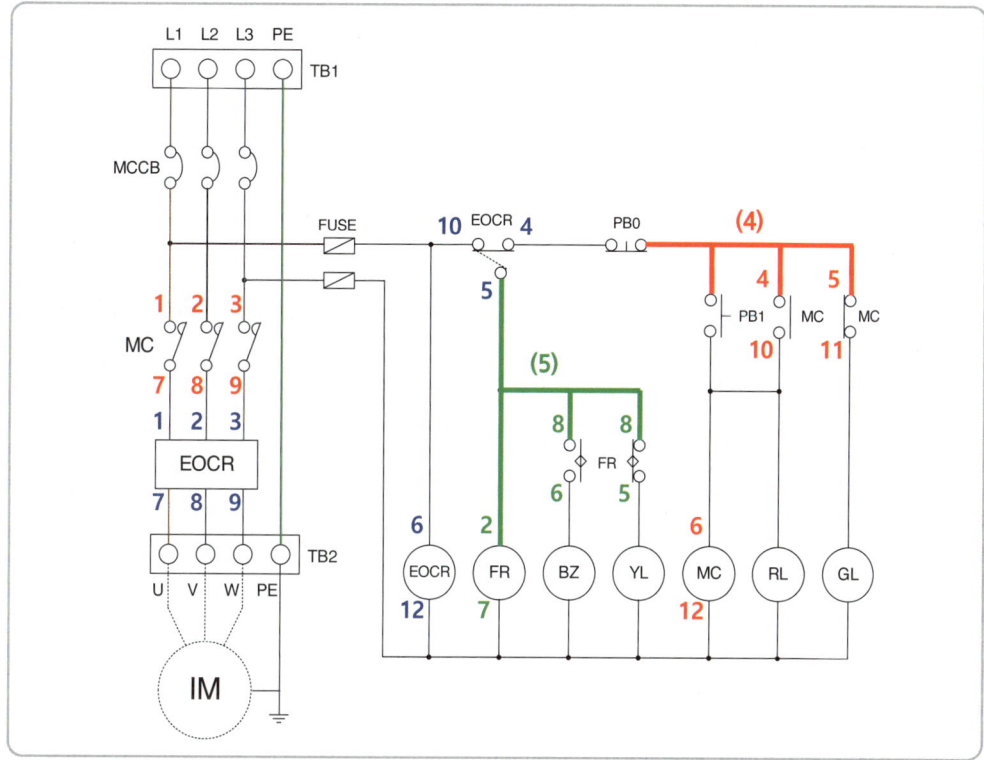

(1) (4)번 회로 : PB0-② ⇔ PB1-③ ⇔ MC-④ · ⑤번 단자를 연결한다.

(2) (5)번 회로 : EOCR-⑤ ⇔ FR-② · ⑧번 단자를 찾아 표시하고 최단 거리로 연결한다 (⑧번 단자는 공통단자이므로 총 3개의 단자를 연결하면 된다).

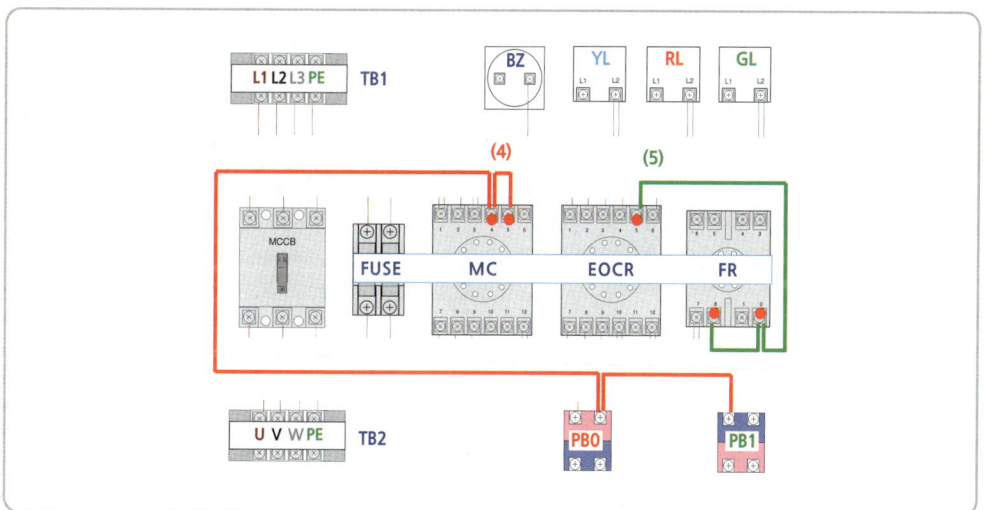

8 보조회로에서의 (6) · (7)번 회로

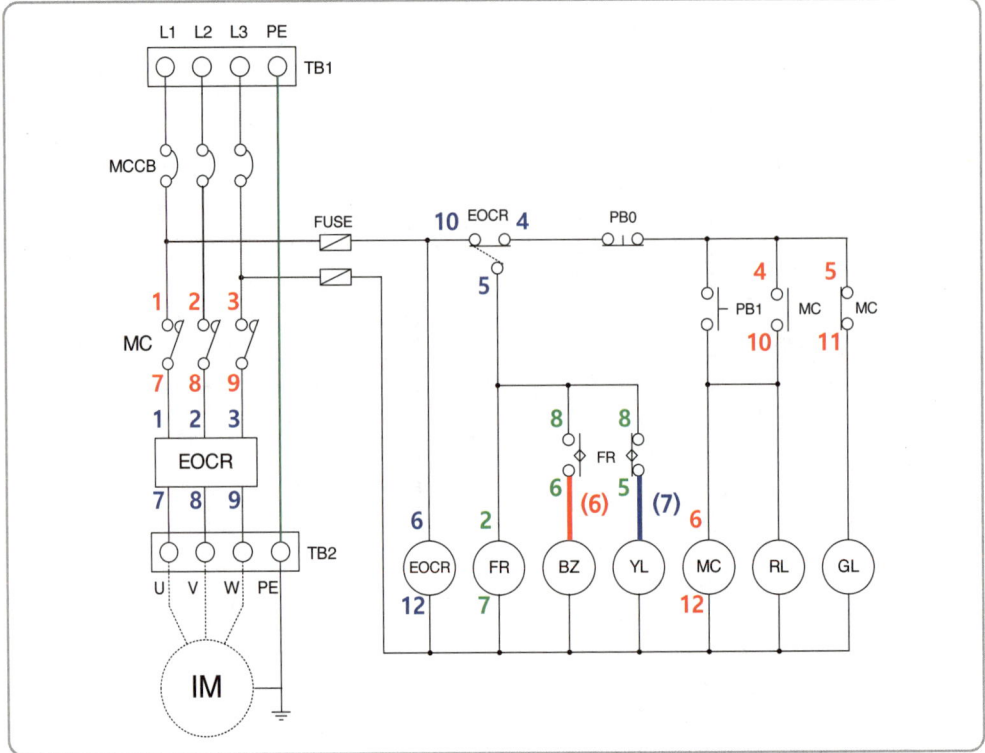

(1) (6)번 회로 : FR-⑥번 단자와 BZ단자를 연결한다.

(2) (7)번 회로 : FR-⑤번 단자와 YL단자를 연결한다.

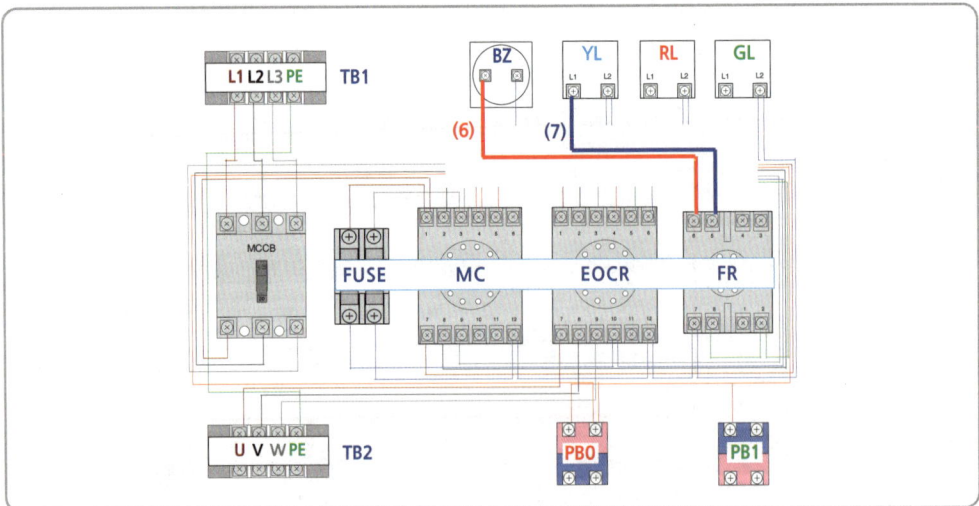

9 보조회로에서의 (8)·(9)번 회로

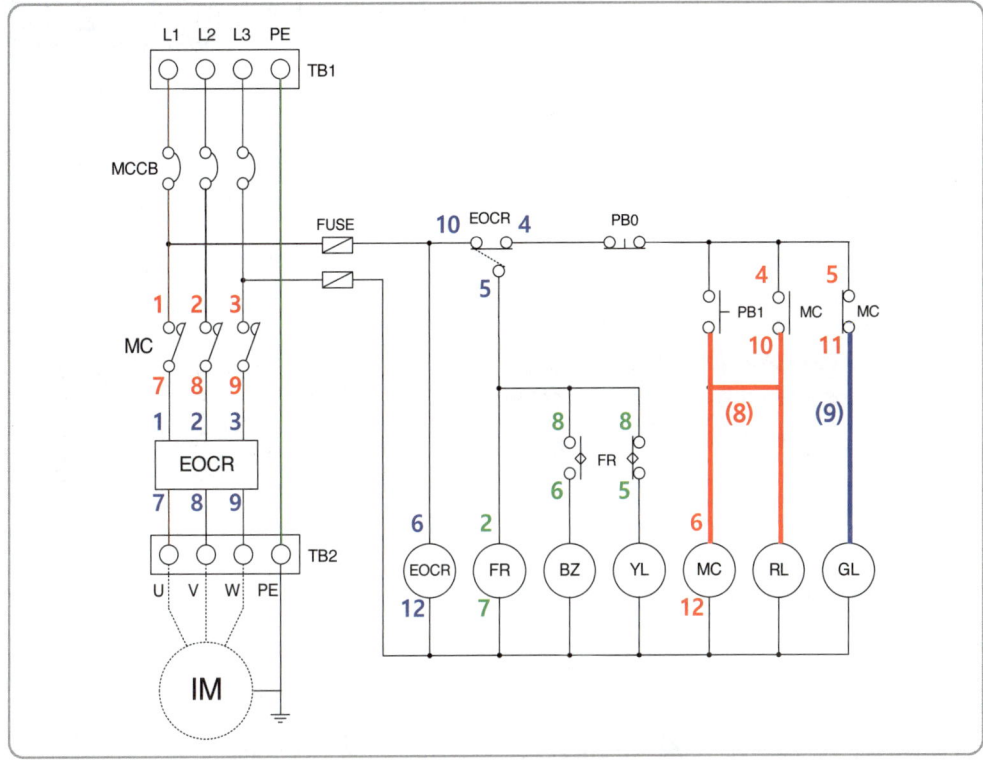

(1) (8)번 회로 : PB1-④ ⇔ MC-⑥·⑩ ⇔ RL 등 4개의 단자를 연결한다.

(2) (9)번 회로 : MC-⑪번 단자와 GL 단자를 연결한다.

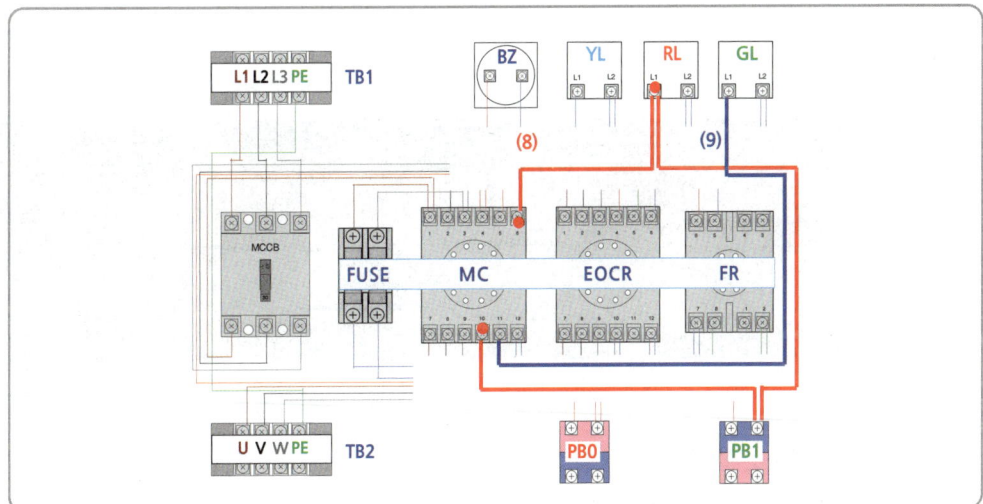

단자에 전선 접속 자세히 알아보기

1 누름단자

대부분의 단자는 누름판 사이에 전선을 삽입하여 접속하게 되어 있다. 나사가 조여지는 방향에 전선을 삽입하고 피복을 제거한 부분이 단자에서 1[mm] 정도 보이도록 길이를 조절하여 접속한다.

(1) 1선을 아래쪽에서 접속하는 경우 왼쪽 단자에, 위쪽에서 접속하는 경우 오른쪽 단자에 삽입하여 접속한다.

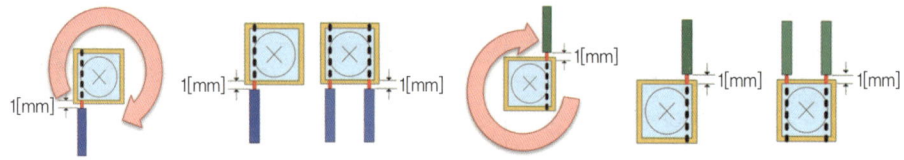

(2) 연결 방법이 부적절한 방법

(a) 피복이 단자에 물린 경우   (b) 피복을 너무 길게 벗긴 경우(2[mm] 이상)

(3) 접속이 비교적 잘된 예제

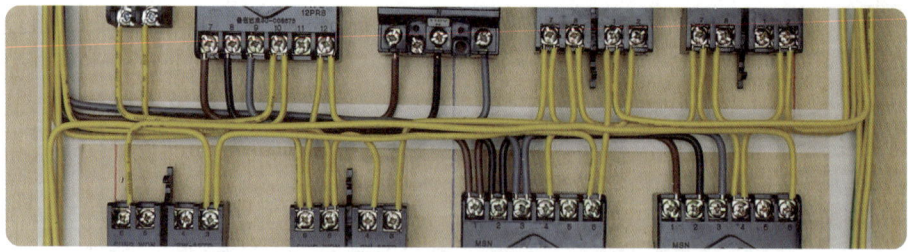

2 굵기가 다른 전선은 접속이 불완전

차단기와 같이 나사가 전선을 직접 누르면서 접속되는 경우, 굵기가 다른 전선을 접속하면 접속이 불완전하다.

8강 제어판 단자대와 외부기구 연결

학습목표 미리보기 제어판 단자대 이름과 외부기구의 단자를 매칭하여 연결하는 방법을 알아보자.

1 전원측 단자대(TB1)

1 TB1 단자대 이름

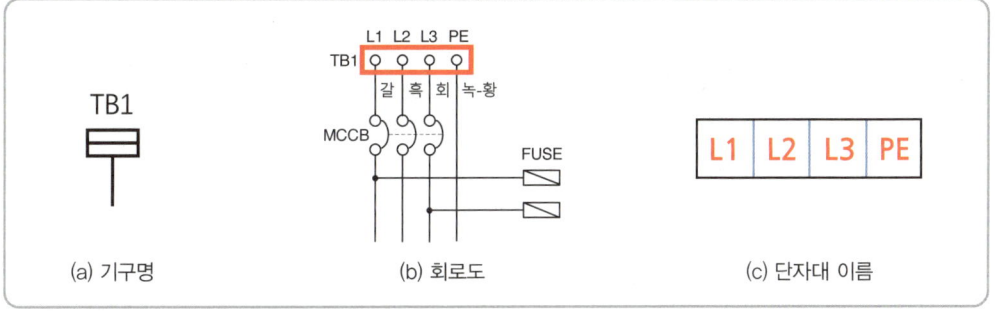

(a) 기구명   (b) 회로도   (c) 단자대 이름

2 TB1 단자대 결선방법

(1) 전원측 단자대는 왼쪽부터 L1(갈색), L2(흑색), L3(회색), PE(녹-황색)의 순서로 결선하되, 제어판과 TB1 사이는 케이블을 사용하여 배선한다.

(2) 전원측 단자대는 동작시험을 할 수 있도록 전원선의 색상에 맞추어 100[mm] 정도 인출하고 피복은 전선끝에서 10[mm] 정도 벗겨둔다.

(3) 케이블 새들은 100[mm] 정도의 위치에 고정한다.

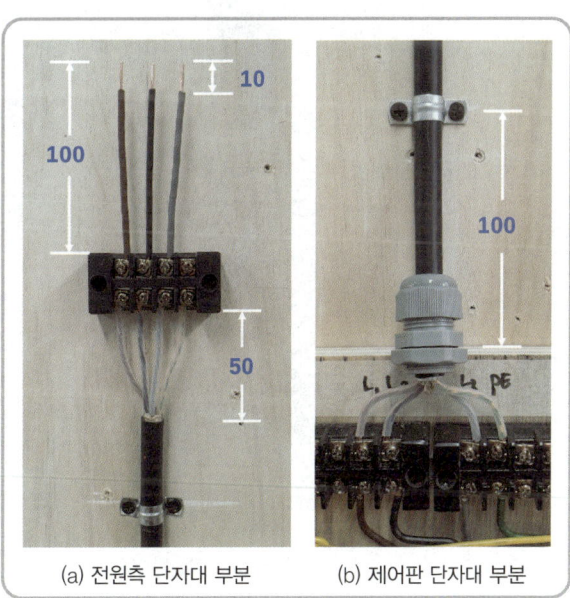

(a) 전원측 단자대 부분   (b) 제어판 단자대 부분

2 부하측 단자대(TB2, TB3)

1 TB2, TB3 단자대 이름

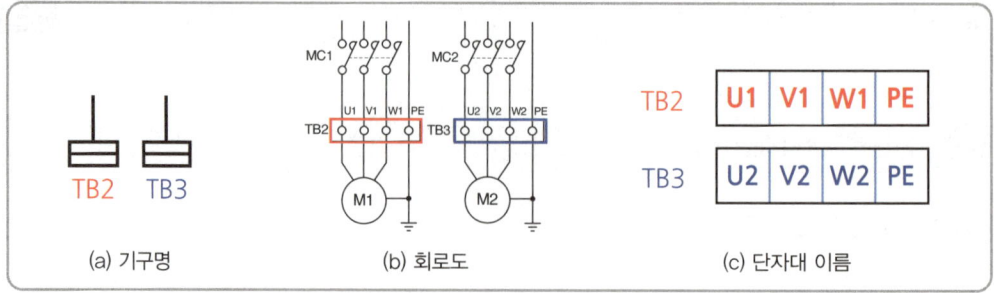

(a) 기구명   (b) 회로도   (c) 단자대 이름

2 TB2, TB3 단자대 결선방법

(1) 부하측 단자대는 가로인 경우 왼쪽부터, 세로인 경우 위쪽부터 U(갈색), V(흑색), W(회색), PE(녹-황색)의 순서로 결선한다.

(2) 전동기의 접속은 생략하고 접속할 수 있게 단자대까지 배선하면 된다.

(3) 보호도체(PE)의 결선도 단자대까지 배선하면 되고 외부로 결선할 필요가 없다.

(4) 단자대 결선이 끝난 상태

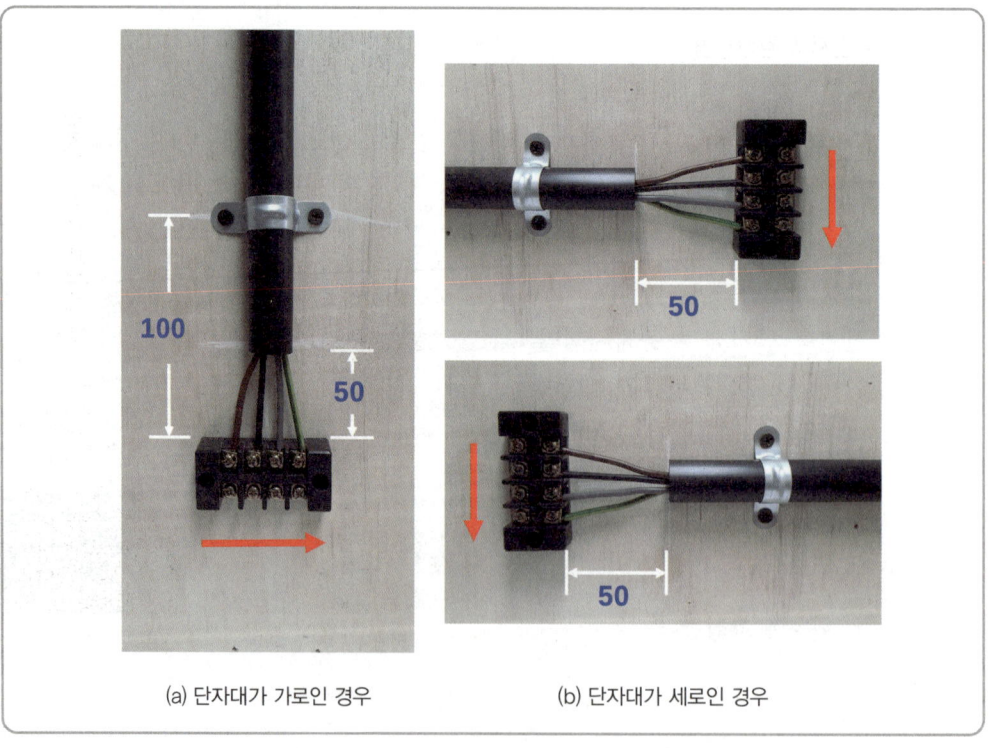

(a) 단자대가 가로인 경우   (b) 단자대가 세로인 경우

(5) 단자대와 전선관의 끝단은 50[mm]이고, 단자대의 새들은 100[mm] 정도가 적당하다.

3 셀렉터 스위치(SS)

1 셀렉터 스위치 단자대 이름

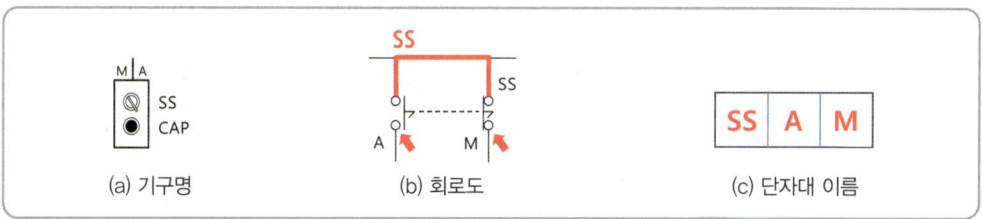

(a) 기구명   (b) 회로도   (c) 단자대 이름

2 셀렉터 스위치 결선방법

(1) 2구 박스 위쪽에 셀렉터 스위치의 지시부가 11시와 1시 방향을 지시하도록 방향을 잡고 고정한 후, 아래쪽에는 CAP으로 구멍을 막아 놓는다.
(2) 위쪽 2개의 단자를 연결하여 공통단자를 연결해 놓는다.
(3) 공통단자에 공통선을 먼저 연결한다.
(4) A단자를 연결한다.
(5) 아래쪽의 M단자를 연결한다.

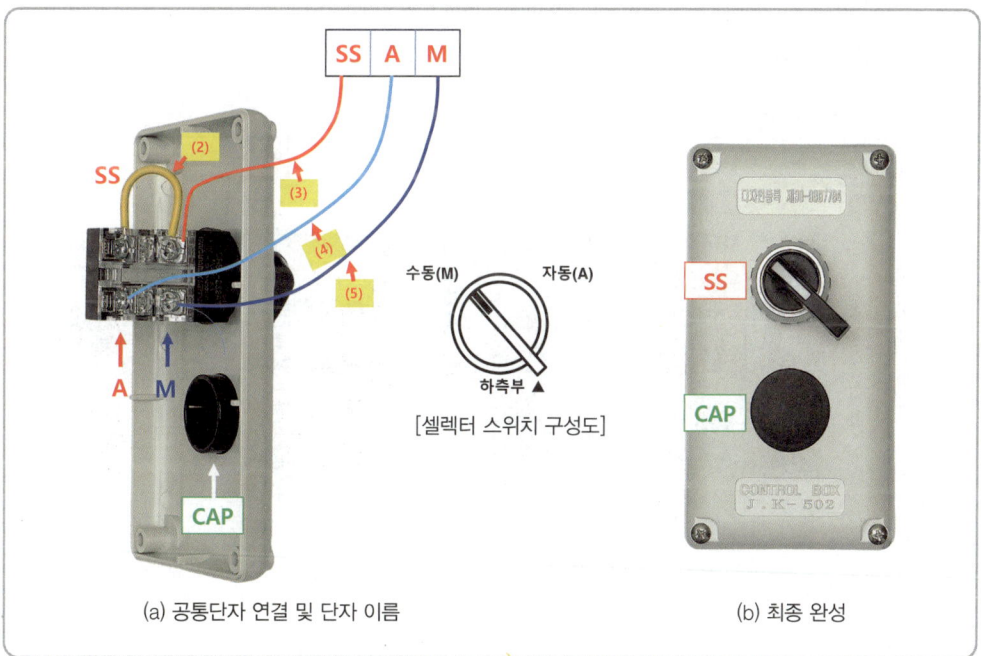

(a) 공통단자 연결 및 단자 이름   (b) 최종 완성

(6) 셀렉터 스위치 결선이 완료되면 뚜껑을 닫은 후 스위치를 돌려가면서 반드시 점검해야 한다.

4 푸시버튼 스위치(PB)

1 푸시버튼 스위치 단자대 이름(PB0, PB1)

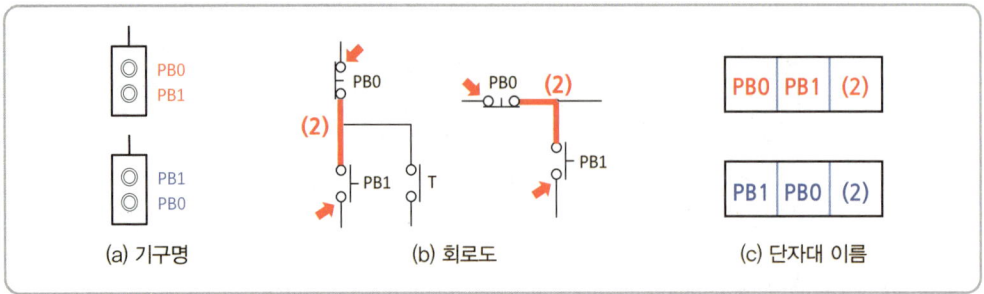

2 푸시버튼 스위치 결선방법(PB0, PB1)

(1) 2구 박스 위쪽에 적색 푸시버튼 스위치의 빨간색 단자가 오른쪽을 향하도록 조립한다.
(2) 아래쪽에 녹색 푸시버튼 스위치의 파란색 부분의 단자가 오른쪽을 향하도록 조립한다.
(3) 가까이에 있는 2개의 단자를 연결하여 공통단자를 연결해 놓는다.
(4) 공통단자에 공통선을 연결한다.
(5) PB0단자 사이를 연결하고, PB1단자 사이를 연결한다.
(6) PB1-PB0도 위와 같은 요령으로 연결한다.

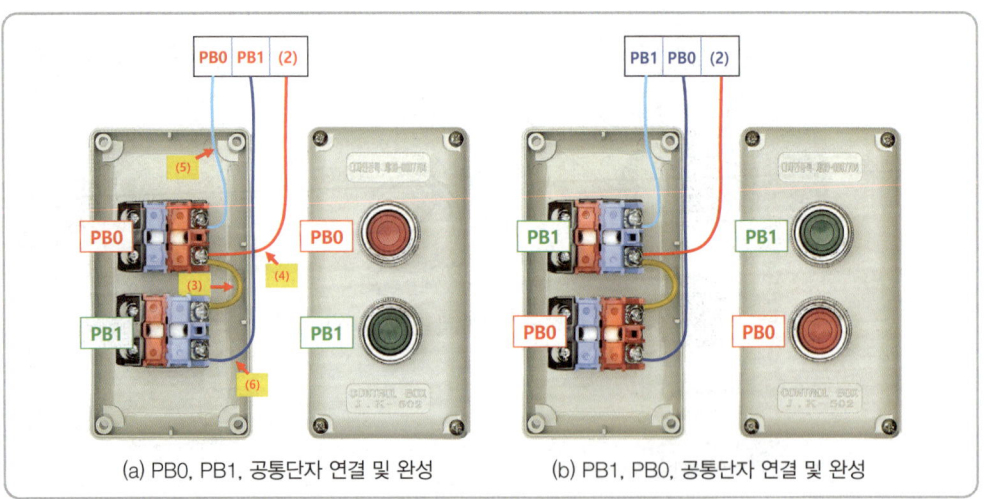

(7) 푸시버튼 스위치의 결선이 완료되면 뚜껑을 닫은 후 스위치를 눌러가면서 반드시 접점의 동작상태를 점검해야 한다.

3 푸시버튼 스위치 단자대 이름(PB2)

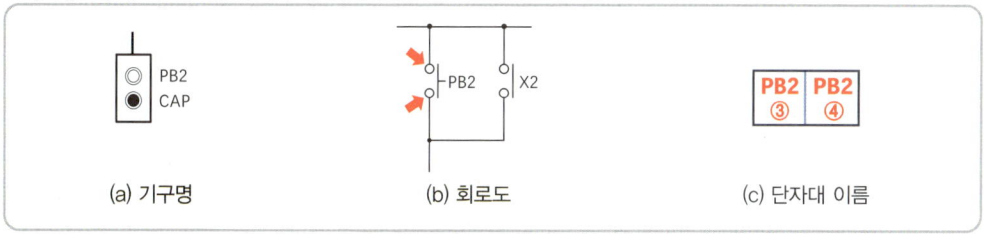

4 푸시버튼 스위치 결선방법(PB2)

(1) 2구 박스 위쪽에 녹색 푸시버튼 스위치의 파란색 부분의 단자가 오른쪽을 향하도록 조립한다.

(2) 아래쪽에는 CAP으로 구멍을 막아 놓는다.

(3) PB2의 ③, ④번 단자는 구분하지 않아도 된다.

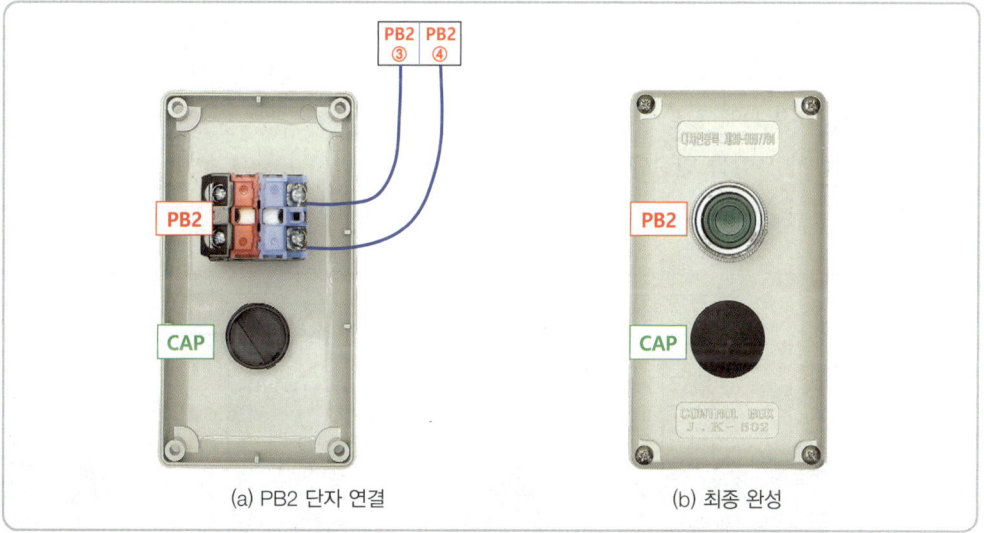

5 푸시버튼 스위치 점검방법

(1) b접점(PB0) 점검 : 벨 시험기 리드선을 제어판 단자대 (2)번과 PB0단자에 대면 '삐' 소리가 나고, PB0를 눌렀을 때 정지하면 정상이다.

(2) a접점(PB1) 점검 : 벨 시험기 리드선을 제어판 단자대 (2)번과 PB1단자에 대고 눌렀을 때 '삐' 소리가 나고 놓았을 때 정지하면 정상이다.

(3) a접점(PB2) 점검 : 벨 시험기 리드선을 제어판 단자대 PB2-③, ④번 단자에 대고 눌렀을 때 '삐' 소리가 나고 놓았을 때 정지하면 정상이다.

5 표시등(램프)

1 표시등 이름

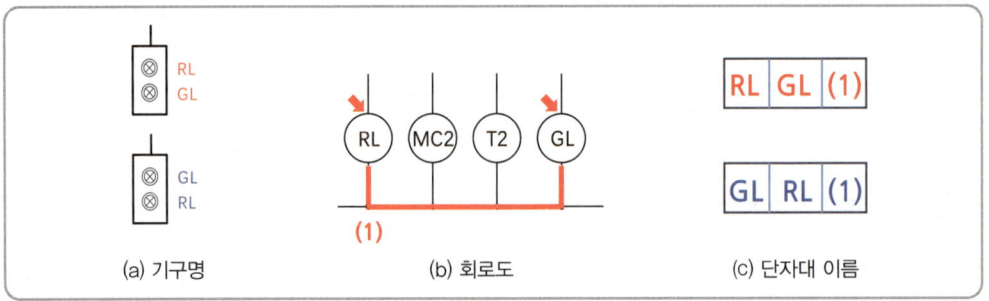

(a) 기구명　　(b) 회로도　　(c) 단자대 이름

2 표시등 결선방법(RL, GL)

(1) 2구 박스 위쪽에 적색 표시등의 두 단자가 오른쪽을 향하도록 조립한다.
(2) 아래쪽에는 녹색 표시등의 두 단자가 오른쪽을 향하도록 조립한다.
(3) 가까이에 있는 2개의 단자를 연결하여 공통단자를 연결해 놓는다.
(4) 공통단자(1)에 공통선을 연결한다.
(5) RL단자 사이를 연결한다.
(6) GL단자 사이를 연결한다.

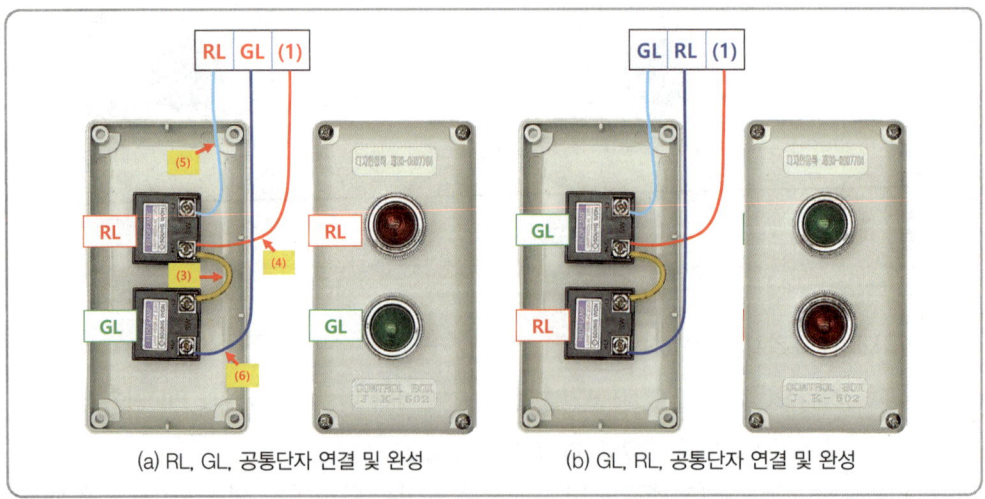

(a) RL, GL, 공통단자 연결 및 완성　　(b) GL, RL, 공통단자 연결 및 완성

(7) GL-RL 표시등과 WL-YL 표시등도 같은 요령으로 결선한다.
(8) 아래쪽 모선에 연결된 표시등의 공통단자 이름은 모두 (1)번을 사용한다.
(9) 작업을 반복하면 표시등의 램프가 빠질 수 있으므로 가끔 램프를 시계방향으로 돌려 조여 주어야 한다.

6 표시등, 버저(YL, BZ)

1 표시등, 버저의 이름

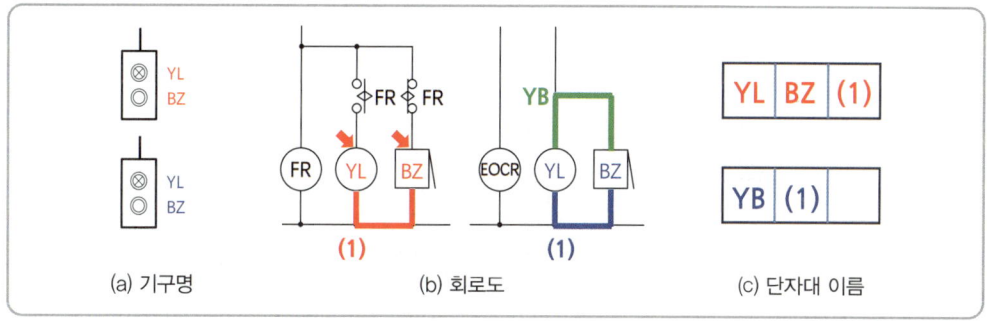

(a) 기구명   (b) 회로도   (c) 단자대 이름

2 표시등, 버저 결선방법(YL, BZ)

(1) 2구 박스 위쪽에 황색 표시등의 두 단자가 오른쪽을 향하도록 조립한다.
(2) 아래쪽에는 버저의 두 단자가 오른쪽을 향하도록 조립한다.
(3) 가까이에 있는 2개의 단자를 연결하여 공통단자를 연결해 놓는다.
(4) 공통단자(1)에 공통선을 연결한다.
(5) YL단자 사이를 연결한다.
(6) BZ단자 사이를 연결한다.

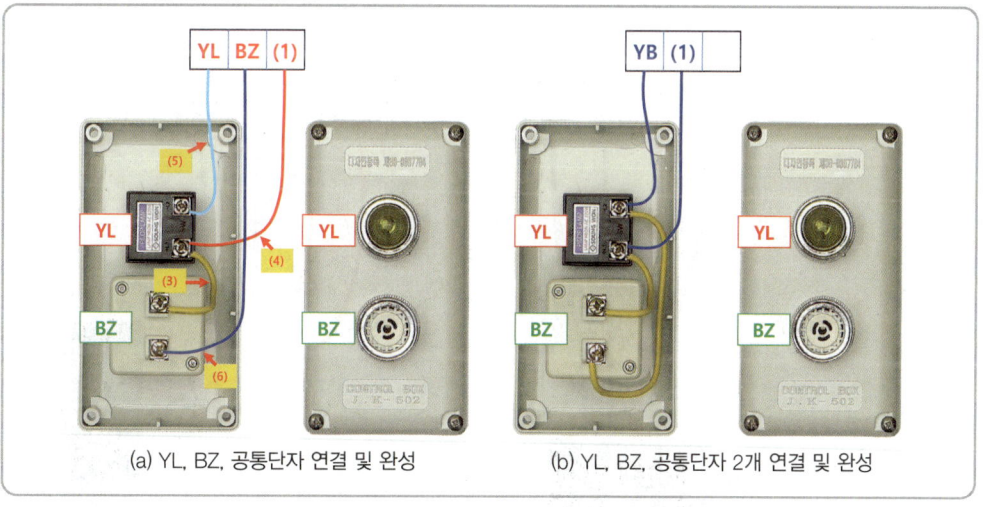

(a) YL, BZ, 공통단자 연결 및 완성   (b) YL, BZ, 공통단자 2개 연결 및 완성

(7) YL-BZ가 병렬로 연결되면 선을 구분하여 연결하지 않아도 된다.

7 TB4 단자대(LS1, LS2)

1 TB4 단자대 이름(LS1, LS2가 떨어져 있는 경우)

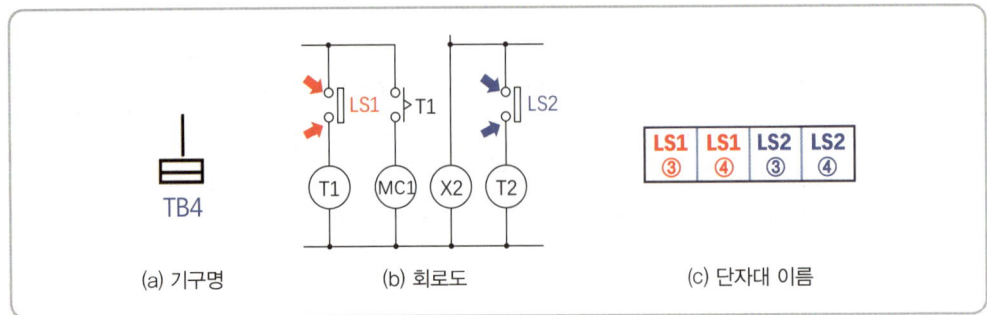

2 TB4 단자대 결선방법

(1) 외부 단자대 1차측까지만 연결해 놓으면 된다.
(2) 단자대가 가로인 경우 왼쪽부터, 세로인 경우 위쪽부터 각각 LS1, LS2의 순서로 결선한다.
(3) 단자대의 2차측은 감독의 요청이 있는 경우 감독이 요구하는 방법으로 처리해 놓으면 된다.
(4) 공개문제에서 리밋 스위치는 a접점만 사용하므로 앞쪽의 두 단자를 접촉하면 LS1이 동작하고, 뒤쪽의 두 단자를 접촉하면 LS2가 동작한다.

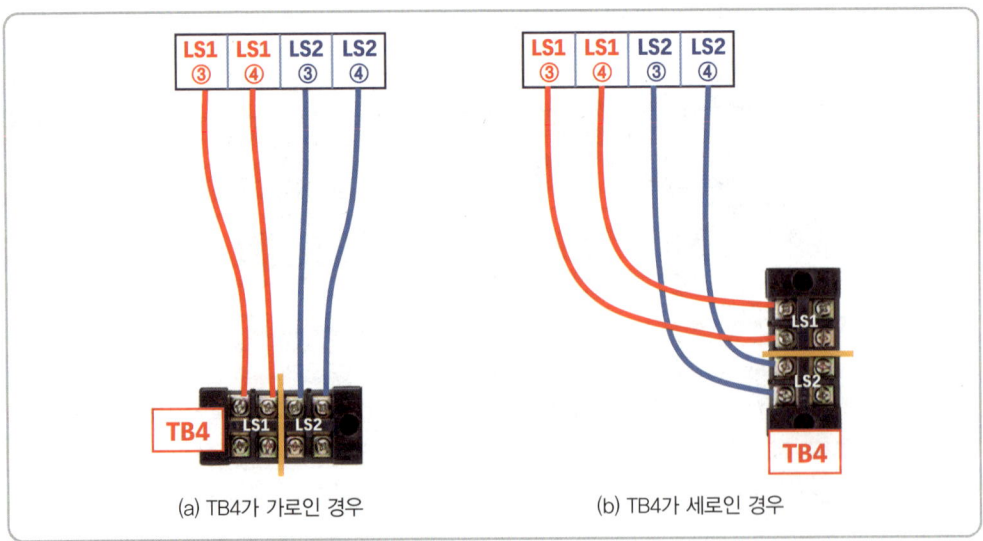

3 TB4 단자대 이름(LS1, LS2가 공통단자를 사용한 경우)

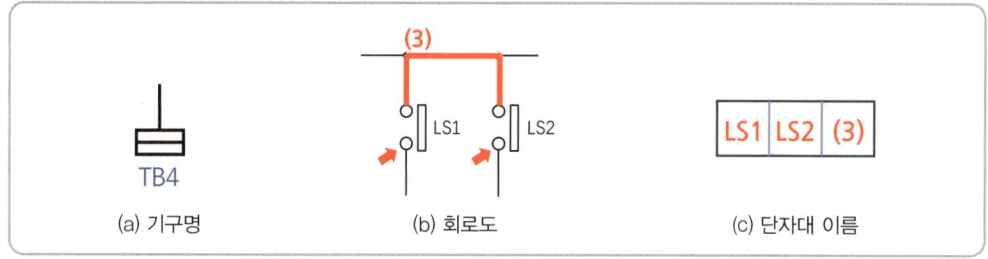

4 TB4 단자대 결선방법

(1) 공통단자의 사용이 불편하면 LS1과 LS2가 연결된 경우라도 공통단자를 사용하지 않고 각각 따로 처리하면 된다. 결선방법은 앞의 내용과 같다.
(2) 공통단자를 사용하는 경우 제어판 단자대의 (3)번 단자에 두 선을 연결하며, 한 선은 LS1 단자에 연결하고, 다른 한 선은 LS2 단자에 연결해 놓아야 한다.
(3) 앞쪽 2개의 단자는 LS1을, 뒤쪽 2개의 단자는 LS2를 동작할 수 있도록 결선해야 한다.
(4) 단자대의 2차측은 감독의 요청이 있는 경우 감독이 요구하는 방법으로 처리해 놓으면 된다.

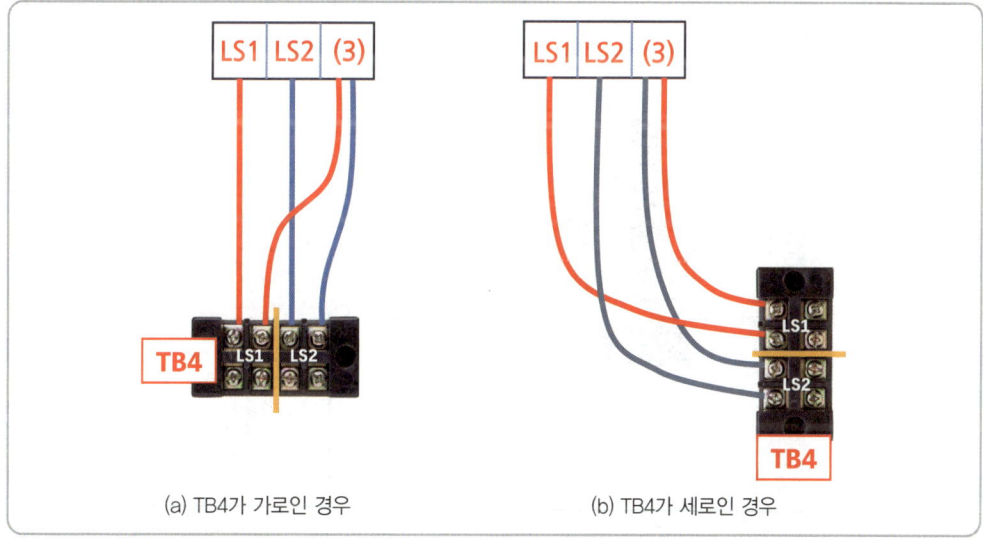

8 TB4 단자대(E1, E2, E3)

1 TB4 단자대 이름

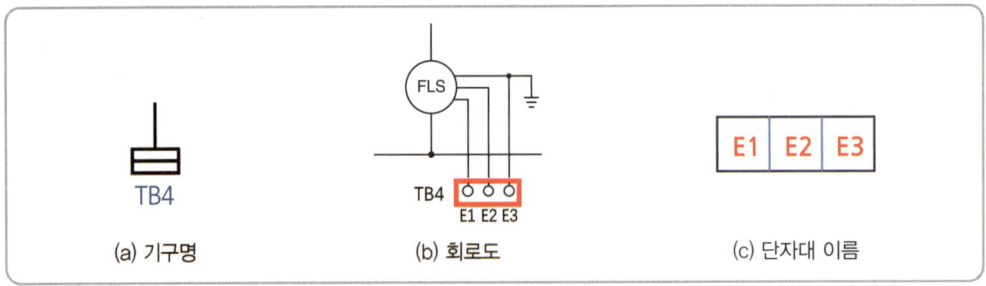

2 TB4 단자대 결선방법

(1) 단자대 2차측은 반드시 감독이 요구하는 방법으로 처리해야 한다.
(2) 단자대가 가로인 경우 왼쪽부터, 세로인 경우 위쪽부터 각각 E1, E2, E3의 순서로 결선한다.
(3) 일반적으로 E1은 10[cm], E2는 15[cm], E3는 20[cm] 등으로 인출해 놓는다.
(4) 배수의 작동은 수위 E1에서 동작을 시작하고, 수위 E2에서 정지한다.
(5) E3단자는 반드시 접지를 해야 한다.
(6) 접점을 강제로 동작하려면 E1단자와 E3단자를 접촉하면 된다.

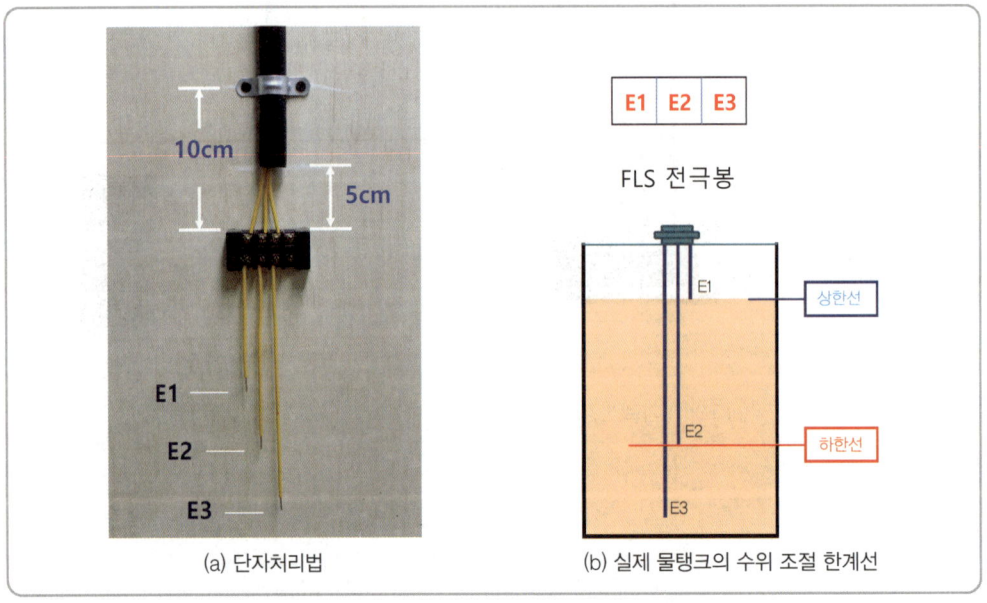

자세히 알아보기 — 결선 후 점검하는 방법

1 셀렉터 스위치

(1) 셀렉터 스위치 구성도는 그림(a)와 같고 결선을 완료한 후 반드시 외부에서 점검한다.
(2) 수동단자 점검 : SS를 왼쪽으로 돌려놓은 후 벨 시험기의 리드선을 SS와 M에 대면 '삐' 소리가 나고, SS를 A(자동) 위치에 놓으면 정지한다.
(3) 자동단자 점검 : SS를 오른쪽으로 돌려놓은 후 벨 시험기의 리드선을 SS와 A에 대면 '삐' 소리가 나고, SS를 M(수동) 위치에 놓으면 정지한다.

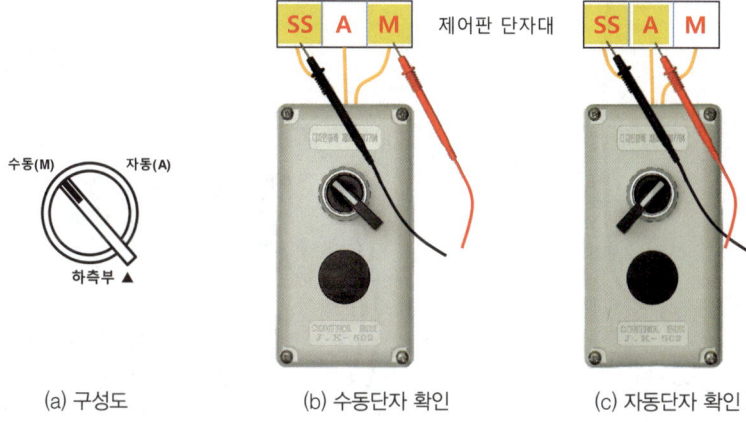

(a) 구성도 (b) 수동단자 확인 (c) 자동단자 확인

2 푸시버튼 스위치

(1) 푸시버튼 스위치도 결선 후 반드시 외부에서 점검해야 한다.
(2) PB0(b접점) 점검 : 벨 시험기의 리드선을 (2)와 PB0에 대면 '삐' 소리가 나고, PB0를 눌렀을 때 벨 소리가 정지하면 정상이다.
(3) PB1(a접점) 점검 : 벨 시험기의 리드선을 (2)와 PB1에 대고 PB1을 누르면 '삐' 소리가 나고, 놓았을 때 벨 소리가 정지하면 정상이다.

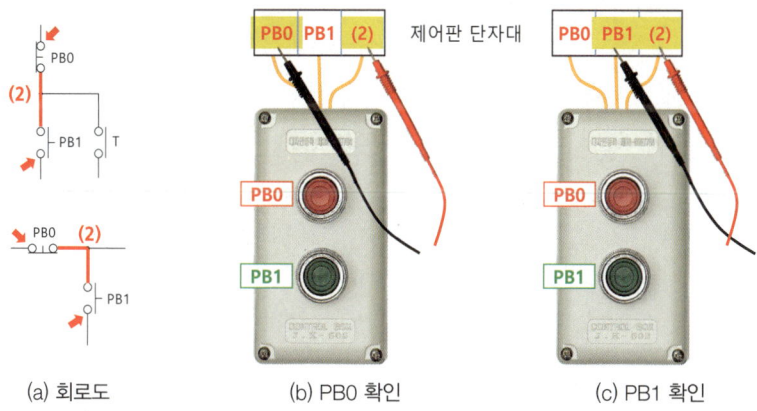

(a) 회로도 (b) PB0 확인 (c) PB1 확인

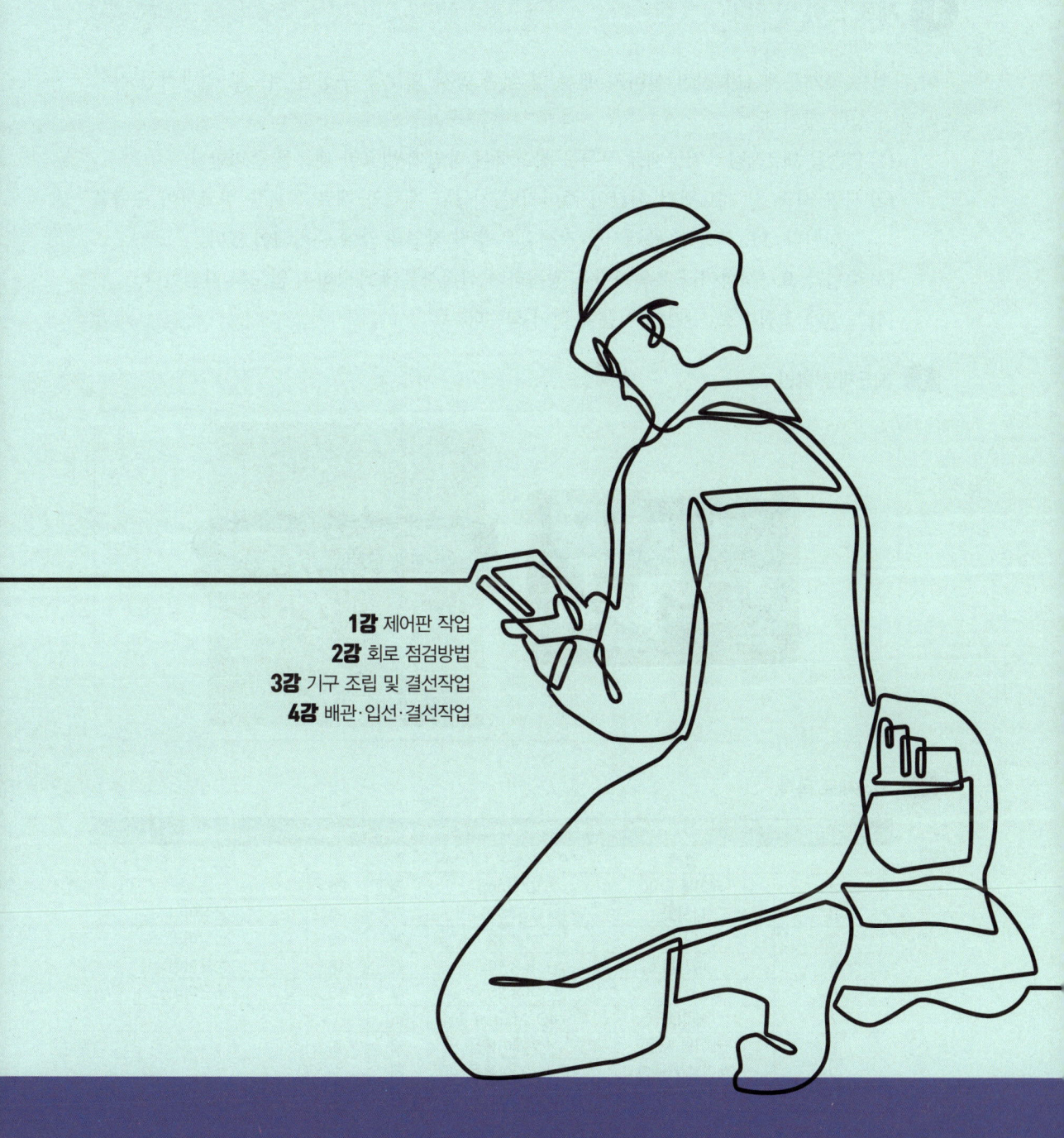

1강 제어판 작업
2강 회로 점검방법
3강 기구 조립 및 결선작업
4강 배관·입선·결선작업

1강 제어판 작업

학습목표 미리보기 : 제어판 내부 기구 배치도에 맞춰 기구를 부착하고 주어진 시퀀스 회로를 구성하는 방법을 알아보자.

1 재료 준비 및 확인

이 작업은 공개문제 1번 전기 설비의 배선 및 배관 공사 회로를 구성한 것으로 일반적인 작업 순서로 구성한 것이다.

(1) **연습용 재료점검** : 지급재료 목록을 참고하여 작업에 필요한 재료를 준비한다.
(2) 시험 시작 전 재료점검 시간이 주어지면 지급된 재료와 재료 목록을 비교하여 수량을 확인한다. PE 전선관, 플렉시블 전선관은 수직 작업대 앞에 준비되어 있다.
(3) 수험자 요구사항이나 유의사항을 정독하여 실격사유에 해당하지 않도록 작업한다.
(4) 도면에 접점번호, 단자대 이름을 적어 넣는다.

1 지급재료 확인

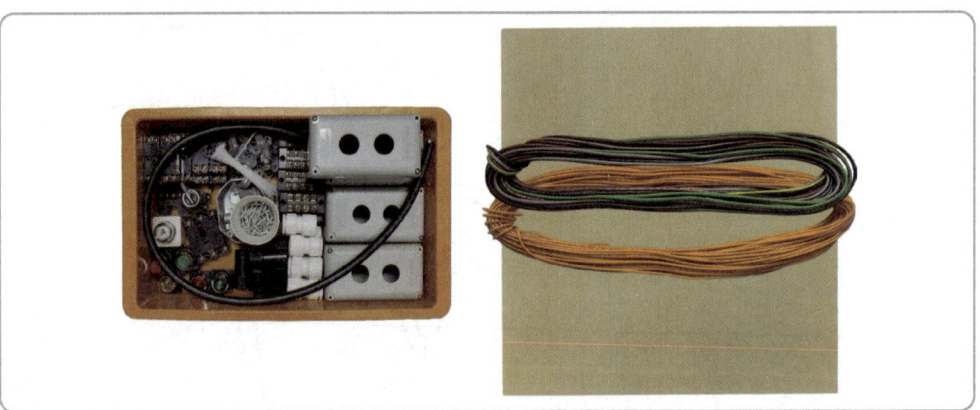

2 지급재료 목록

일련번호	재료명	규격	단위	수량	비고
1	합판	400 × 420 × 12[mm]	장	1	
2	케이블 타이	100[mm]	개	25	
3	나사못	3.5 × 25	개	4	납작머리
4	나사못	4 × 12	개	96	납작머리
5	나사못	4 × 16	개	16	둥근머리
6	나사못	4 × 20	개	18	둥근머리
7	케이블	4C 2.5[mm²]	[m]	1	
8	케이블 새들	4C 케이블용	개	2	
9	케이블 커넥터	4C 케이블용	개	1	
10	유리관 퓨즈 및 홀더	250[V] 30[A]	개	1	퓨즈 10[A] 2개 포함

2 제어판 제도

(1) 제어판 작업 시 제어판 내부 기구 배치도를 참고해야 한다.
(2) 제어판의 크기에 주의하여 가로(400[mm])와 세로(420[mm])의 위치를 정한다.
(3) 폭이 5[cm]인 방안자의 폭을 이용하여 가로, 세로선을 긋는다(자의 길이는 50[cm]).
(4) 제어판의 세로 중심선을 긋고, 위쪽 선과 아래쪽 선에서 95[mm] 선을 긋는다.

배관 및 기구 배치도를 보고 배관의 위치를 표시한다. 위쪽은 3개, 아래는 4개이며 배관의 간격은 100[mm]이다.

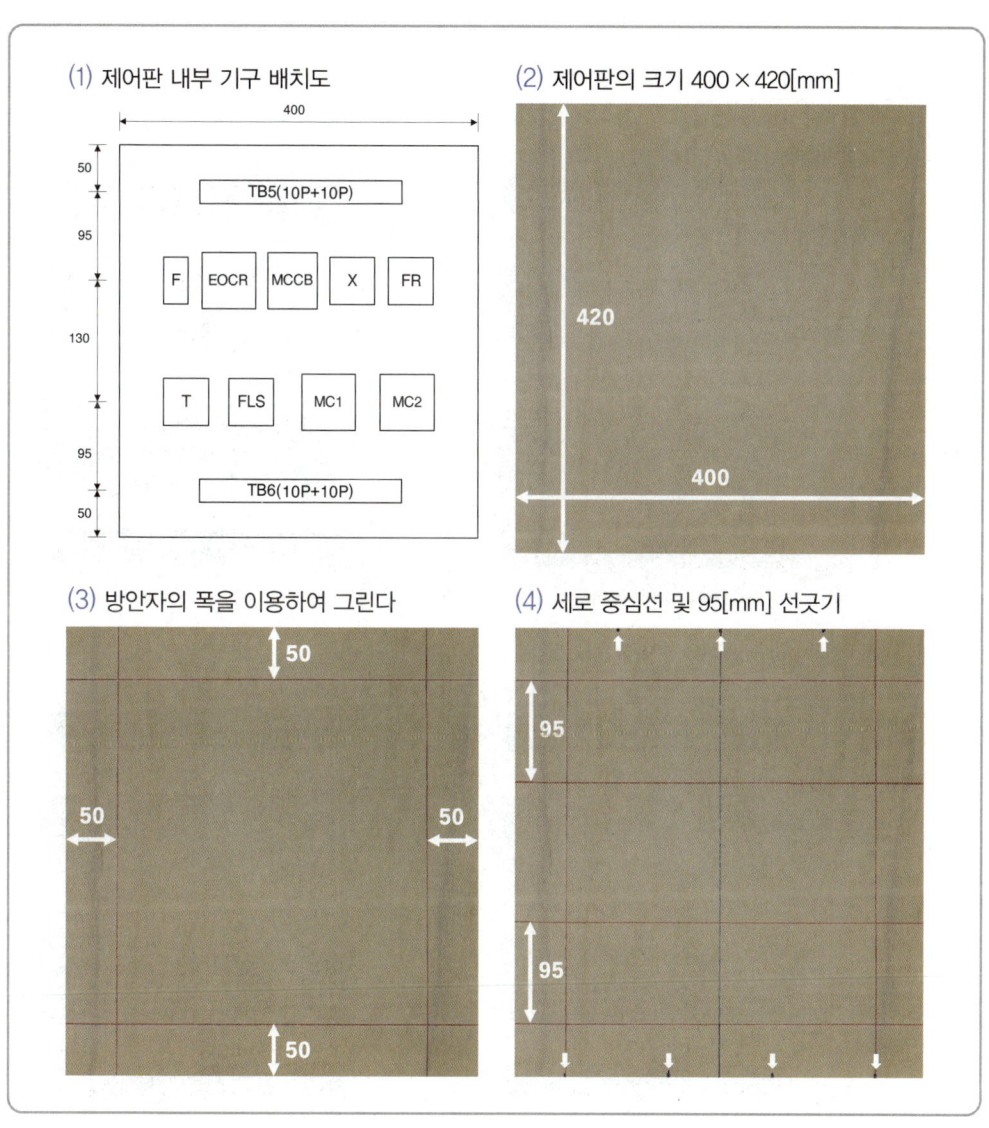

3 제어판 기구 배치 및 고정

(1) 제어판 내부 기구 배치도를 참고하여 고정할 위치에 기구를 배치한다.
(2) 위쪽 10P 단자대 2개를 고정(16[mm] 나사못 사용)한 후 2번째 라인의 왼쪽 선에 맞춰 퓨즈 홀더를 고정(20[mm] 나사못 사용)하고, 오른쪽 선에 맞춰 8핀 소켓을 고정한다 (20[mm] 나사못 사용).
(3) 가운데 3개의 기구를 적당한 간격으로 배치한 후 고정한다(차단기는 박스에 내장된 나사못 사용).
(4) 같은 요령으로 3번째 라인과 아래쪽 단자대를 고정한다.

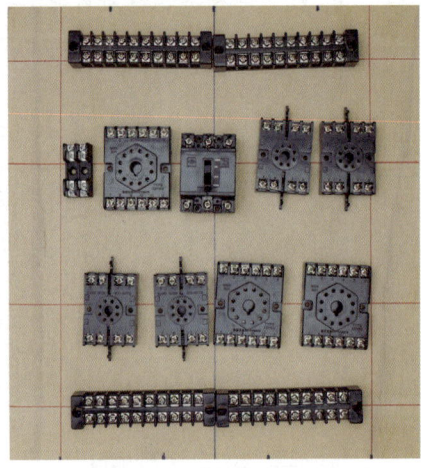

(1) 제어판 기구 배치

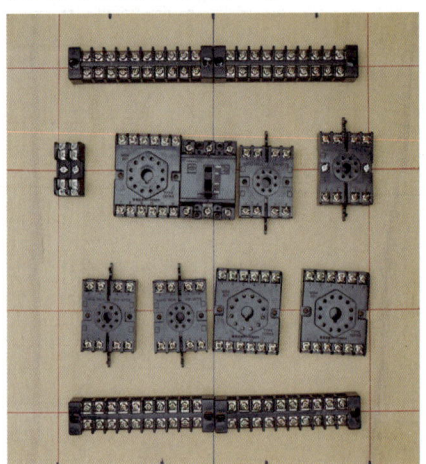

(2) 왼쪽, 오른쪽 기구를 고정

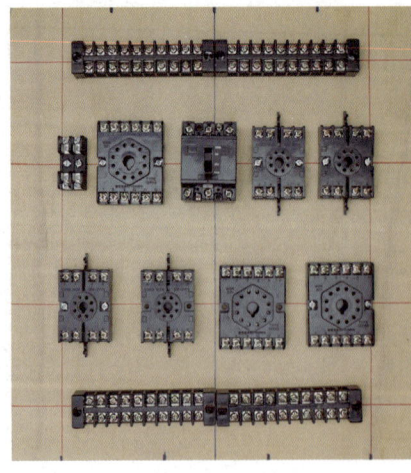

(3) 가운데 기구는 적당한 간격을 유지

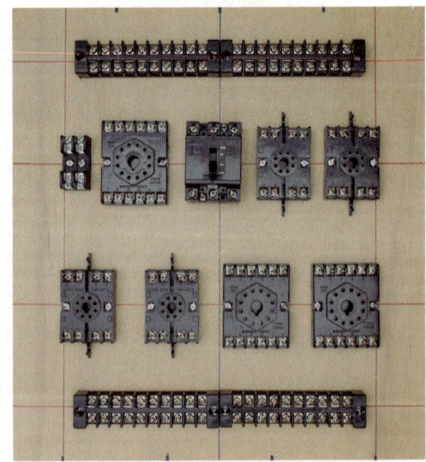

(4) 제어판 기구 고정 완료

4 마스킹 테이프 부착 및 단자대 이름 부여

(1) 단자대와 소켓 위쪽에 마스킹 테이프를 붙인다.
(2) 소켓의 이름을 적어 넣고, 배관 및 기구 배치도를 참고하여 단자대 이름을 적어 넣는다. 단자는 여유가 많으므로 적당히 띄워서 단자대나 박스별로 구분하여 이름을 적어 넣는다.
(3) 제어판 작업을 위해 단자대 위쪽에 붙여놓은 마스킹 테이프를 옮겨 붙인다(합판에 붙여도 됨).
(4) 처음 작업할 때는 전선을 배선할 위치에 폭이 좁은 마스킹 테이프를 붙이고, 이 테이프를 중심으로 배선작업하면 편하다(나중에는 붙이지 않아도 된다).

(1) 단자대와 소켓에 마스킹 테이프 부착

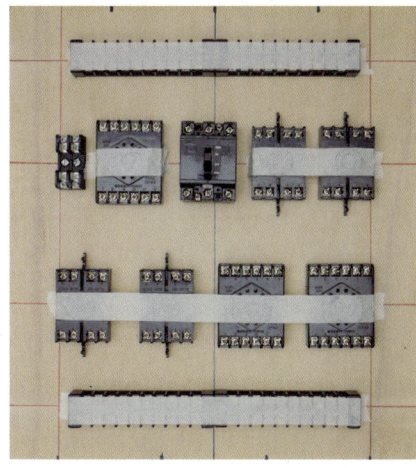

(2) 단자대와 소켓에 이름 적어 넣기

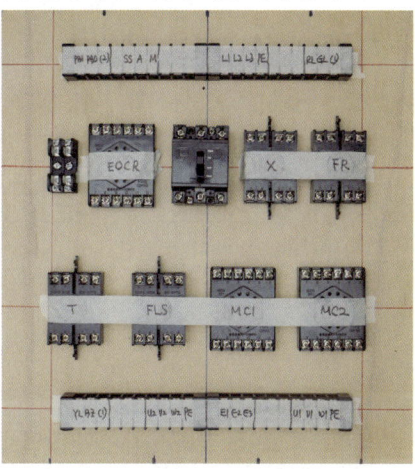

(3) 단자대 위-아래로 테이프 이동 부착

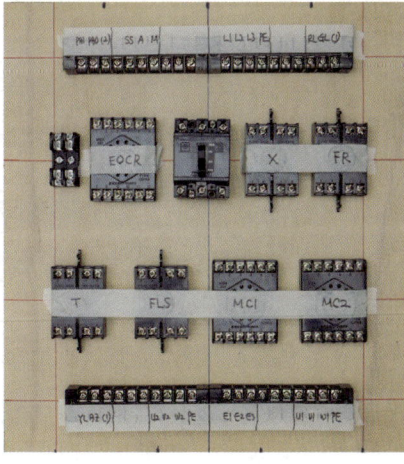

(4) 배선 기준용 테이프 부착

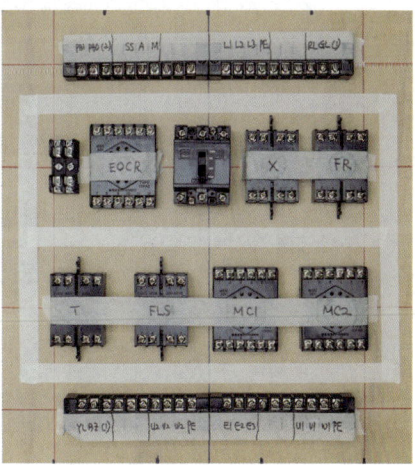

5 주회로 배선작업

주회로를 (가)~(사)회로로 구분하여 작업하며, 반드시 색상을 맞추어서 사용해야 한다.

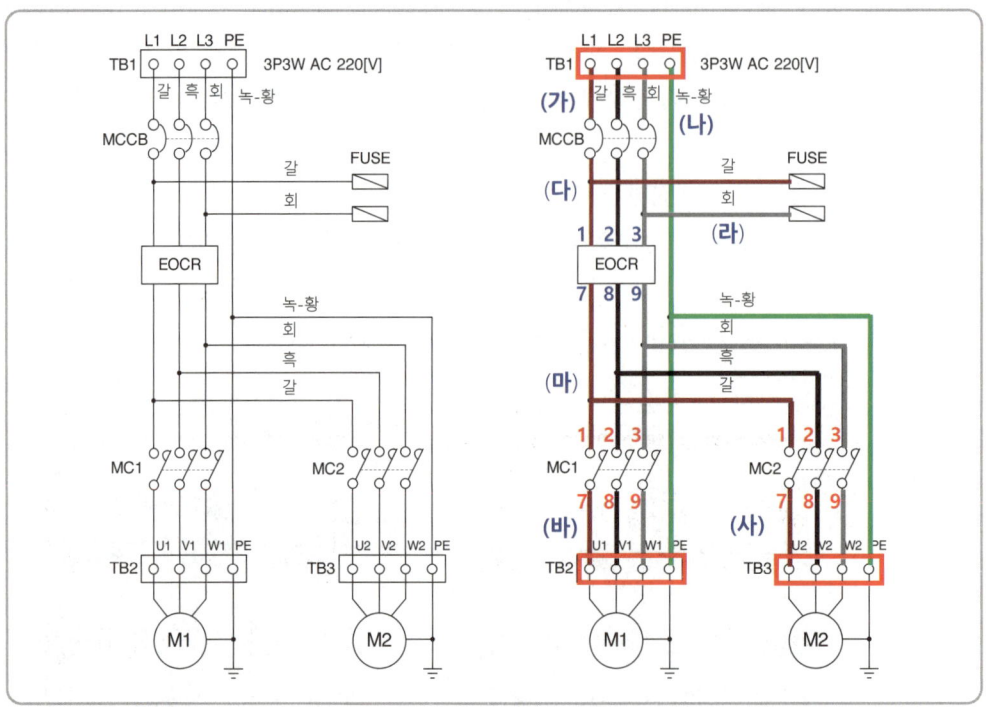

(1) 주회로는 2.5[mm²] 전선 4가닥을 한꺼번에 감아서 지급되는데, 지급되는 전선을 기준으로 한 바퀴씩 2번을 잘라서 제어판 작업에 사용하며 한 바퀴의 길이는 1[m] 정도가 된다.

(2) (가)회로를 배선한다(갈, 흑, 회색 전선 사용). TB1(L1, L2, L3) ⇒ 차단기 1차측 배선

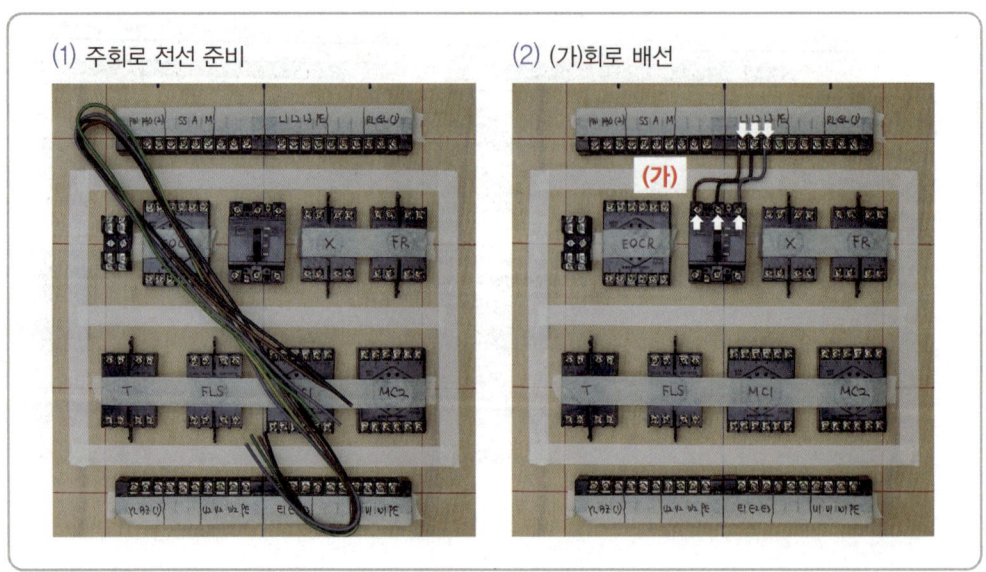

(3) (나)회로를 배선한다. 녹-황색 전선으로 TB1, TB2, TB3의 PE단자를 연결한다.

(4) 접지선 배선작업 시 FLS도 함께 접지를 시행한다. PE단자에서 FLS-①번 단자 또는 TB6의 E3단자에 연결하면 된다.

(5) (다)회로를 배선한다(갈, 흑, 회색 전선). 차단기 2차측 ⇒ EOCR-①, ②, ③

(6) (라)회로를 배선한다(갈, 회색 전선). EOCR-①, ③ ⇒ 퓨즈 홀더 1차측
 퓨즈의 1차측은 주회로 전선을 사용하여 배선한다.

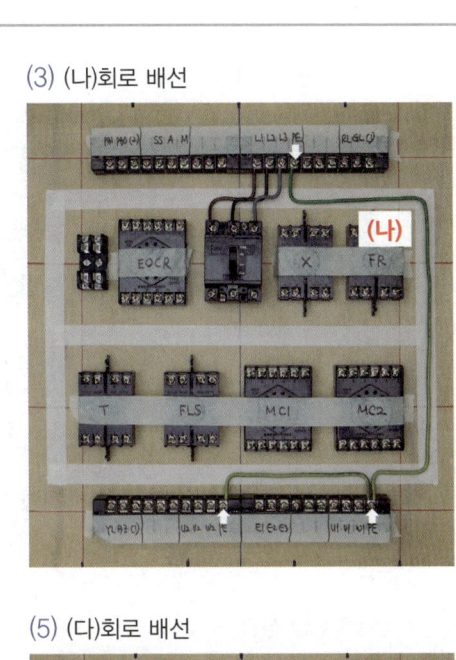

(3) (나)회로 배선

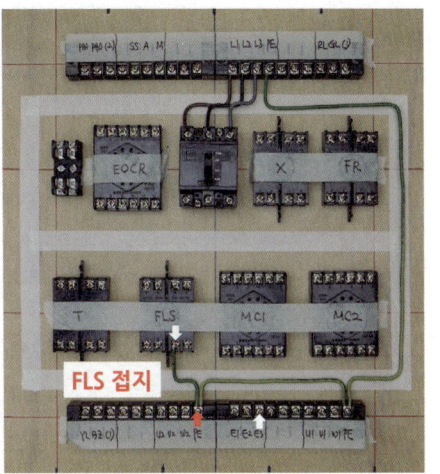

(4) FLS 접지

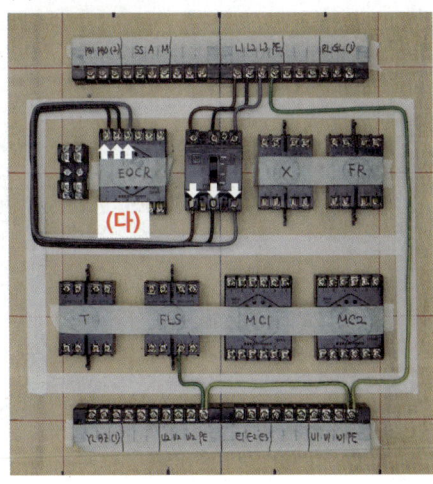

(5) (다)회로 배선

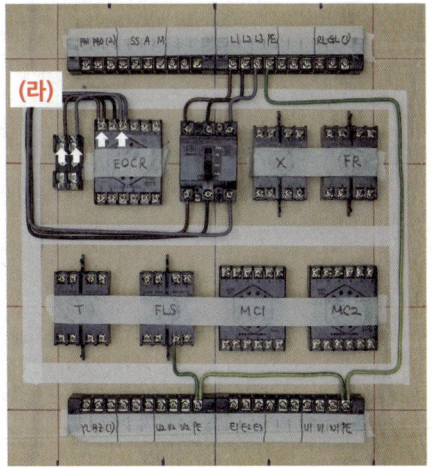

(6) (라)회로 배선

(7) (마)회로를 배선한다. EOCR-⑦, ⑧, ⑨ ⇒ MC1-①, ②, ③ ⇒ MC2-①, ②, ③단자를 연결한다.

(8) (바)회로를 배선한다. MC1-⑦, ⑧, ⑨ ⇒ TB2(U1, V1, W1)

(9) (사)회로를 배선한다. MC2-⑦, ⑧, ⑨ ⇒ TB3(U2, V2, W2)

(10) 육안 점검 : 주회로 배선이 완료되면 (가)~(사)회로까지 회로도 순서대로 지정된 색상으로 맞게 배선작업을 했는지 손으로 짚어가면서 확인한다.

(7) (마)회로 배선
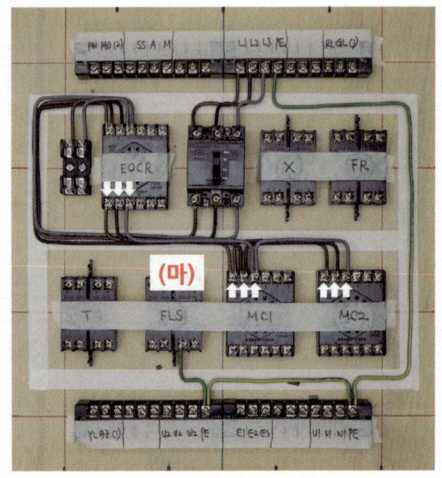

(9) (바)회로 배선
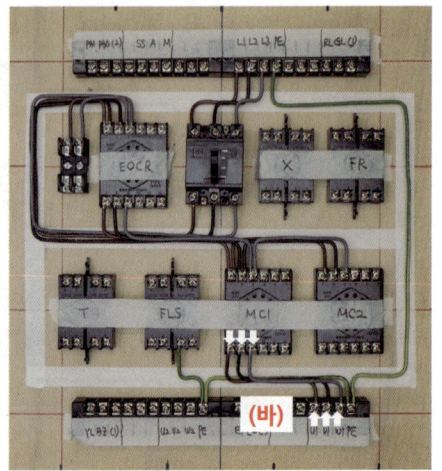

(8) (사)회로 배선
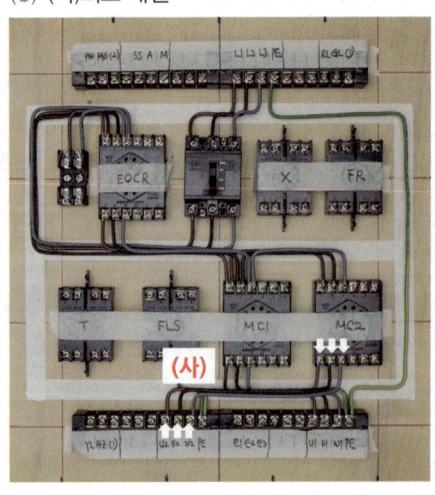

(10) 육안 점검
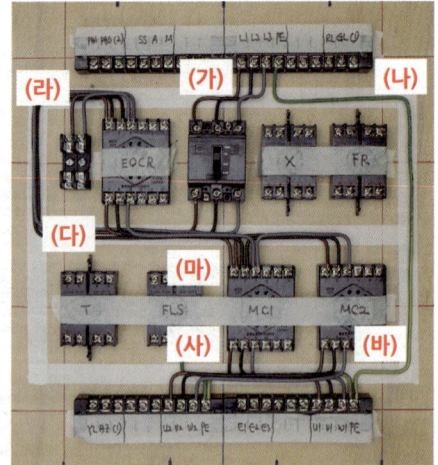

6 보조회로 배선작업

보조회로는 퓨즈의 2차측부터 (1)~(18)번 회로로 구분하여 황색 전선으로 배선한다[회로도에서는 (1)~(6)번 회로까지만 표시함].

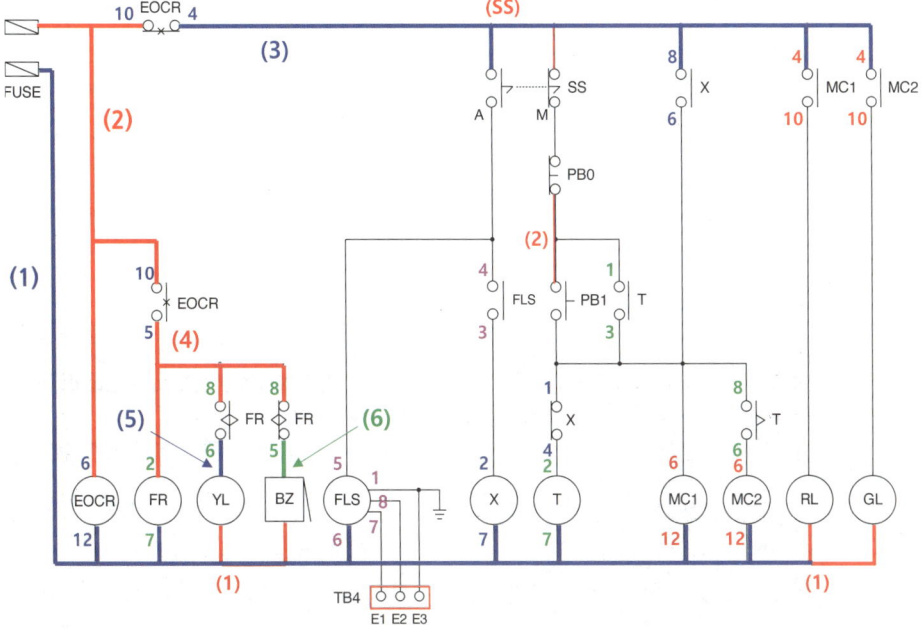

(1) 보조회로는 1.5[mm²] 전선을 감아서 지급되는데, 지급되는 전선을 기준으로 12바퀴를 잘라서 제어판 작업에 사용하며 한 바퀴의 길이는 1[m] 정도가 된다.

(2) (1)번 회로(아래쪽 모선)는 fuse ⇔ EOCR-⑫ ⇔ FR-⑦ ⇔ (1) ⇔ FLS-⑥ ⇔ X-⑦ ⇔ T-⑦ ⇔ MC1-⑫ ⇔ MC2-⑫ ⇔ (1) 등 모두 10개의 단자를 찾아 단자 자석이나 마스킹 테이프를 붙인다.

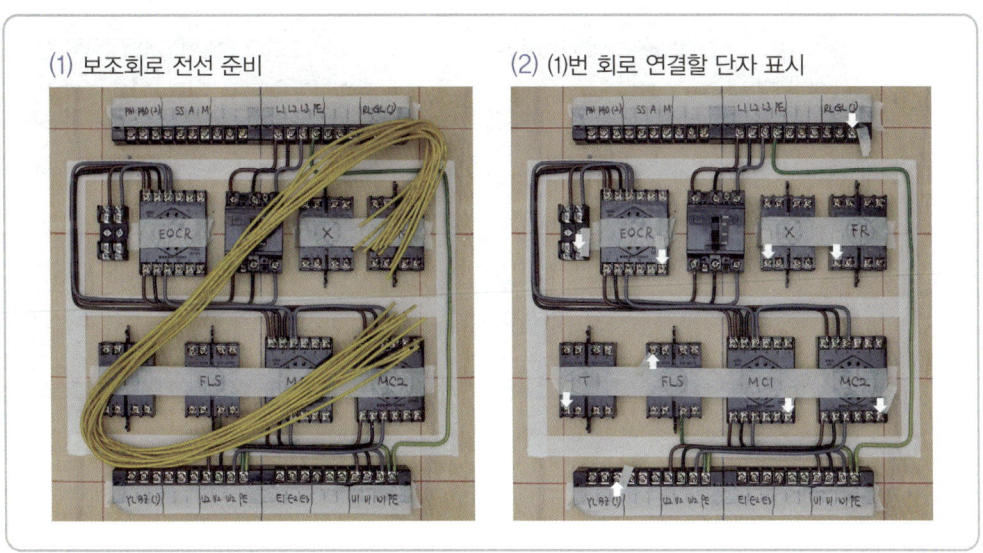

(1) 보조회로 전선 준비   (2) (1)번 회로 연결할 단자 표시

(3) (1)번 회로는 시퀀스회로도의 단자 순서대로 배선하기도 하지만, 최단 거리로 배선하는 것이 좋다. 퓨즈의 2차측은 2선을 연결해도 되지만 되도록 1선을 연결하면 퓨즈 홀더 뚜껑을 덮기가 쉽다. 아래쪽 모선은 연결할 단자가 많고 패턴도 일정해서 가장 먼저 배선하는 것이 좋다.

(4) (2)번 회로는 퓨즈 2차 ⇔ EOCR-⑩ ⇔ EOCR-⑥ 등 3개의 단자를 표시해 놓고 최단 거리로 연결한다.

(5) (3)번 회로는 EOCR-④ ⇔ SS ⇔ X-⑧ ⇔ MC1-④ ⇔ MC2-④ 등 5개의 단자를 연결한다.

(6) (4)번 회로는 EOCR-⑤ ⇔ FR-② ⇔ FR-⑧ 등 3개의 단자를 연결한다.

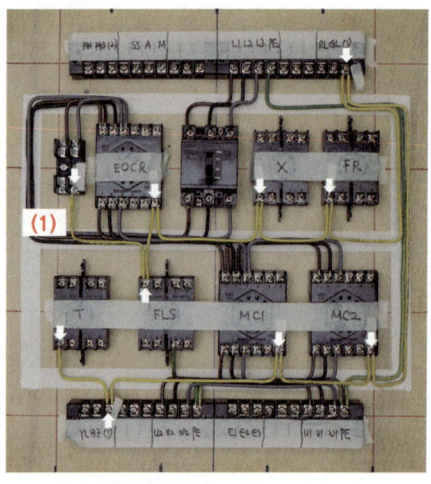

(3) (1)번 회로 - 10개의 단자를 연결

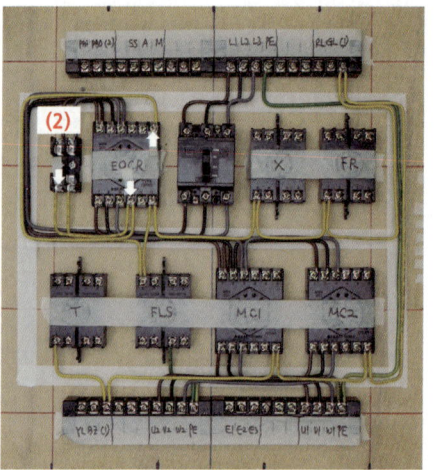

(4) (2)번 회로 배선

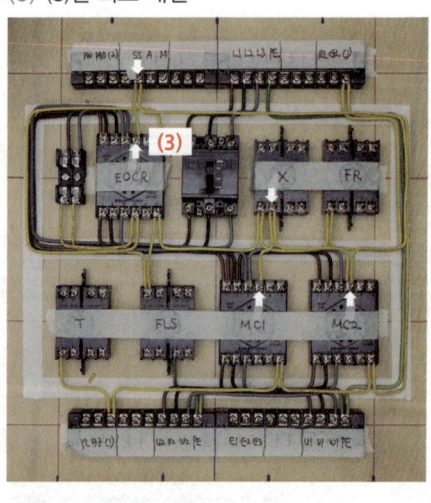

(5) (3)번 회로 배선

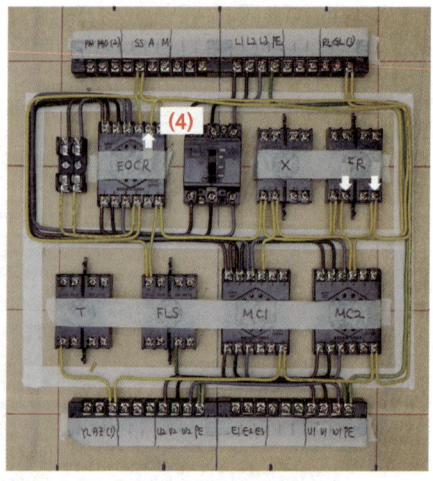

(6) (4)번 회로 배선

(7) (5)번 회로는 FR-⑥ ⇔ YL단자를 연결하고, (6)번 회로는 FR-⑤ ⇔ BZ단자를 연결한다.

(8) (7)번 회로는 A ⇔ FLS-④ ⇔ FLS-⑤ 등 3개의 단자를 연결한다.

(9) (8)번 회로는 FLS-⑦ ⇔ E1단자를 연결하고, (9)번 회로는 FLS-⑧ ⇔ E2단자를 연결하며, (10)번 회로는 FLS-① ⇔ E3단자를 연결한다.

(10) (11)번 회로는 FLS-③ ⇔ X-②단자를 연결하고, (12)번 회로는 M ⇔ PB0단자를 연결하며, (13)번 회로는 (2) ⇔ T-①단자를 연결한다. (2)는 PB0와 PB1을 연결한 공통 단자 번호이다.

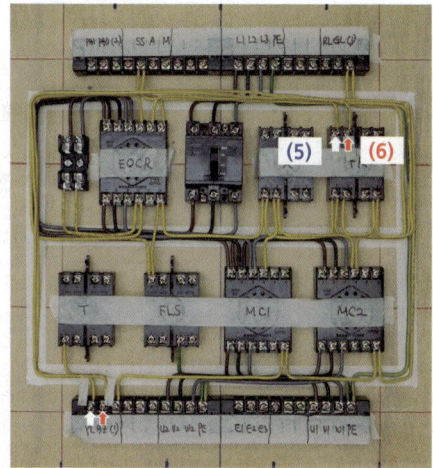

(7) (5)~(6)번 회로 배선

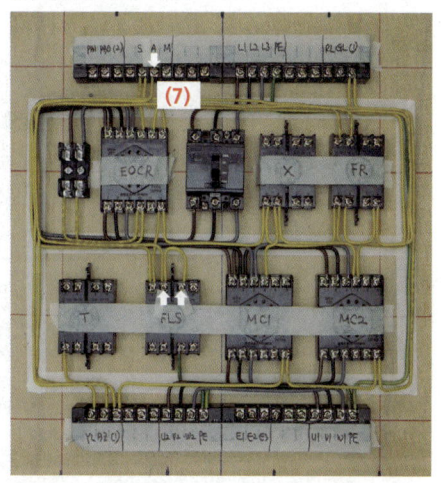

(8) (7)번 회로 배선

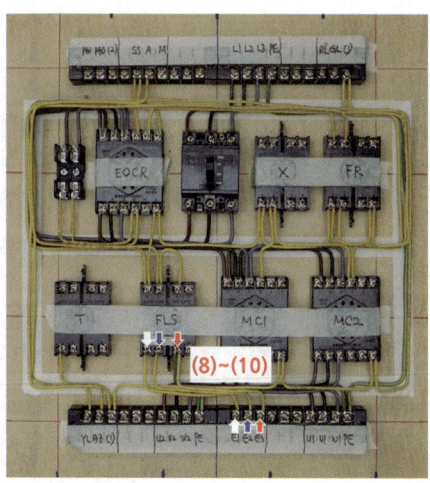

(9) (8)~(10)번 회로 배선

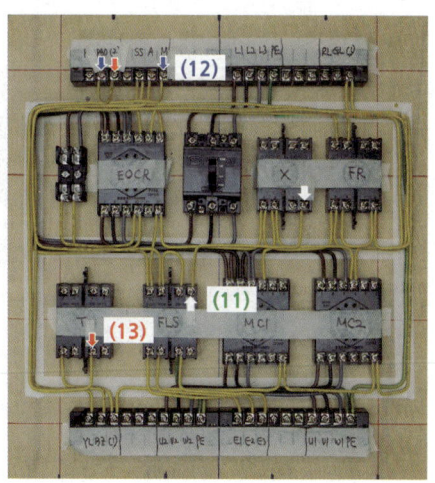

(10) (11)~(13)번 회로 배선

(11) (14)번 회로는 PB1 ⇔ X-① ⇔ T-③ ⇔ X-⑥ ⇔ MC1-⑥ ⇔ T-⑧ 등 6개의 단자를 연결한다. 이때 회로도 순서와 관계없이 최단 거리로 연결한다.

(12) (15)번 회로는 X-④ ⇔ T-②단자를 연결하고, (16)번 회로는 T-⑥ ⇔ MC2-⑥단자를 연결한다.

(13) (17)번 회로는 MC1-⑩ ⇔ RL단자를 연결하고, (18)번 회로는 MC2-⑩ ⇔ GL단자를 연결한다.

(14) 보조회로 배선작업이 끝나면 육안 점검을 해야 한다. 이름이 부여된 단자대에 전선이 모두 연결되었는지 확인하고, 계전기는 소켓 단위로 전원단자 및 접점의 매칭이 잘 되었는지 확인하면 된다.

(11) (14)번 회로 배선

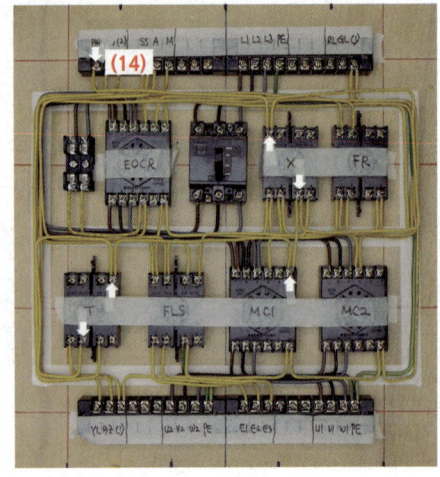

(12) (15)~(16)번 회로 배선

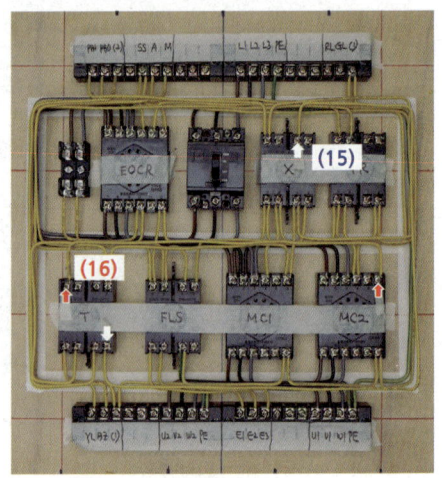

(13) (17)~(18)번 회로 배선

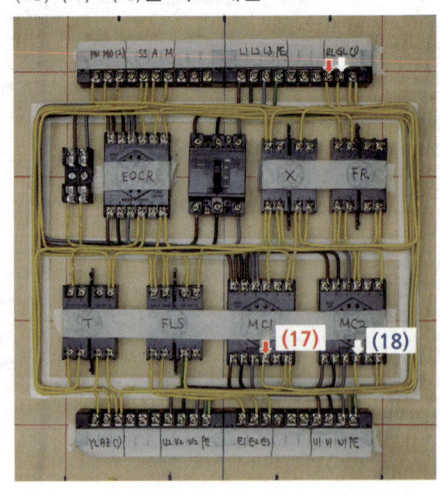

(14) 육안 점검

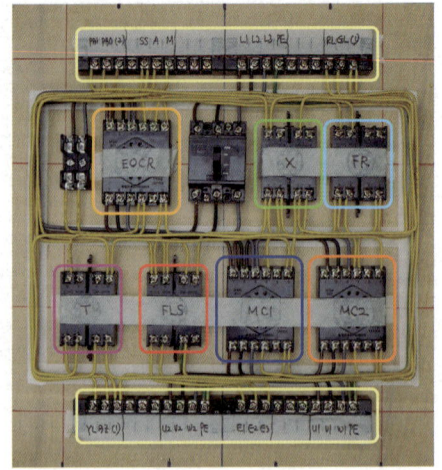

자세히 알아보기 2구 박스 내에서 선이 자주 빠진다면?

작업을 완성하고 동작시험을 하게 되면 완벽하게 작업을 한 것 같지만 2구 박스 내에서 전선이 빠져 오동작을 하는 경우가 있다.

특히 셀렉터 스위치, 푸시버튼 스위치, 버저 등의 단자에서 선이 가끔 빠지는 경우가 있는데 이것을 방지하기 위해서는 2구 박스 안에서 단자에 전선을 고정할 때 수동 드라이버를 사용하면 좋고, 더 확실한 방법은 전선의 끝을 ㄱ자 모양으로 구부려 작업하는 것이 좋다.

다음 작업 과정은 버저의 단자에 전선을 고정하는 방법이다.
(1) 전선의 피복을 약간 길게 벗긴 후 끝부분을 ㄱ자 모양으로 구부린다.
(2) 단자의 왼쪽에 구부린 전선을 밀어 넣는다.
(3) 단자 가까운 부분에서 전선을 잡고 아래쪽으로 90도 회전시킨다.
(4) 구부러진 전선이 단자의 위쪽까지 깊게 들어가게 되며 수동 드라이버를 사용해 고정하면 전선을 일부러 잡아당겨도 선이 빠지지 않는다.
(5) 셀렉터 스위치의 단자도 직각으로 구부려 작업한 결과이다.

(1)

(2)

(3)
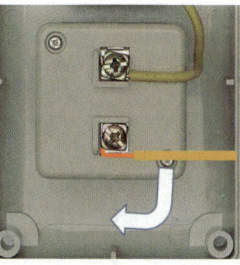

(4)
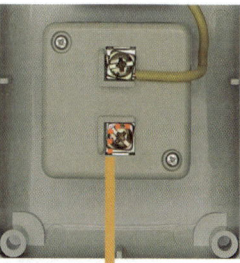

(5)
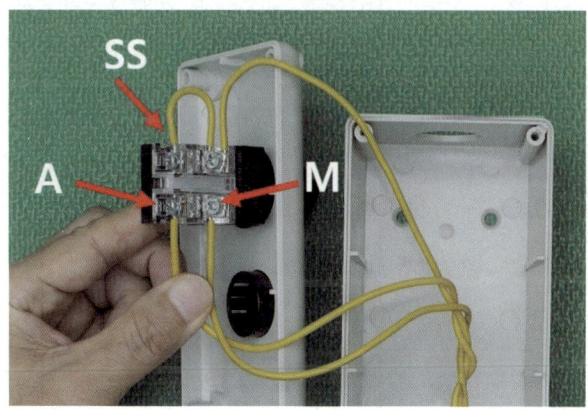

2강 회로 점검방법

학습목표 미리보기 육안으로 소켓과 단자대에 누락된 전선이 있는지 확인하고 벨 시험기로 점검하는 방법을 알아보자.

1 회로의 점검

제어판이 완성되면 반드시 점검을 해야 한다. 시간이 충분하다면 벨 시험기를 사용해 회로를 하나씩 점검하면 된다. 시간이 부족한 경우 육안으로 간단하게 점검하는 방법을 알아본다. 작업을 해 보면 쉽게 눈에 들어오게 된다.

2 육안 점검방법

1 EOCR 점검

EOCR은 공개문제 18개 모두 a접점과 b접점이 사용되어 11번 단자를 제외하고 모든 단자가 사용된다.

11번 이외에 누락된 단자가 있는지 확인하면 된다. 주회로 1-2-3번, 7-8-9번, 전원단자 6-12번, 접점부분 10-4-5번 단자를 점검한다.

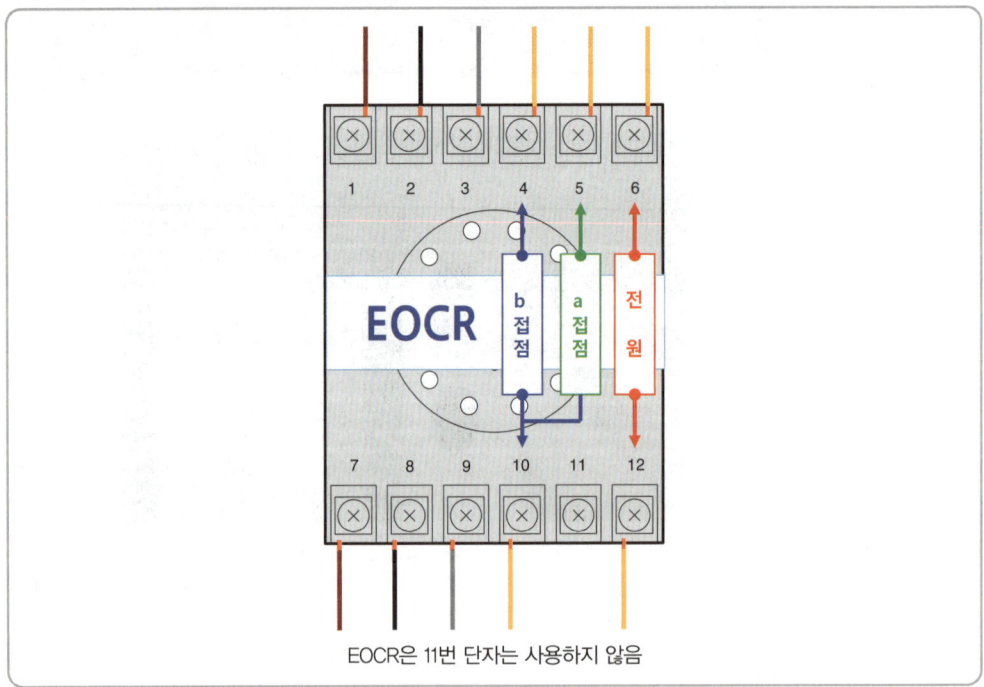

EOCR은 11번 단자는 사용하지 않음

2 전자접촉기(MC) 점검

(1) MC의 주접점은 반드시 사용되고 보조접점은 사용하지 않는 경우도 있다. 12핀 소켓은 오른쪽 6-12번이 전원단자이다. MC의 1-2-3번, 7-8-9번 단자가 갈색, 흑색, 회색으로 연결되어 있는지 확인한다.

(2) 보조 a접점이 사용된 경우, 4-10번 단자에 선이 연결되어 있는지 확인한다.

(3) 보조 b접점이 사용된 경우, 5-11번 단자에 선이 연결되어 있는지 확인한다.

(4) 보조 a, b접점이 모두 사용된 경우, 모든 단자에 선이 연결되어 있어야 한다. MC는 위쪽 단자와 아래쪽 단자가 접점을 구성하므로 위쪽 단자에 선이 연결되어 있으면 아래쪽 단자에도 반드시 선이 연결되어 있어야 한다.

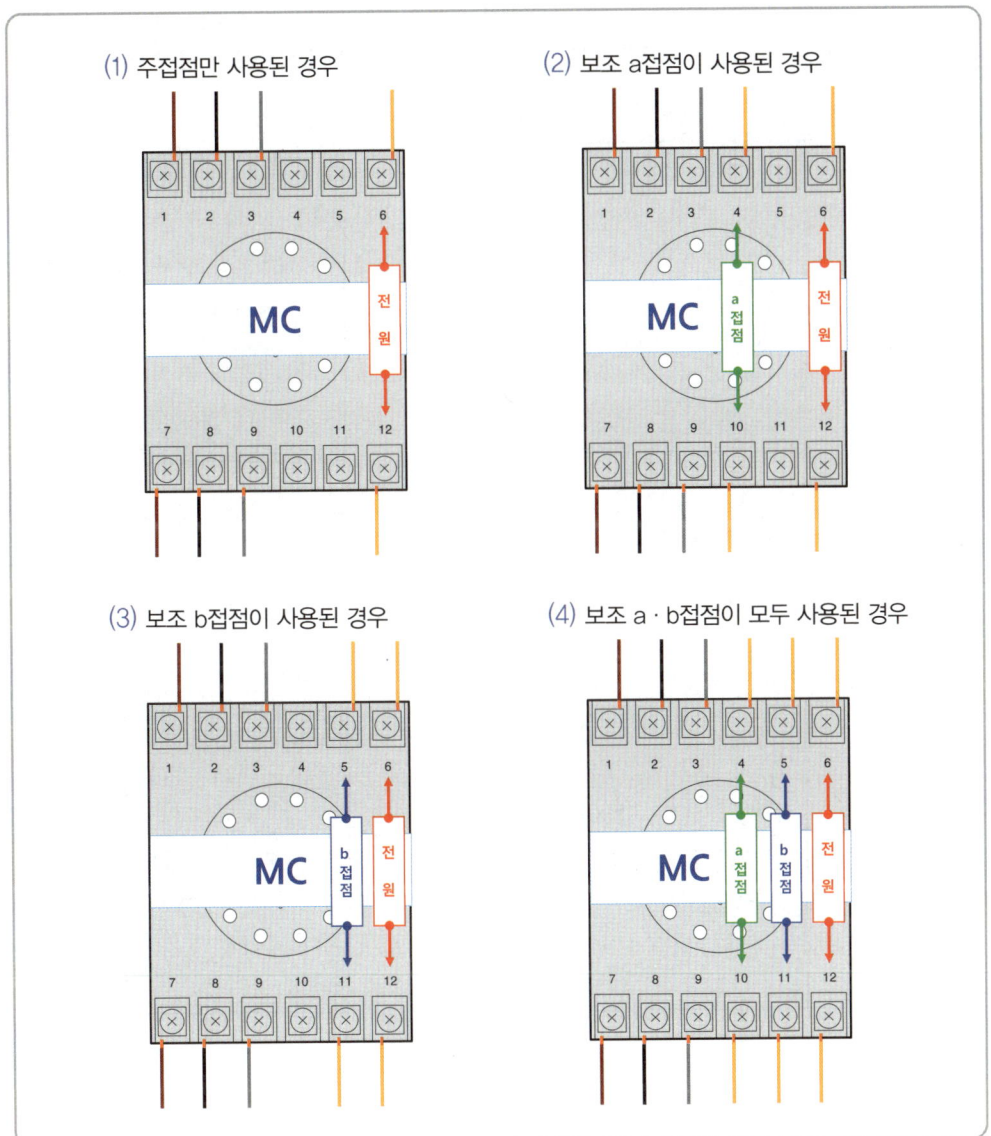

3 타이머(T) 점검

(1) 타이머는 전원단자 2-7번을 사용하고, 아래쪽 단자의 왼쪽과 오른쪽 끝에 있다. 타이머의 공통단자는 아래쪽 8번이고, a접점은 8-6번 단자를 사용한다.

(2) 타이머에서 한시 접점만 사용된 경우에는 8번 단자와 5-6번 단자에 선이 연결되어 있는지 확인한다. b접점은 8-5번 단자를 사용한다.

(3) 순시 a접점은 1-3번 단자를 사용한다. 순시 접점은 a접점만 있어 공통단자는 아니지만 릴레이와 같은 위치에 있어 1-3번 단자를 사용한다.

(4) 한시 접점과 순시 접점이 사용된 경우 아래쪽의 단자는 모두 선이 연결되어 있고, 8번과 연결된 5-6번 단자를 확인하고, 1번과 연결된 3번 단자를 확인한다.

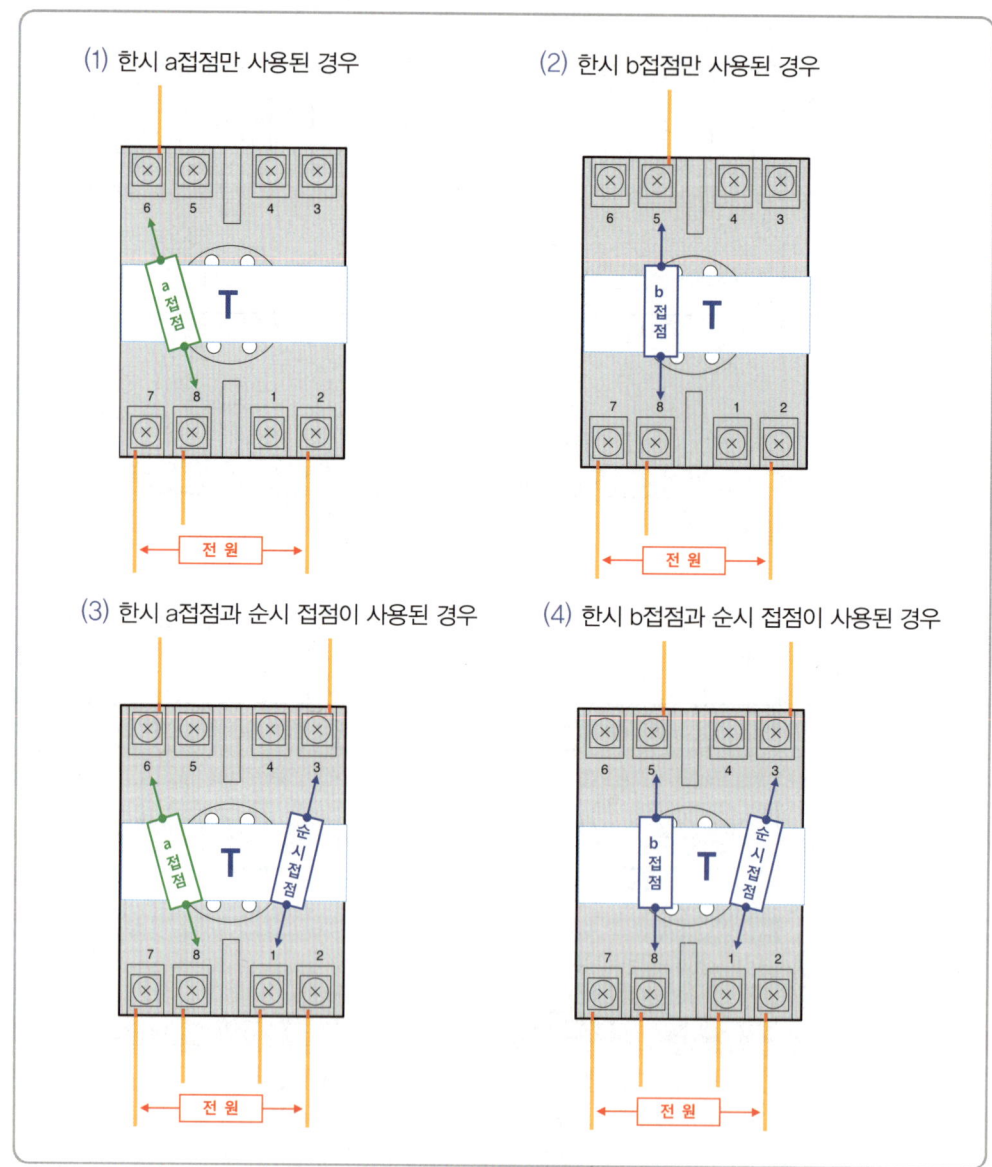

(5) 전원단자 2-7번 확인, 8번과 5-6번 단자에 선이 연결되어 있는지 확인한다.
(6) 전원단자 2-7번 확인, 8번과 5-6번 단자, 1-3번 단자를 확인한다.

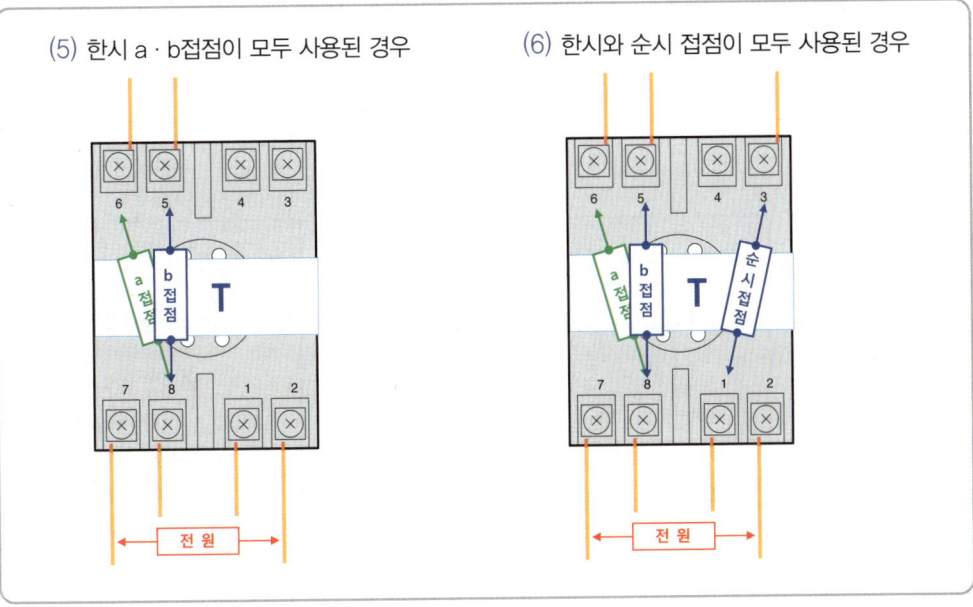

4 릴레이(X, X1, X2) 점검

릴레이의 전원단자는 2-7번이고, 1번과 3-4번이 한 세트, 8번과 5-6번이 한 세트의 c접점이다. 전원단자 양쪽을 확인한 후, 1번과 3-4번을 확인하고, 8번과 5-6번을 확인한다.

(1) a접점 1개가 사용된 경우 전원단자를 확인하고 1번과 짝인 3번 단자를 확인한다.
(2) a접점 2개가 사용된 경우 전원단자를 확인하고 1번과 짝인 3번 단자, 8번과 짝인 6번 단자를 확인한다.

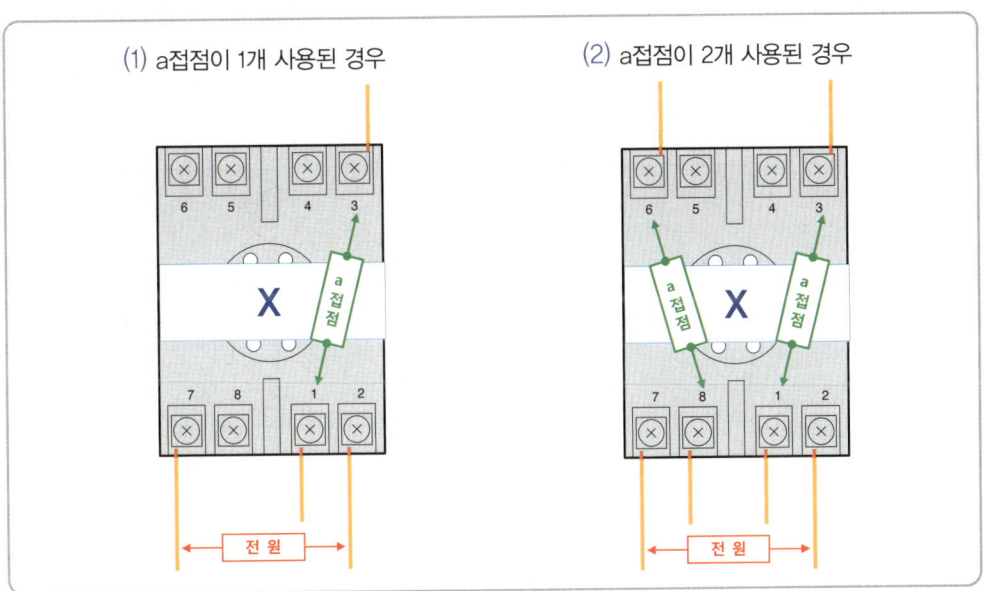

(3) a, b접점이 사용된 경우 전원단자를 확인하고, 1번과 짝인 3번 단자, 8번과 짝인 5번 단자를 확인한다.

(4) c접점 형태로 사용된 경우 전원단자를 확인하고, 1번과 3-4번 단자. 또는 8번과 5-6번 단자를 확인한다.

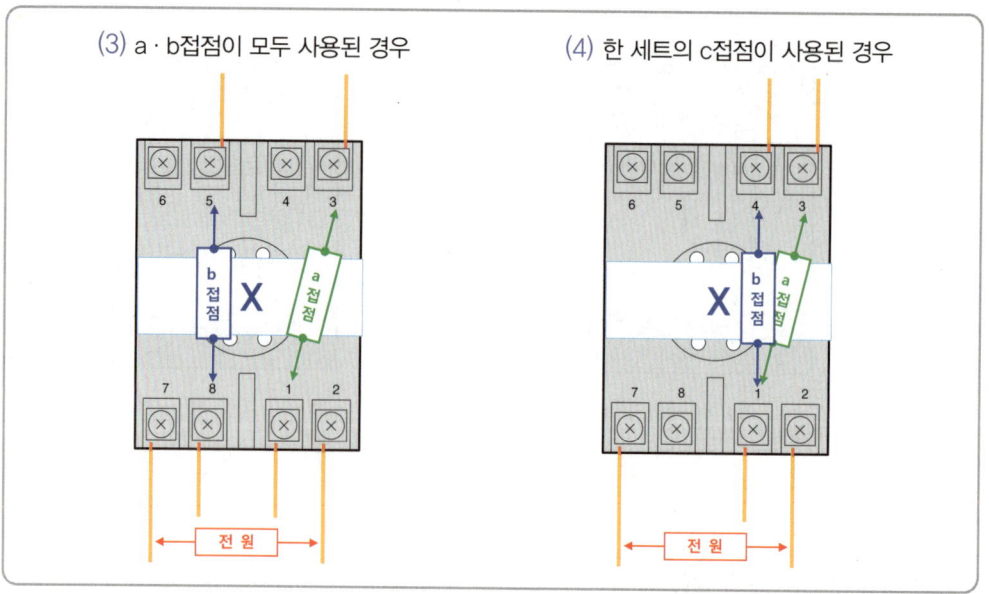

5 플리커 릴레이(FR) 점검

플리커 릴레이의 전원단자는 2-7번이고, 8번과 5-6번이 한 세트의 c접점이다. 전원단자 양쪽을 확인한 후, 8번과 5-6번을 확인한다.

(1) a접점만 사용된 경우 전원단자를 확인하고 8번과 짝인 6번 단자를 확인한다.

(2) a·b접점이 사용된 경우 전원단자를 확인하고 8번과 짝인 5번, 6번 단자를 확인한다.

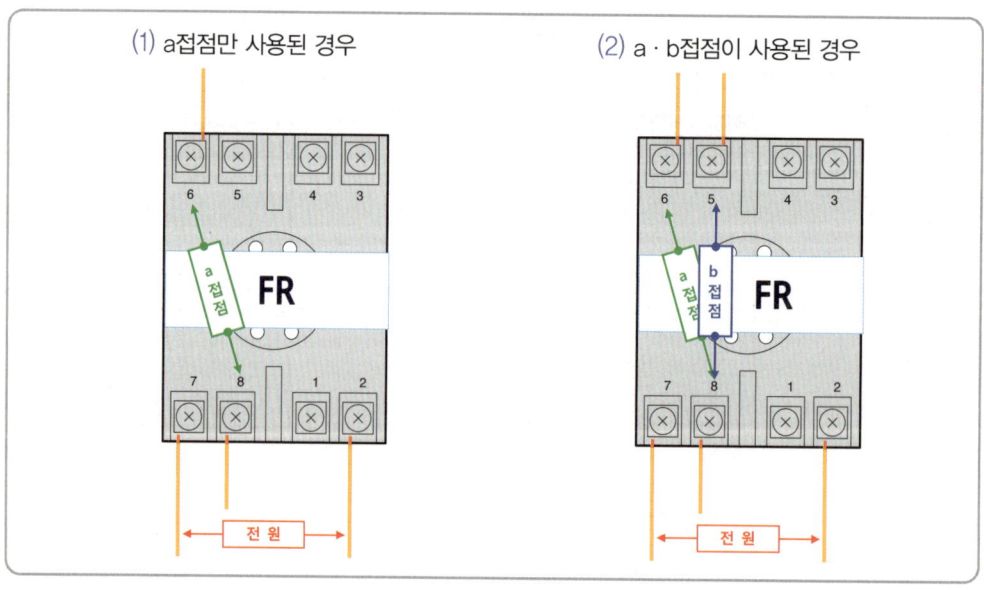

6 플로트레스 스위치(FLS) 점검

플로트레스 스위치의 전원단자는 5-6번이고, 4번과 3-2번이 한 세트의 c접점이며, 수위 감지선은 7-8-1번 단자이다. 공개문제에서는 a접점만 사용하므로 2번 단자를 제외하고 모든 단자에 전선이 연결되어 있어야 한다.

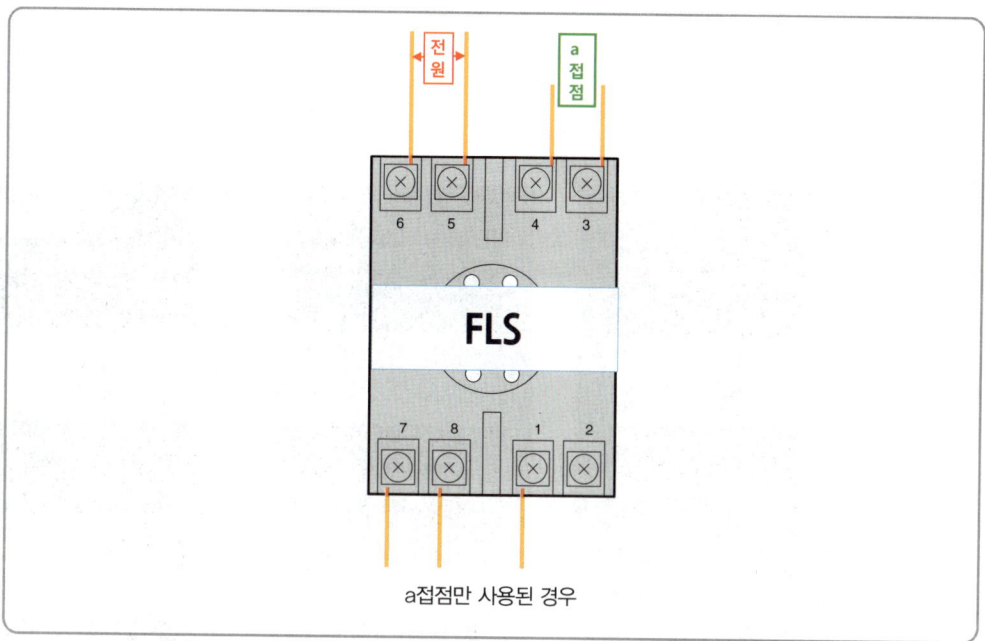

a접점만 사용된 경우

7 단자대(TB5, TB6) 점검

(1) 제어판 위쪽과 아래쪽 단자대에 이름이 부여된 단자대에는 전선이 연결되어 있는지 확인한다.

(2) 외부기구를 모두 연결한 경우 위쪽-아래쪽 단자가 정확하게 연결되어 있는지 확인한다.

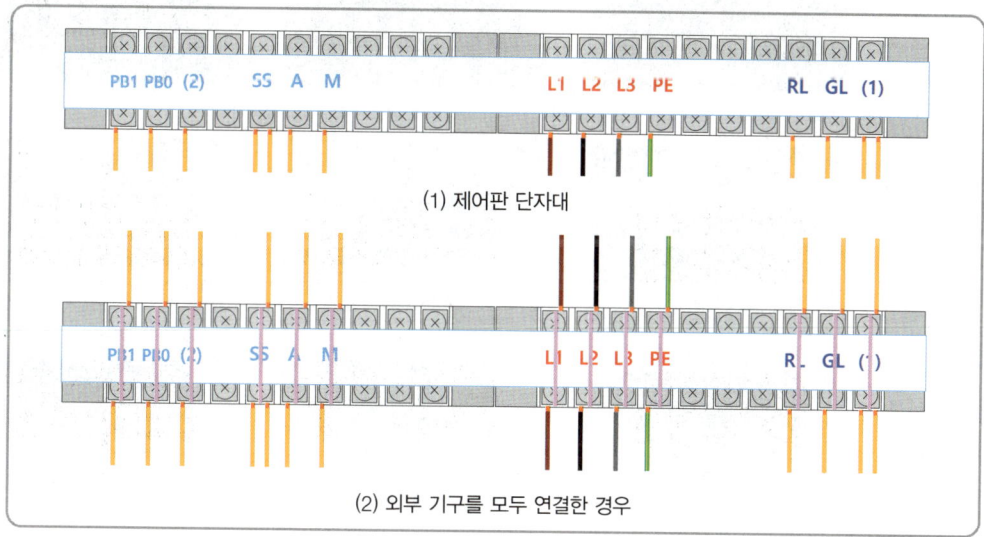

(1) 제어판 단자대

(2) 외부 기구를 모두 연결한 경우

8 육안으로 점검하는 연습

육안 점검방법은 a, b접점을 구분하여 검사하는 방법이 아니고 전원단자와 접점을 대략적으로 검사하는 방법이니 벨 시험기로 정확하게 검사하는 것이 중요하다. 연결이 잘못된 곳이 있는지 점검해 보자.

12핀 소켓은 6-12번이 전원단자이고 1-2-3번, 7-8-9번은 갈색, 흑색, 회색 전선으로 연결되어 있어야 한다.

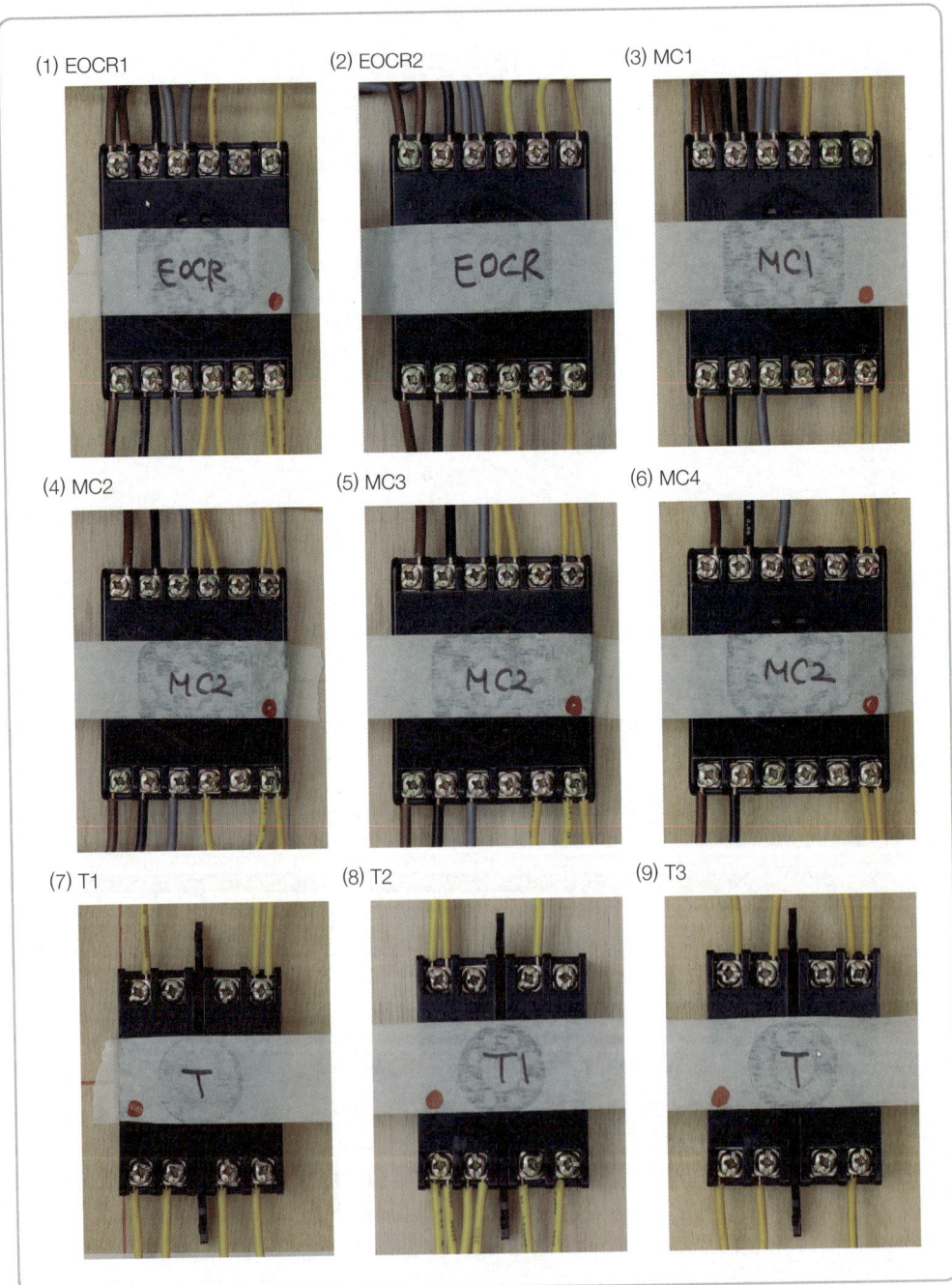

(1) EOCR1　(2) EOCR2　(3) MC1
(4) MC2　(5) MC3　(6) MC4
(7) T1　(8) T2　(9) T3

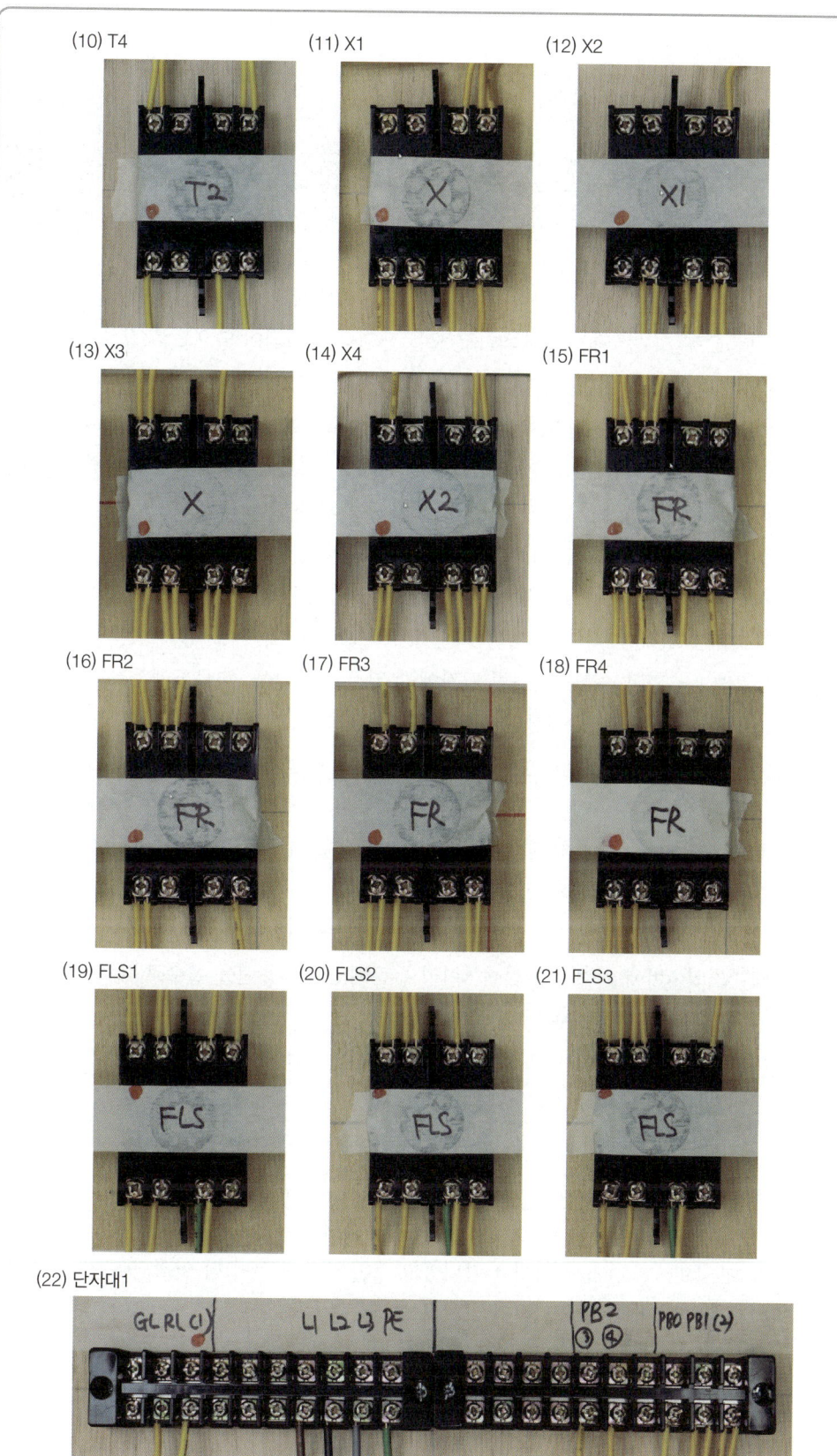

(23) 단자대2

(1) EOCR의 5번 단자가 누락되어 있다. 도면에서 해당 부분을 찾아 연결한다.
(2) EOCR은 11번 단자를 제외하고 모든 단자에 연결되어 있으므로 정상 연결되어 있다.
(3) MC1의 4번 단자가 연결되어 있으나 10번 단자가 누락되어 있다.
(4) MC2의 주회로, a접점, 전원단자 모두 정상으로 연결되어 있다.
(5) MC2의 4번과 11번이 어긋나 있어 도면에서 a접점인지 b접점인지 확인하고 수정한다.
(6) MC2의 2차측 9번 단자에 회색 전선이 누락되어 있다.
(7) T의 전원단자 2-7번, a접점 1-3번, 8-6번이 정상 연결되어 있다.
(8) T1의 순시 접점은 1-3번을 사용하는데 3번 단자에 연결할 것이 실수로 4번 단자에 연결되어 있다.
(9) T의 1-3번이 순시인데 3번 단자에만 연결되어 있음. 회로도에서 순시 a접점이 사용되었는지 확인하여 수정한다.
(10) T2의 8번과 5-6번이 한 세트인데 8번 단자에 연결이 누락되어 있다.
(11) X의 8번과 5-6번이 한 세트인데 5번 또는 6번 단자가 누락되어 있다.
(12) X1의 7번 누락, 8번과 세트인 5-6번이 없는 것으로 보아, 7번에 연결할 것이 8번 단자에 잘못 연결되어 있다.
(13) X의 전원단자 2-7번, b접점 1-4번, a접점 8-6번이 정상 연결되어 있다.
(14) X2의 6번에 연결되어 있어 8번이 누락되었거나, 6번을 실수로 더 연결하였으므로, 회로도를 확인하여 수정한다.
(15) FR의 1번 단자에 필요 없는 선이 연결되어 있다.
(16) FR의 8번 단자에 선이 누락되어 있다.
(17) 전원단자 2-7번, 8번과 세트인 5-6번이 정상 연결되어 있다.
(18) FR의 전원단자 2번에 선이 누락되어 있다.
(19) FLS의 전원단자 5-6번, a접점 4-3번, 감지선 7-8-1번이 정상 연결되어 있다.
(20) FLS의 3번 단자에 선이 누락되었고, 2번 단자에 선이 더 연결되어 있다.
(21) FLS의 4번 단자에 선이 누락되어 있다.
(22) GL단자에 선이 누락되어 있다.
(23) 이름이 부여된 모든 단자에 선이 연결되어 정상이다.

3 벨 시험기 점검방법

작업을 완성하면 벨 시험기로 점검을 해야 한다. 완벽한 점검법은 아니지만 접점번호를 제대로 기입하고 작업했다면 효과적인 점검방법이다.

벨 시험기는 보통 9[V]의 건전지, 전지 스냅, 버저와 리드선 끝에 손으로 잡기 쉽도록 리드봉을 연결하여 제작한다. 두 리드봉을 접촉하거나 두 리드봉 사이에 금속 물체를 접촉하면 버저에 전류가 흐르면서 '삐' 소리가 나는 원리를 이용해 만든 기구이다. 전선과 단자 등은 전류가 잘 흐르는 도체로 되어 있어 여러 개의 단자를 전선으로 연결한 후 이 단자들의 연결상태를 점검할 수 있는 것이 벨 시험기이다.

1 주회로 점검

회로 점검 시 차단기를 올리고 퓨즈를 삽입한 상태에서 시작하며 첫 시작은 위쪽부터 아래쪽으로 내려오면서 점검한다. 한 단자에 대고 같은 선에 연결된 모든 단자에 대어 '삐' 소리가 나면 정상이다.

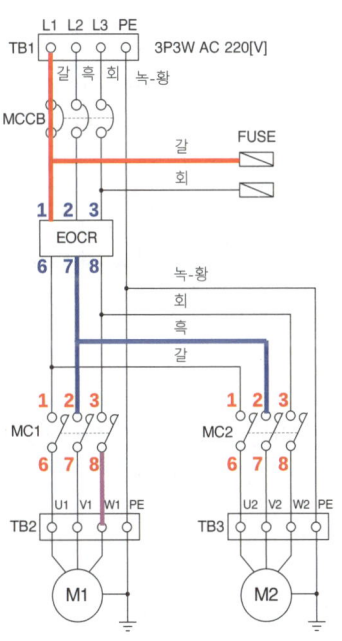
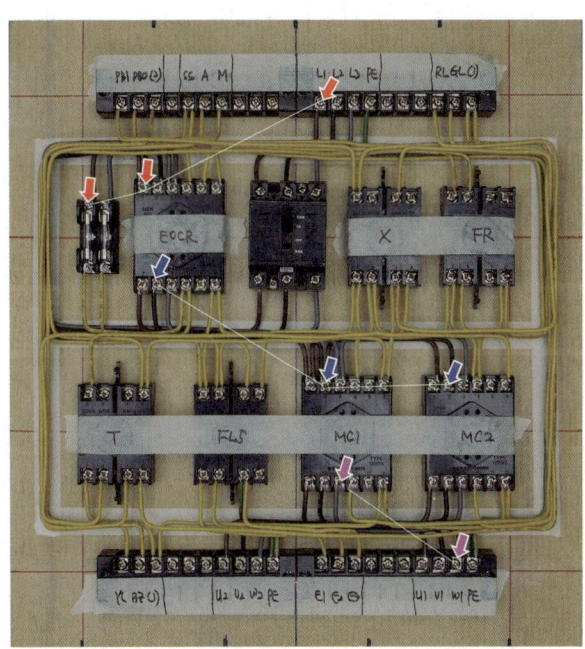

(1) 벨 시험기의 리드봉 하나를 L1단자에 대고 다른 리드봉은 EOCR-1번, 왼쪽 FUSE의 위쪽 단자에 댄다. 잘 연결되어 있으면 '삐' 소리가 난다.

(2) L2단자와 EOCR-2번 단자에 대어본다.

(3) 리드봉을 L3단자에 대고 다른 리드봉은 EOCR-3번, 오른쪽 FUSE의 위쪽 단자에 대어본다.

(4) TB1의 PE단자에 대고 TB2의 PE단자와 TB3의 PE단자에 차례로 대어본다.
(5) EOCR의 7번 단자에 대고 MC1-1번 단자, MC2-1번 단자에 차례로 대어본다.
(6) EOCR의 8번 단자에 대고 MC1-2번 단자, MC2-2번 단자에 차례로 대어본다.
(7) EOCR의 9번 단자에 대고 MC1-3번 단자, MC2-3번 단자에 차례로 대어본다.
나머지 회로도 연결된 도면 순서대로 단자를 찾아서 확인해 보면 된다.

2 보조회로 점검

제어회로를 배선한 순서대로 점검한다. 아래쪽 모선, 위쪽 모선, 가운데는 왼쪽부터 차례대로 점검한다.

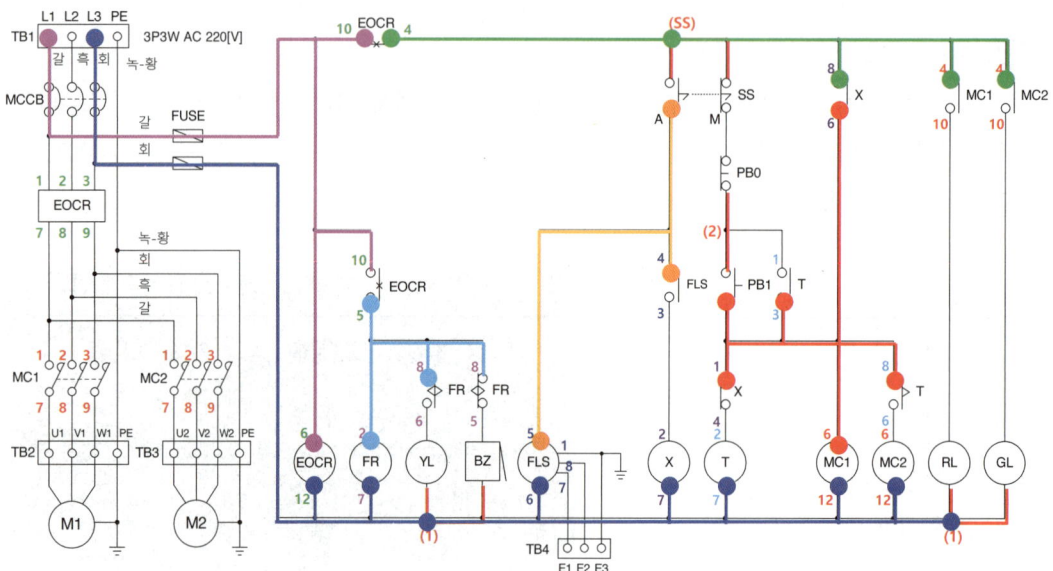

(1) **아래쪽 모선 점검**

L3단자에 리드봉을 대고 EOCR-12번, FR-7번, (1), FLS-6번, X-7번, T-7번, MC1-12번, MC2-12번, (1) 등의 단자를 찾아 연결상태를 확인한다.

(2) **위쪽 모선 점검**

① L1단자에 리드봉을 대고 EOCR-10, EOCR-6번 단자에 대어본다.
② EOCR-4번 단자에 리드봉을 대고 SS, X-8번, MC1-4번, MC2-4번 단자에 대어본다.

(3) **중간 회로 점검**

① EOCR-5번 단자와 FR-2, 8번 단자에 대어본다.
② FR-6번 단자와 YL단자에 대어본다.
③ FR-5번 단자와 BZ단자에 대어본다.

④ A단자와 FLS-4, 5번 단자에 대어본다.
⑤ FLS-7, 8, 1번 단자와 E1·E2·E3단자를 차례대로 대어본다.
⑥ FLS-3번 단자와 X-2번 단자에 대어본다.
⑦ M단자와 PB0단자에 대어본다.
⑧ (2)단자와 T-1번 단자에 대어본다.
⑨ PB1단자와 X-1, T-3, X-6, MC1-6, T-8번 단자에 차례대로 대어본다.
⑩ X-4번 단자와 T-2번 단자에 대어본다.
⑪ T-6번 단자와 MC2-6번 단자에 대어본다.
⑫ MC1-10번 단자와 RL단자에 대어본다.
⑬ MC2-10번 단자와 GL단자에 대어본다.

이상과 같은 순서로 점검을 하면 누락된 선을 찾을 수는 있지만, 추가로 연결된 선은 찾을 수 없다.

시험에 사용되는 푸시버튼 스위치 　자세히 알아보기

① NO, NC로 표시된 단자를 사용하는 경우

PB1, PB2 　　　PB0

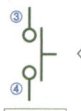 

a 접점　　　b 접점

a접점이 필요하면 NO단자를
b접점이 필요하면 NC단자를
사용한다.

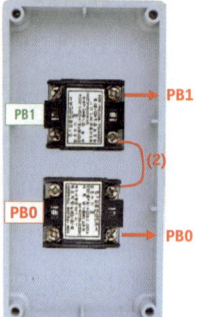

② 색상으로 구분된 단자를 사용하는 경우

PB1, PB2 　　　PB0

a 접점　　　b 접점

a접점이 필요하면 파란색 부분의
단자를, b접점이 필요하면 빨간색
부분의 단자를 사용한다.

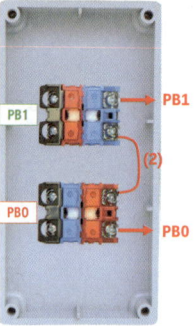

③ 두 종류를 혼합하여 사용하는 경우

PB1, PB2 　　　PB0

2종류의 스위치를 혼합하여 사용한 경우
(2025년 3회 실기시험)

a접점이 필요하면 NO(파란색
부분)단자를, b접점이 필요하면
NC(빨간색 부분)단자를 사용한다.

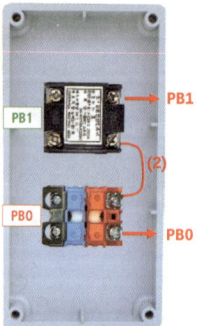

3강 기구 조립 및 결선작업

학습목표 미리보기: 외부기구를 조립하고 제어판 단자대에 연결하는 과정을 알아보자.

1 외부기구 결선작업 연습 순서

1 외부기구 결선 연습

이 단원에서는 공개문제 1번의 완성된 작업판 외부에 기구를 연결하여 연습하는 과정을 설명하며, 이 연습을 충분히 하면 작업 시간이 많이 단축된다.

2 외부기구 결선작업 순서

(1) 결선작업 순서는 배관의 끝에 연결된 기구 순서대로 작업한다.
(2) 2구 박스에 기구를 조립할 때 뚜껑 위의 글씨를 똑바로 읽을 수 있는 부분을 위쪽으로 정하고, 단자를 오른쪽으로 향하게 배치해야 연결이 편리하다.
(3) 기구에 공통단자가 사용되면 기구를 조립할 때 바로 연결해 놓는다.
(4) 결선작업 시 벨 시험기로 연결할 선을 찾고, 공통선 먼저 연결하고 나머지 선을 차례로 연결한다.
(5) 표시등, 버저 등은 2구 박스의 뚜껑을 덮기 전에 점검하고 푸시버튼 스위치, 셀렉터 스위치는 뚜껑을 덮고 외부 버튼을 조작해 보면서 점검한다.
(6) 8각 박스에서 분기되어 연결된 기구는 왼쪽부터 결선한다.
(7) 범례를 참고하여 기구의 색상을 결정한다.

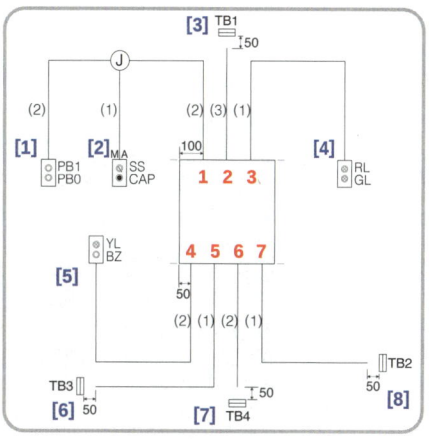

기호	명칭	기호	명칭
TB1	전원(단자대 4P)	PB0	푸시버튼 스위치(적색)
TB2, TB3	전동기(단자대 4P)	PB1	푸시버튼 스위치(녹색)
TB4	플로트레스(단자대 4P)	SS	셀렉터 스위치
TB5, TB6	단자대(10P+10P)	YL	램프(황색)
MC1, MC2	전자접촉기(12P)	GL	램프(녹색)
EOCR	EOCR(12P)	RL	램프(적색)
X	릴레이(8P)	BZ	버저
T	타이머(8P)	CAP	홀마개
FR	플리커 릴레이(8P)	Ⓙ	8각 박스
FLS	플로트레스 스위치(8P)	F	퓨즈 및 퓨즈 홀더
MCCB	배선용 차단기		

2 외부기구 조립 및 결선작업

1 PB1, PB0 결선

(1) 배관 및 기구 배치도에서 2구 박스의 위쪽에는 PB1을, 아래쪽에는 PB0를 설치하여야 한다.

(2) PB1은 a접점을 사용하므로 파란색 부분의 단자를, PB0는 b접점을 사용하므로 빨간색 부분의 단자를 오른쪽으로 향하도록 고정한다. 기구의 고무 패킹 2개는 모두 박스의 안쪽에 위치해도 된다.

(3) 회로도에서 2개의 단자가 연결되므로, 가까이에 있는 2개의 단자를 연결해 놓는다[공통단자 (2)].

(4) 입선 후 제어판 단자대측을 먼저 결선하고, 벨 시험기로 각 단자에 연결된 선을 구분해 놓는다. 선을 꼬아서 넣은 이유는 눈으로 보면서 선을 찾지 말고 벨 시험기를 사용해 찾으라는 의미이다.

(1) 기구 배치도에 맞게 배치

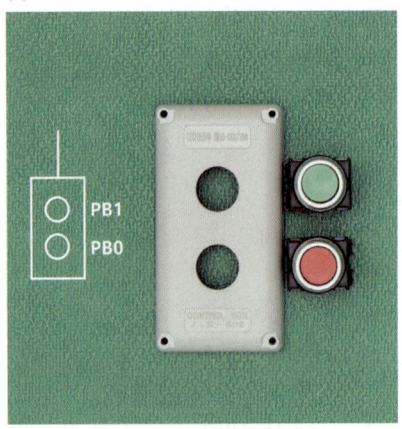

(2) 사용할 단자를 오른쪽으로 배치

(3) 공통단자 (2)를 연결해 놓음

(4) 벨 시험기로 단자에 연결된 선 찾음

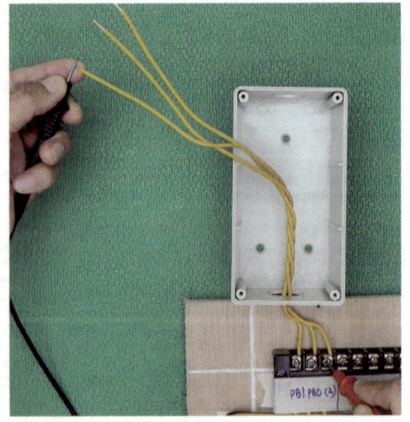

(5) 공통단자는 가운데에 있어 왼쪽으로, PB1은 위쪽 기구에 연결할 선이므로 위쪽으로, PB0는 아래쪽 기구에 연결한 선이라서 아래쪽으로 분리해 놓았다.

(6) 결선 시 항상 공통선(공통단자에 연결한 선)을 먼저 연결하고 위쪽과 아래쪽 단자를 연결한다. 결선 후 선이 빠지지 않도록 선을 잘 정리하여 넣은 후 뚜껑을 덮고 고정한다. 대각선 방향으로 2개만 고정했다.

(7) 작업이 완료되면 외부에서 반드시 점검을 해야 한다. 제어판의 (2)와 PB1단자에 벨 시험기의 리드선을 대고 PB1을 누르면 '삐' 소리가 나고, 놓았을 때 정지하면 정상이다(접점 사용도 맞고, 선도 빠지지 않음).

(8) PB0는 제어판의 (2)와 PB0단자에 벨 시험기의 리드선을 대면 '삐' 소리가 나고, 눌렀을 때 정지하면 된다. 이처럼 푸시버튼 스위치는 결선 후 반드시 외부에서 점검해야 한다.

(5) 선을 3방향으로 분리해 놓음
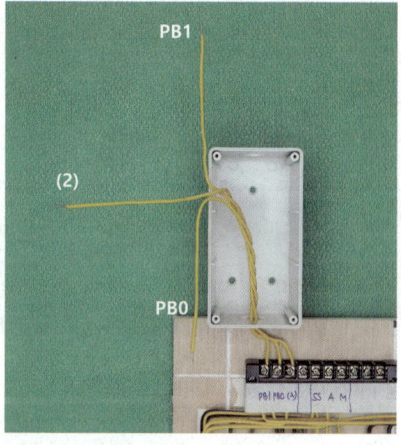

(6) 공통선 연결 후 위, 아래 연결
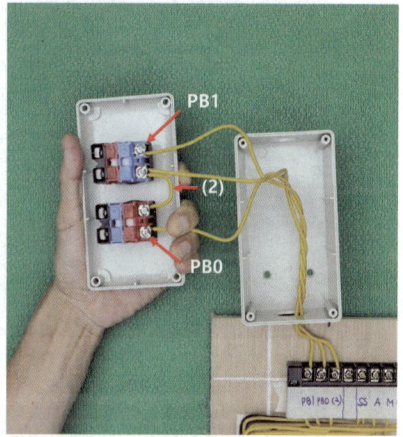

(7) PB1 점검
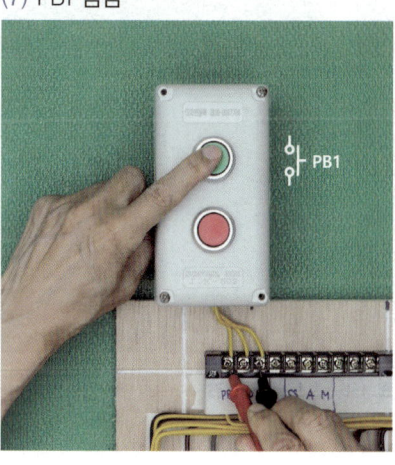

(8) PB0 점검

2 셀렉터 스위치(SS) 결선

(1) 배관 및 기구 배치도에서 2구 박스의 위쪽에는 셀렉터 스위치를 설치하고, 아래쪽에는 CAP으로 구멍을 막아 놓아야 한다.

(2) 셀렉터 스위치의 손잡이 지시부가 11시와 1시 방향을 지시하도록 스위치를 돌려보면서 위치를 잘 잡아야 한다.

(3) 벨 시험기 또는 육안으로 스위치를 돌려보면서 접점이 어떻게 구성되었는지 확인한다 (NC, NO).

(4) 각 접점의 단자 하나씩을 연결해 놓는다(공통단자 이름은 SS 사용).

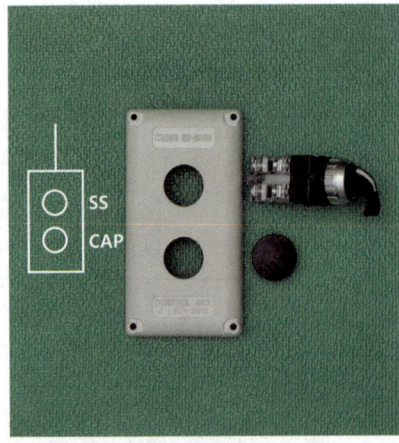

(1) 기구 배치도에 맞게 배치

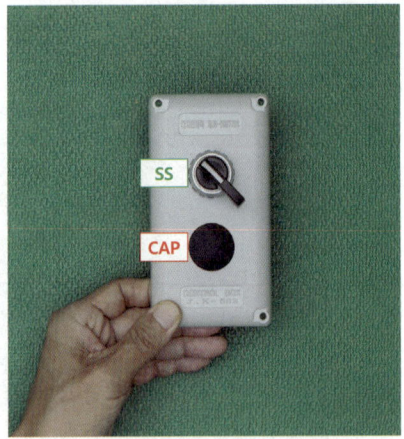

(2) 11시와 1시 방향을 지시하도록 고정

(3) 접점의 구성 상태를 확인

(4) 공통단자를 연결해 놓음

(5) 셀렉터 스위치 결선 시 단자에서 선이 잘 빠지므로 아래와 같이 선의 끝을 ㄱ자 모양으로 구부려서 결선하면 쉽게 빠지지 않는다.

(6) 공통선은 위쪽으로, A단자에 연결할 선은 왼쪽으로, M단자에 연결할 선은 오른쪽으로 분리해 놓는다.

(7) 공통선을 SS단자에 연결한 다음, A단자를 연결하고, M단자를 연결한 후 선을 잘 마무리하여 구부려 넣은 후 뚜껑을 덮고 고정한다.

(8) 결선이 완료되면 반드시 외부에서 점검한다. SS와 A단자에 벨 시험기의 리드선을 대고 오른쪽으로 돌렸을 때 '삐' 소리가 나면 되고, SS와 M단자에 대고 왼쪽으로 돌렸을 때 '삐' 소리가 나면 정상이다.

(5) 3선의 끝을 ㄱ자로 구부려 놓음

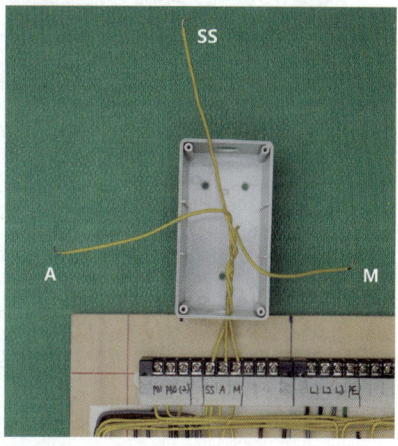

(6) 선을 찾아 3방향으로 분리해 놓음

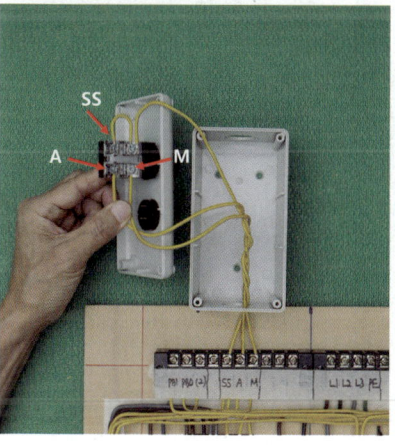

(7) SS, A, M의 순서로 연결

(8) 자동, 수동으로 돌리면서 점검

3 TB1 단자대 결선(케이블 사용)

(1) 케이블에 커터기나 다목적 가위의 날을 대고 살짝 누른 후 케이블을 한 바퀴 돌려가며 칼집을 넣는다. 힘 조절을 잘해야 심선이 손상되지 않는다.
(2) 칼집을 넣은 케이블을 양손으로 잡고 서로 반대 방향으로 비틀어 주면 피복이 분리되고 오른쪽으로 잡아당기면 쉽게 제거가 된다.
(3) 와이어 스트리퍼나 다목적 가위 등으로 피복 안쪽에 있는 개재물을 모두 잘라내고 전선 4가닥만 남겨둔다.
(4) 오른손으로 피복의 끝에 커넥터의 끝을 맞추어 잡고 왼손으로는 원형 너트를 오른쪽으로 돌려주면 케이블에 커넥터가 밀착되면서 고정된다.

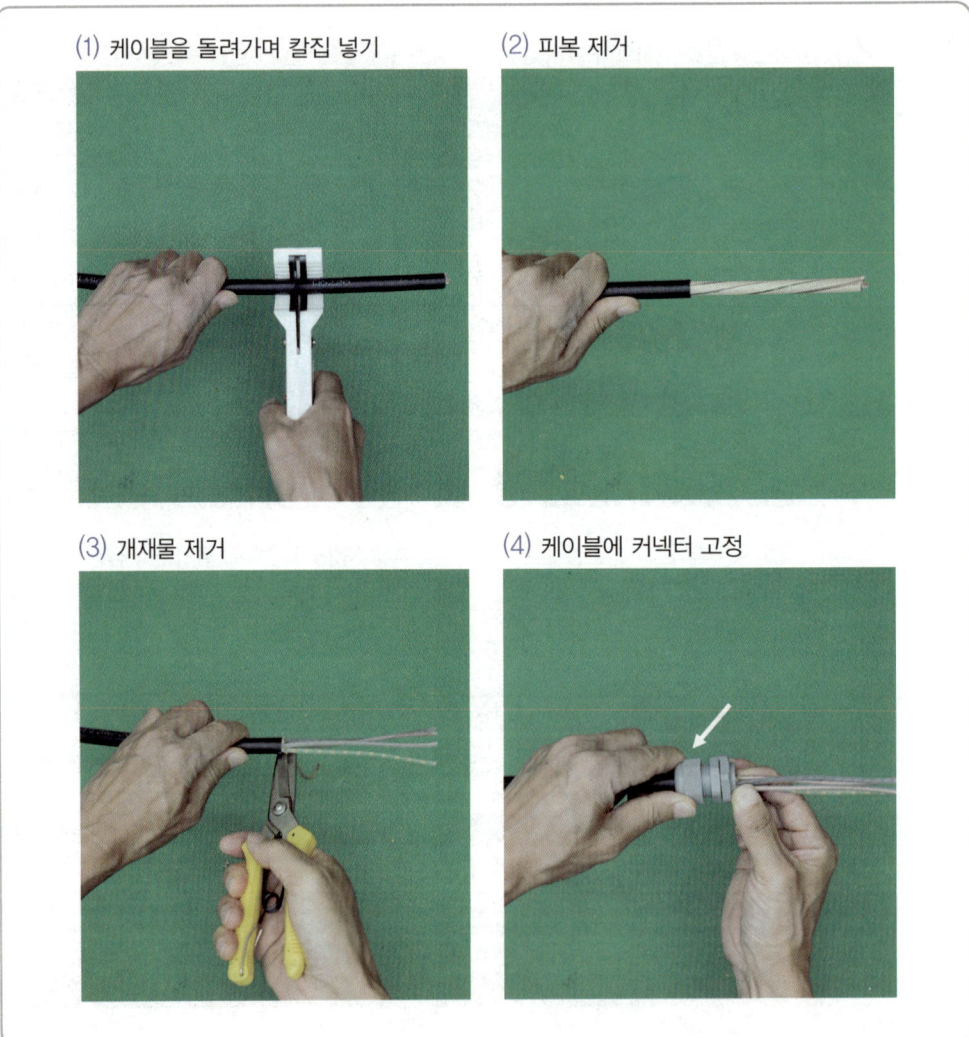

(5) 커넥터가 제어판 위로 5[mm] 정도 올라오게 위치한 후 전선을 단자에 맞게 잘라내고 피복을 벗겨 단자에 연결한다. 특히 케이블의 색상이 바뀌지 않도록 L1상은 갈색, L2상은 흑색, L3상은 회색, PE는 녹-황색 전선을 사용해 연결해야 한다.

(6) TB1 단자대의 2차측도 왼쪽부터 갈색, 흑색, 회색, 녹-황색 순서에 맞도록 연결한다.

(7) TB1의 1차측은 동작시험을 위해 전원선의 색상에 맞춰 10[cm] 정도의 선을 인출하고 끝부분은 1[cm] 정도 피복을 벗겨 놓는다. 3선을 모두 인출해 놓아야 한다.

(8) TB1의 1차측과 제어판 단자대의 L1, L2, L3단자를 벨 시험기로 반드시 확인해 보아야 한다. 작업을 잘해놓고도 흑색과 회색을 바꾸어 연결해서 불합격되는 경우도 있다.

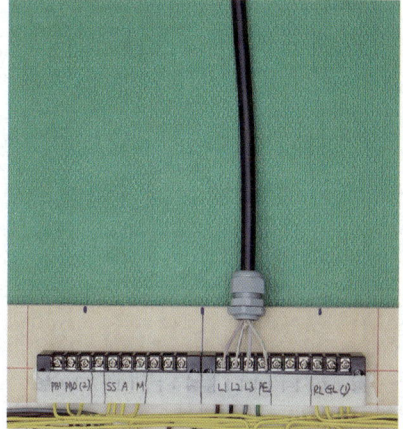

(5) 커넥터가 제어판 위로 5[mm] 안착

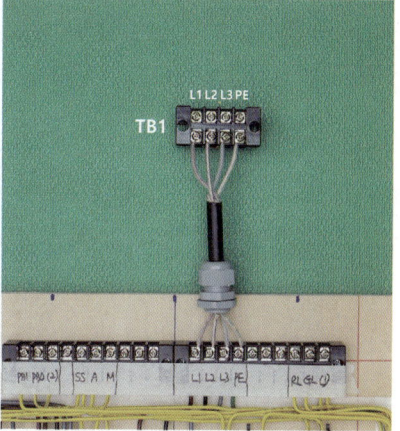

(6) 단자대에 색상에 맞게 연결

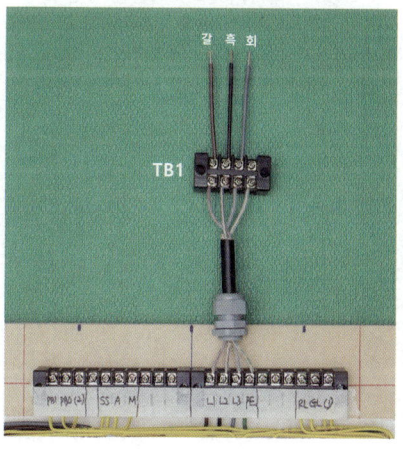

(7) TB1 1차측에 10[cm] 전선을 인출

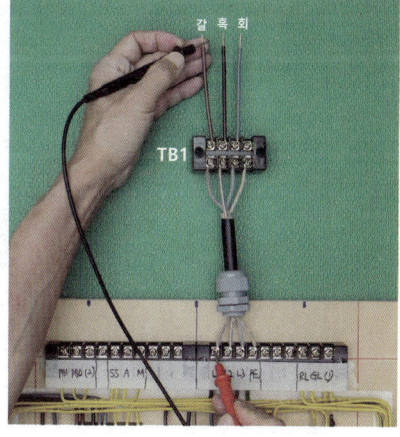

(8) 결선 후 각 상이 맞는지 확인

4 RL, GL 결선

(1) 배관 및 기구 배치도에서 2구 박스의 위쪽에는 RL, 아래쪽에는 GL 표시등을 설치하여야 한다. 뚜껑 위의 글씨를 똑바로 읽을 수 있는 쪽을 위쪽으로 잡는다.

(2) 표시등의 단자를 오른쪽으로 향하게 기구를 고정해 놓는다.

(3) 회로도에서 2개의 단자가 연결되므로, 가까이에 있는 2개의 단자를 연결해 놓는다[공통단자 (1)].

(4) 입선 후 제어판 단자대를 먼저 연결한다. 눈으로 선을 구분할 수 없도록 선을 꼬아 놓는다.

(1) 기구 배치도에 맞게 RL, GL 배치

(2) 단자를 오른쪽으로 향하게 고정

(3) 공통단자를 연결해 놓음

(4) 제어판 단자대를 먼저 연결

(5) 벨 시험기로 각 단자에 연결된 선을 찾아 공통선 (1)은 왼쪽으로, RL선은 위쪽으로 GL 선은 아래쪽으로 분리해 놓는다.

(6) 공통선 (1)을 먼저 연결하고 위쪽 단자에 RL선을 연결한 후 아래쪽 단자에 GL선을 연결한다.

(7) 표시등의 연결상태는 외부에서 점검이 어려워서 박스의 뚜껑을 덮기 전에 연결이 잘 되었는지 다시 확인해 본다.

(8) 이상이 없으면 선을 잘 구부려 넣고 뚜껑을 덮고 나사못으로 대각선 2방향을 고정한다. 표시등은 몇 번 사용하면 램프가 빠지는 경우가 있어 정기적으로 조여 주어야 한다.

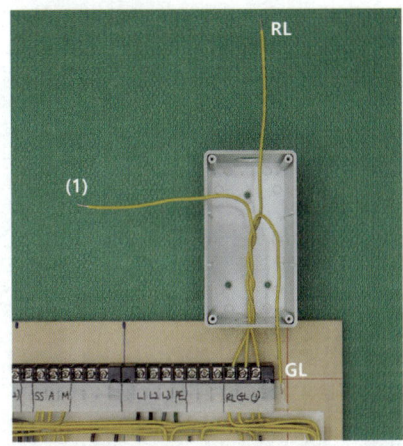

(5) 선을 3방향으로 분리해 놓음

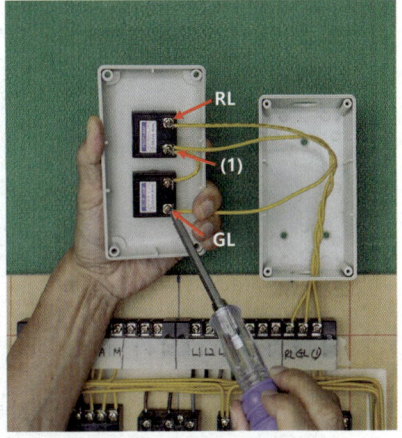

(6) 공통선 (1), RL, GL 순으로 연결

(7) 뚜껑을 덮기 전 다시 확인

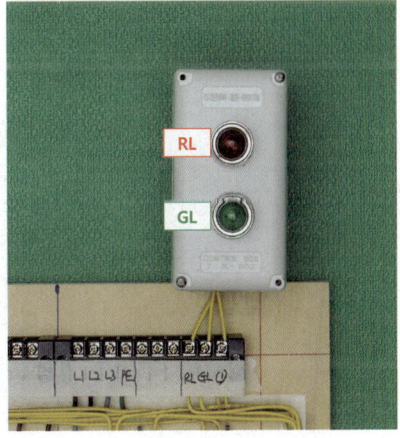

(8) 표시등 색상이 맞는지 확인

5 YL, BZ 결선

(1) 배관 및 기구 배치도에서 2구 박스의 위쪽에는 YL 표시등을, 아래쪽에는 BZ를 설치하여야 한다.

(2) 표시등과 BZ의 단자는 오른쪽을 향하도록 고정하고, 회로도에서 2개의 단자가 연결되므로, 가까이에 있는 2개의 단자를 연결해 놓는다[공통단자 (1)].

(3) 입선 후 제어판 단자대를 먼저 연결한다. 선을 찾을 때는 반드시 벨 시험기를 사용한다.

(4) 벨 시험기로 각 단자에 연결된 선을 찾아 공통선 (1)은 왼쪽으로, YL선은 위쪽으로, BZ선은 아래쪽으로 분리해 놓는다. BZ단자도 선이 쉽게 빠질 수 있어 전선의 끝을 ㄱ자로 구부려 놓았다.

(1) 기구 배치도에 맞게 YL, BZ 배치

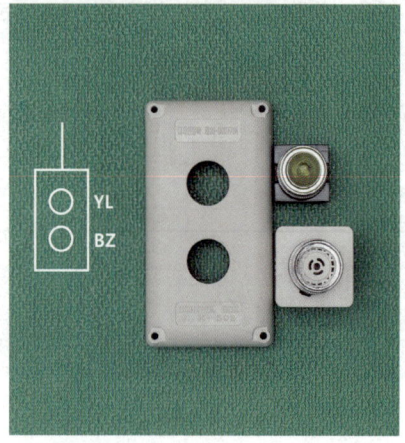

(2) 공통단자 (1)을 연결

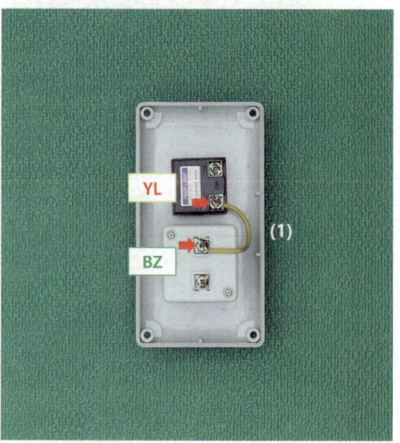

(3) 제어판 단자대를 먼저 연결

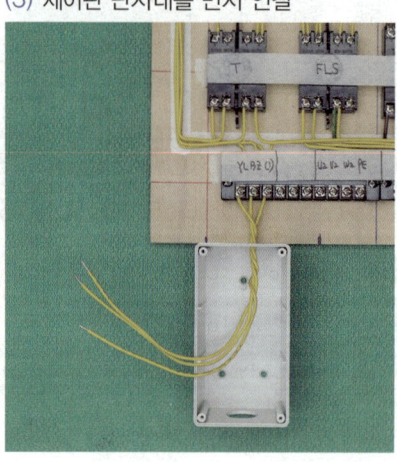

(4) 선을 분리하고, BZ선은 구부려 놓음

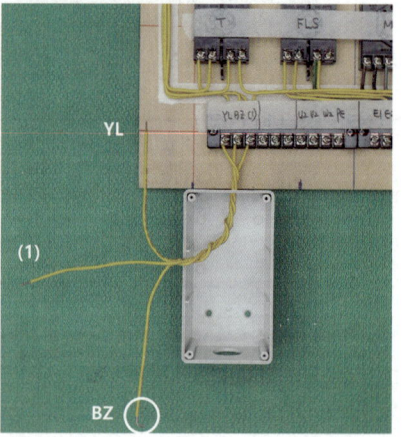

(5) 공통단자에 공통선 (1)을 연결한다.

(6) YL선을 연결하고 BZ선을 연결한다. BZ선은 ㄱ자로 구부려 놓아서 끝을 단자에 넣고 90도로 돌린 후 나사로 고정하면 선이 빠지지 않는다.

(7) 뚜껑을 덮기 전에 단자의 연결상태를 다시 점검한다.

(8) 표시등과 BZ의 색상이나 위치가 맞는지 확인한다.

(5) 공통단자에 공통선 연결

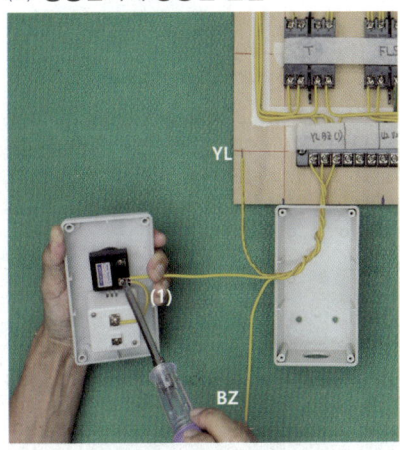

(6) YL, BZ선을 연결

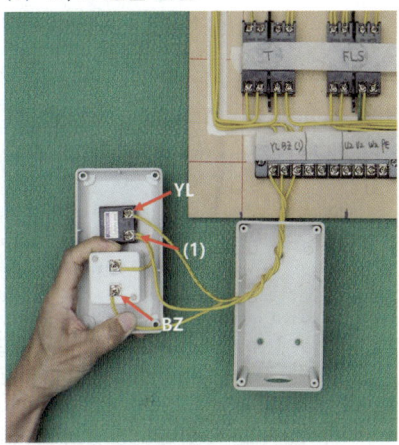

(7) 뚜껑을 덮기 전 연결한 단자를 점검

(8) YL, BZ의 위치가 맞는지 확인

6 TB3 결선

(1) 단자대가 세로인 경우 위쪽부터, 가로인 경우 왼쪽부터 U2, V2, W2, PE 순으로 결선한다.

(2) 배관의 끝이 단자대(TB2, TB3, TB4)인 경우 아래쪽 단자대부터 먼저 연결해야 작업이 편하다. 위쪽부터 갈색, 흑색, 회색, 녹-황색 전선으로 연결한다.

(3) 단자에 맞춰 선을 잘라내고 피복을 벗긴다.

(4) 제어판의 단자대를 연결하고 색상이 맞았는지 눈으로 확인한다. 단자대의 2차측은 외부로 연결하지 않는다.

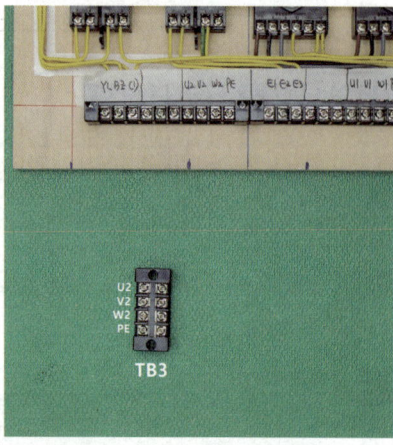

(1) 기구 배치도에 맞게 4P 단자대 배치

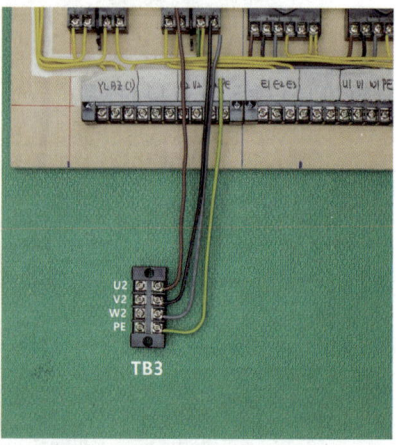

(2) TB3 단자대를 먼저 연결

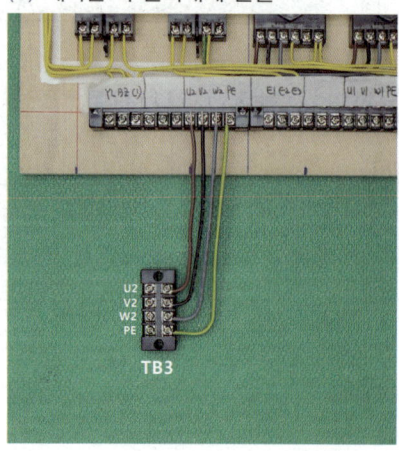

(3) 제어판 쪽 단자대에 연결

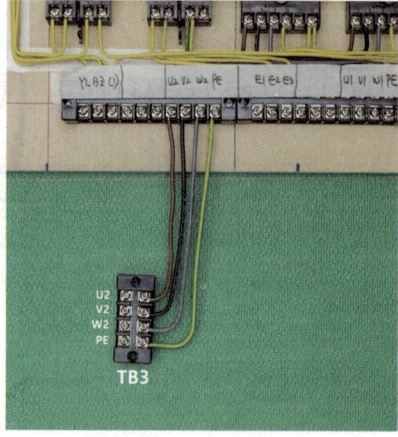

(4) 연결 상태 확인(갈, 흑, 회, 녹-황)

7 TB4 결선

(1) 배관 및 기구 배치도를 보고 단자대를 가로로 배치, 왼쪽부터 E1, E2, E3 순으로 결선한다.

(2) TB4 단자대 쪽부터 연결해야 작업이 편하다. 벨 시험기로 각 단자에 연결할 선을 구분해 놓아야 한다.

(3) TB4 단자대와 제어판 단자대를 연결한다.

(4) TB4의 2차측은 감독이 요구하는 길이에 맞춰 선을 인출해 놓아야 한다. 보통 5, 10, 15[cm] 정도나 10, 15, 20[cm]로 인출해 놓고 끝부분 1[cm] 정도 피복을 벗겨 놓는다 (E1은 짧게, E3는 가장 길게).

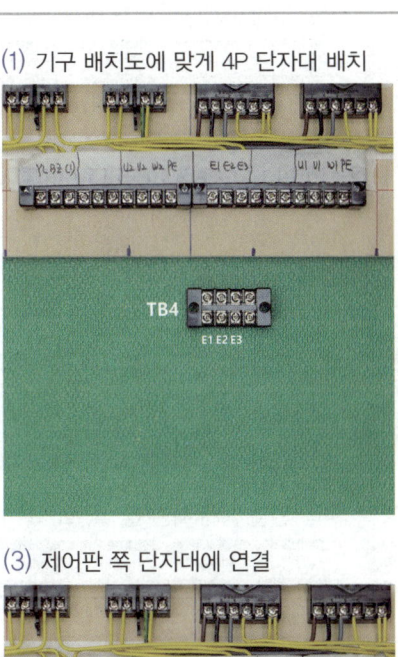
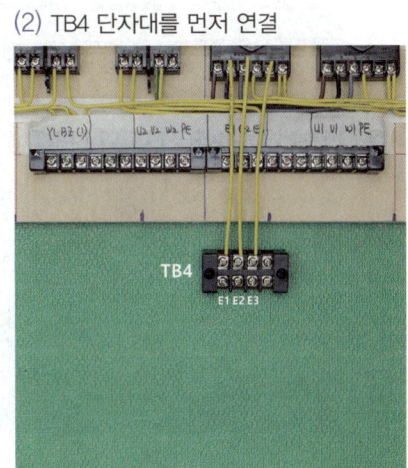

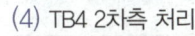

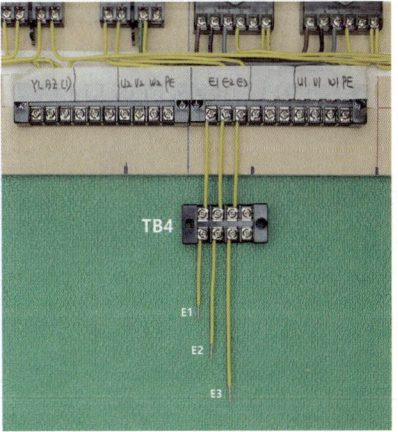

8 TB2 결선

(1) 단자대가 세로인 경우 위쪽부터, 가로인 경우 왼쪽부터 U1, V1, W1, PE 순으로 결선한다.
(2) 배관의 끝이 단자대인 경우 아래쪽 단자대부터 먼저 연결해야 작업이 편하다. 위쪽부터 갈색, 흑색, 회색, 녹-황색 전선으로 연결한다.
(3) 단자에 맞춰 선을 잘라내고 피복을 벗긴다.
(4) 제어판의 단자대를 연결하고 색상이 맞았는지 눈으로 확인한다. 단자대의 2차측은 외부로 연결하지 않는다.

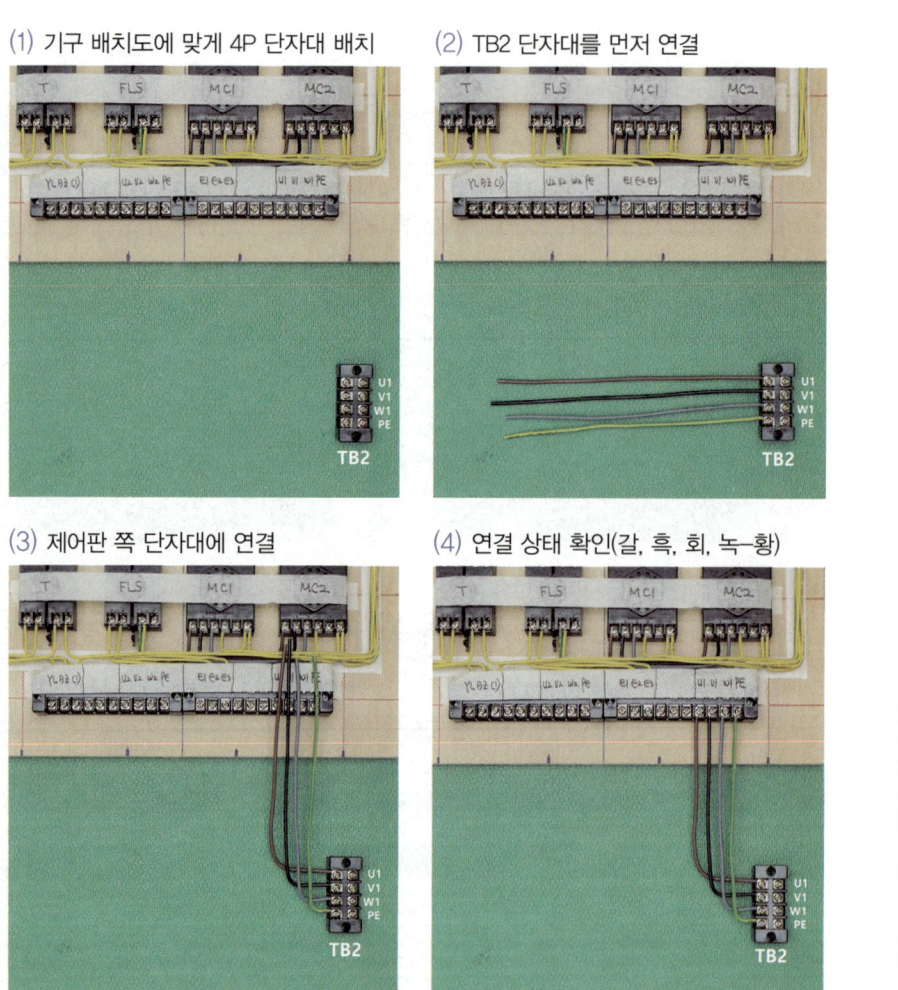

9 최종 점검 및 동작시험

(1) 단자대 아래쪽에 붙인 테이프를 위쪽으로 이동하고, 위-아래 단자의 연결상태를 확인한다. 퓨즈 홀더에 퓨즈를 삽입하고 차단기를 올린 후 L1상과 퓨즈 홀더의 2차측, L3상과 퓨즈 홀더의 2차측을 벨 시험기로 확인하여 선이 바뀌지 않았는지 확인한다.

(2) 최종 점검 후 이상이 없으면 소켓에 붙인 종이테이프만 아래로 이동하여 붙여둔다.

(3) 동작시험을 한다.

(4) 점검 후 이상이 없으면 선을 가지런하게 정리하고 케이블 타이로 묶어준다.

(5) 와이어 스트리퍼나 다목적 가위 등을 사용하여 케이블 타이의 꼬리를 말끔하게 잘라낸다.

(6) 실제 시험 시에는 종이테이프는 제거한다.

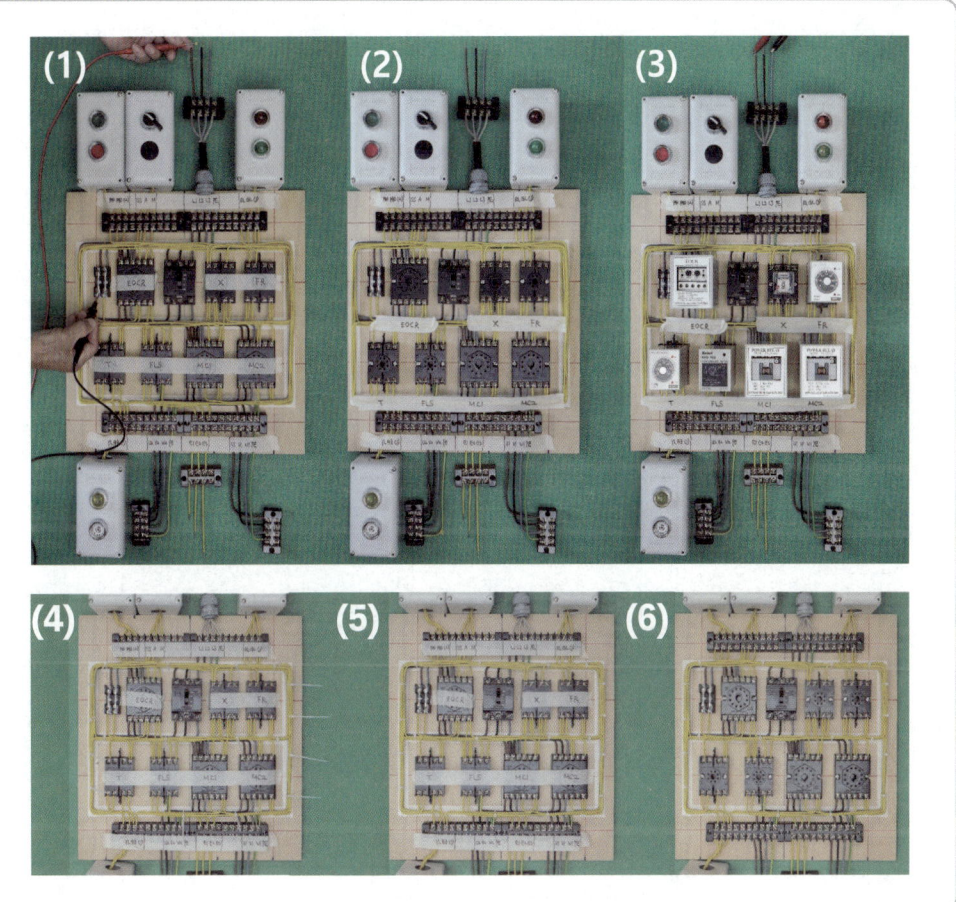

II 제어판 작업 및 결선방법

3 외부기구 연결 연습

1 공개문제 1번 도면에 단자대 이름 부여 및 외부기구를 연결해 보자.

(1) 배관 및 기구 배치도

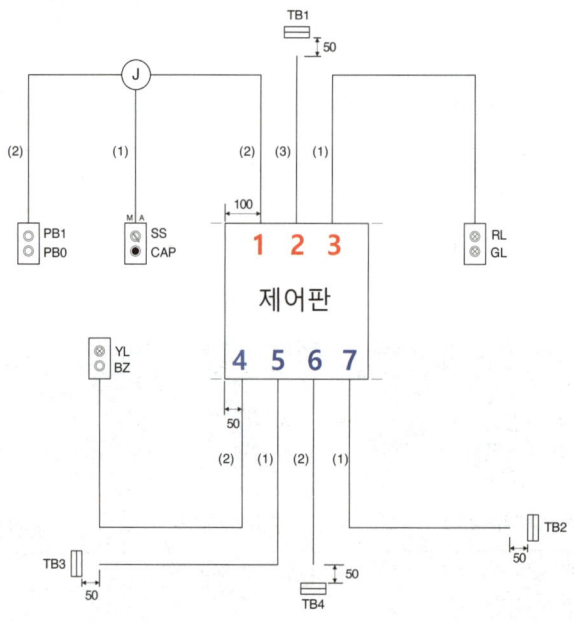

(2) 제어회로도

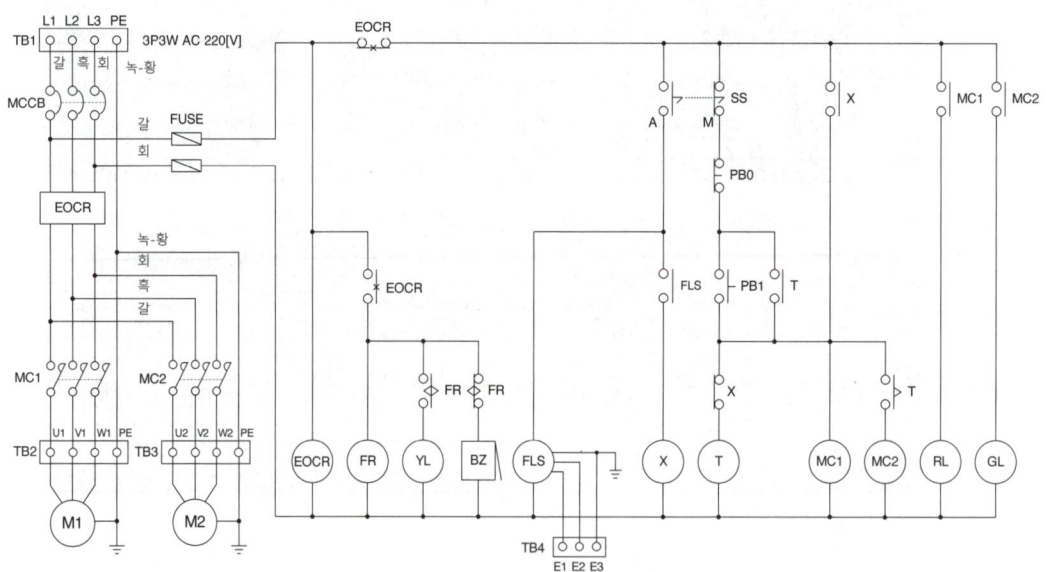

① 배관 및 기구 배치도와 회로도를 참고하여 단자대에 이름을 적어 넣는다.
② 박스 내의 두 기구가 공통이 있으면 공통단자를 먼저 연결해 놓는다.
③ 공통선을 먼저 연결하고 위쪽 단자, 아래쪽 단자를 연결한다.

(3) 위쪽 단자대 연결

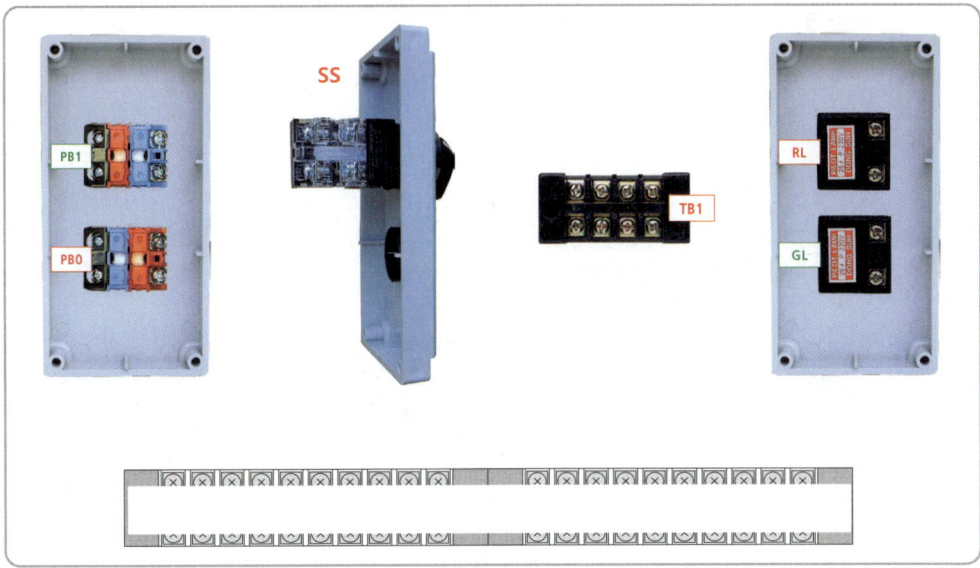

(4) 아래쪽 단자대 연결

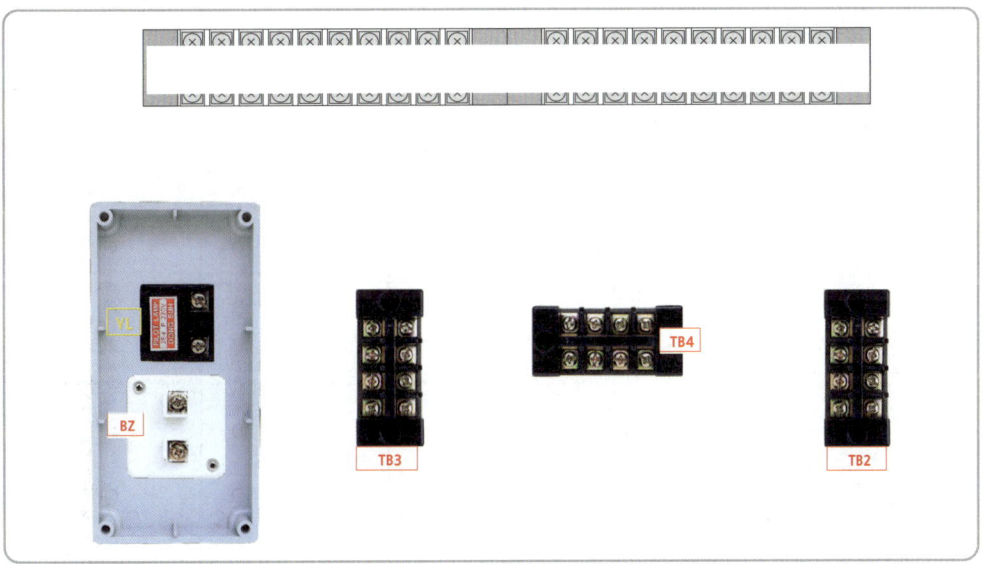

Ⅱ 제어판 작업 및 결선방법

2 공개문제 9번 도면에 단자대 이름 부여 및 외부기구를 연결해 보자.

(1) 배관 및 기구 배치도

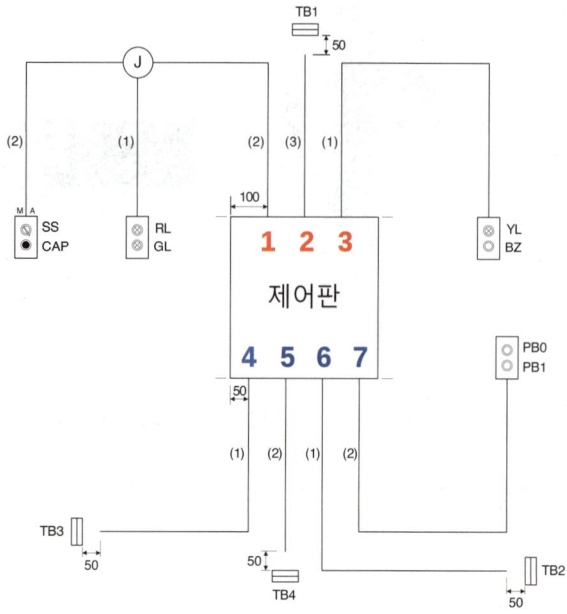

(2) 제어회로도

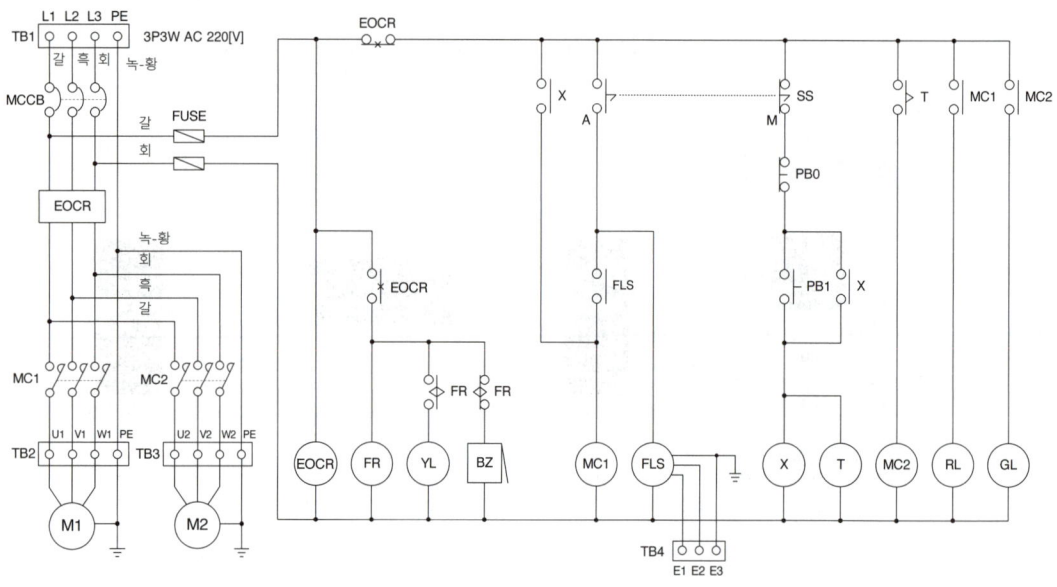

① 배관 및 기구 배치도와 회로도를 참고하여 단자대에 이름을 적어 넣는다.
② 박스 내의 두 기구가 공통이 있으면 공통단자를 먼저 연결해 놓는다.
③ 공통선을 먼저 연결하고 위쪽 단자, 아래쪽 단자를 연결한다.

(3) 위쪽 단자대 연결

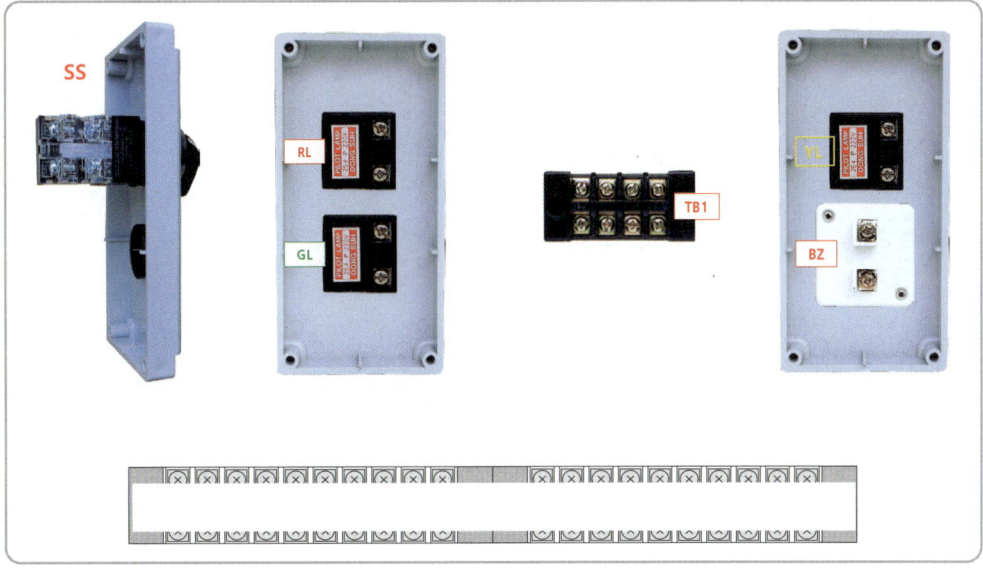

(4) 아래쪽 단자대 연결

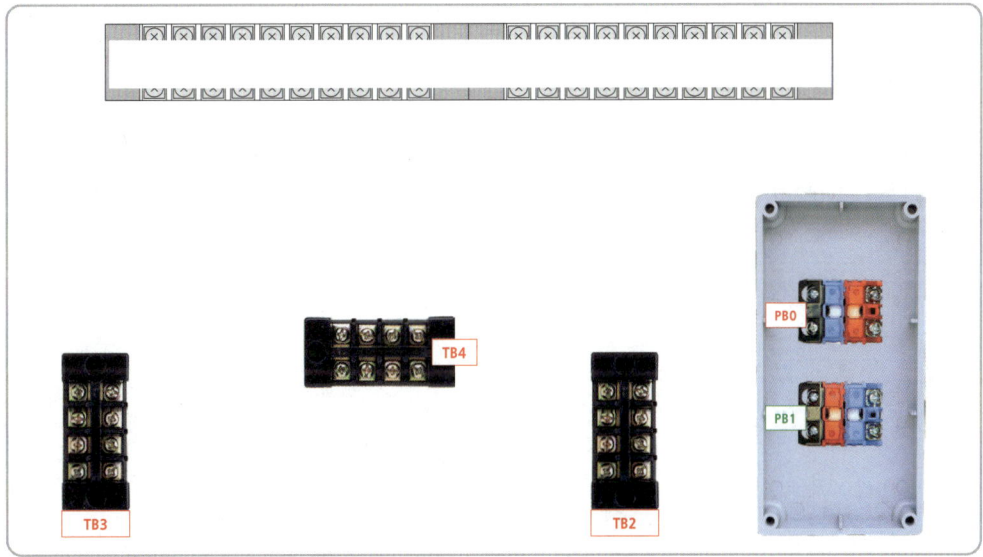

Ⅱ 제어판 작업 및 결선방법

3 공개문제 11번 도면에 단자대 이름 부여 및 외부기구를 연결해 보자.

(1) 배관 및 기구 배치도

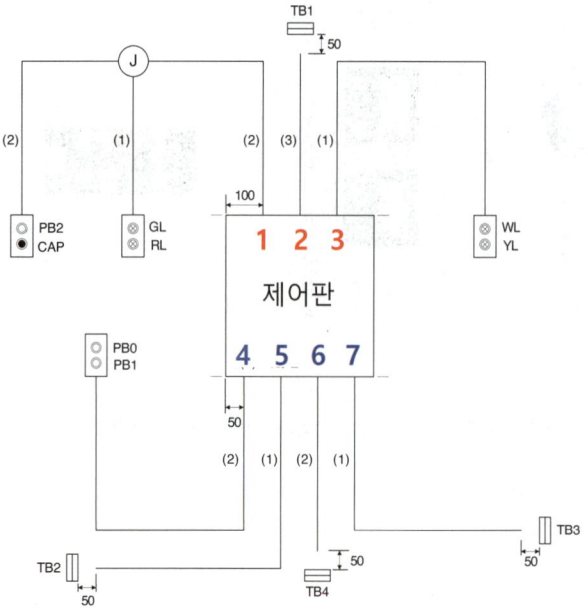

(2) 제어회로도

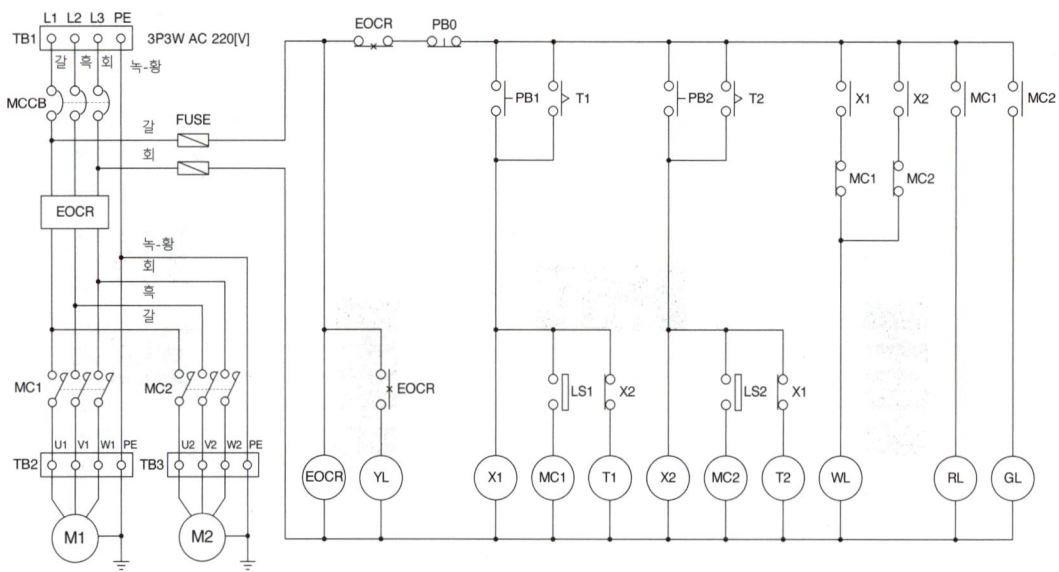

① 배관 및 기구 배치도와 회로도를 참고하여 단자대에 이름을 적어 넣는다.
② 박스 내의 두 기구가 공통이 있으면 공통단자를 먼저 연결해 놓는다.
③ 공통선을 먼저 연결하고 위쪽 단자, 아래쪽 단자를 연결한다.

(3) 위쪽 단자대 연결

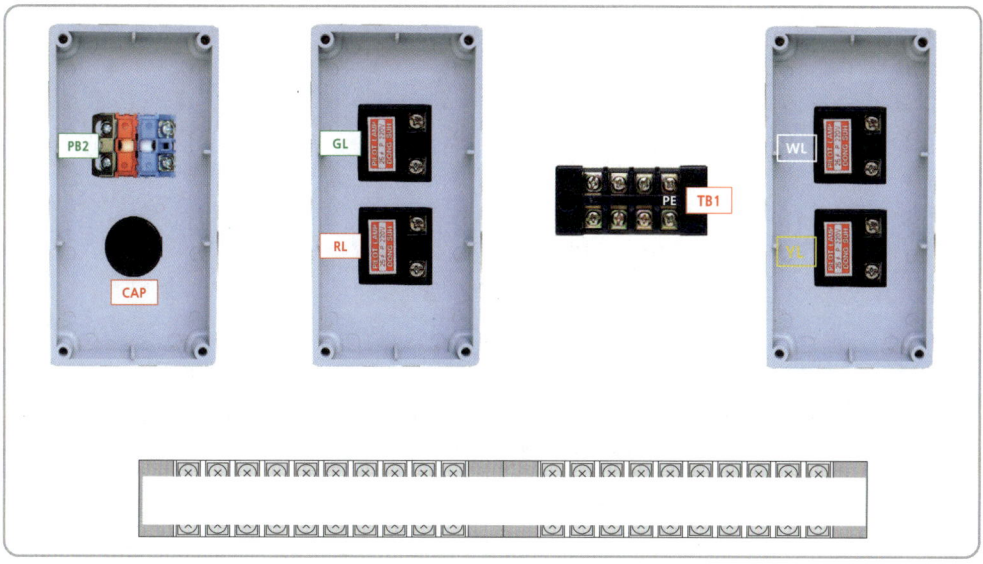

(4) 아래쪽 단자대 연결

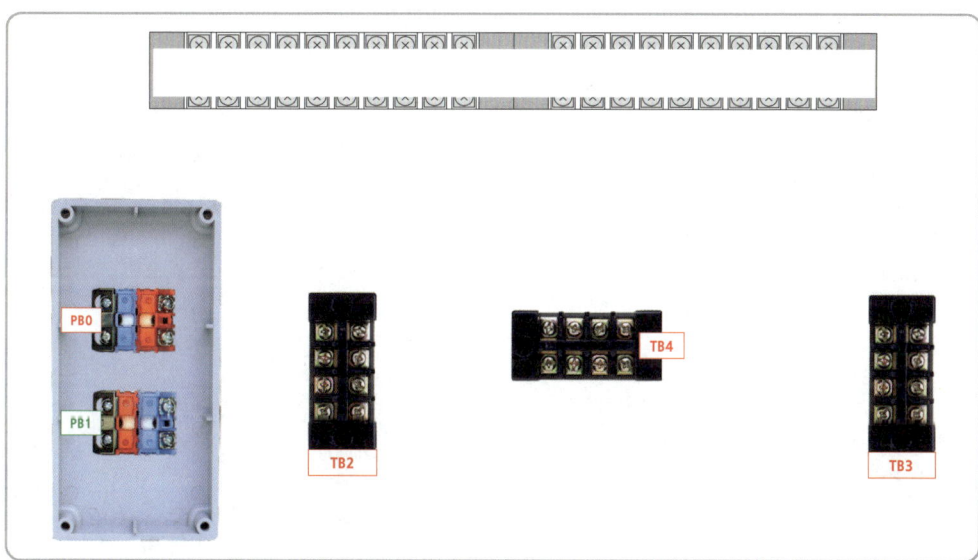

4 공개문제 17번 도면에 단자대 이름 부여 및 외부기구를 연결해 보자.

(1) 배관 및 기구 배치도

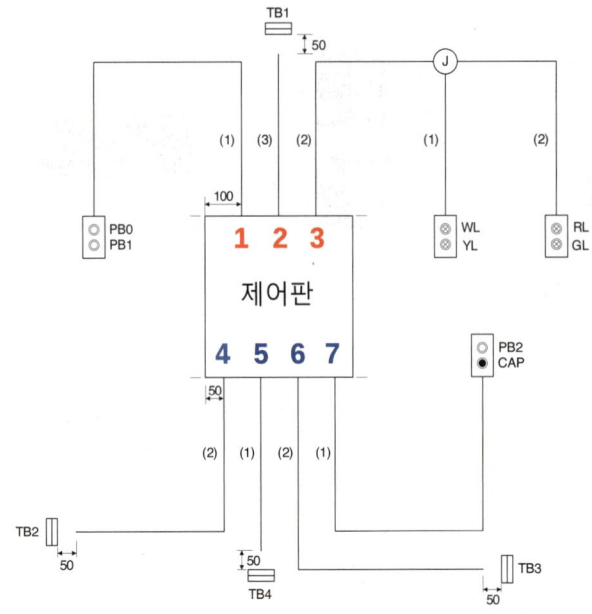

(2) 제어회로도

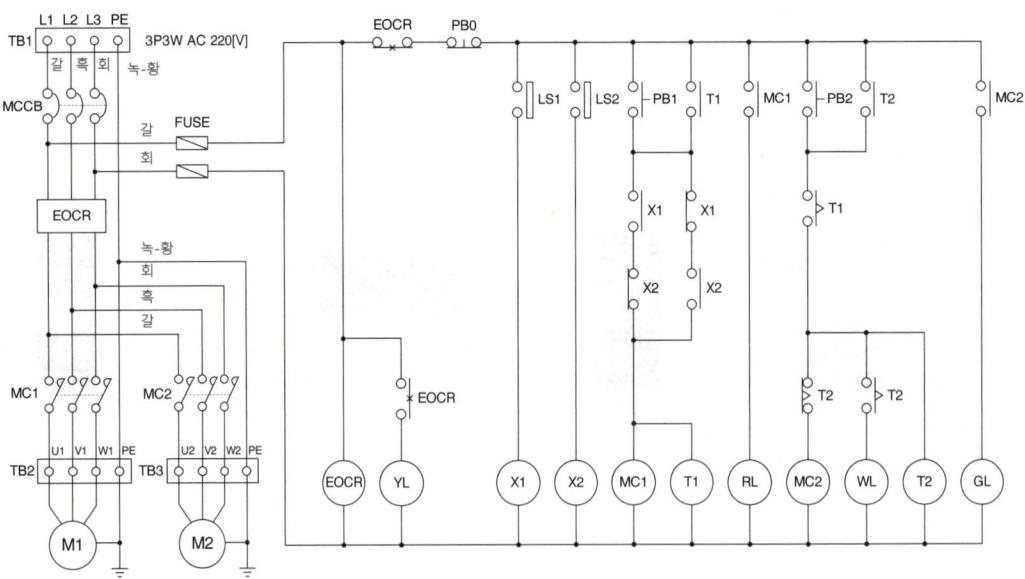

① 배관 및 기구 배치도와 회로도를 참고하여 단자대에 이름을 적어 넣는다.
② 박스 내의 두 기구가 공통이 있으면 공통단자를 먼저 연결해 놓는다.
③ 공통선을 먼저 연결하고 위쪽 단자, 아래쪽 단자를 연결한다.

(3) 위쪽 단자대 연결

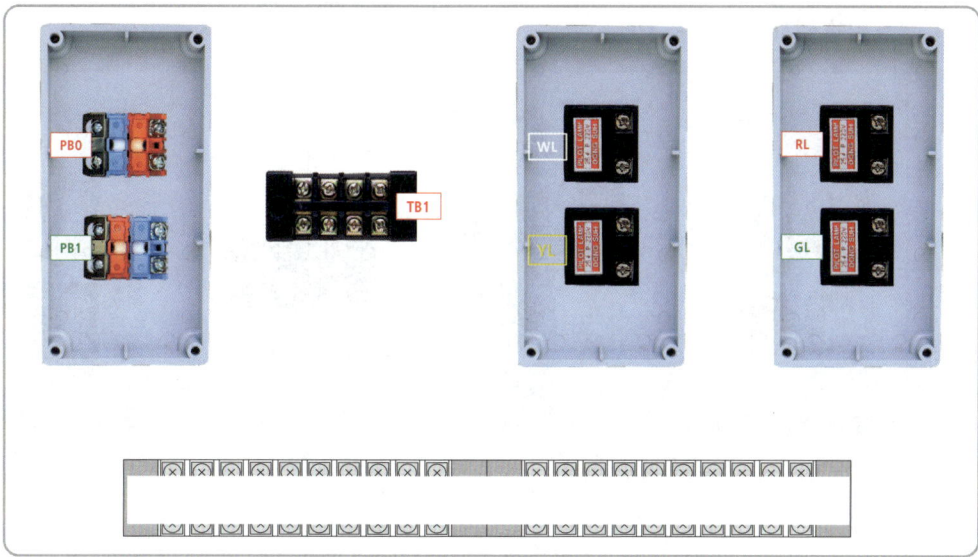

(4) 아래쪽 단자대 연결

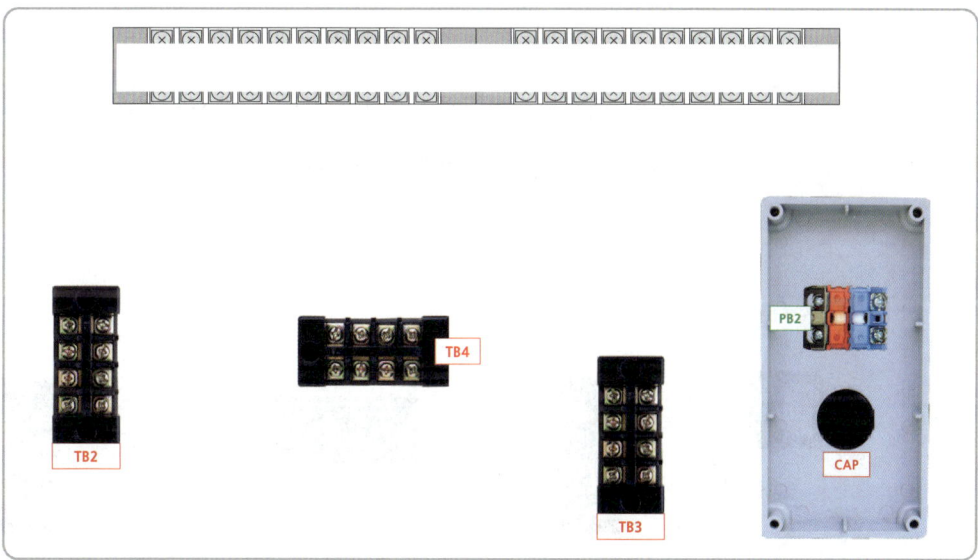

5 공개문제 1번 결과

(1) 위쪽 단자대 연결

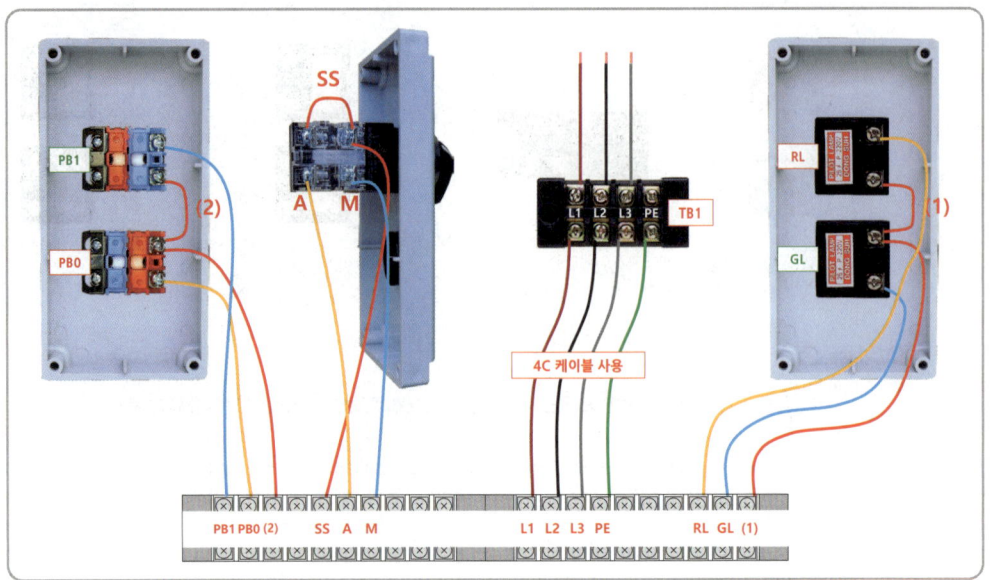

(2) 아래쪽 단자대 연결

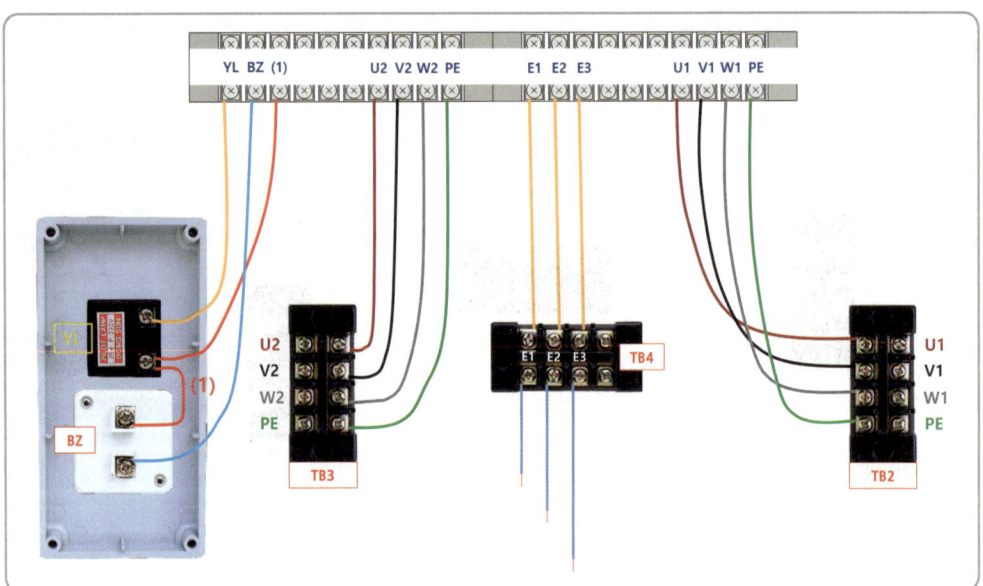

6 공개문제 9번 결과

(1) 위쪽 단자대 연결

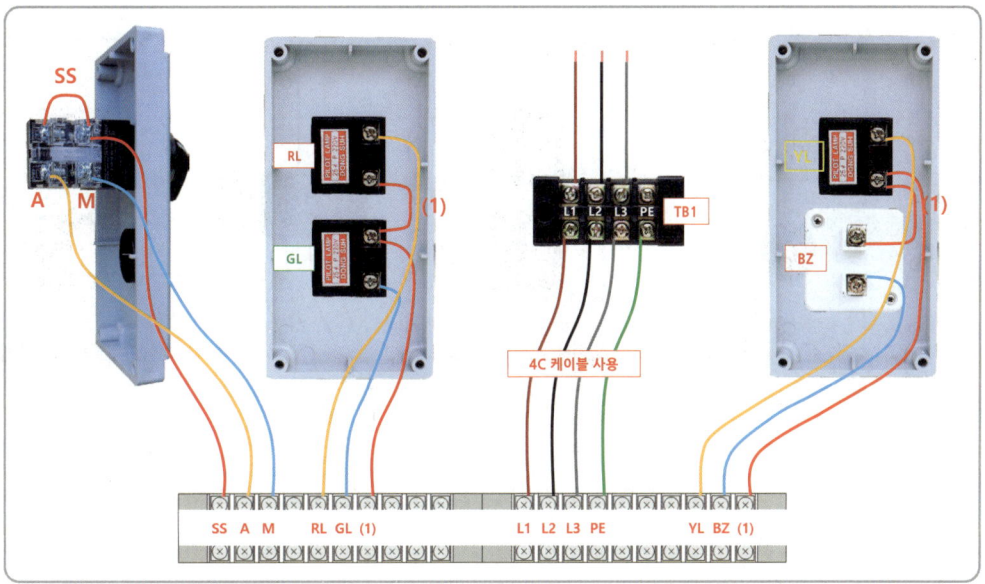

(2) 아래쪽 단자대 연결

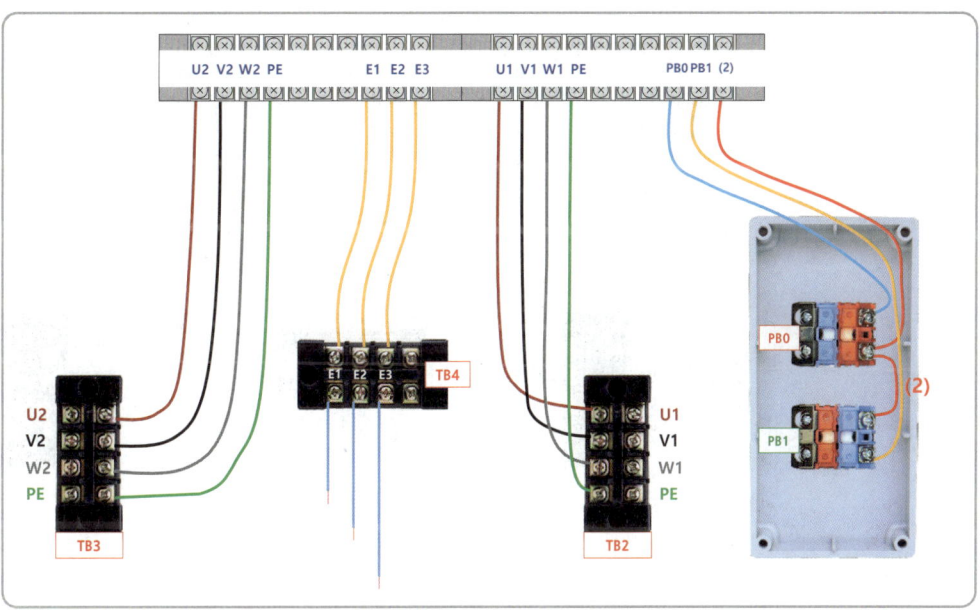

7 공개문제 11번 결과

(1) 위쪽 단자대 연결

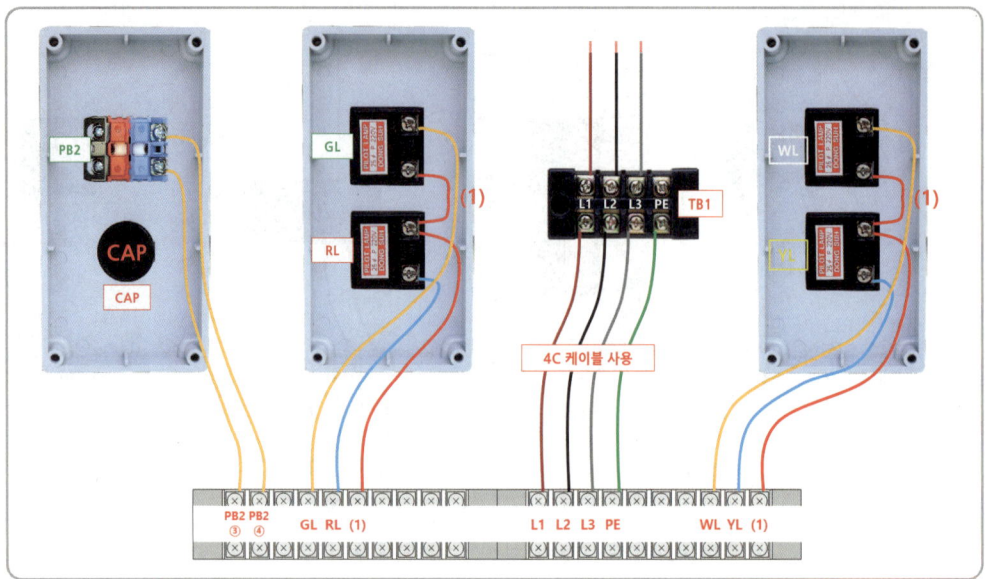

(2) 아래쪽 단자대 연결

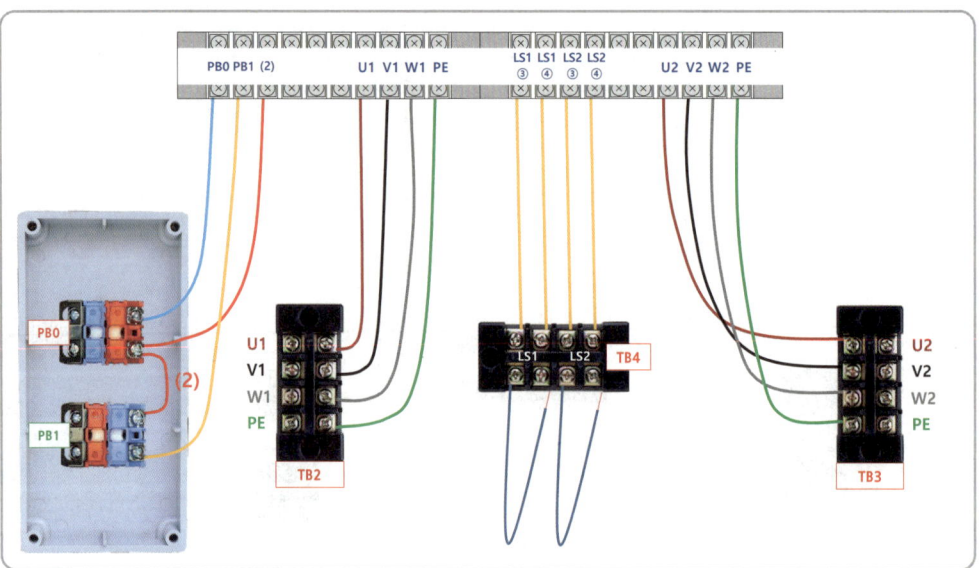

8 공개문제 17번 결과

(1) 위쪽 단자대 연결

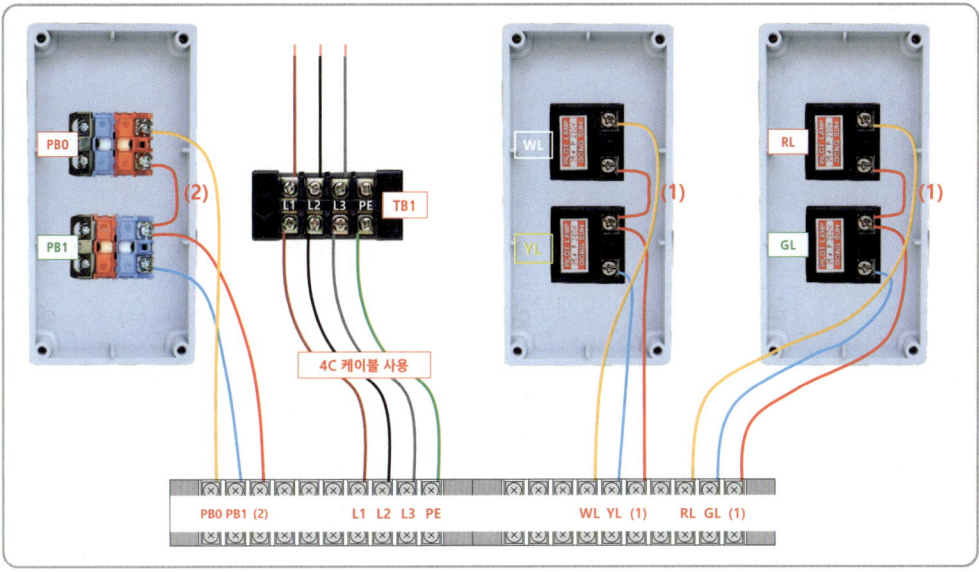

(2) 아래쪽 단자대 연결

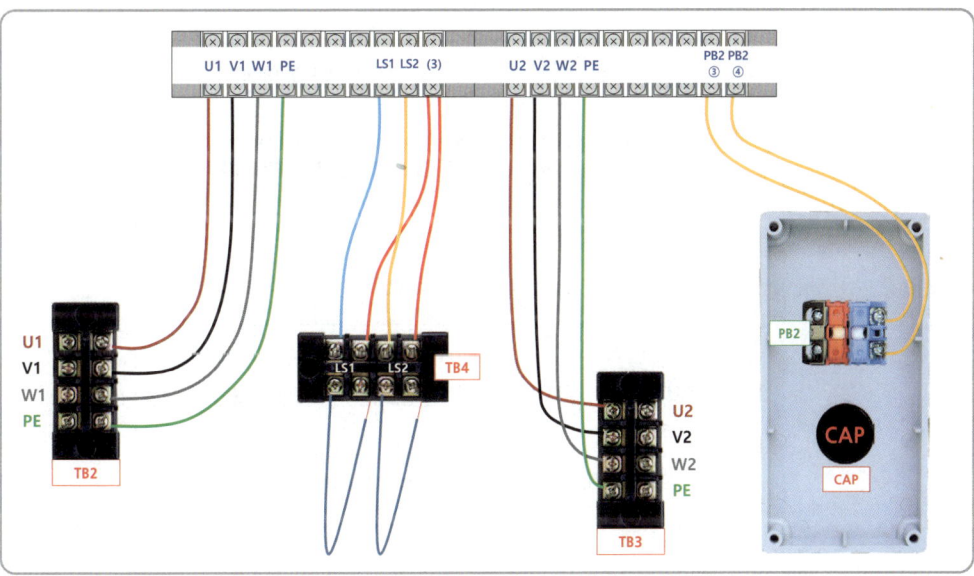

II 제어판 작업 및 결선방법

제어판 및 외부기구 연결 연습자료 자세히 알아보기

이 연습을 많이 하면 제어판 작업속도가 빨라지고 외부기구를 쉽게 연결할 수 있게 된다.
(1) 소켓 위에 기구의 이름과 단자대 이름을 적어 넣는다.
(2) 도면을 보고 제어판에 주회로, 보조회로 연결을 연습한다.
(3) 제어판이 완성되면 육안 점검을 한다.
(4) 외부기구 연결을 연습한다.

[전기기능사 실기 공개문제 1번 제어판 및 외부기구 연결 연습]

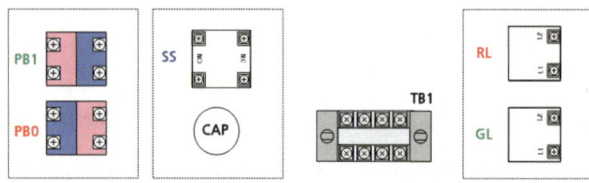

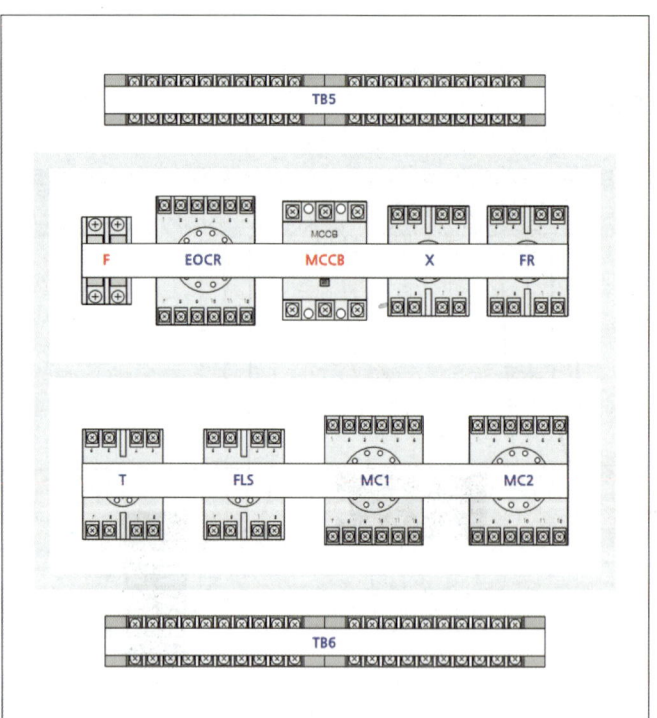

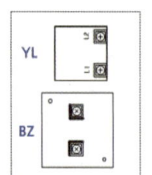

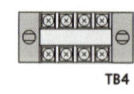

4강 배관·입선·결선작업

학습목표 미리보기 배관 준비작업과 PE 전선관, 플렉시블 전선관 배관과정과 케이블 입선, 결선작업 과정까지 알아보자.

1 배관작업

1 배관 준비작업

(1) 벽에 고정하기 위해 제어판의 4 모서리에 나사못을 박아 놓는다.
(2) 제어판의 상단은 본인의 어깨 높이 정도에 맞춰야 작업이 쉽다.
(3) 8각 박스의 3방향으로 구멍을 따낸다. 바깥쪽에서 펜치의 날로 내려치면 안쪽으로 밀려 나며, 밀려난 곳을 펜치로 잡고 좌우로 흔들면 쉽게 떨어진다.
(4) 플렉시블 커넥터는 위쪽이 막혀 있으므로 이곳도 뚫어 놓아야 입선이 가능하다. 드라이버를 이용하면 쉽게 제거된다.

(1) 4 모서리에 나사못 박기

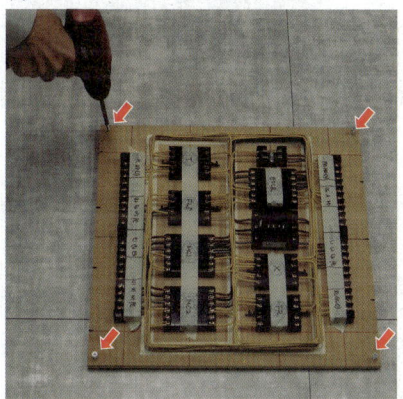

(2) 제어판의 상단은 어깨 높이에 부착

(3) 3방향으로 구멍을 따낸다.

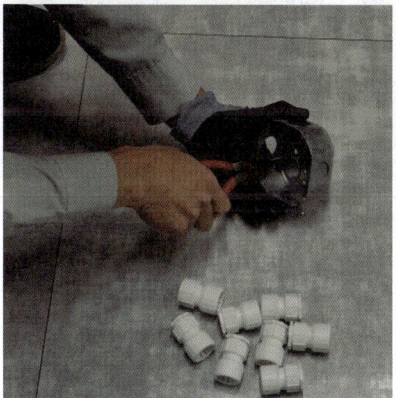

(4) 플렉시블 커넥터 구멍 따내기

2 벽판 제도 및 기구 부착

(1) 제어판 위에 미리 표시해 놓은 배관 위치에 자를 올리고 치수에 맞춰 표시한다.
(2) 단자대와 2구 컨트롤 박스 위치와 기구의 이름도 적어 넣고, 배관의 종류도 표시해 놓는다.
(3) 8각 박스와 컨트롤 박스를 부착한다(12[mm] 나사못 사용).
(4) 단자대도 부착한다(16[mm] 나사못 사용).

(1) 제어판 위에 자를 올리고 표시

(2) 기구의 위치와 배관의 종류도 표시

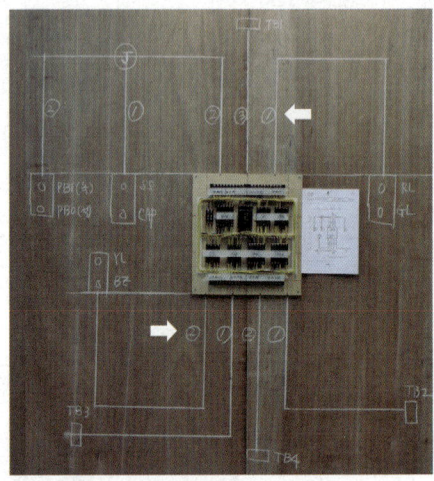

(3) 8각 박스와 컨트롤 박스 부착

(4) 단자대 부착

3 새들 위치 표시

새들은 30[cm] 이내에 설치하되 전선관이 뜨지 않도록 튼튼하게 고정한다. 2구 컨트롤 박스의 뚜껑을 이용하면 쉽고 빠르게 표시할 수 있다.

(1) 컨트롤 박스와 제어판의 위쪽에 뚜껑을 대고 표시하거나 아래쪽에 뚜껑을 대고 표시한다. 이때 새들의 위치는 약 15[cm] 정도에 표시된다.
(2) 8각 박스의 3방향에 뚜껑을 대고 표시한다(표시한 선이 겹치면 새들 1개 사용).
(3) 직각 배관의 경우 직각 모서리에 대고 표시한다.
(4) 단자대는 뚜껑으로 덮고 표시한다(약 10[cm] 정도에 표시됨).

(1) 2구 박스 위쪽에 뚜껑을 올리고 표시

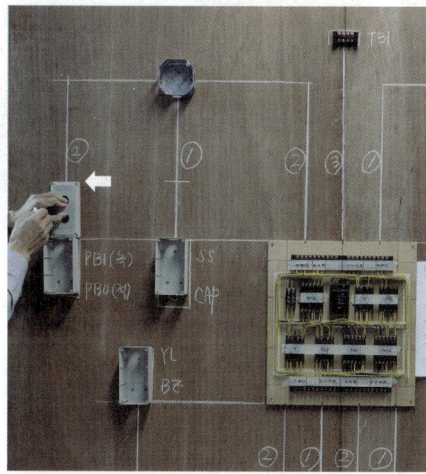

(2) 8각 박스 옆에 대고 표시

(3) 모서리에 대고 표시

(4) 단자대 덮고 표시

4 커넥터 조립

(1) 배관의 종류에 맞게 8각 박스와 컨트롤 박스에 커넥터를 조립해 놓는다.
(2) 오른쪽의 컨트롤 박스에도 커넥터를 조립해 놓는다.

(1) 배관의 종류에 맞게 커넥터 조립

(2) 컨트롤 박스 커넥터 조립

5 PE 전선관 배관(직각 2회)

(1) 배관에 필요한 전선관의 길이를 측정하여 잘라낸다. 자를 사용해도 되지만 스프링의 길이가 1[m]인 경우 스프링의 길이에 한 뼘 정도를 더하여 측정하면 된다.
(2) 전선관 안쪽에 스프링을 넣고 반듯하게 펴준다.

(1) 전선관의 길이 측정

(2) 반듯하게 편다.

(3) 직각으로 구부릴 지점을 표시한다. 직각이 2번 있는 배관의 길이는 40, 40, 40[cm]이므로 배관의 끝부분부터 36[cm]씩 두 지점을 표시한다(배관의 길이에서 4[cm]를 빼면 됨).

(4) 구부릴 지점을 무릎 위 중심에 맞추어 양손에 힘을 균등하게 가하고 힘껏 눌러준다. 직각 모양을 유지하도록 여러 번 반복하여 누른다.

(5) 어느 정도 직각 배관의 모양을 갖추도록 가공한다.

(6) 배관의 끝을 2구 컨트롤 박스의 커넥터에 맞춰 밀어 넣는다.

(3) 구부릴 지점을 표시

(4) 무릎 위에서 힘껏 눌러 구부린다.

(5) 2군데를 직각으로 구부린 상태

(6) 커넥터에 밀어 넣는다.

(7) 새들을 장착하고 배관 라인에 맞춰 나사못으로 고정한다. 새들이 전선관에 밀착되지 않고 흘러내리는 경우 새들의 허리를 엄지와 검지로 눌러 허리를 좁혀 주면 전선관에 새들이 밀착되어 흘러내리거나 떨어지지 않는다.

(8) 세로 배관의 위쪽에 새들을 장착하고 수직이 되도록 정렬해 준다.

(9) 제어판 위쪽에 커터기의 몸체가 닿도록 대고 전선관을 잘라낸다.

(10) 전선관 끝에 커넥터를 끼워주면 제어판 위로 5[mm] 정도 올라오게 되며 위쪽에 새들을 장착하고 나사못으로 고정하여 배관을 완성한다.

(7) 새들 고정 후 다시 새들을 장착

(8) 위쪽을 고정한 후 수직으로 정렬

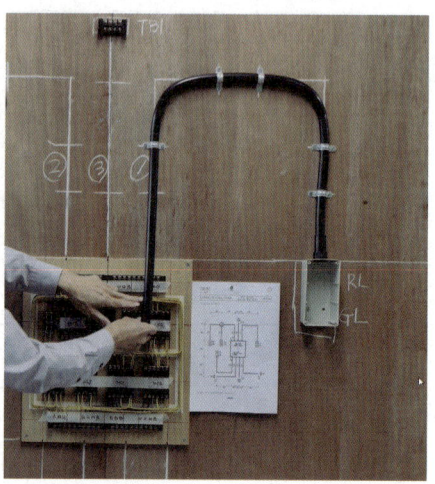

(9) 커터기 몸체가 제어판에 닿도록 위치

(10) 배관을 완성

6 PE 전선관 배관(직각 1회)

(1) 배관에 필요한 길이로 자른 후 반듯하게 펴고 직각으로 구부릴 부분을 표시한다. 배관의 길이에서 4[cm]를 뺀 치수를 표시한다.

(2) 전선관 안쪽에 스프링을 넣은 상태에서 무릎 위에서 강하게 몇 번 눌러주면 직각의 모양이 유지된다.

(3) 단자대 부분에 배관할 때는 전선관을 지지할 커넥터가 없으므로 새들의 한쪽을 미리 박아 놓는다.

(4) 새들의 끝을 들어 올려 전선관을 삽입하고 나사못으로 고정한다.

(1) 직각으로 구부릴 지점을 표시

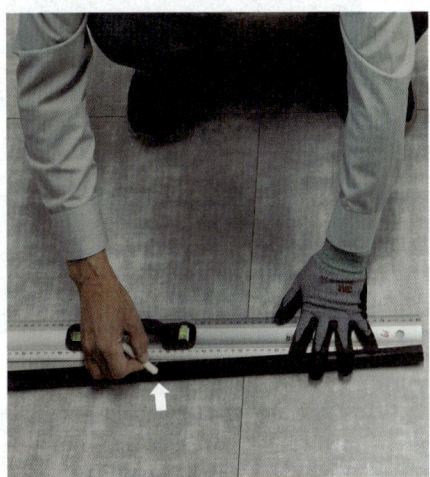

(2) 직각의 모양을 유지한 상태

(3) 새들의 한쪽을 먼저 고정해 놓는다.

(4) 전선관을 삽입하고 나사못으로 고정

(5) 왼손으로 가로 배관의 수평을 잘 맞추고 새들을 장착한 후 나사못으로 고정한다.
(6) 전선관의 끝을 잘라낼 때 단자대와 새들 표시선의 가운데를 자르면 배관의 길이가 딱 맞게 된다.
(7) 전선관을 잘라낸 상태로 배관의 끝부분까지는 단자대에서 약 5[cm]가 된다.
(8) 마지막 새들을 장착하고 배관을 완성한다.

(5) 수평을 맞추고 새들로 고정한다.

(6) 배관의 위치를 맞춰 잘라낸다.

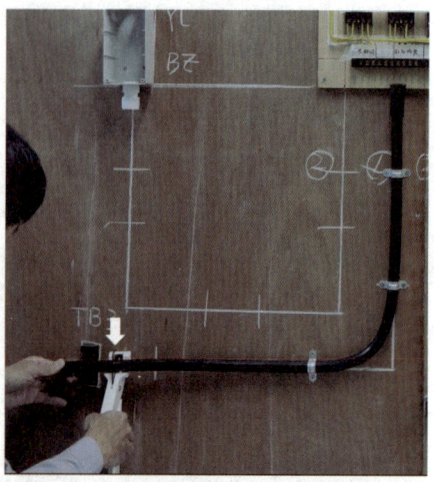

(7) 전선관을 치수에 맞춰 잘라낸 상태

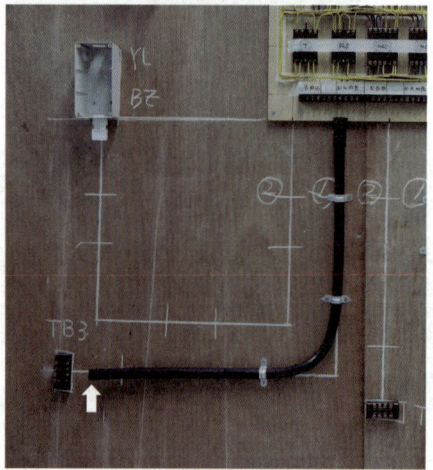

(8) 최종 완성된 상태

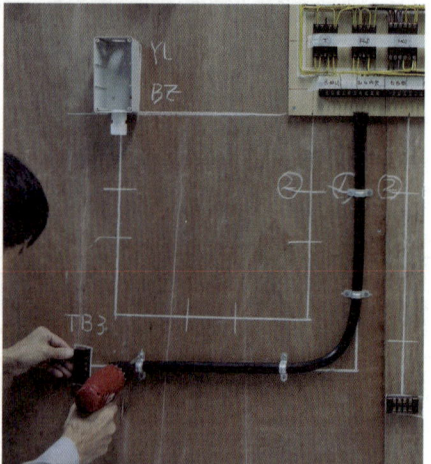

7 PE 전선관 배관(직선 부분)

(1) 배관에 필요한 길이를 측정하여 잘라낸다.
(2) 커넥터 때문에 전선관이 들어가지 않는다. 커넥터를 풀어내고 다시 맞추는 방법도 있지만, 고정한 2구 박스의 나사를 풀어 박스 자체를 뜯어낸다.
(3) 커넥터에 전선관을 맞추어 끼우고 다시 2구 컨트롤 박스를 고정하면 된다.
(4) 전선관이 고정되어 있어 새들을 누락하기 쉬우므로 주의해야 한다. 이 부분은 새들 2개도 되지만 가운데 하나만 사용해도 된다.

(1) 필요한 길이로 자른다.

(2) 2구 박스를 뜯어낸다.

(3) 커넥터에 전선관을 맞추어 끼운다

(4) 박스를 고정하고 새들 장착 후 고정

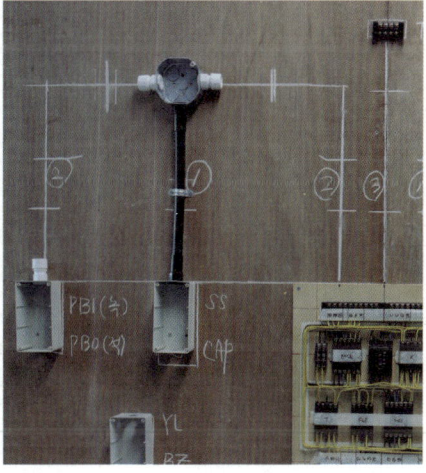

8 플렉시블 전선관 배관

(1) 플렉시블 전선관을 커넥터에 밀어 넣고 새들로 고정한다. 전선관을 치수에 맞춰 자르지 말고 지급된 그대로 사용하면 된다.
(2) 직각 배관 부분에는 적당하게 반경을 잡아 구부린 후 새들로 고정한다.
(3) 커넥터에 삽입할 수 있도록 전선관을 컨트롤 박스의 위쪽 2[cm] 정도를 자른 후 커넥터에 삽입한다.
(4) 새들을 나사못으로 고정하여 배관을 완성한다.

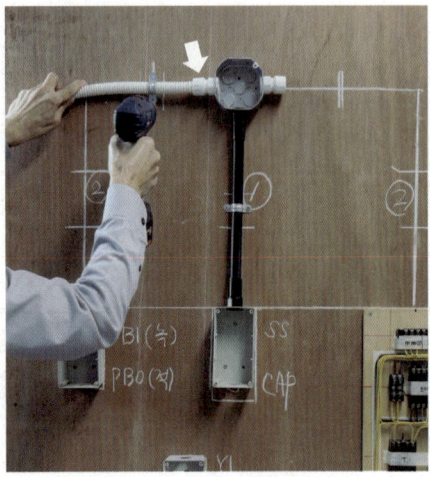

(1) 전선관을 커넥터에 삽입

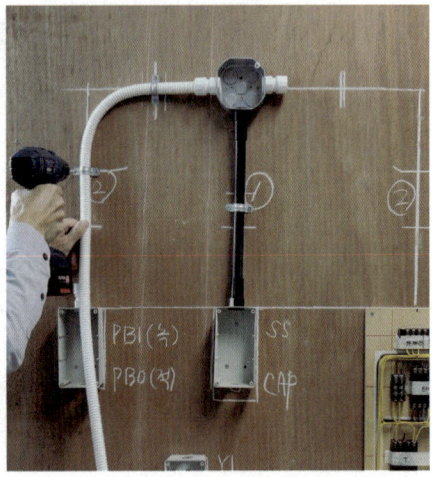

(2) 직각으로 구부린 후 새들로 고정

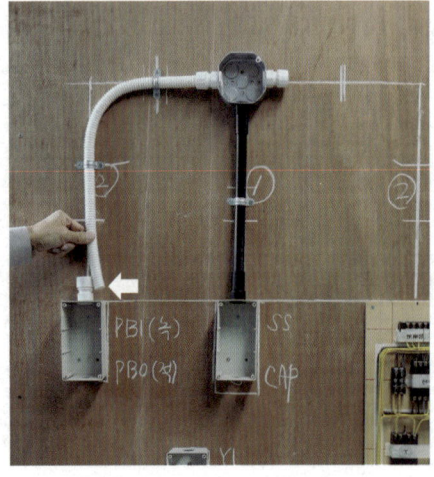

(3) 커넥터에 맞게 전선관을 자름

(4) 나사못으로 고정하여 배관을 완성

(5) 플렉시블 전선관을 커넥터에 힘있게 끝까지 밀어 넣는다.
(6) 새들을 장착하고 나사못으로 고정한 후 반경을 적당하게 잡아 전선관을 구부리고 새들을 장착한다.
(7) 제어판의 아래쪽에 커터기를 밀착하고 잘라내면 제어판에서 2[cm] 정도에 위치한다.
(8) 여기에 커넥터를 끼워 넣으면 제어판 위로 5[mm] 정도 올라오게 된다. 오른쪽의 직선 배관 부분은 전선관을 고정할 커넥터가 없으므로 새들 2개를 미리 박아 놓은 후 전선관에 커넥터를 미리 장착하고 치수에 맞춰 자른 후 나사못으로 고정하면 된다.

(5) 전선관을 커넥터에 삽입

(6) 적당한 반경으로 구부림

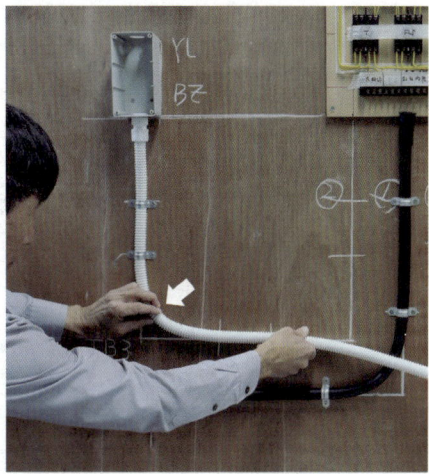

(7) 제어판 아래 2[cm] 부분을 잘라냄

(8) 커넥터를 삽입하고 새들 장착 후 고정

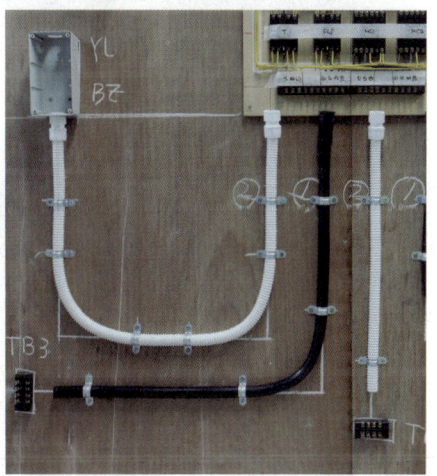

2 케이블 배선작업

(1) 15[cm] 정도의 길이에 커터기를 대고 살짝 누른 후 케이블을 돌려주면서 칼집을 넣고 양손으로 케이블을 비틀면 피복을 쉽게 제거할 수 있다.
(2) 안쪽에 들어있는 개재물을 모두 제거하고 4가닥의 전선만 남겨 놓는다.
(3) 케이블의 피복 끝부분에 커넥터를 맞추고 원형 너트 부분을 돌려주면 케이블에 커넥터가 장착된다.
(4) 커넥터는 제어판 위로 5[mm] 정도 올라오게 위치를 맞춘 후 위쪽 케이블의 피복을 벗겨낼 부분을 체크하고 넉넉하게 케이블을 잘라낸다.

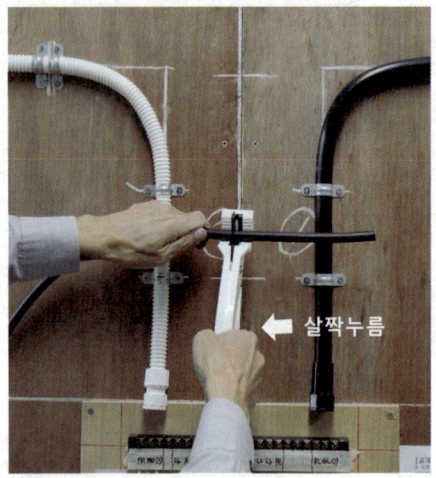

(1) 케이블에 칼집을 넣은 후 피복 제거

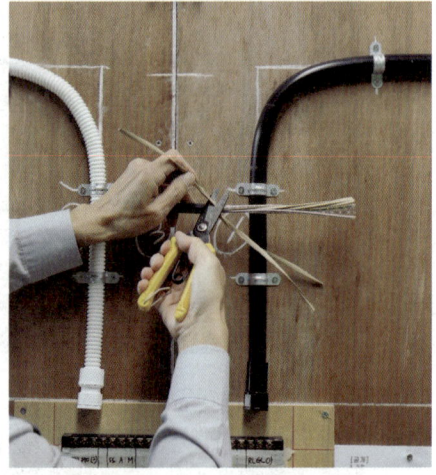

(2) 개재물을 모두 제거

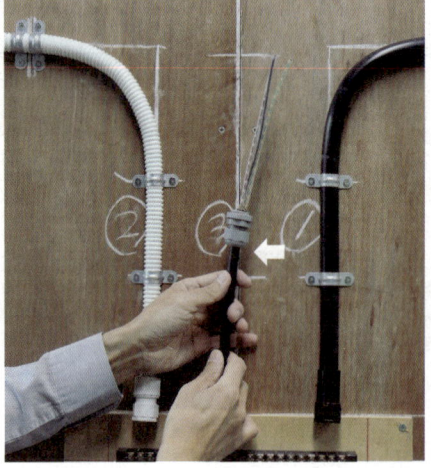

(3) 케이블에 커넥터 장착

(4) 배선에 필요한 길이 측정

(5) 케이블의 피복을 벗겨내고 개재물을 잘라낸다.
(6) 커넥터를 제어판 위로 5[mm] 정도 올리고 케이블의 위치가 제대로 맞는지 확인한다.
(7) 새들 2개를 한쪽만 고정하고 새들의 한쪽을 벌려 케이블을 삽입하고 나사못으로 고정한다.
(8) 케이블의 색상이 바뀌지 않도록 왼쪽부터 갈색, 흑색, 회색, 녹-황색 순서로 단자에 연결한다. 아래의 작업에서는 제어판의 4단자가 모두 오른쪽 10P 단자에 위치하게 작업했지만 왼쪽에 2개, 오른쪽에 2개를 배치해도 된다.

(5) 피복을 돌려서 벗겨냄

(6) 길이가 맞는지 확인
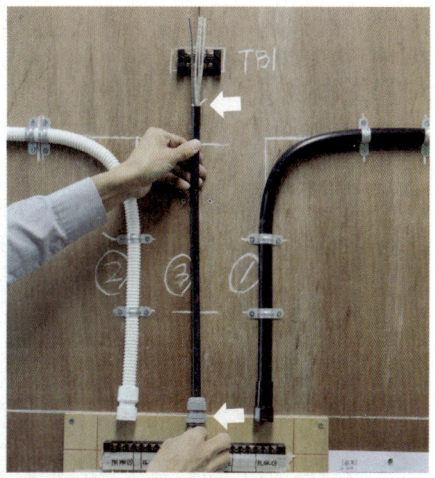

(7) 새들을 먼저 설치 후 전선관 고정
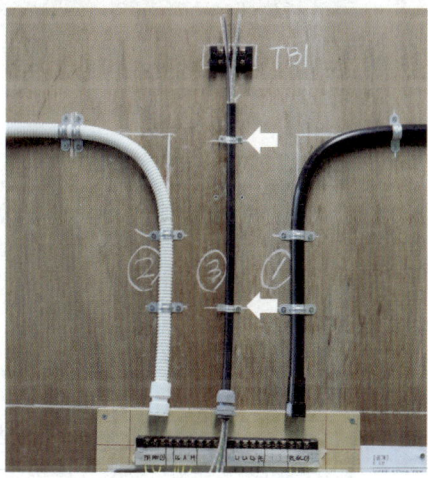

(8) 케이블을 단자대에 연결
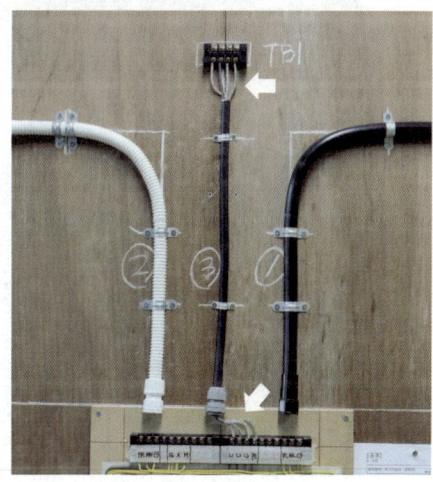

3 입선작업

(1) 입선과정에서 전선이 엉킬 염려가 있기 때문에 수직 작업대의 빈 공간에 새들의 아래쪽을 나사못으로 고정하고 위쪽을 잡아당겨 전선을 걸어놓았다.
(2) 입선에 필요한 전선의 길이를 여유 있게 측정한다.
(3) 전선을 자르지 말고 접어서 3가닥을 준비한다. 입선하는 경우 전선이 전선관이나 커넥터에 걸리지 않도록 홀수 가닥의 전선은 끝을 구부려 놓는다.
(4) 8각 박스가 있는 곳은 5~6가닥의 전선이 입선되므로 제어판 쪽에서 왼손으로 전선관을 잡고 오른손으로 밀어 넣는다. 한꺼번에 입선하지 않고 SS의 3가닥을 먼저 입선하고, 이어서 왼쪽 배관의 PB에 3가닥을 밀어 넣어서 입선해도 된다.

(1) 빈 공간에 전선을 걸어놓음
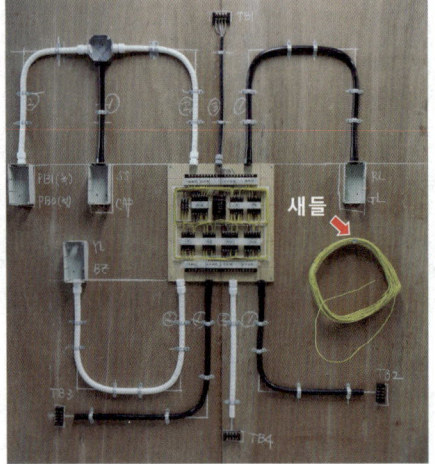

(2) 입선에 필요한 길이 측정
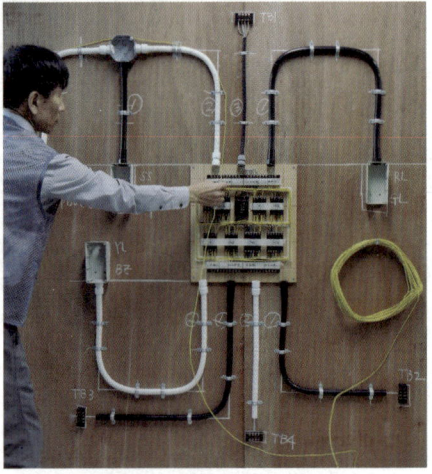

(3) 입선이 쉽도록 끝을 구부려 놓음
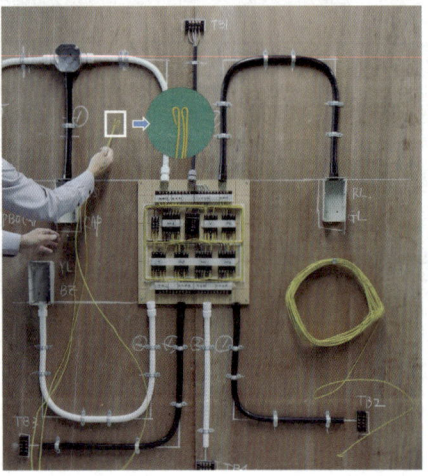

(4) 한꺼번에 밀어 넣음

(5) 한꺼번에 입선 시 8각 박스 안에서 전선을 분리하여 입선해 놓는다.

(6) 표시등에 필요한 전선의 길이를 측정하여 3선을 준비하고 끝을 구부려 한꺼번에 밀어 넣어 입선한다.

(7) YL, BZ 입선 후 TB4단자 연결을 위해 3가닥의 전선을 입선한다.

(8) 주회로 전선을 PE 전선관에 입선하는 경우 4가닥을 한꺼번에 밀어 넣으면 쉽게 입선이 된다. 플렉시블 전선관에 입선하는 경우 한 선의 끝을 접은 다음 3선을 대고 테이프로 감아주고 왼손으로 전선관을 잡고 오른손으로 전선을 밀어 넣으면 쉽게 입선된다.

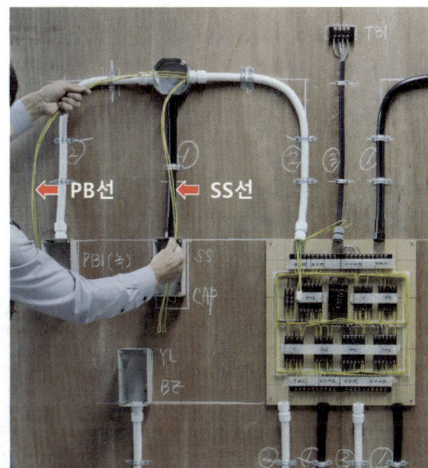

(5) 8각 박스 안에서 전선을 분리해 입선

(6) 표시등 입선

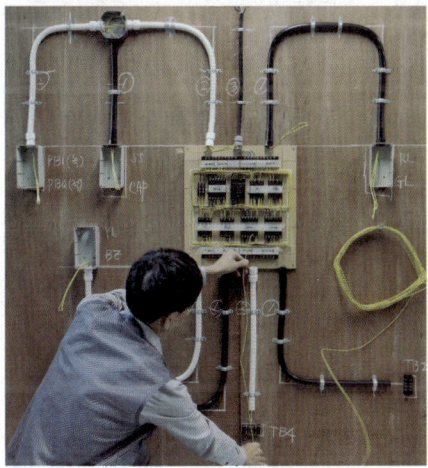

(7) TB4 입선

(8) 주회로 전선은 한꺼번에 밀어 넣음

4 결선작업

1 푸시버튼 스위치 결선

(1) 제어판 단자대 부분을 먼저 연결한다.

(2) 벨 시험기로 제어판의 각 단자에 연결된 선을 찾아 공통선은 왼쪽으로, PB1선은 위쪽으로, PB0선은 아래쪽으로 각각 분리해 놓는다.

(3) 공통선을 공통단자에 연결하고, 위쪽 단자에 PB1선을 연결하고 아래쪽 단자에 PB0선을 연결한다.

(4) 뚜껑을 덮고, 벨 시험기의 두 리드선을 제어판 단자대의 PB1과 (1)번 단자에 대고 PB1을 눌렀을 때 "삐" 소리가 나면 정상이고, PB0와 (1)번 단자에 대면 "삐" 소리가 나고 PB0를 눌렀을 때 정지하면 정상이다.

(1) 제어판 단자대를 먼저 연결

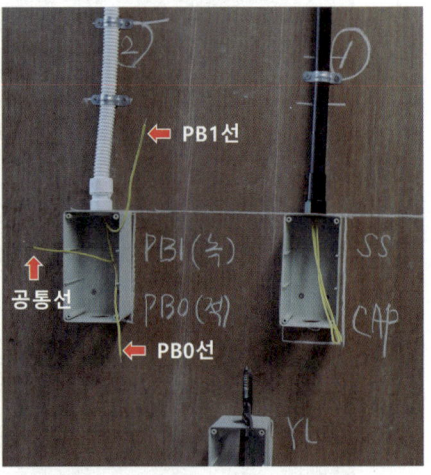

(2) 3방향으로 분리해 놓음

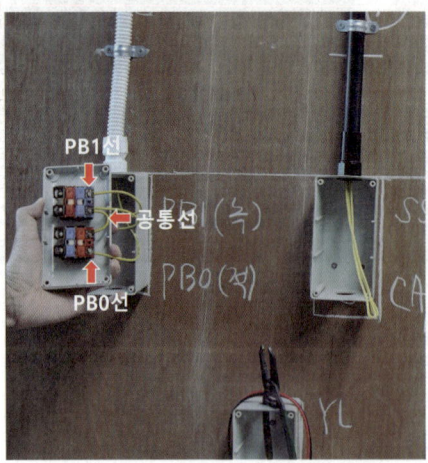

(3) PB 단자에 연결

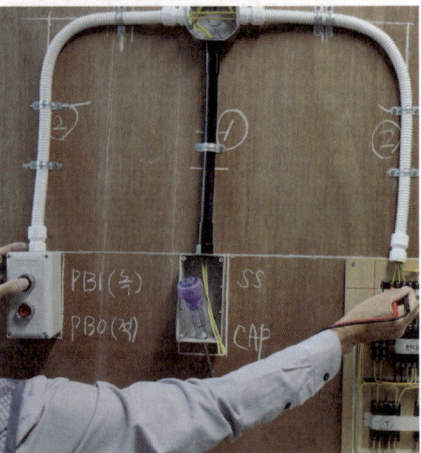

(4) 외부에서 점검

2 셀렉터 스위치 결선

(1) 제어판 단자대 부분을 먼저 연결한다.

(2) 벨 시험기로 제어판의 각 단자에 연결된 선을 찾아 SS선은 위쪽으로, A선은 왼쪽으로, M선은 오른쪽으로 분리해 놓는다. 공통선 SS를 먼저 연결한다.

(3) 왼쪽 단자에 A선을 연결하고, 오른쪽 단자에 M선을 연결한다.

(4) 뚜껑을 덮고, 벨 시험기의 두 리드선을 제어판 단자대의 SS와 M단자에 대고 손잡이를 왼쪽으로 돌렸을 때 "삐" 소리가 나는지 확인하고, SS와 A단자에 대고 오른쪽으로 돌렸을 때 "삐" 소리가 나면 정상이다.

(1) 제어판 단자대를 먼저 연결

(2) 3선 분리 후 공통선 SS를 먼저 연결

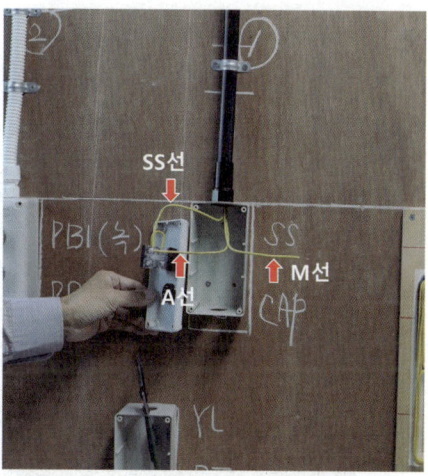

(3) A선과 M선을 연결

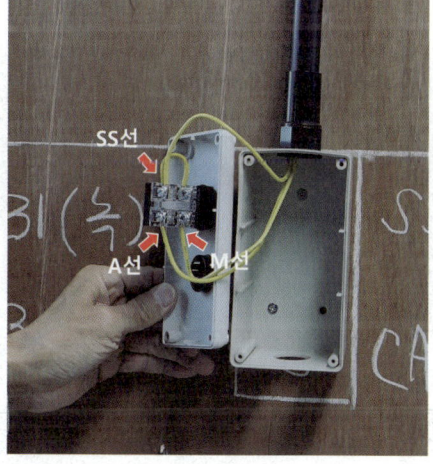

(4) 외부에서 점검

3 표시등 RL, GL 결선

(1) 제어판 단자대 부분을 먼저 연결한다.

(2) 벨 시험기로 제어판의 각 단자에 연결된 선을 찾아 공통선은 왼쪽으로, RL선은 위쪽으로, GL선은 아래쪽으로 각각 분리해 놓는다. 공통선을 먼저 연결하고 RL선, GL선 순서로 연결한다.

(3) 표시등은 외부에서 점검이 안 되므로 뚜껑을 덮기 전에 연결 상태를 다시 한번 확인해 보는 것이 좋다.

(4) 뚜껑을 덮을 때 RL 표시등과 GL 표시등의 위치가 맞는지 확인하고 나사못으로 고정하여 결선을 완성한다.

(1) 제어판 단자대를 먼저 연결

(2) 공통선, RL, GL 순으로 연결

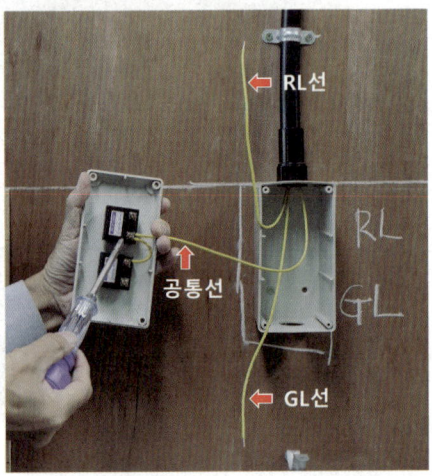

(3) 벨 시험기로 점검

(4) 표시등 확인

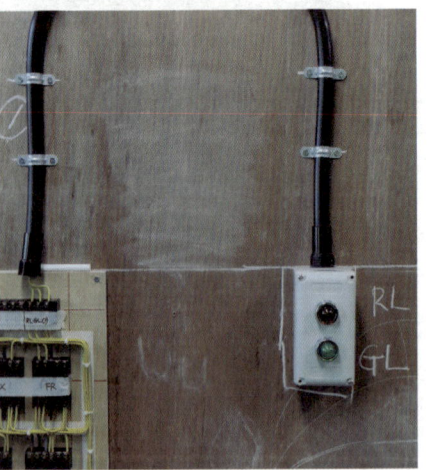

4 YL, BZ 결선

(1) 제어판 단자대 부분을 먼저 연결한다.

(2) 벨 시험기로 제어판의 각 단자에 연결된 선을 찾아 공통선은 왼쪽으로, YL선은 위쪽으로, BZ선은 아래쪽으로 각각 분리해 놓는다. 공통선을 먼저 연결하고 YL선, BZ선 순서로 연결한다.

(3) 표시등과 버저도 외부에서 점검이 안 되므로 뚜껑을 덮기 전에 연결 상태를 다시 한번 확인해 보는 것이 좋다.

(4) 뚜껑을 덮을 때 YL 표시등과 BZ의 위치가 맞는지 확인하고 나사못으로 고정하여 결선을 완성한다. 대각선 방향으로 2개의 나사못을 사용하여 고정했지만, 4개의 나사못을 사용해 고정해야 한다.

(1) 제어판 단자대를 먼저 연결

(2) 공통선을 먼저 연결

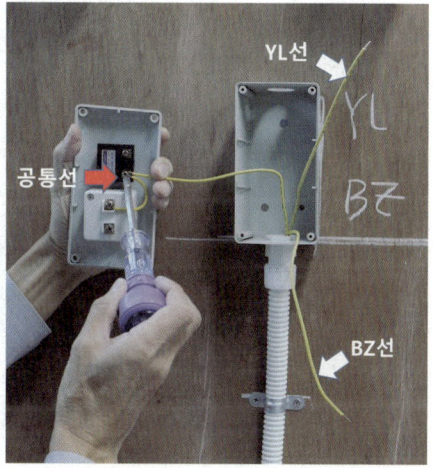

(3) YL선, BZ선 연결 후 확인

(4) YL 표시등, BZ 확인

5 단자대 결선

(1) TB2, TB3 단자대 연결 시 외부의 단자대를 먼저 연결한다. 피복을 벗기고 연결하면서 길면 전선관 안으로 밀어 넣으면서 작업하면 된다. 전선의 색상이 바뀌지 않도록 주의한다. 왼쪽부터 또는 위쪽부터 갈색, 흑색, 회색, 녹-황색으로 연결한다.

(2) 제어판 단자에 연결할 때는 전선을 길이에 맞춰 잘라내고 피복을 벗겨서 직각으로 배선해야 보기가 좋다.

(3) TB4 단자대의 E1, E2, E3단자에는 황색 전선을 사용하고, 아래쪽 단자대를 먼저 연결한 후 제어판 쪽을 연결한다.

(4) TB4의 2차측은 감독이 요구하는 방법으로 인출해 놓는다(예 5[cm], 10[cm], 15[cm]). E1은 짧게, E2는 중간, E3를 가장 길게 연결해야 한다.

(1) 외부 단자대를 먼저 연결
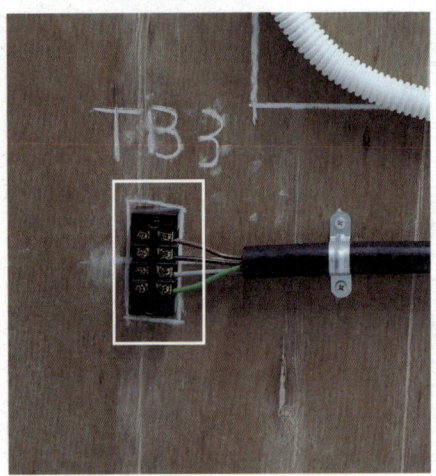

(2) 제어판 단자대를 연결

(3) 단자대 TB4 연결
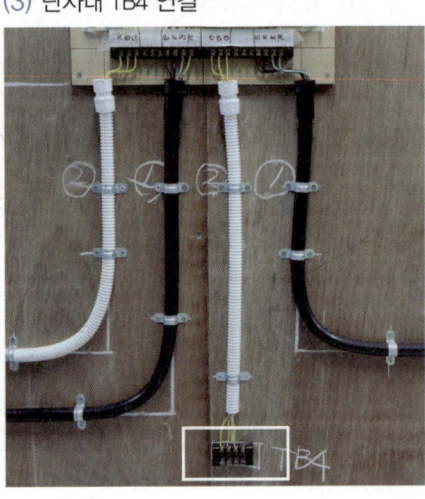

(4) TB4 단자대 처리
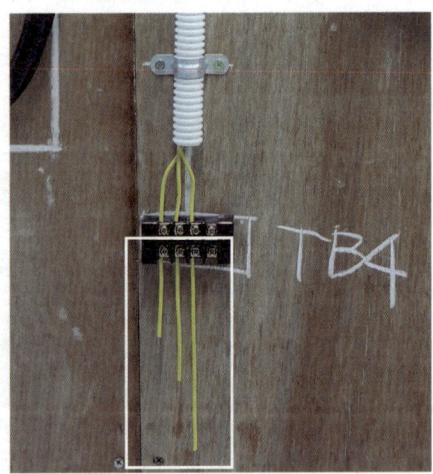

6 마무리 작업

(1) 동작시험을 위해 TB1의 1차측은 전원선의 색상(갈색, 흑색, 회색)에 맞춰 10[cm] 정도 선을 인출해 놓고 끝부분 1[cm] 정도 피복을 벗겨 놓는다.

(2) 퓨즈 홀더에 퓨즈를 삽입하고 차단기를 올린 후 L1상과 퓨즈의 아래 왼쪽 단자에 벨 시험기의 리드선을 대었을 때 "삐" 소리가 나면 정상이고, L3상과 퓨즈의 아래 오른쪽 단자에도 대어본다(차단기 접점과 케이블 연결 상태, 퓨즈의 이상 유무를 한꺼번에 점검).

(3) 제어판 점검 결과 이상이 없다면 케이블 타이를 사용해 전선을 가지런하게 묶어주고 꼬리를 잘라낸다.

(4) 마스킹 테이프를 제거하고 주변을 정리하면 모든 작업이 완성된다.

(1) TB1 단자대 처리
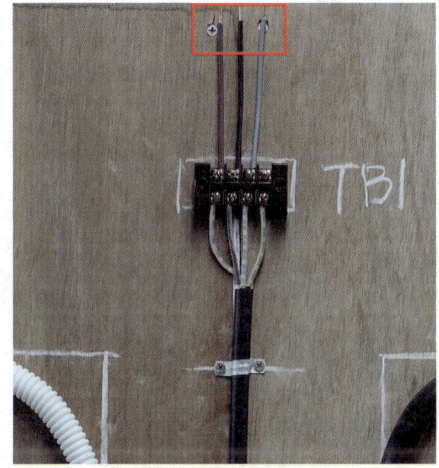

(2) 전원 공급 확인
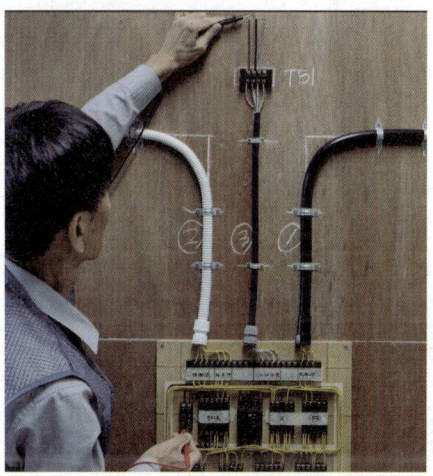

(3) 케이블 타이 작업
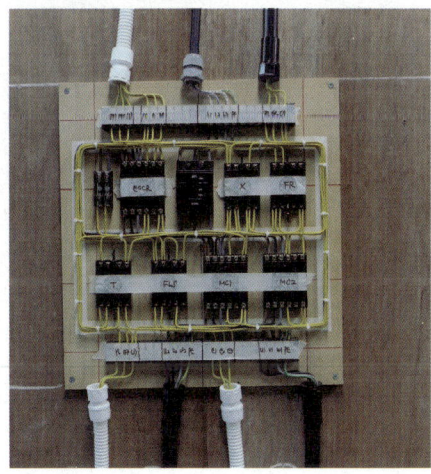

(4) 테이프 제거 및 최종 완성
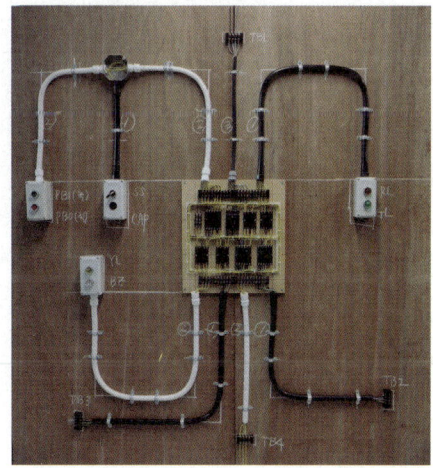

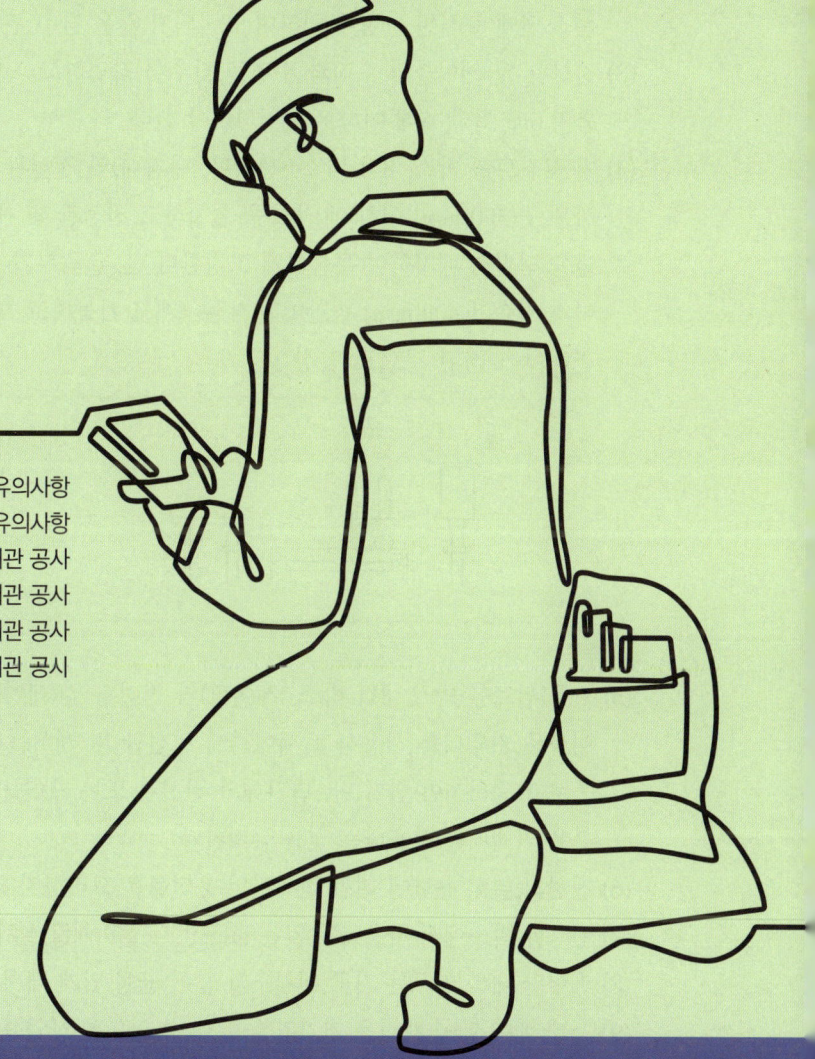

1강 수험자 유의사항
2강 지참 준비물 및 유의사항
3강 공개문제 2번 : 전기 설비의 배선 및 배관 공사
4강 공개문제 9번 : 전기 설비의 배선 및 배관 공사
5강 공개문제 13번 : 전기 설비의 배선 및 배관 공사
6강 공개문제 16번 : 전기 설비의 배선 및 배관 공사

1강 수험자 유의사항

학습목표 미리보기 수험자 유의사항을 잘 숙지하여 실제 작업 시 적용해 보자.

※ 수험자 유의사항을 고려하여 요구사항을 완성하도록 한다.

(1) 시험 시작 전 지급된 재료의 이상 유무를 확인하고 이상이 있을 때에는 감독위원의 승인을 얻어 교환할 수 있다(단, 시험 시작 후 파손된 재료는 수험자 부주의에 의해 파손된 것으로 간주되어 추가로 지급받지 못한다).

(2) 제어판을 포함한 작업판에서의 제반 치수는 [mm]이고, 치수 허용 오차는 외관(전선관, 케이블, 박스, 전원 및 부하측 단자대 등)은 ±30[mm], 제어판 내부는 ±5[mm]이다(단, 치수는 도면에 표시된 사항에 의하며 표시되지 않은 경우 부품의 중심을 기준으로 한다).

(3) 전선관 및 케이블의 수직과 수평을 맞추어 작업하고, 전선관의 곡률 반지름은 전선관 안지름의 6배 이상, 8배 이하로 작업하여야 한다.

(4) 기구(컨트롤 박스, 8각 박스, 제어판, 단자대)와 전선관 및 케이블이 접속되는 부분에서 가까운 곳(300[mm] 이하)에 새들을 설치하고 전선관 및 케이블이 작업판에서 뜨지 않도록 새들을 적절히 배치하여 튼튼하게 고정한다(단, 굴곡부가 없는 배관에서 기구와 기구 끝단 사이의 치수가 400[mm] 미만이면 새들 1개도 가능하고, 새들로 고정 시 나사를 2개 모두 체결해야 고정된 것으로 인정).

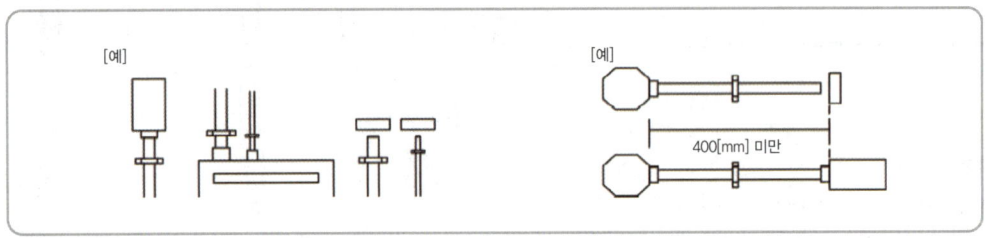

(5) 기구(컨트롤 박스, 8각 박스, 제어판)와 전선관 및 케이블이 접속되는 부분에 전선관 및 케이블용 커넥터를 사용하고 제어판에 전선관 및 케이블용 커넥터를 5[mm] 정도 올리고 새들로 고정하여야 한다(단, 단자대와 전선관 또는 케이블이 접속되는 부분에 전선관 및 케이블용 커넥터를 사용하는 것을 금지한다).

(6) 전선의 열적 용량에 대한 전선관의 용적률은 고려하지 않는다.

(7) 컨트롤 박스에서 사용하지 않는 홀(구멍)에 홀마개를 설치한다.

(8) 제어판 내의 기구는 기구 배치도와 같이 균형 있게 배치하고 흔들림이 없도록 고정한다.

(9) 소켓(베이스)에 채점용 기기가 들어갈 수 있도록 작업한다.

(10) 제어판 배선은 미관을 고려하여 전면에 노출 배선(수평수직)하고 전선의 흐트러짐 등이 없도록 케이블 타이를 이용하여 균형 있게 배선한다(단, 제어판 배선 시 기구와 기구 사이의 배선을 금지한다).

(11) 주회로는 2.5[mm²](1/1.78) 전선, 보조회로는 1.5[mm²](1/1.38) 전선(황색)을 사용하고 주회로의 전선 색상은 L1은 갈색, L2는 흑색, L3는 회색을 사용한다.

(12) 보호도체(접지)회로는 2.5[mm²](1/1.78) 녹색-황색 전선으로 배선하여야 한다.

(13) 퓨즈 홀더 1차측 주회로는 각각 2.5[mm²](1/1.78) 갈색과 회색 전선을 사용하고, 퓨즈 홀더 2차측 보조회로는 1.5[mm²](1/1.38) 황색 전선을 사용하고, 퓨즈 홀더에는 퓨즈를 끼워 놓아야 한다.

(14) 케이블의 색상이 주회로 색상과 상이한 경우 감독위원이 지정한 색상으로 대체한다(단, 보호도체(접지) 회로 전선은 제외).

(15) 단자에 전선을 접속하는 경우 나사를 견고하게 조인다. 단자 조임 불량이란 피복이 제거된 나선이 2[mm] 이상 보이거나, 피복이 단자에 물린 경우를 말한다(단, 한 단자에 전선 3가닥 이상 접속하는 것을 금지한다).

(16) 전원과 부하(전동기)측 단자대, 리밋 스위치의 단자대, 플로트레스 스위치의 단자대는 가로인 경우 왼쪽부터, 세로인 경우 위쪽부터 각각 'L1, L2, L3, PE(보호도체)'의 순서, 'U(X), V(Y), W(Z), PE(보호도체)'의 순서, 'LS1, LS2'의 순서, 'E1, E2, E3'의 순서로 결선한다.

(17) 배선점검은 회로 시험기 또는 벨 시험기만을 가지고 확인할 수 있고, 전원을 투입한 동작시험은 할 수 없다.

(18) 전원측 단자대는 동작시험을 할 수 있도록 전원선의 색상에 맞추어 100[mm] 정도 인출하고 피복은 전선 끝에서 약 10[mm] 정도 벗겨둔다.

(19) 전자접촉기, 타이머, 릴레이 등의 소켓(베이스)의 방향은 기구의 내부 결선도 및 구성도를 참고하여 홈이 아래로 향하도록 배치하고, 소켓 번호에 유의하여 작업한다.

  ※ 기구의 내부 결선도 및 구성도와 지급된 채점용 기구 및 소켓(베이스)이 상이할 경우 감독위원의 지시에 따라 작업한다.

(20) 8P 소켓을 사용하는 기구(타이머, 릴레이, 플리커 릴레이, 온도 릴레이, 플로트레스 등)는 기구의 구분 없이 지급된 8P 소켓(베이스)을 적용하여 작업한다(각 기구에 해당하는 소켓을 고려하지 않고 모두 동일하게 적용한다).

(21) 보호도체(접지)의 결선은 도면에 표시된 부분만 실시하고, 보호도체(접지)는 입력(전원) 단자대에서 제어판 내의 단자대를 거쳐 출력(부하) 단자대까지 결선하며, 도면에 별도로 표시하지 않더라도 모든 보호도체(접지)는 입력 단자대의 보호도체단자(PE)와 연결되어야 한다.

  ※ 기타 외부로의 보호도체(접지)의 결선은 실시하지 않아도 된다.

(22) 기타 공사방법 등은 감독위원의 지시사항을 준수하여 작업하며, 작업에 대한 문의사항은 시험 시작 전 질의하도록 하고 시험진행 중에는 질의를 삼가도록 한다.

(23) 특별히 지정한 것 이외에는 전기사업법령에 따른 행정규칙[전기설비기술기준, 한국전기설비규정(KEC)]에 의하되 외관이 보기 좋아야 하며 안전성이 있어야 한다.

(24) <u>시험 중 수험자는 반드시 안전수칙을 준수해야 하며, 작업복장 상태, 안전사항 등이 채점대상이 된다.</u>

(25) 다음 사항은 실격에 해당하여 채점대상에서 제외된다.
　① 과제 진행 중 수험자 스스로 작업에 대한 포기 의사를 표현한 경우
　② 지급재료 이외의 재료를 사용한 작품
　③ 시험 중 시설·장비의 조작 또는 재료의 취급이 미숙하여 위해를 일으킬 것으로 감독위원 전원이 합의하여 판단한 경우
　④ 기능이 해당 등급 수준에 전혀 도달하지 못한 것으로 감독위원 전원이 합의하여 판단한 경우
　⑤ 시험 관련 부정에 해당하는 장비(기기)·재료 등을 사용하는 것으로 감독위원 전원이 합의하여 판단한 경우(시험 전 사전 준비작업 및 범용 공구가 아닌 시험에 최적화된 공구는 사용할 수 없음)
　⑥ 시험 시간 내에 제출된 작품이라도 다음과 같은 경우
　　㉠ 제출된 과제가 도면 및 배치도, 시퀀스 회로도의 동작사항, 부품의 방향, 결선상태가 상이한 경우(전자접촉기, 타이머, 릴레이, 푸시버튼 스위치 및 램프 색상 등)
　　㉡ <u>주회로(갈색, 흑색, 회색)</u> 및 <u>보조회로(황색)</u> 배선의 전선 굵기 및 색상이 도면 및 유의사항과 상이한 경우
　　㉢ 제어판 밖으로 인출되는 배선이 제어판 내의 단자대를 거치지 않고 직접 접속된 경우
　　㉣ 제어판 내의 배선상태나 전선관 및 케이블 가공상태가 불량하여 전기 공급이 불가한 경우
　　㉤ 제어판 내의 배선상태나 기구의 <u>접속 불가 등으로</u> 동작상태의 확인이 불가한 경우
　　㉥ 보호도체(접지)의 결선을 하지 않은 경우와 <u>보호도체(접지) 회로(녹색-황색)</u> 배선의 전선 굵기 및 색상이 도면 및 유의사항과 다른 경우(단, 전동기로 출력되는 부분은 생략)
　　㉦ 컨트롤 박스 커버 등이 조립되지 않아 내부가 보이는 경우
　　㉧ 배관 및 기구 배치도에서 허용오차 ±50[mm]를 넘는 곳이 3개소 이상, ±100[mm]를 넘는 곳이 1개소 이상인 경우(<u>단, 박스, 단자대, 전선관, 케이블 등이 도면 치수를 벗어나는 경우 개별 개소로 판정</u>)
　　㉨ 기구(컨트롤 박스, 8각 박스, 제어판)와 전선관 및 케이블이 접속되는 부분에 전선관 및 케이블용 커넥터를 정상 접속하지 않은 경우(<u>미접속 및 불필요한 접속 포함</u>)

- ㊂ 기구(컨트롤 박스, 8각 박스, 제어판, 단자대)와 전선관 및 케이블이 접속되는 부분에서 가까운 곳(300[mm] 이하)에 새들의 고정이 누락된 경우(단, 굴곡부가 없는 배관에서 기구와 기구 끝단 사이의 치수가 400[mm] 미만이면 새들 1개도 가능)
- ㉠ 전선관 및 케이블을 말아서 배관한 경우
- ㉡ 전원과 부하(전동기)측 단자대에서 L1, L2, L3, PE(보호도체)의 배치순서와 U(X), V(Y), W(Z), PE(보호도체)의 배치순서가 유의사항과 상이한 경우, 리밋 스위치 단자대에서 LS1, LS2의 배치순서가 유의사항과 상이한 경우, 플로트레스 스위치 단자대에서 E1, E2, E3의 배치순서가 유의사항과 상이한 경우
- ㉣ 한 단자에 전선 3가닥 이상 접속된 경우
- ㉤ 제어판 내의 배선 시 기구와 기구 사이로 수직 배선한 경우
- ㉥ 전기설비기술기준, 한국전기설비규정에 따라 공사를 진행하지 않은 경우

(26) 시험 종료 후 완성작품에 한해서만 작동 여부를 감독위원으로부터 확인받을 수 있다.
(27) 다음 시험의 원활한 진행을 위하여 수험자 본인의 작품 해체에 협조해야 한다.

2강 지참 준비물 및 유의사항

학습목표 미리보기: 지참 준비물 중 작업에 꼭 필요한 것들을 알아보자.

휴대폰으로 스캔하여 동영상을 보세요!

1 지참 준비물

재료명	규격	단위	수량	비고
회로시험기(벨 테스터, 멀티테스터)	회로시험용	개	1	동작시험 기기는 사용 불가 (10[V] 이하 제품사용)
드라이버	+, −	세트	1	임팩트 드릴 및 해머 기능 사용 불가
드라이버 비트	범용	세트	1	
니퍼	범용	개	1	
롱노즈 플라이어	범용	개	1	
펜치	범용	개	1	
와이어 스트리퍼	범용	개	1	
강철선(피시 테이프)	1.0[mm]	[m]	1	
기타 필요공구	검정용	세트	1	수공구세트 및 PE관, CD관 배선작업에 필요한 공구
쇠톱	전선관 절단용	개	1	또는 파이프 커터
스프링 벤더	16[mm] 전선관 굽힘용	개	1	
자	범용	세트	1	사전 준비작업 금지
수평계	규격무관	개	1	사전 작업 금지(자 눈금 무관)
필기구	볼펜, 분필 등	세트	1	
마스킹 테이프류	범용	개	1	사전 준비작업 및 절연 테이프 사용 금지
견출지류(포스트잇, 인덱스 등)	범용	세트	1	
자화기, 손목자석밴드, 단자대 자석, 자석바	범용	세트	1	동시 사용가능
공구벨트	범용	개	1	작업조끼 또는 앞치마 가능
공구함, 부속품함	범용	개	1	
운동화		족	1	또는 안전화
면장갑	일반	개	1	또는 기타 손 보호용 장갑

2 유의사항

(1) 큐넷 사이트(www.q-net.or.kr)의 [고객지원-자료실-공개문제]를 참고하여 실기시험을 준비하도록 한다.

(2) 지참 준비물 목록 외 물품은 사용할 수 없다.

(3) 안전을 위한 운동화, 면장갑 등은 실기시험 시 반드시 지참하도록 한다. 안전한 복장이 아닐 경우(반바지, 슬리퍼 등) 채점 상의 불이익을 받을 수 있다.

(4) 임팩트 드릴 및 유선 방식의 드릴은 사용이 불가하다.

(5) 충전 드릴은 드라이버 기능으로만 사용이 가능하다(단, 해머 기능은 사용할 수 없음).

(6) 모든 지참 준비물은 시중에 유통되는 원형(原型)으로 지참한다(단, 상용품이 아닌 개인이 제작한 것, 상용품을 개조 및 변경한 것, 시험에 최적화된 공구(지그 등) 등은 사용할 수 없음).

(7) 시험시작 전 시험감독위원이 수험자 지참 준비물의 적정성 여부를 확인하며, 이에 협조하지 않을 경우 시험 응시에 제한을 받을 수 있다.

(8) 시험 중 시설·장비의 조작 또는 재료의 취급이 미숙하여 위해를 일으킬 것으로 예상되는 경우 시험감독위원이 실격 처리할 수 있다.

[잘못된 준비물 예시]
① 단자대 및 소켓 번호 등이 인쇄된 스티커를 사용하는 경우
② 지그류, 수제작 회로 시험기 등을 사용하는 경우
③ 상용품이 아닌 개인이 제작한 자(특정 길이 표시 등)를 사용하는 경우

3강 공개문제 2번: 전기 설비의 배선 및 배관 공사

학습목표 미리보기 주어진 도면을 이용하여 제어판 작업을 완성하고 외부에 기구를 연결하는 방법을 연습해 보자.

지급된 재료와 시험장 시설을 사용하여 제한 시간 내에 주어진 과제를 안전에 유의하여 완성하시오. (단, 지급된 재료와 도면에서 요구하는 재료가 서로 상이할 수 있으므로 도면을 참고하여 필요한 재료를 지급된 재료에서 선택하여 작품을 완성하시오.)

1 배관 및 기구 배치 도면에 따라 배관 및 기구를 배치하시오.
(단, 제어판을 제어함이라고 가정하고 전선관 및 케이블을 접속하시오.)

2 전기 설비 운전 제어회로 구성
가) 제어회로의 도면과 동작 사항을 참고하여 제어회로를 구성하시오.
나) 전원 방식 : 3상 3선식 220[V]
다) 전동기의 접속은 생략하고 접속할 수 있게 단자대까지 배선하시오.

3 동작 사항
가) MCCB를 통해 전원을 투입하면, EOCR에 전원이 공급된다.
나) **자동 운전 동작 사항**
  (1) SS를 A(자동) 위치에 놓으면 FLS에 전원이 공급되고, FLS가 수위를 감지하면, 릴레이 X, 타이머 T가 여자된다.
  (2) T의 설정시간 t초 후에, FR과 MC1이 여자되어 M1이 회전하고 RL이 점등된다.
  (3) FR에 설정된 시간 간격으로 MC1과 MC2가 교대로 여자되어, M1과 M2가 교대로 회전하고 RL과 GL이 교대로 점등된다.
  (4) 전동기가 운전하는 중 FLS의 수위 감지가 해제되거나 SS를 M(수동) 위치에 놓으면, 제어회로 및 전동기의 동작은 모두 정지된다.
다) **수동 운전 동작 사항**
  (1) SS를 M(수동) 위치에 놓은 상태에서, PB1을 누르면, 릴레이 X, 타이머 T가 여자된다.
  (2) T의 설정시간 t초 후, FR과 MC1이 여자되어, M1이 회전하고 RL이 점등된다.
  (3) FR의 설정시간 간격으로 MC1과 MC2가 교대로 여자되어, M1과 M2가 교대로 회전하고 RL과 GL이 교대로 점등된다.
  (4) 운전 중 PB0를 누르거나 SS를 A(자동) 위치에 놓으면, 제어회로 및 전동기의 동작은 모두 정지된다.
라) **EOCR 동작 사항**
  (1) 전동기가 운전하는 중 과전류가 흐르면, EOCR이 동작되어 전동기는 정지하고, BZ가 동작되고, YL이 점등된다.
  (2) EOCR을 리셋(RESET)하면 제어회로는 초기 상태로 복귀된다.

1 배관 및 기구 배치도

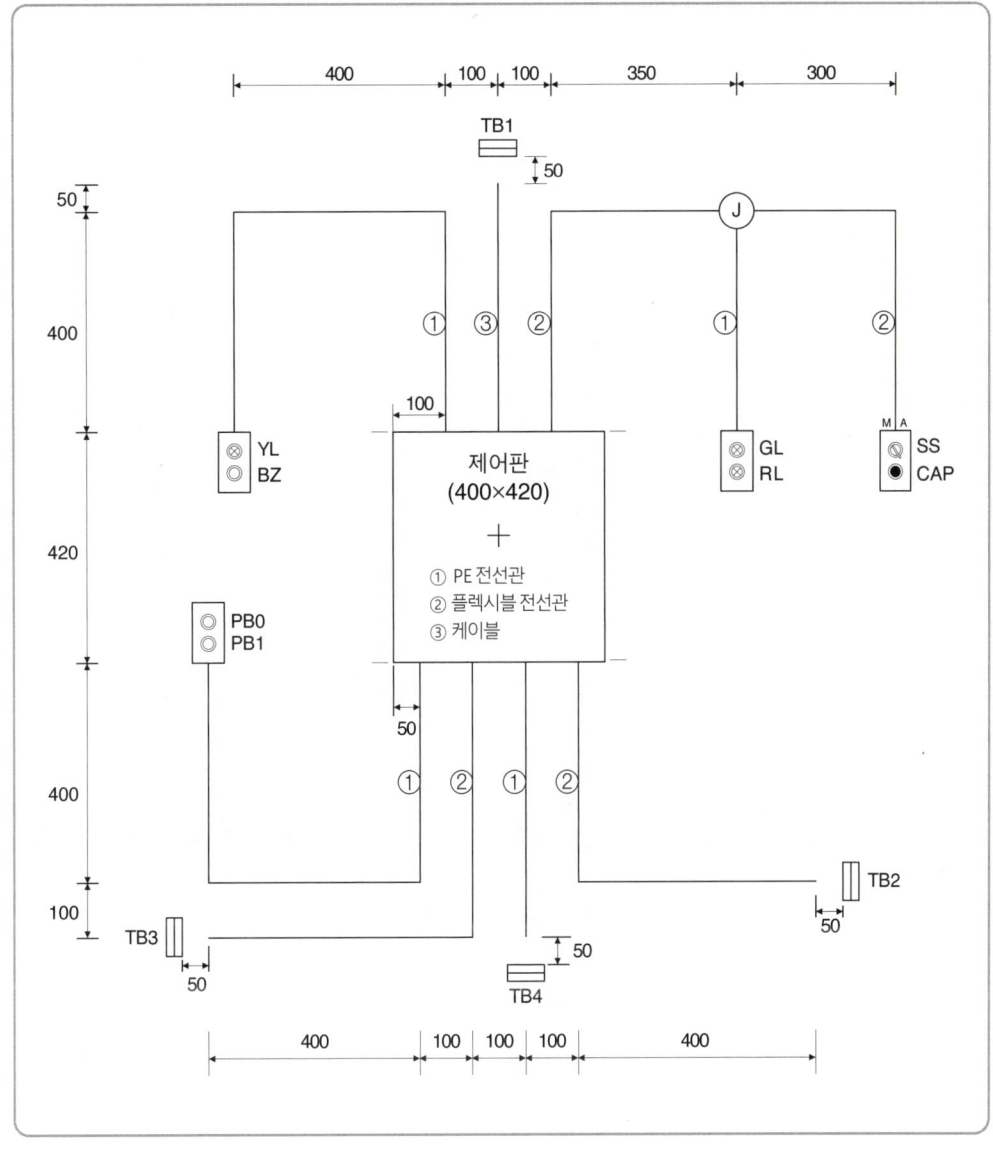

2 제어판 내부 기구 배치도

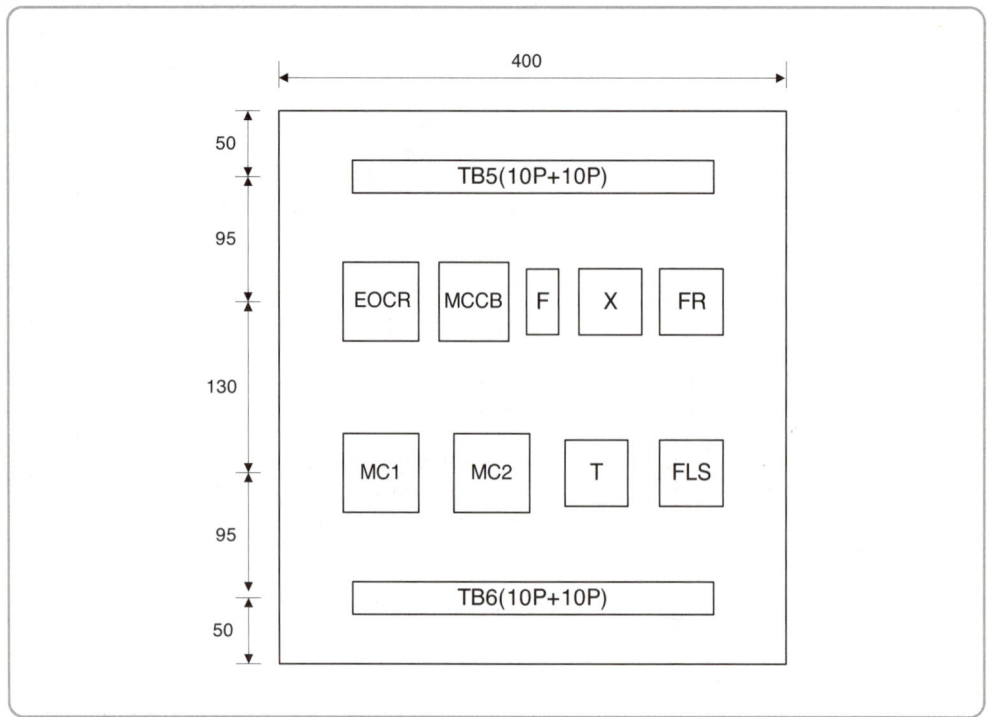

[범례]

기호	명칭	기호	명칭
TB1	전원(단자대 4P)	PB0	푸시버튼 스위치(적색)
TB2, TB3	전동기(단자대 4P)	PB1	푸시버튼 스위치(녹색)
TB4	플로트레스(단자대 4P)	SS	셀렉터 스위치
TB5, TB6	단자대(10P+10P)	YL	램프(황색)
MC1, MC2	전자접촉기(12P)	GL	램프(녹색)
EOCR	EOCR(12P)	RL	램프(적색)
X	릴레이(8P)	BZ	버저
T	타이머(8P)	CAP	홀마개
FR	플리커 릴레이(8P)	Ⓙ	8각 박스
FLS	플로트레스 스위치(8P)	F	퓨즈 및 퓨즈 홀더
MCCB	배선용 차단기		

3 기구의 내부 결선도 및 구성도

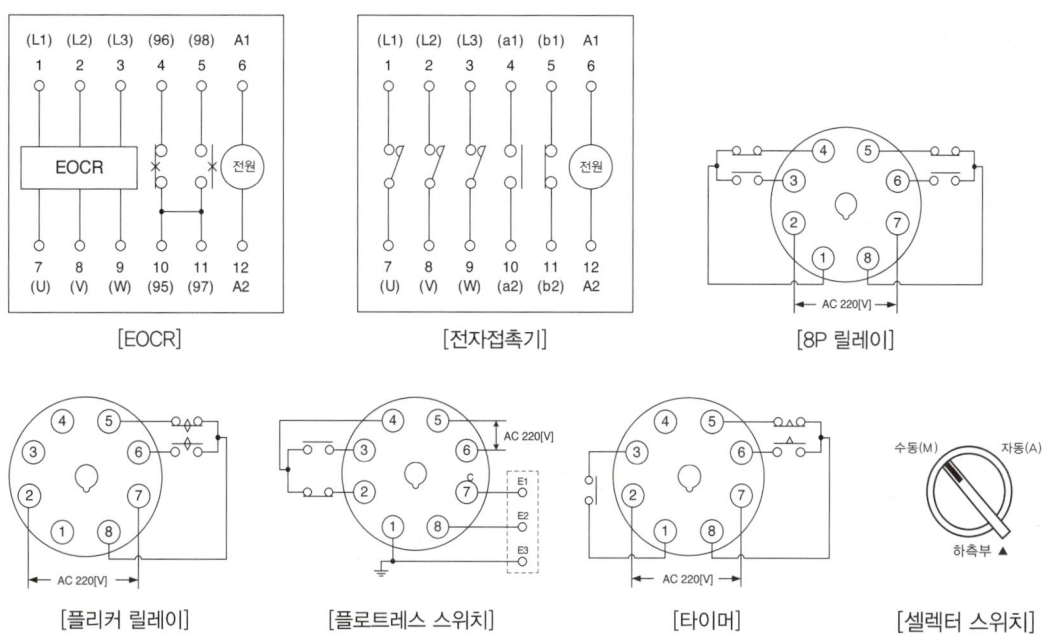

4 회로도

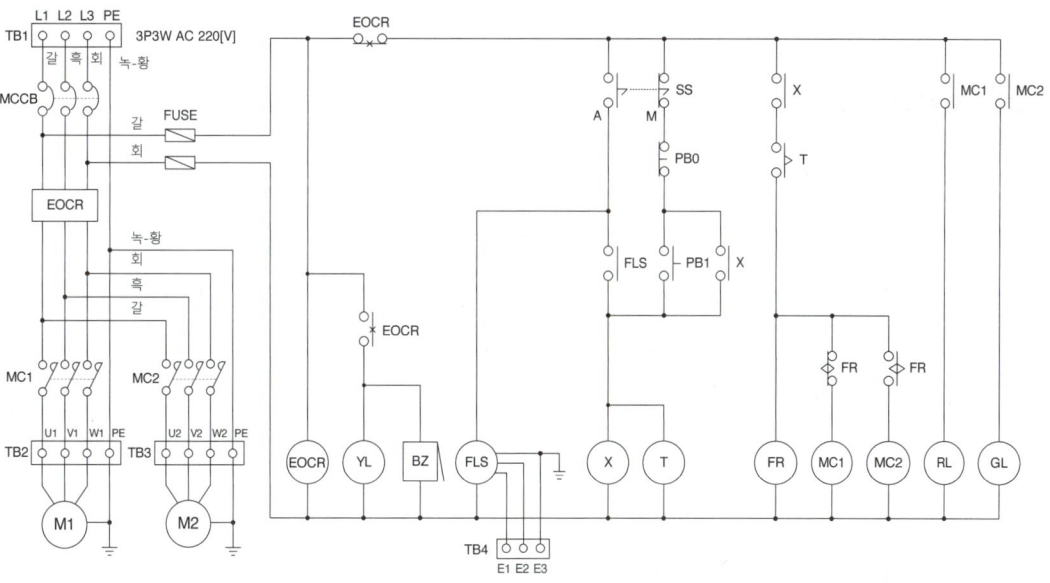

III 공개문제 작업과정

5 계전기 접점번호 적어 넣기

1 주회로 부분

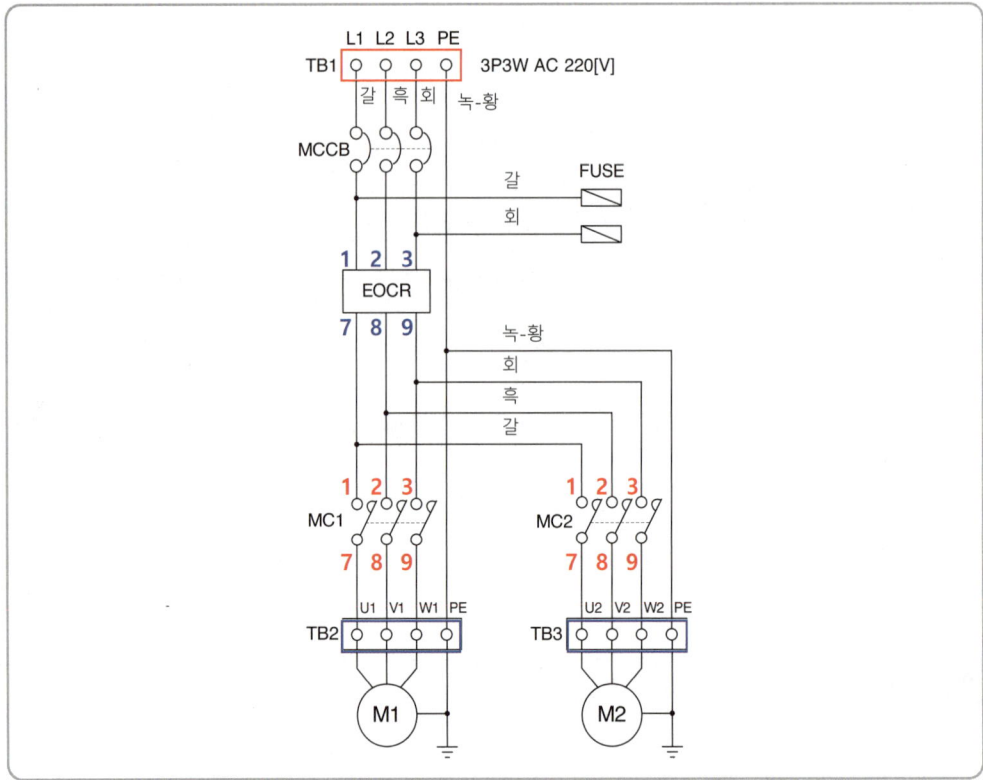

2 보조회로 부분

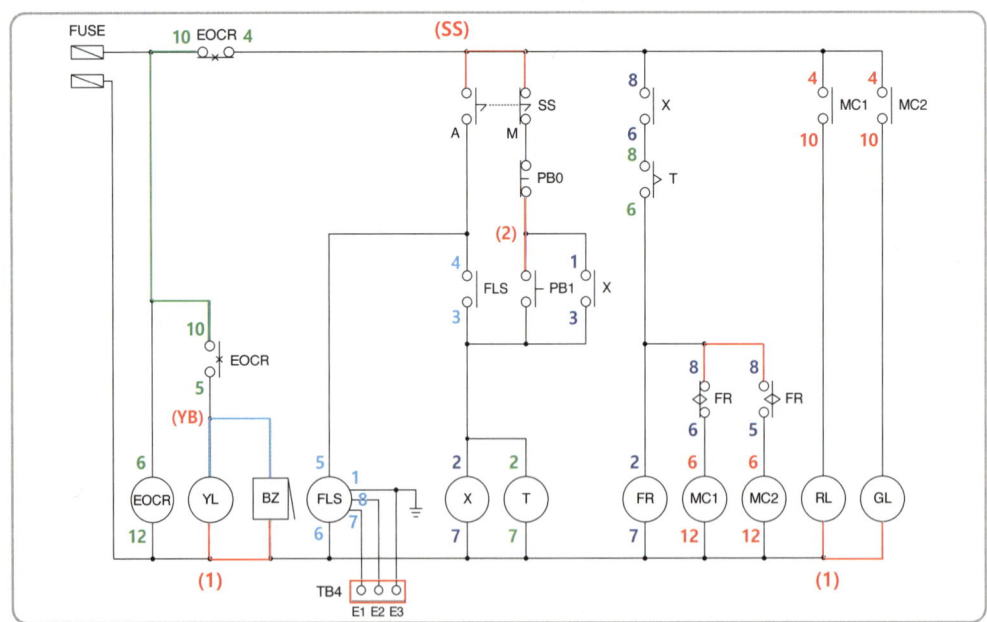

6 단자대 이름 적어 넣기

배관 및 기구 배치도를 참고하여 회로도에 인출할 기구를 표시하고 단자대 위쪽의 왼쪽 배관에 연결되어 있는 기구부터 차례로 이름을 적어 넣는다.

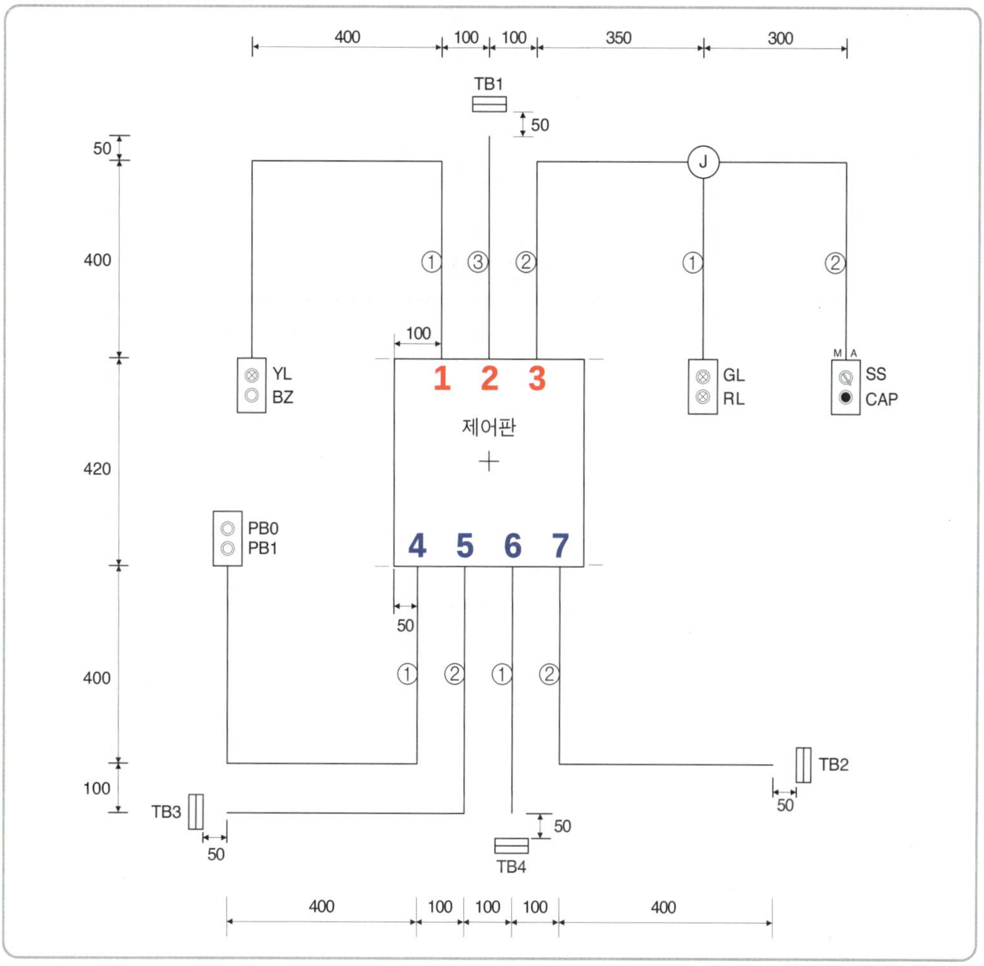

400
100
100
350
300
TB1
50
J
50
400
①
③
②
①
②
100
YL
BZ
1 2 3
GL
RL
M A
SS
CAP
제어판
420
PB0
PB1
4 5 6 7
50
400
①
②
①
②
TB2
100
TB3
50
50
50
TB4
400
100
100
100
400

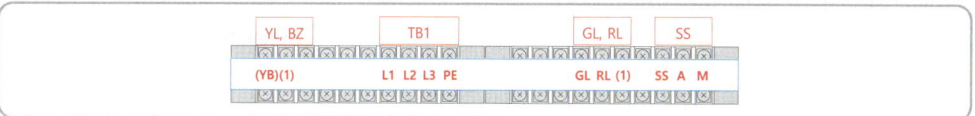

1 위쪽 단자대 이름 부여

YL, BZ
TB1
GL, RL
SS
(YB)(1)
L1 L2 L3 PE
GL RL (1)
SS A M

2 아래쪽 단자대 이름 부여

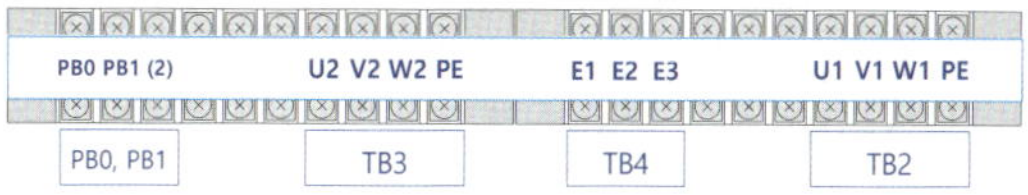

PB0 PB1 (2)
U2 V2 W2 PE
E1 E2 E3
U1 V1 W1 PE
PB0, PB1
TB3
TB4
TB2

7 주회로 배선

1 (가)~(나)회로

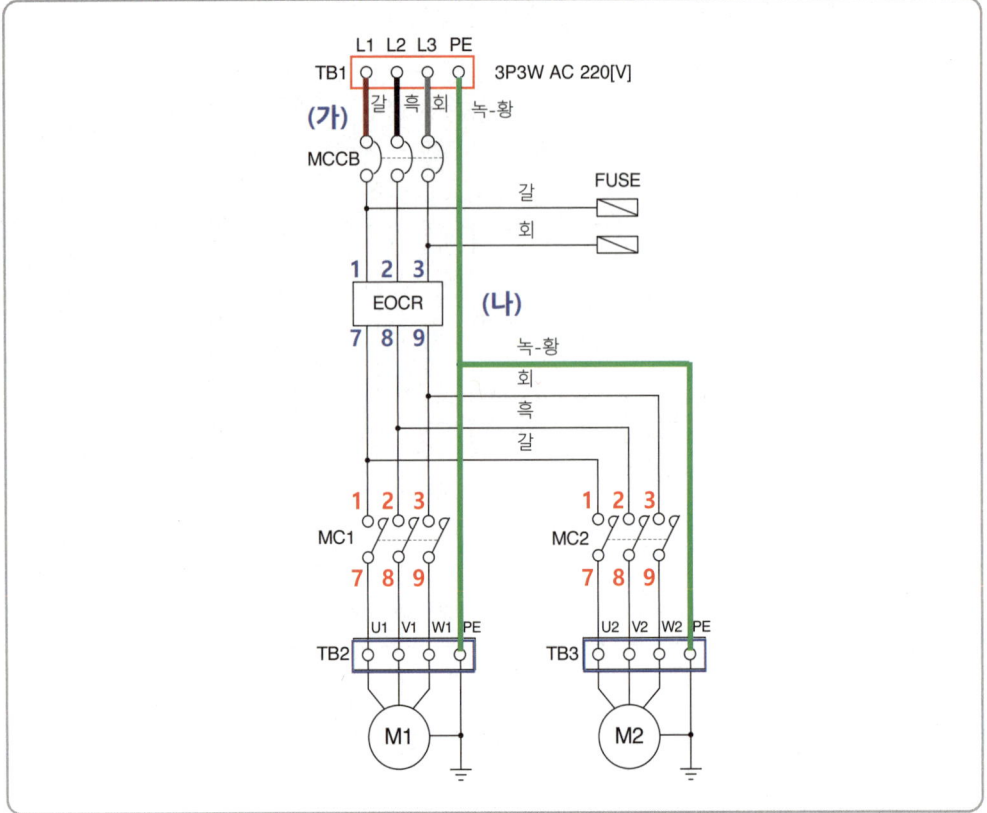

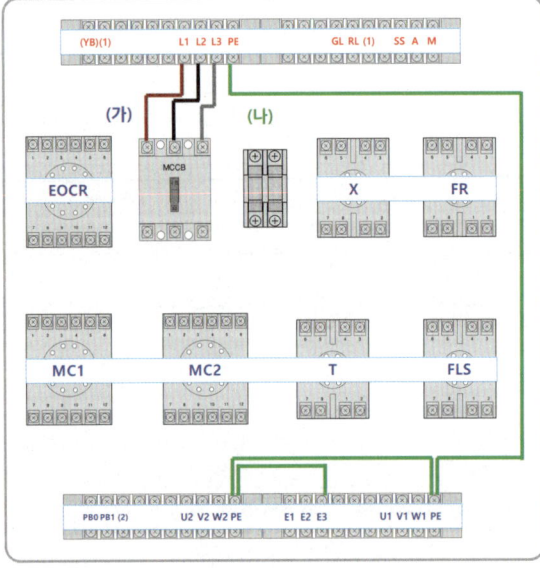

- 주회로는 모두 2.5[mm²] 전선을 사용하여 배선한다.
  L1상 : 갈색
  L2상 : 흑색
  L3상 : 회색
  PE(접지) : 녹-황색

- (가)회로
  갈색 : L1 ⇔ 차단기 1차측 L1상
  흑색 : L2 ⇔ 차단기 1차측 L2상
  회색 : L3 ⇔ 차단기 1차측 L3상

- (나)회로(녹-황색 전선)
  TB1-PE ⇔ TB2-PE ⇔ TB3-PE ⇒ E3

- FLS 접지를 E3단자에 시행한다.

2 (다)~(라)회로

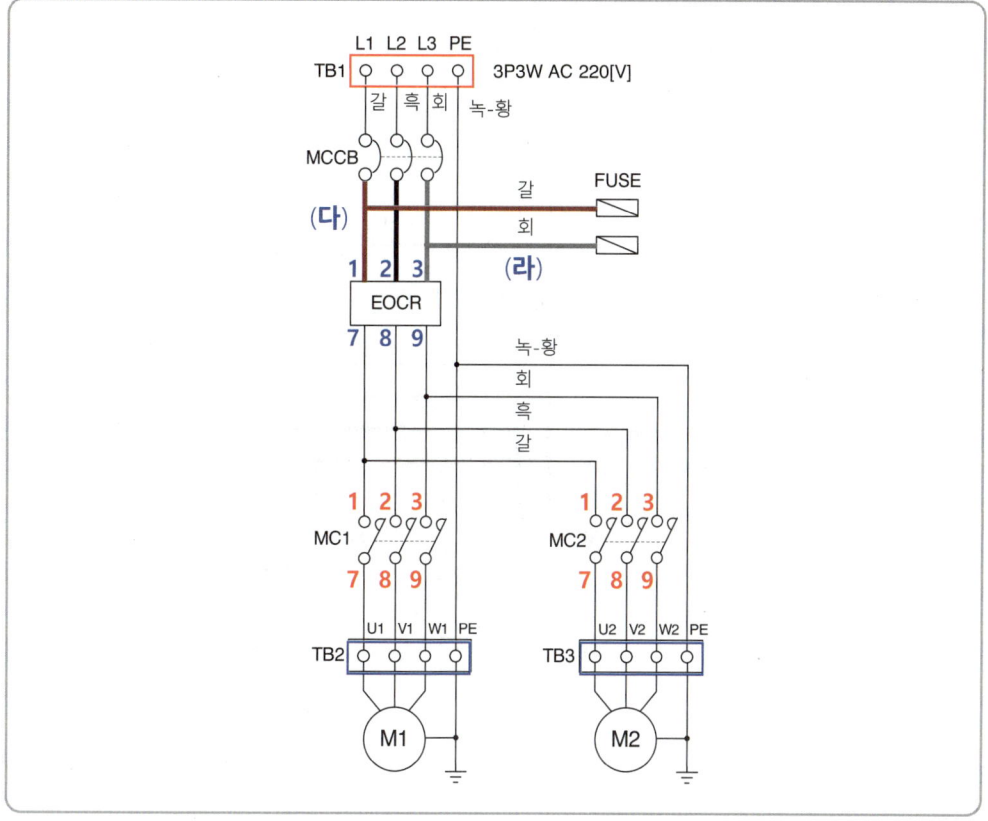

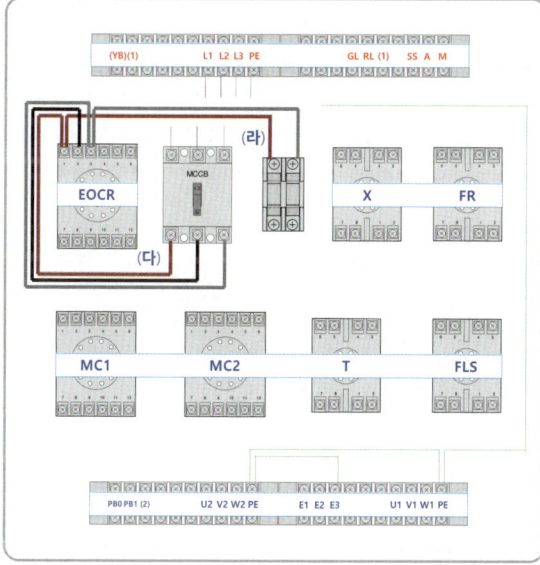

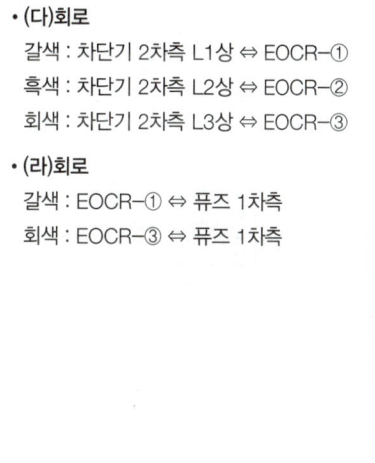

- (다)회로
  - 갈색 : 차단기 2차측 L1상 ⇔ EOCR-①
  - 흑색 : 차단기 2차측 L2상 ⇔ EOCR-②
  - 회색 : 차단기 2차측 L3상 ⇔ EOCR-③
- (라)회로
  - 갈색 : EOCR-① ⇔ 퓨즈 1차측
  - 회색 : EOCR-③ ⇔ 퓨즈 1차측

3 (마)회로

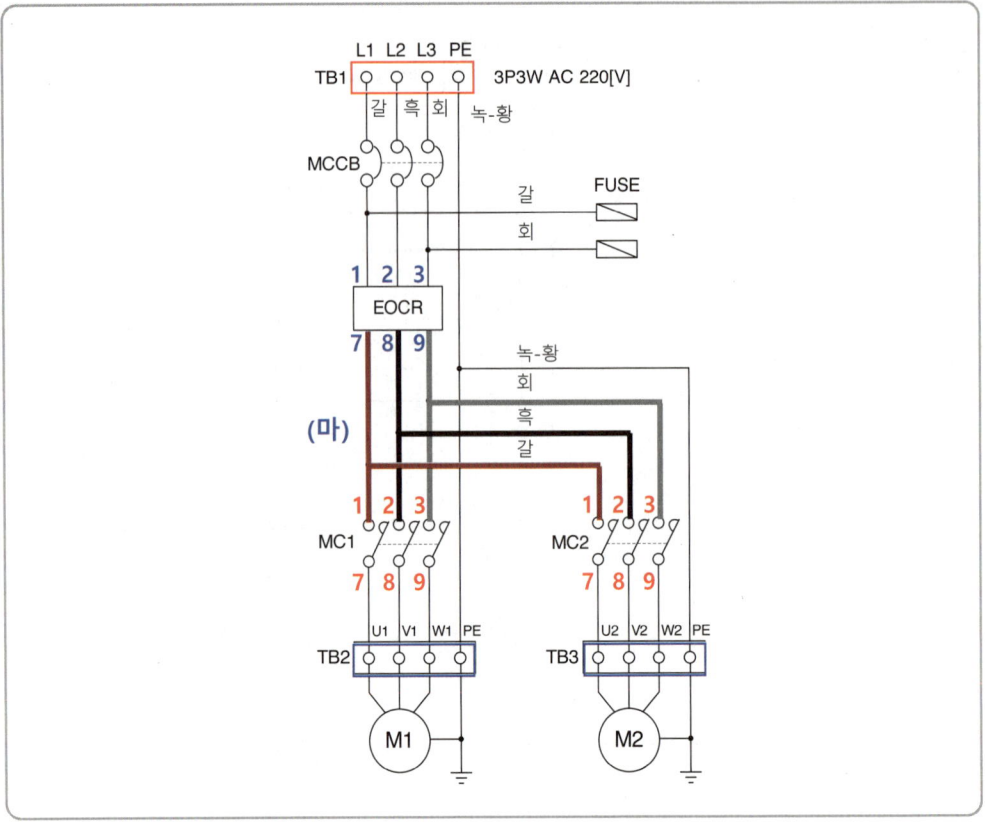

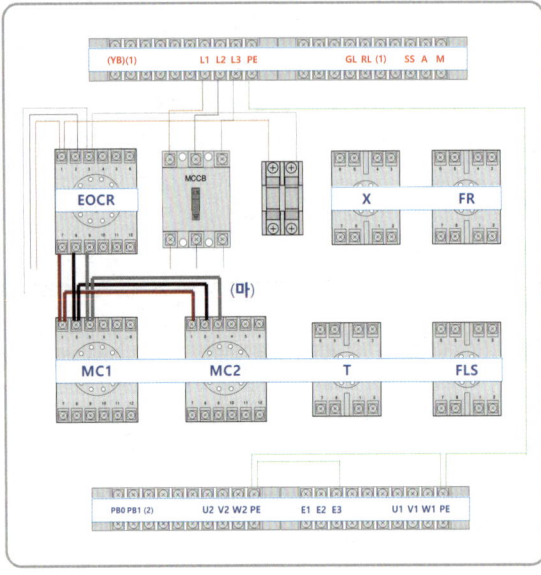

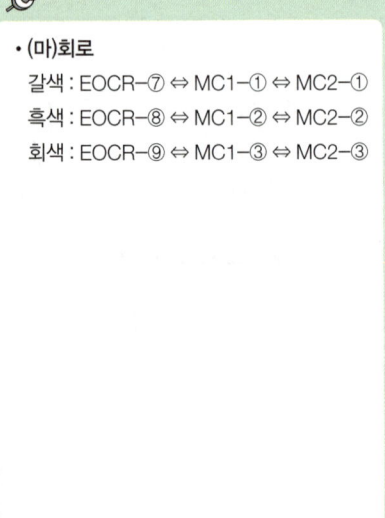

- (마)회로

  갈색 : EOCR-⑦ ⇔ MC1-① ⇔ MC2-①
  흑색 : EOCR-⑧ ⇔ MC1-② ⇔ MC2-②
  회색 : EOCR-⑨ ⇔ MC1-③ ⇔ MC2-③

4 (바)~(사)회로

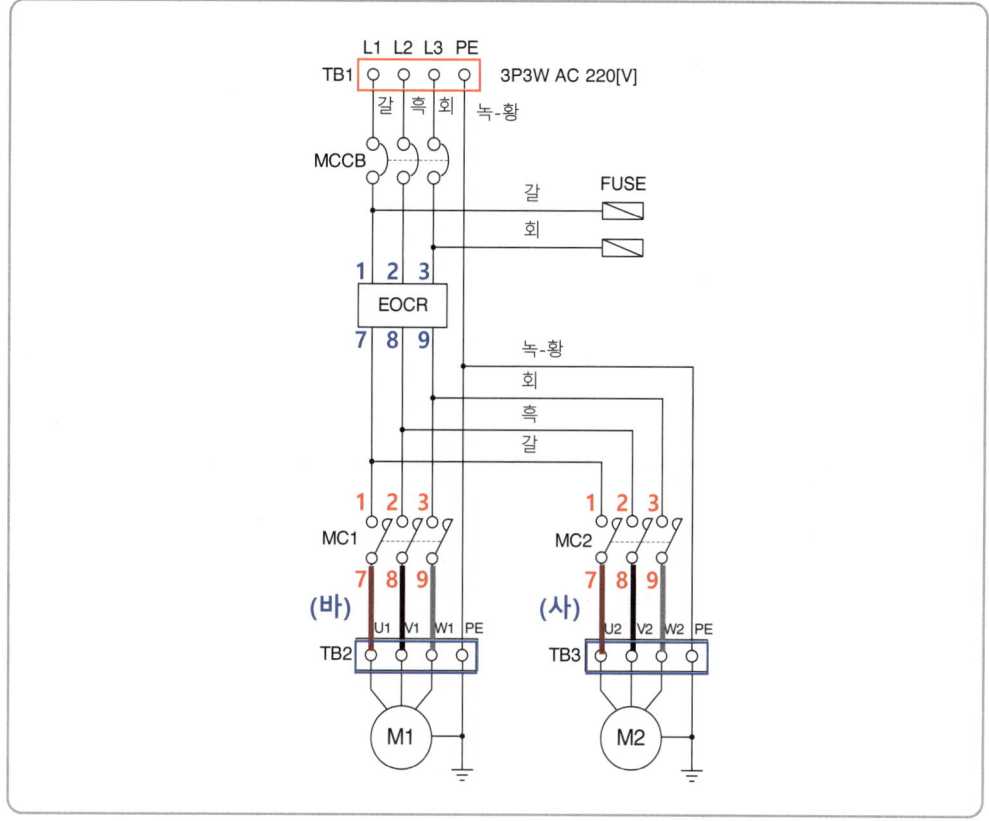

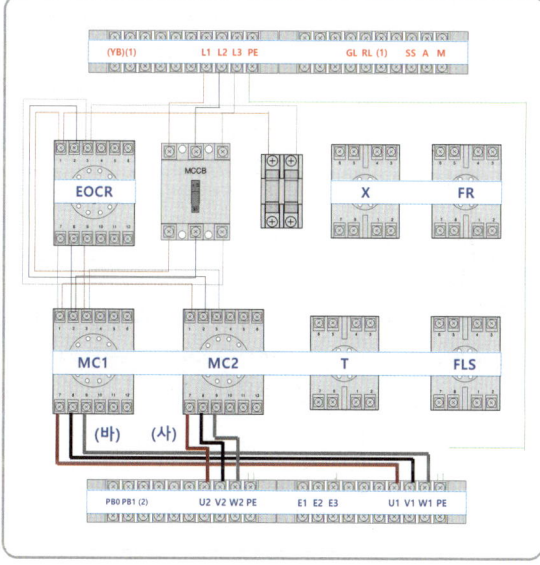

- (바)회로
  - 갈색 : MC1-⑦ ⇔ TB2-U1
  - 흑색 : MC1-⑧ ⇔ TB2-V1
  - 회색 : MC1-⑨ ⇔ TB2-W1

- (사)회로
  - 갈색 : MC2-⑦ ⇔ TB3-U2
  - 흑색 : MC2-⑧ ⇔ TB3-V2
  - 회색 : MC2-⑨ ⇔ TB3-W2

III 공개문제 작업과정

8 보조회로 배선

1 (1)번 회로

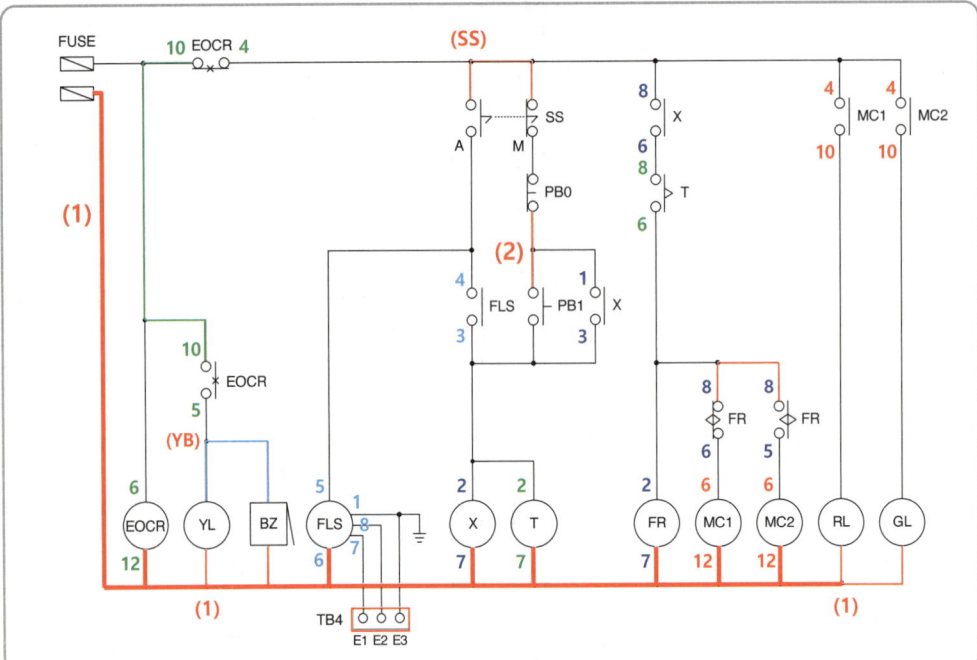

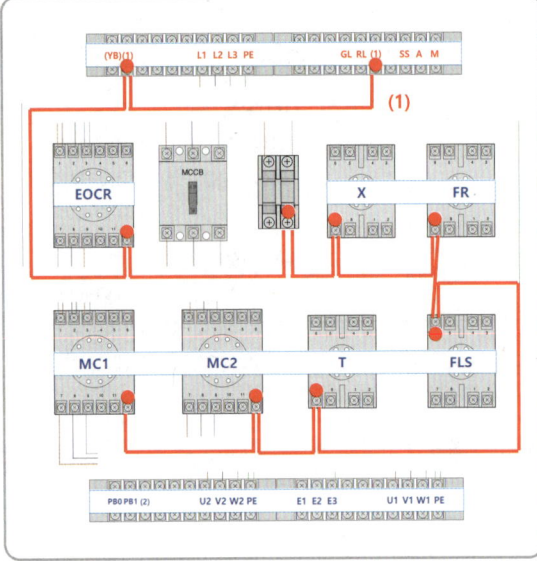

- 보조회로는 황색 전선을 사용한다. 연결해야 할 단자가 많은 경우 제어회로도를 보고 순서대로 표시한 후 최단 거리로 연결한다.

- (1)번 회로
  퓨즈 2차 ⇔ EOCR-⑫ ⇔ (1) ⇔ FLS-⑥ ⇔ X-⑦ ⇔ T-⑦ ⇔ FR-⑦ ⇔ MC1-⑫ ⇔ MC2-⑫ ⇔ (1) 등 10개의 단자를 연결한다.

- 앞쪽의 (1)은 YL과 BZ을 연결한 공통단자 번호이고, 뒷쪽의 (1)은 RL과 GL을 연결한 공통단자 번호이다.

2 (2)번 회로

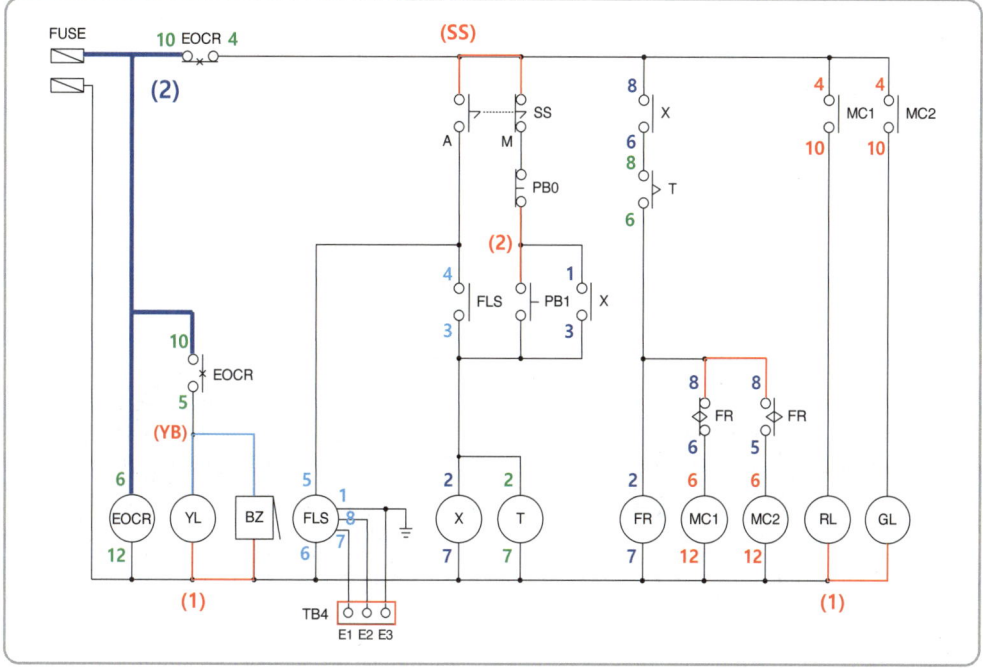

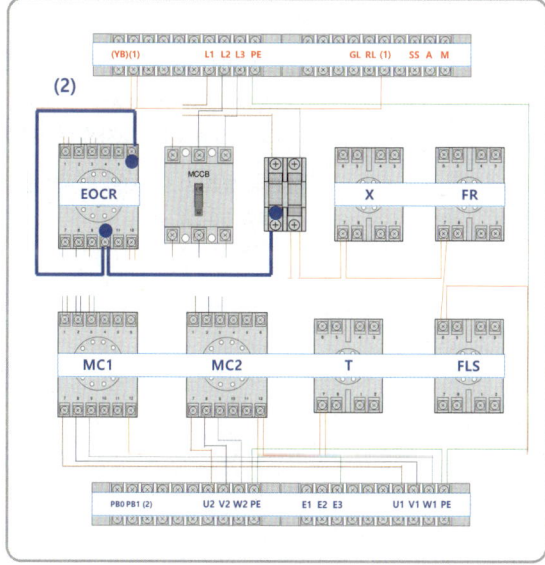

- (2)번 회로

퓨즈 2차 ⇔ EOCR-⑩ ⇔ EOCR-⑥ 등 3개의 단자를 표시해 놓고 최단 거리로 연결한다.

III 공개문제 작업과정

3 (3)번 회로

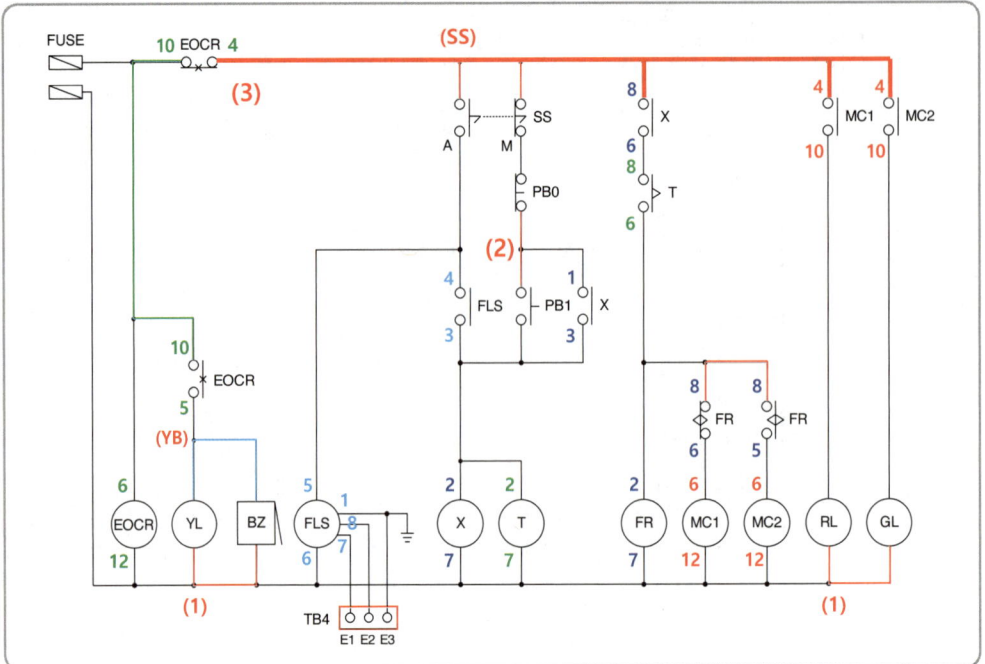

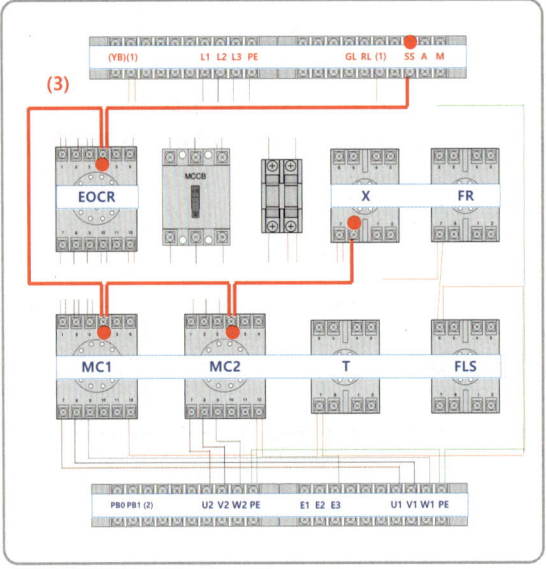

- (3)번 회로
  EOCR-④ ⇔ SS ⇔ X-⑧ ⇔ MC1-④ ⇔ MC2-④ 등 5개의 단자를 연결한다.

- SS는 셀렉터 스위치의 두 단자를 연결한 공통단자이다.

4 (4)~(5)번 회로

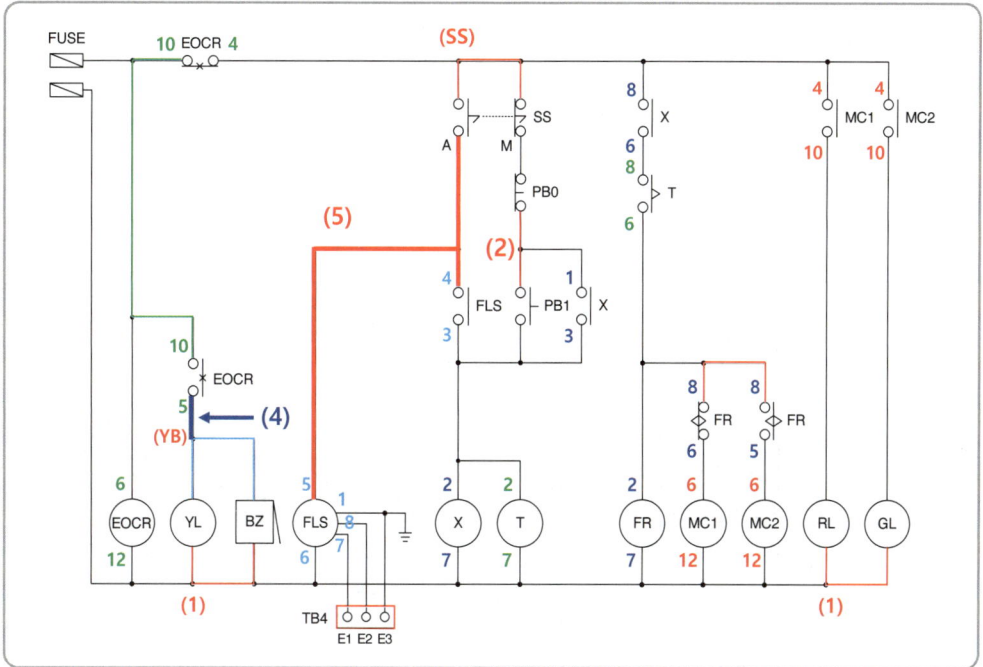

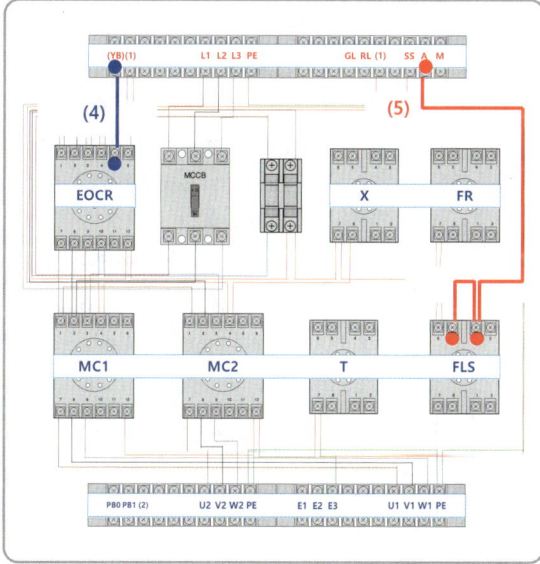

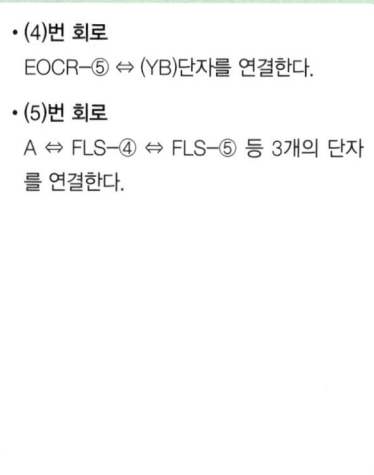

- (4)번 회로
  EOCR-⑤ ⇔ (YB)단자를 연결한다.

- (5)번 회로
  A ⇔ FLS-④ ⇔ FLS-⑤ 등 3개의 단자를 연결한다.

III 공개문제 작업과정

5 (6)~(8)번 회로

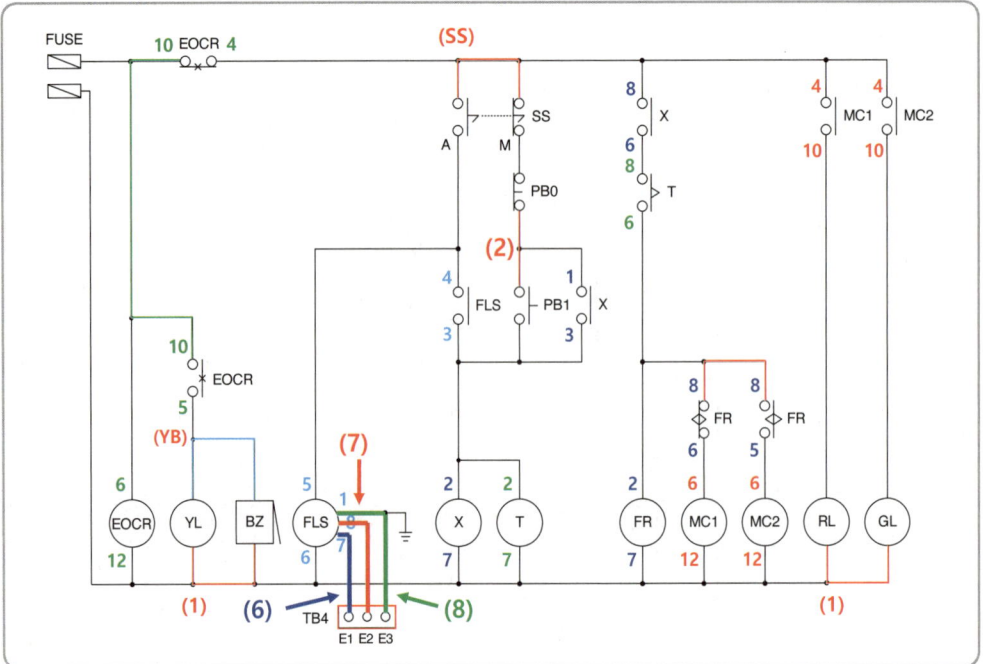

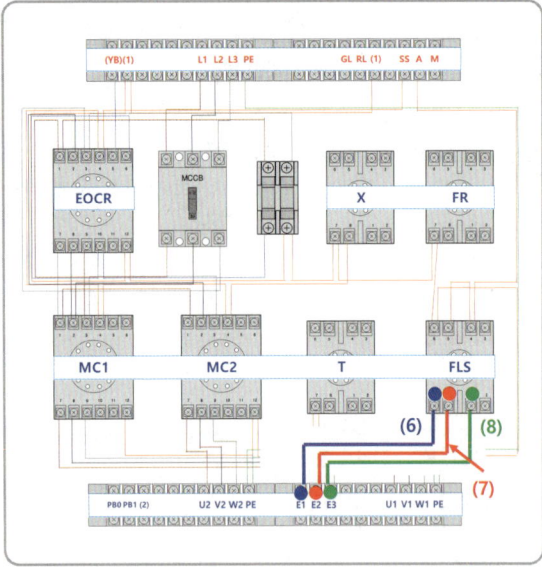

• (6)번 회로
FLS-⑦ ⇔ E1단자를 연결한다.

• (7)번 회로
FLS-⑧ ⇔ E2단자를 연결한다.

• (8)번 회로
FLS-① ⇔ E3단자를 연결한다.

※ FLS 접지는 주회로 배선작업 시 PE단자에서 E3단자로 연결했다.

6 (9)번 회로

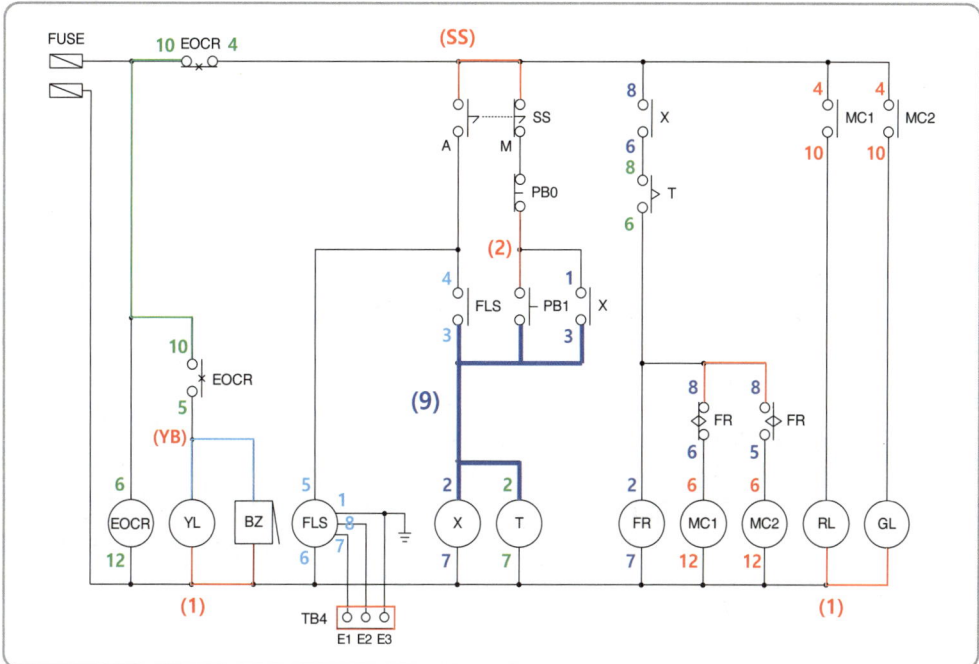

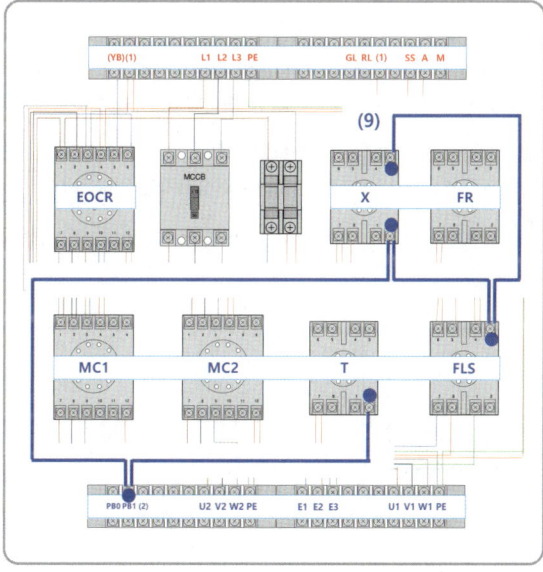

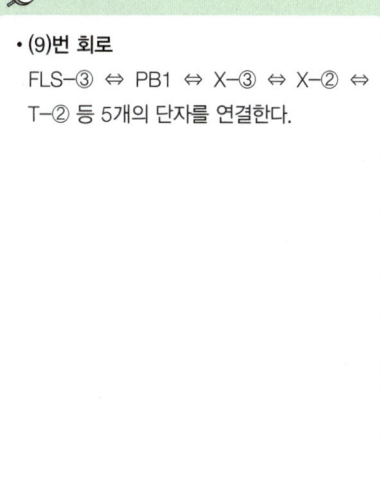

- (9)번 회로

  FLS-③ ⇔ PB1 ⇔ X-③ ⇔ X-② ⇔ T-② 등 5개의 단자를 연결한다.

III 공개문제 작업과정

7 (10)~(11)번 회로

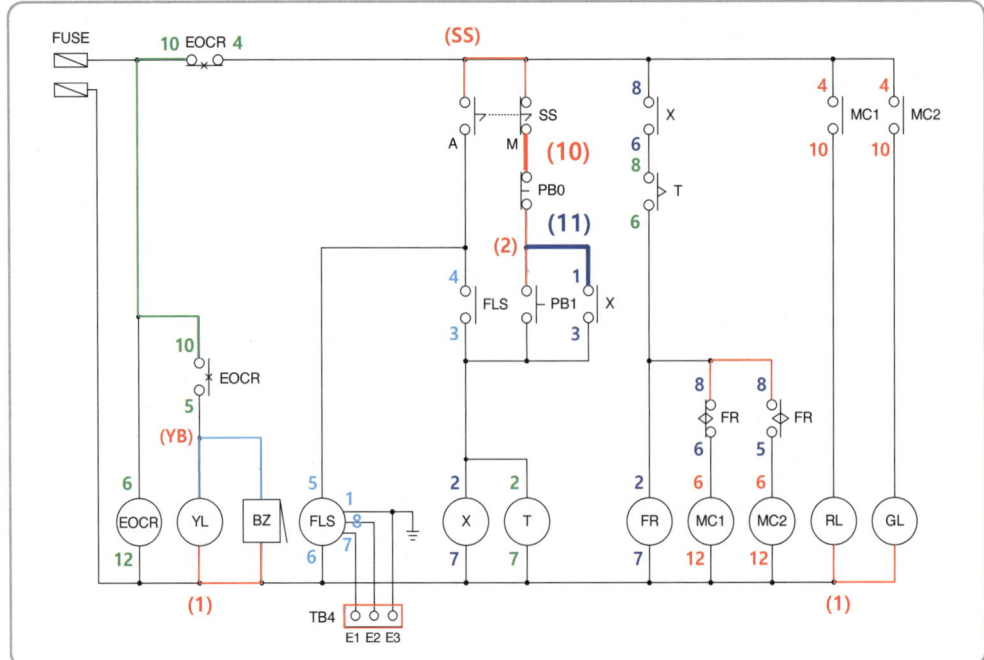

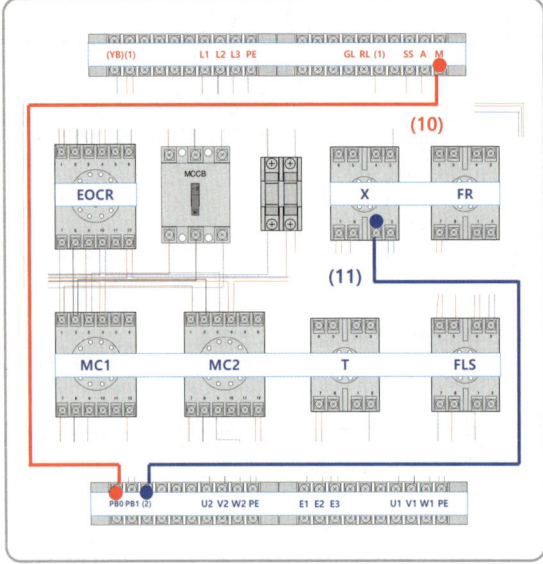

- **(10)번 회로**
  M ⇔ PB0단자를 연결한다.

- **(11)번 회로**
  (2) ⇔ X-①단자를 연결한다.

- (2)는 PB0와 PB1을 연결한 공통단자 번호이다.

3강 공개문제 2번: 전기 설비의 배선 및 배관 공사

8 (12)~(13)번 회로

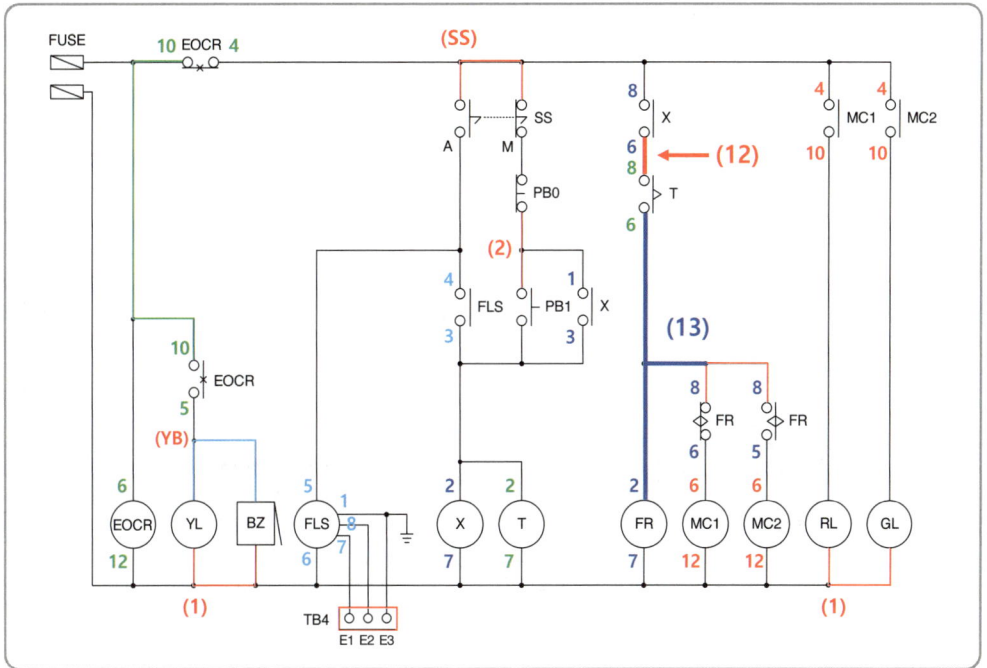

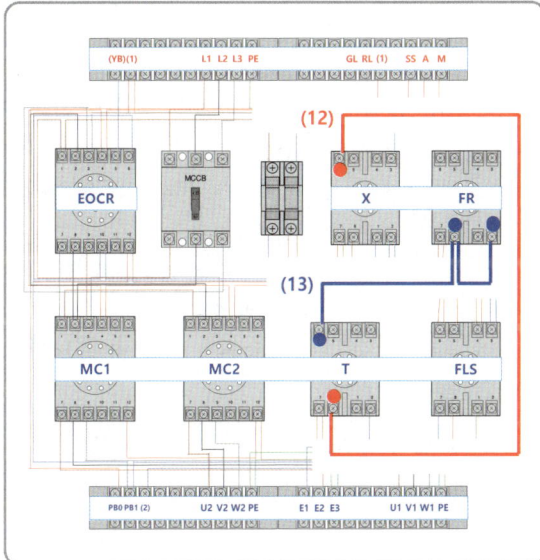

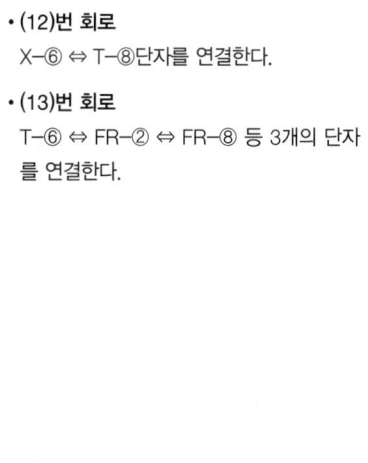

- (12)번 회로
  X–⑥ ⇔ T–⑧단자를 연결한다.

- (13)번 회로
  T–⑥ ⇔ FR–② ⇔ FR–⑧ 등 3개의 단자를 연결한다.

9 (14)~(17)번 회로

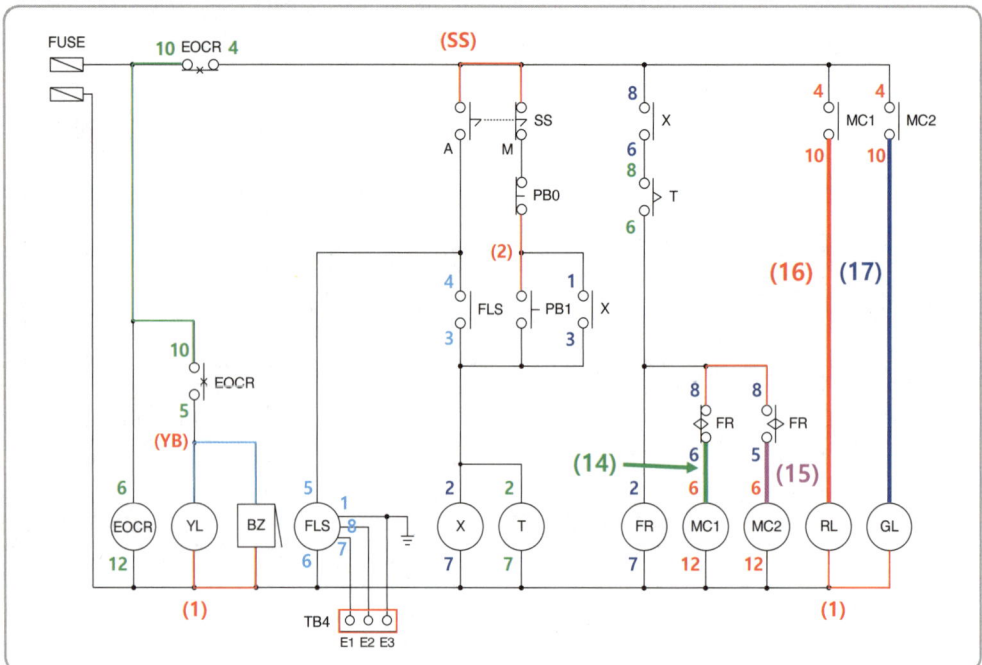

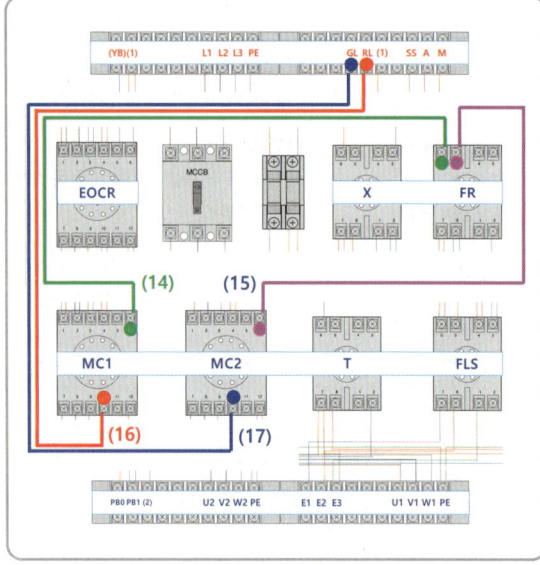

- (14)번 회로
  FR-⑥ ⇔ MC1-⑥단자를 연결한다.

- (15)번 회로
  FR-⑤ ⇔ MC2-⑥단자를 연결한다.

- (16)번 회로
  MC1-⑩ ⇔ RL단자를 연결한다.

- (17)번 회로
  MC2-⑩ ⇔ GL단자를 연결한다.

9 제어판 점검

제어판 배선이 끝나면 회로를 점검한다.

1 육안 점검

(1) 단자대 이름이 부여된 곳에 전선 연결이 누락된 곳이 있는지 확인한다.

(2) 계전기의 전원단자와 접점이 잘 사용되었는지 확인한다.

2 벨 시험기로 점검

회로도를 보면서 아래쪽 모선, 위쪽 모선, 가운데 회로 순서로 회로를 점검한다.

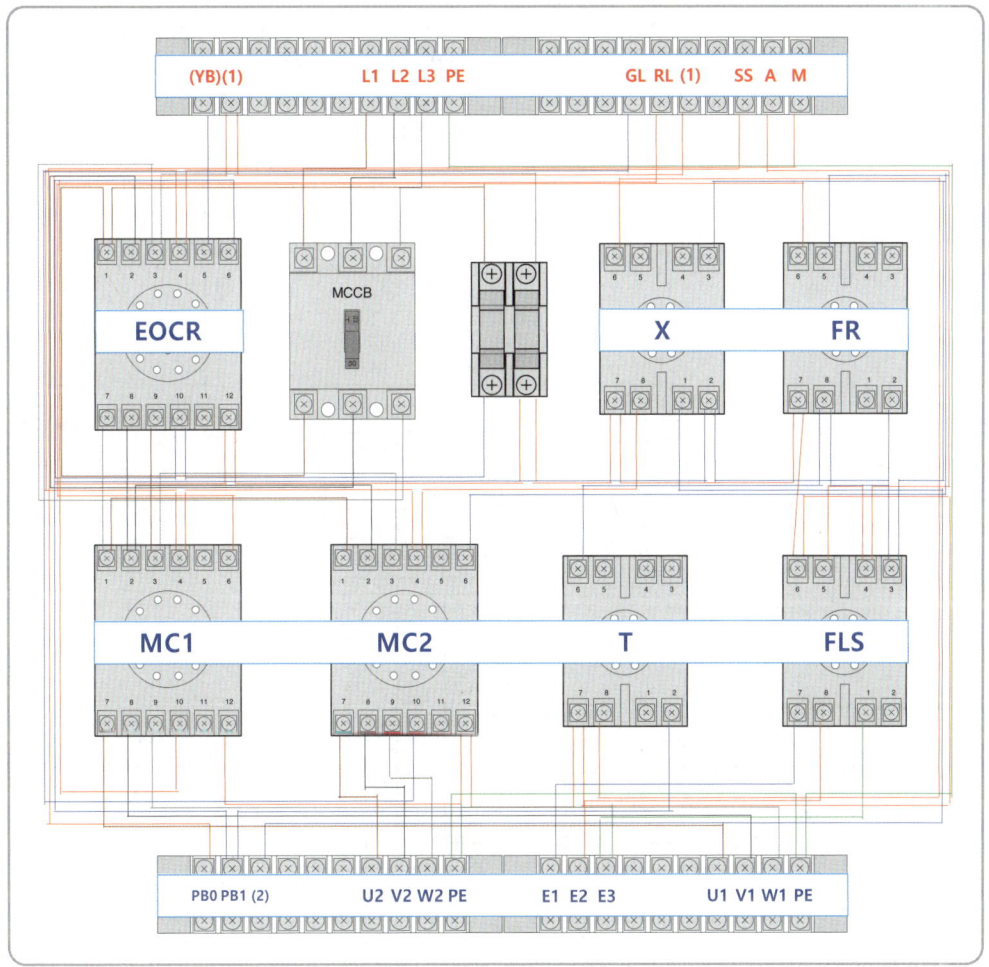

10 배관 및 입선작업 순서

(1) 제어판의 상단을 어깨 정도의 높이로 작업판에 부착한다.
(2) 배관할 위치를 도면의 치수에 맞게 제도하고 기구를 부착한다(단자대, 컨트롤 박스 등).
(3) 새들의 위치를 표시하고 배관의 종류에 맞게 커넥터를 조립한 후 배관을 실시한다.
(4) 배관에 입선할 전선 가닥수를 산출하여 입선한다. 제어판이나 컨트롤 박스 내부에서 결선할 전선의 길이를 여유 있게 계산해 주어야 한다.
(5) TB1은 4C 케이블을 사용한다(갈색, 흑색, 회색, 녹-황색).
(6) TB2, TB3는 2.5[mm²] 전선을 사용한다(갈색, 흑색, 회색, 녹-황색 전선을 사용).
(7) 이 과제에서 배관은 생략하고 제어판의 외부에 기구를 연결하여 동작하는 것으로 한다.

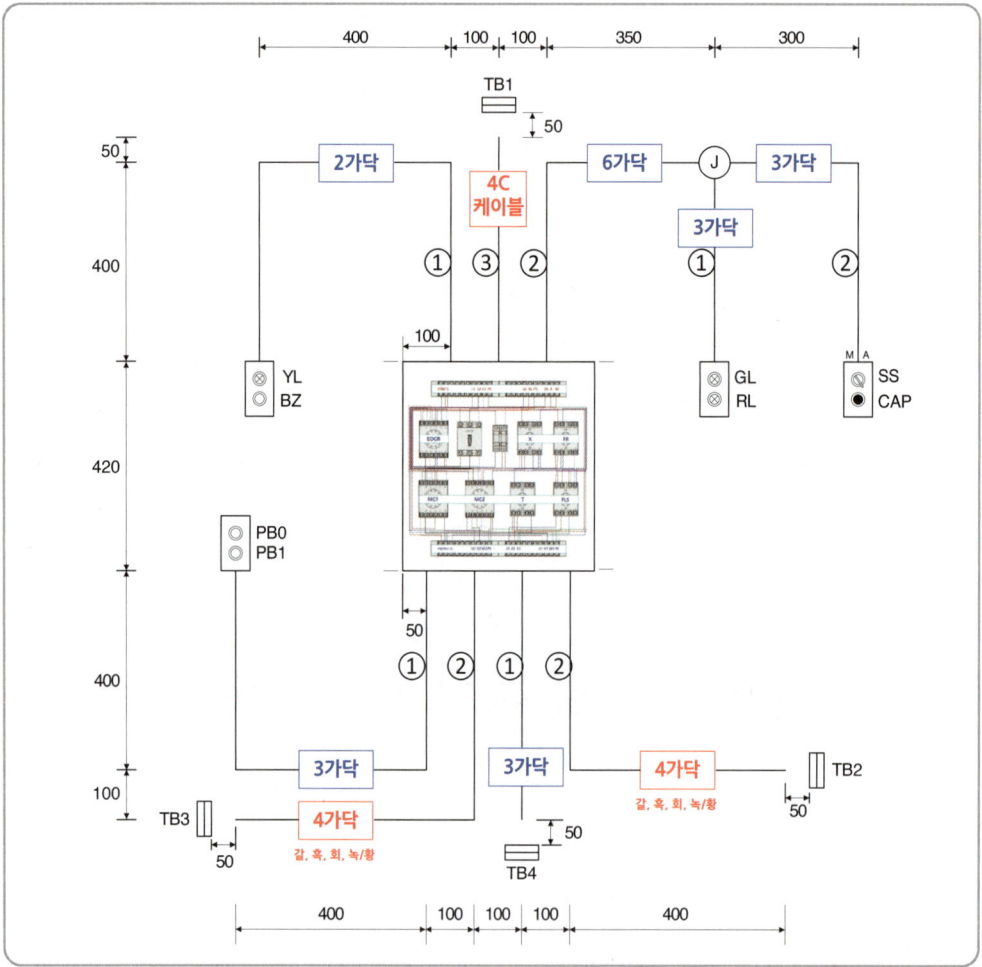

11 결선작업

1 위쪽 단자대 결선작업

2구 박스의 뚜껑에 표시등 YL과 BZ(위-아래가 모두 공통), 표시등 GL과 RL, 셀렉터 스위치 SS와 CAP을 각각 조립하고 공통단자를 연결해 놓는다.

(1) YL, BZ 결선 : 입선한 2선을 제어판 단자대에 먼저 연결한다. 공통단자가 두 개 연결되어 있으므로 2선을 각각 YL 표시등의 2단자에 연결하면 된다.

(2) TB1 결선 : 케이블을 사용하며, 단자대의 왼쪽부터 L1상(갈색), L2상(흑색), L3상(회색), PE(녹-황색) 순서로 결선한다. 전원측 단자대는 동작시험을 할 수 있도록 전원선의 색상에 맞춰 100[mm] 정도 인출하고, 피복은 전선 끝에서 10[mm] 정도 벗겨 놓는다.

(3) GL, RL 결선 : 입선한 3선을 제어판 단자대에 먼저 연결하고, 벨 시험기로 GL, RL, (1)번 선을 찾아 3방향으로 분리해 놓는다. (1)번 선을 미리 연결해 놓은 공통단자에 연결하고, GL선과 RL선을 연결한다.

(4) 셀렉터 스위치 결선 : 입선한 3선을 제어판 단자대에 먼저 연결하고, 벨 시험기로 SS, A, M단자에 연결된 선을 찾아 3방향으로 분리해 놓는다. SS선을 미리 연결해 놓은 공통단자에 연결하고, A단자에 연결된 선은 왼쪽 단자에 연결하고, M단자에 연결된 선은 오른쪽 단자에 연결한다.

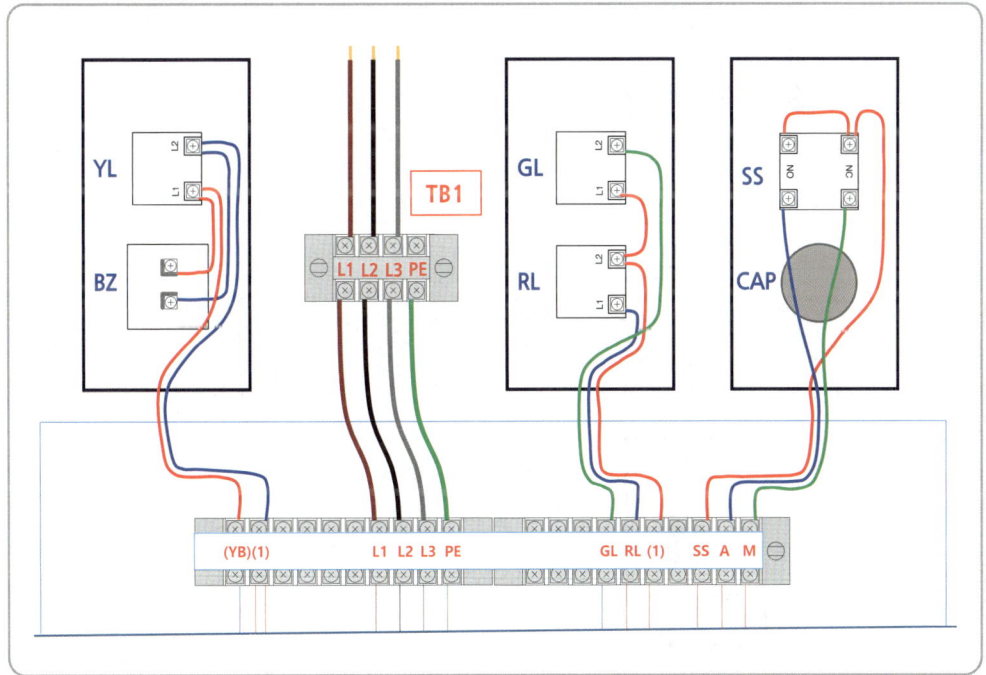

2 셀렉터 스위치 점검

결선작업이 끝나고 뚜껑을 닫으면 반드시 외부에서 스위치를 점검해야 한다.

(1) **자동(A) 단자 확인** : 제어판 단자대의 SS단자와 A단자에 벨 시험기의 리드선을 대고 손잡이를 자동(1시 방향)으로 돌리면 '삐' 소리가 난다. 손잡이를 수동(11시 방향)으로 돌렸을 때 벨 소리가 정지하면 정상이다.

(2) **수동(M) 단자 확인** : 제어판 단자대의 SS단자와 M단자에 벨 시험기의 리드선을 대고 손잡이를 수동(11시 방향)으로 돌리면 '삐' 소리가 난다. 손잡이를 자동(1시 방향)으로 돌렸을 때 벨 소리가 정지하면 정상이다.

3 아래쪽 단자대 결선작업

2구 박스의 뚜껑에 푸시버튼 스위치 PB0(적), PB1(녹)을 조립하고 공통단자를 연결해 놓는다.

(1) **PB0, PB1 결선** : 입선한 3선을 제어판 단자대에 먼저 연결하고, 벨 시험기로 (2)번 선을 찾아 푸시버튼 스위치의 공통단자에 연결한다. PB0선은 위쪽 단자에 연결하고, PB1선은 아래쪽 단자에 연결한다.

(2) **TB3 결선** : 4P 단자대측을 먼저 연결하고 제어판 단자대 쪽을 연결한다. TB3 단자대는 위쪽부터 U2(갈색), V2(흑색), W2(회색), PE(녹-황색) 순서로 연결한다.

(3) **TB4 결선** : 왼쪽부터 E1, E2, E3의 순서로 결선하되 동작시험을 위해 E1은 50[mm], E2는 100[mm], E3는 150[mm] 정도의 선을 인출하고 피복은 전선 끝에서 약 10[mm] 정도 벗겨 놓는다.

(4) **TB2 결선** : 4P 단자대측을 먼저 연결하고 제어판 단자대 쪽을 연결한다. 부하측 단자대는 위쪽부터 U1(갈색), V1(흑색), W1(회색), PE(녹-황색) 순서로 연결한다.

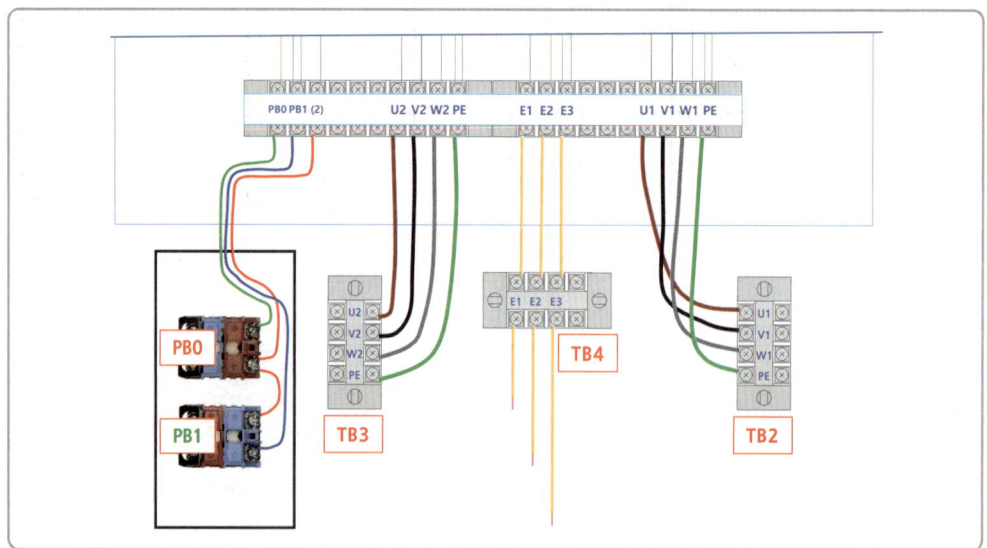

4 푸시버튼 스위치 점검

(1) PB0 확인 : 제어판 단자대 PB0 단자와 (2)번 단자에 벨 시험기의 리드선을 접촉하면 '삐' 소리가 나고, 눌렀을 때 벨 소리가 정지하면 정상이다.

(2) PB1 확인 : 제어판 단자대의 PB1 단자와 (2)번 단자에 벨 시험기의 리드선을 접촉하고 스위치를 누르면 '삐' 소리가 나고, 손을 떼었을 때 벨 소리가 정지하면 정상이다.

5 기구의 결선이 완료되면 다음과 같은 순서로 확인한다.

(1) TB1 단자대와 TB4 단자대에 전선을 연결하고 피복을 벗겨 놓았는지 확인한다.

(2) 퓨즈를 끼우고 차단기를 올린 후 벨 시험기로 전원측 TB1에 인출해 놓은 L1단자와 퓨즈의 2차측 단자(왼쪽)를 확인한다. '삐' 소리가 나면 정상이며, L3단자와 퓨즈의 2차측 단자(오른쪽)를 확인한다.

(3) 배관 및 기구 배치도를 확인해 기구의 위치와 색상 등이 맞는지 다시 한 번 확인한다.

(4) 단자대와 소켓 위에 붙여놓은 종이테이프를 제거한다.

공개문제 2번 실제 작업영상 안내

오른쪽 QR코드를 스캔하면 7개의 영상으로 구성된 작업과정을 시청할 수 있다.

12 마무리 작업

점검 후 이상이 없으면 케이블 타이를 사용해 전선이 흐트러지지 않도록 적당한 간격으로 묶어준다.

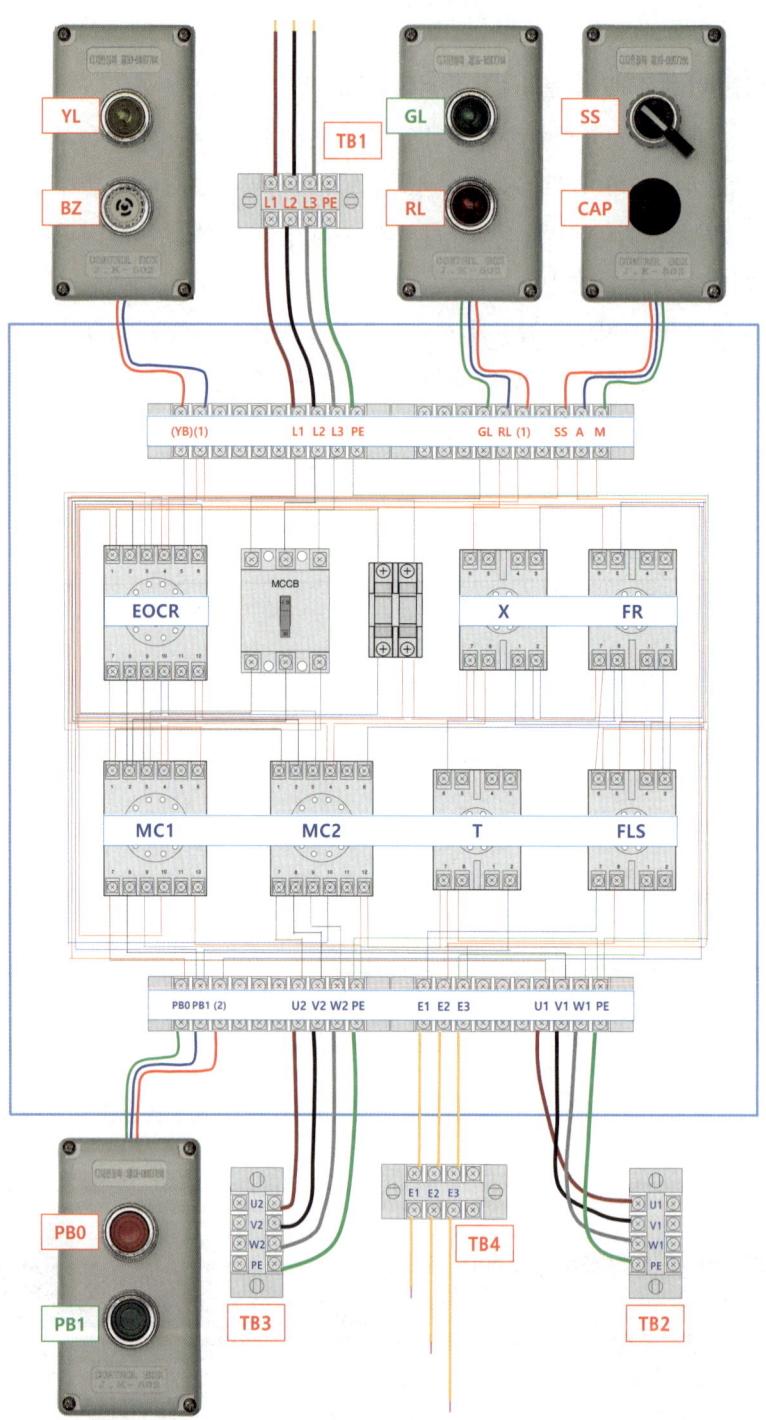

4강 공개문제 9번: 전기 설비의 배선 및 배관 공사

학습목표 미리보기 주어진 도면을 이용하여 제어판 작업을 완성하고 외부에 기구를 연결하는 방법을 연습해 보자.

지급된 재료와 시험장 시설을 사용하여 제한 시간 내에 주어진 과제를 안전에 유의하여 완성하시오. (단, 지급된 재료와 도면에서 요구하는 재료가 서로 상이할 수 있으므로 도면을 참고하여 필요한 재료를 지급된 재료에서 선택하여 작품을 완성하시오.)

1 배관 및 기구 배치 도면에 따라 배관 및 기구를 배치하시오.
(단, 제어판을 제어함이라고 가정하고 전선관 및 케이블을 접속하시오.)

2 전기 설비 운전 제어회로 구성
가) 제어회로의 도면과 동작 사항을 참고하여 제어회로를 구성하시오.
나) 전원 방식 : 3상 3선식 220[V]
다) 전동기의 접속은 생략하고 접속할 수 있게 단자대까지 배선하시오.

3 동작 사항
가) MCCB를 통해 전원을 투입하면, 전자식 과전류 계전기 EOCR에 전원이 공급된다.
나) 자동 운전 동작 사항
  (1) SS를 A(자동) 위치에 놓으면 FLS에 전원이 공급되고, FLS가 수위를 감지하면 MC1이 여자, M1이 회전, RL이 점등된다.
  (2) 전동기가 운전 중 FLS의 수위 감지가 해제되거나 SS를 M(수동) 위치에 놓으면, 제어회로 및 전동기 M1은 정지된다.
다) 수동 운전 동작 사항
  (1) SS를 M(수동) 위치에 놓은 상태에서, PB1을 누르면, 릴레이 X, 타이머 T, 전자접촉기 MC1이 여자되어, M1이 회전하고 RL이 점등된다.
  (2) T의 설정시간 t초 후, MC2가 여자되어, M2가 회전하고 GL이 점등된다.
  (3) 운전 중 PB0를 누르거나 SS를 A(자동) 위치에 놓으면, 제어회로 및 전동기의 동작은 모두 정지된다.
라) EOCR 동작 사항
  (1) 전동기가 운전 중 과전류가 흐르면 EOCR이 동작되어 전동기는 정지하고, FR이 여자되어 BZ가 동작된다.
  (2) FR의 설정된 시간 간격으로 BZ와 YL이 교대로 동작된다.
  (3) EOCR을 리셋(RESET)하면 제어회로는 초기 상태로 복귀된다.

Ⅲ 공개문제 작업과정

1 배관 및 기구 배치도

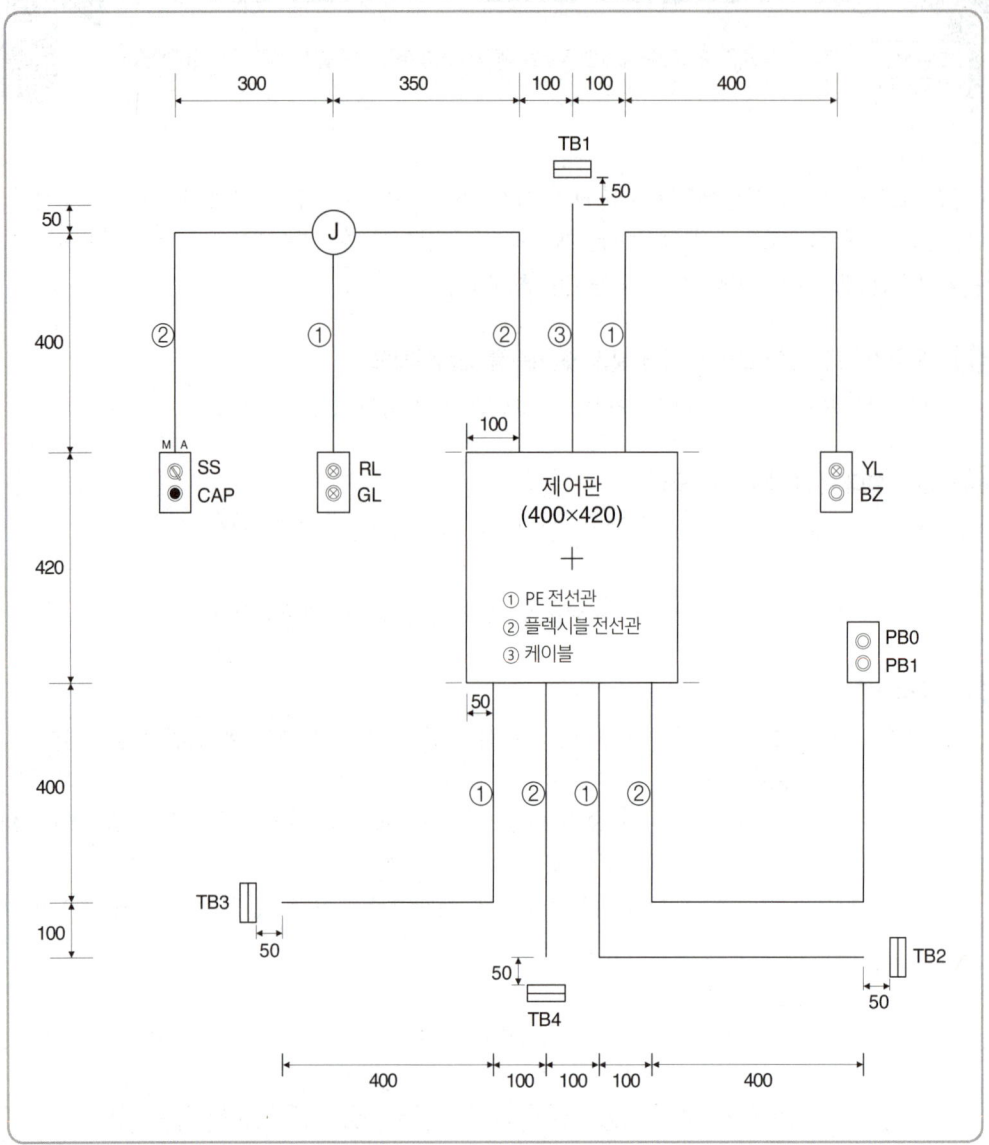

2 제어판 내부 기구 배치도

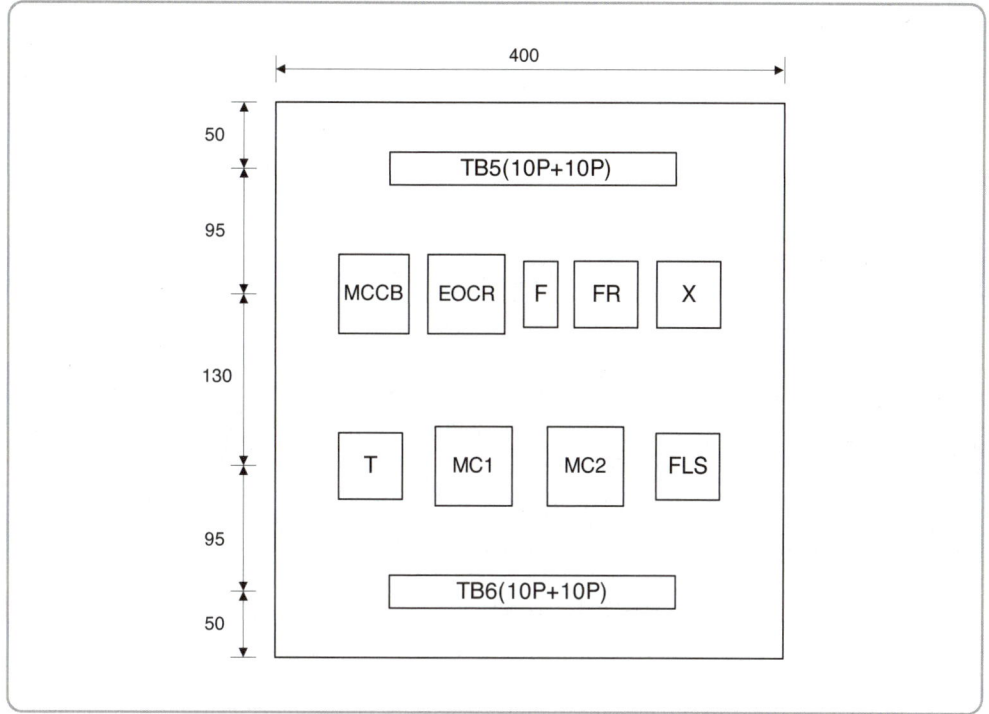

[범례]

기호	명칭	기호	명칭
TB1	전원(단자대 4P)	PB0	푸시버튼 스위치(적색)
TB2, TB3	전동기(단자대 4P)	PB1	푸시버튼 스위치(녹색)
TB4	플로트레스(단자대 4P)	SS	셀렉터 스위치
TB5, TB6	단자대(10P+10P)	YL	램프(황색)
MC1, MC2	전자접촉기(12P)	GL	램프(녹색)
EOCR	EOCR(12P)	RL	램프(적색)
X	릴레이(8P)	BZ	버저
T	타이머(8P)	CAP	홀마개
FR	플리커 릴레이(8P)	ⓙ	8각 박스
FLS	플로트레스 스위치(8P)	F	퓨즈 및 퓨즈 홀더
MCCB	배선용 차단기		

3 기구의 내부 결선도 및 구성도

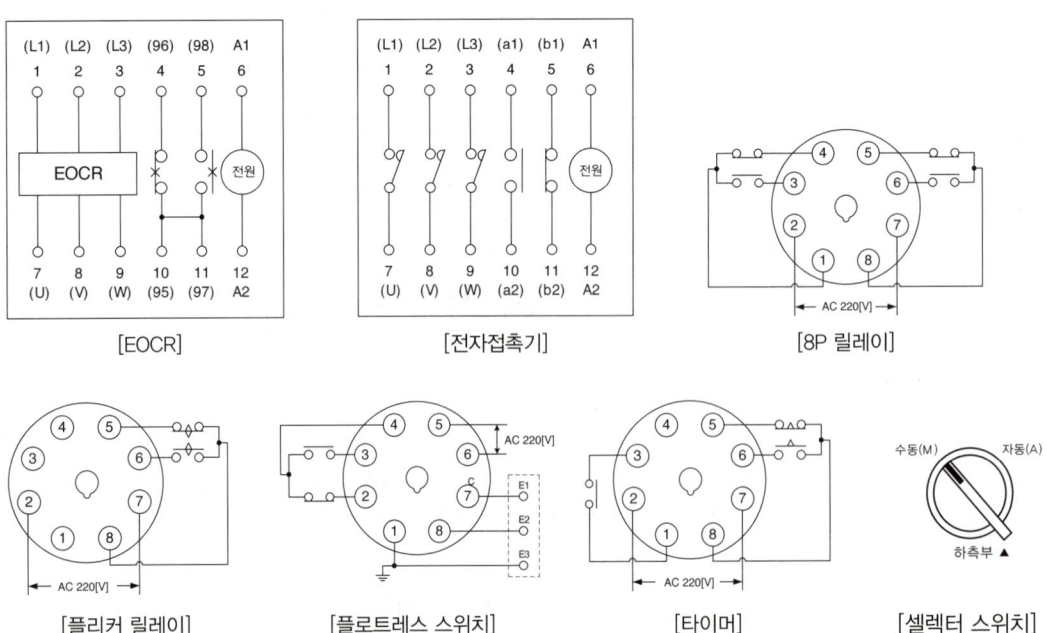

4 회로도

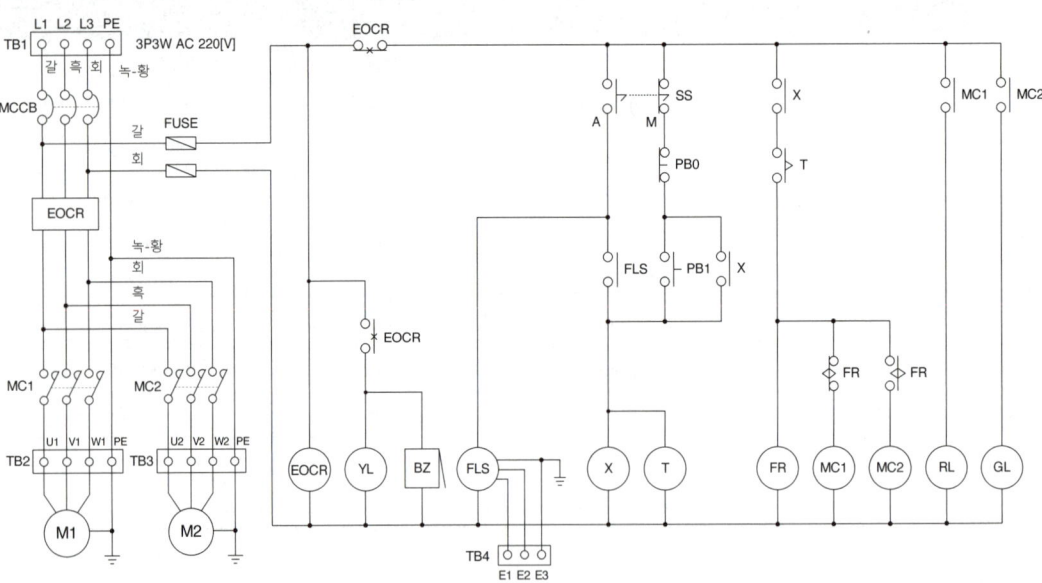

5 계전기 접점번호 적어 넣기

1 주회로 부분

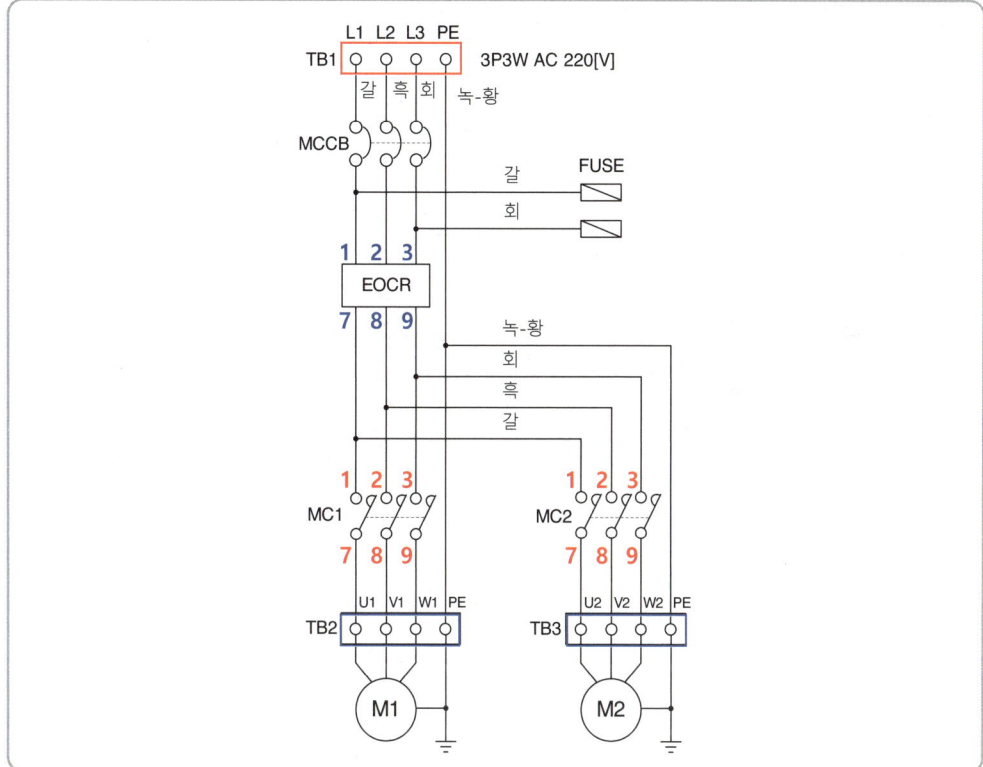

2 보조회로 부분

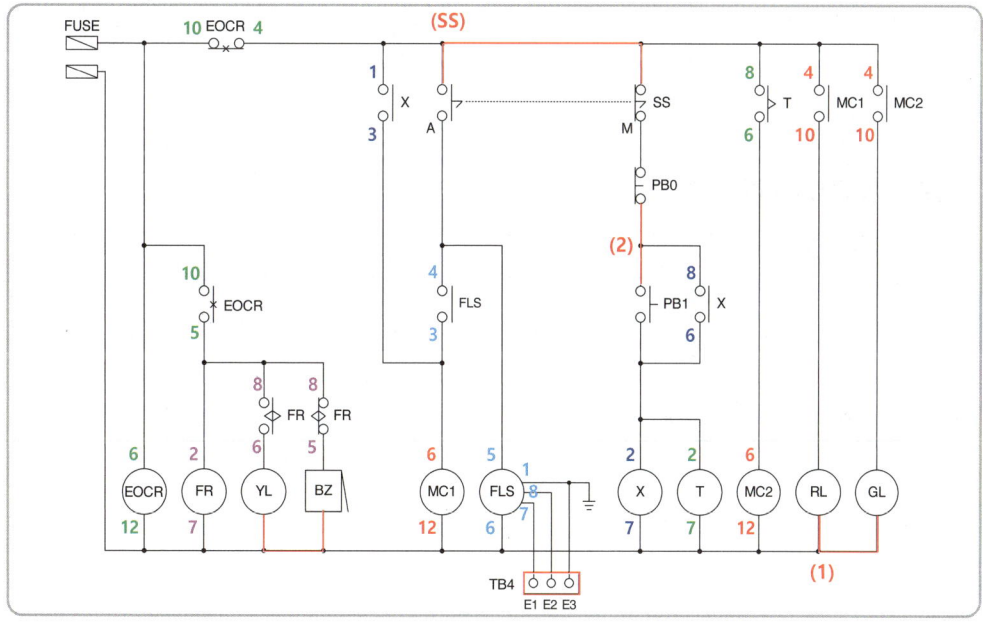

6 단자대 이름 적어 넣기

배관 및 기구 배치도를 참고하여 회로도에 인출할 기구를 표시하고 단자대 위쪽의 왼쪽 배관에 연결되어 있는 기구부터 차례로 이름을 적어 넣는다.

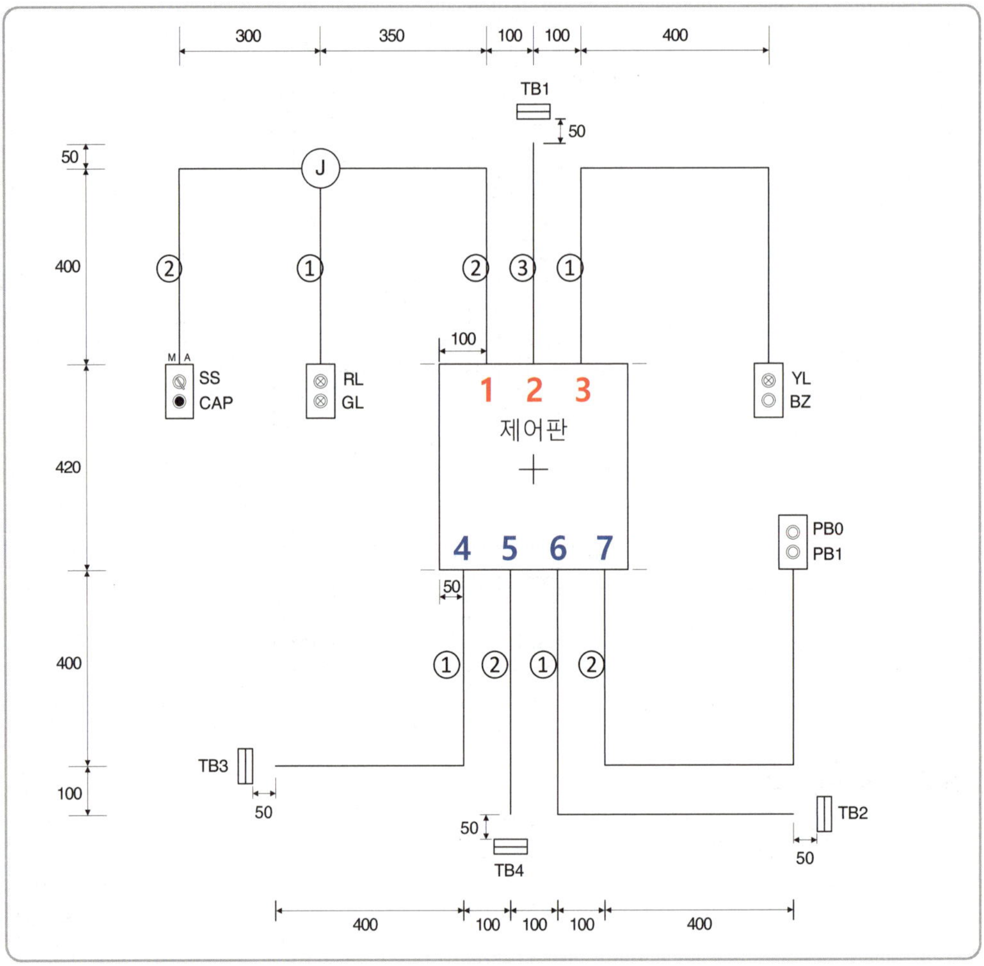

1 위쪽 단자대 이름 부여

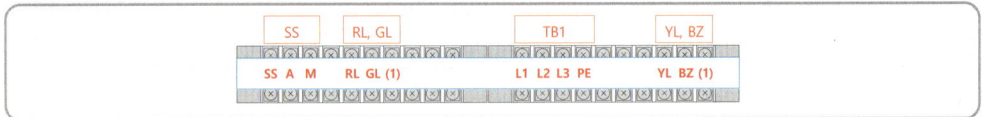

2 아래쪽 단자대 이름 부여

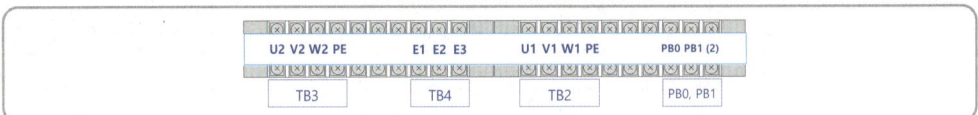

7 주회로 배선

1 (가)~(나)회로

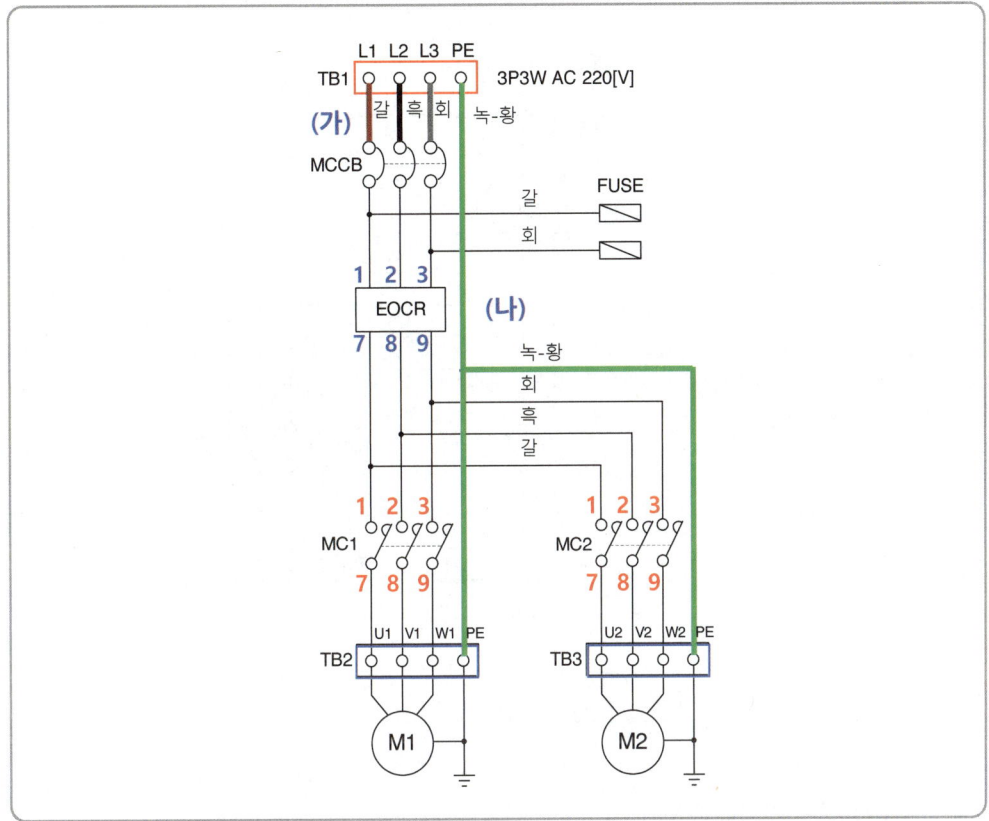

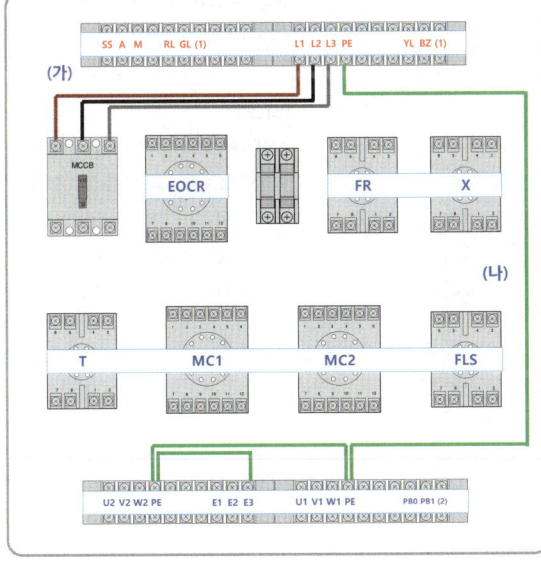

- 주회로는 모두 2.5[mm²] 전선을 사용하여 배선한다.
  L1상 : 갈색
  L2상 : 흑색
  L3상 : 회색
  PE(접지) : 녹-황색

- (가)회로
  갈색 : L1 ⇔ 차단기 1차측 L1상
  흑색 : L2 ⇔ 차단기 1차측 L2상
  회색 : L3 ⇔ 차단기 1차측 L3상

- (나)회로(녹-황색 전선)
  TB1-PE ⇔ TB2-PE ⇔ TB3-PE ⇒ E3

- FLS 접지를 E3단자에 시행한다.

2 (다)~(라)회로

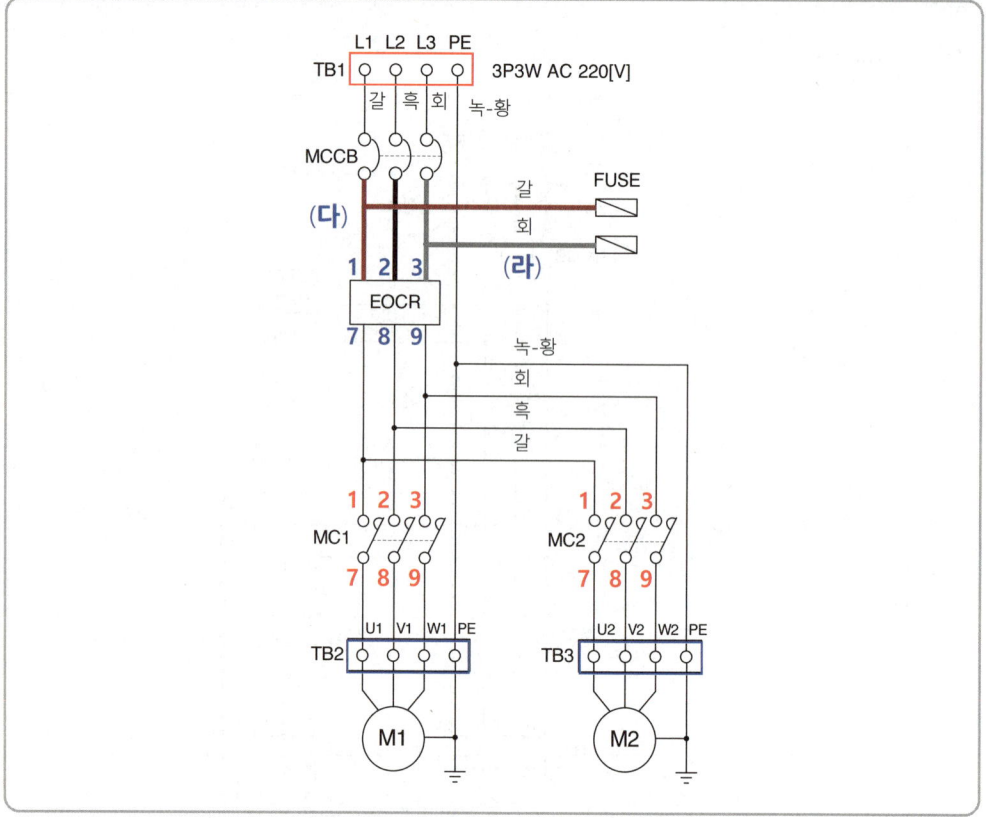

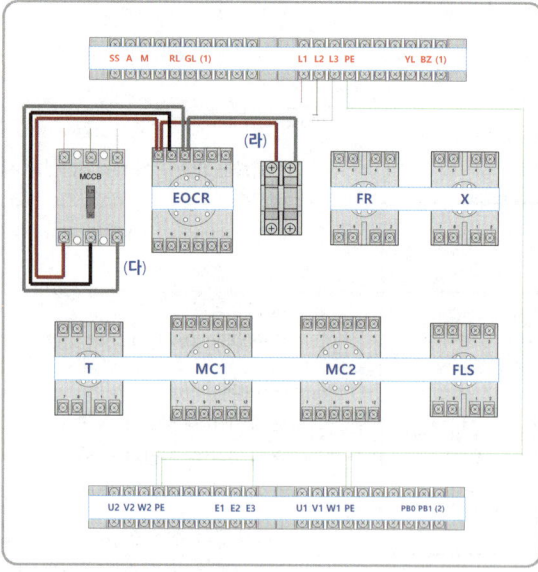

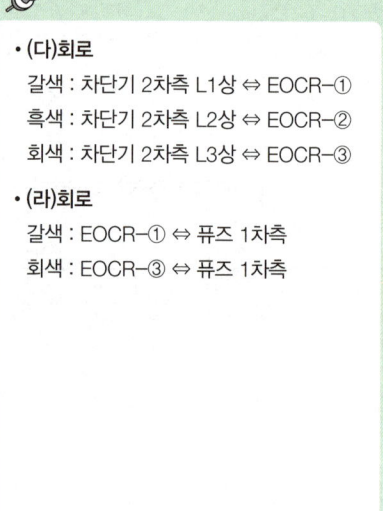

- (다)회로

  갈색 : 차단기 2차측 L1상 ⇔ EOCR-①
  흑색 : 차단기 2차측 L2상 ⇔ EOCR-②
  회색 : 차단기 2차측 L3상 ⇔ EOCR-③

- (라)회로

  갈색 : EOCR-① ⇔ 퓨즈 1차측
  회색 : EOCR-③ ⇔ 퓨즈 1차측

3 (마)회로

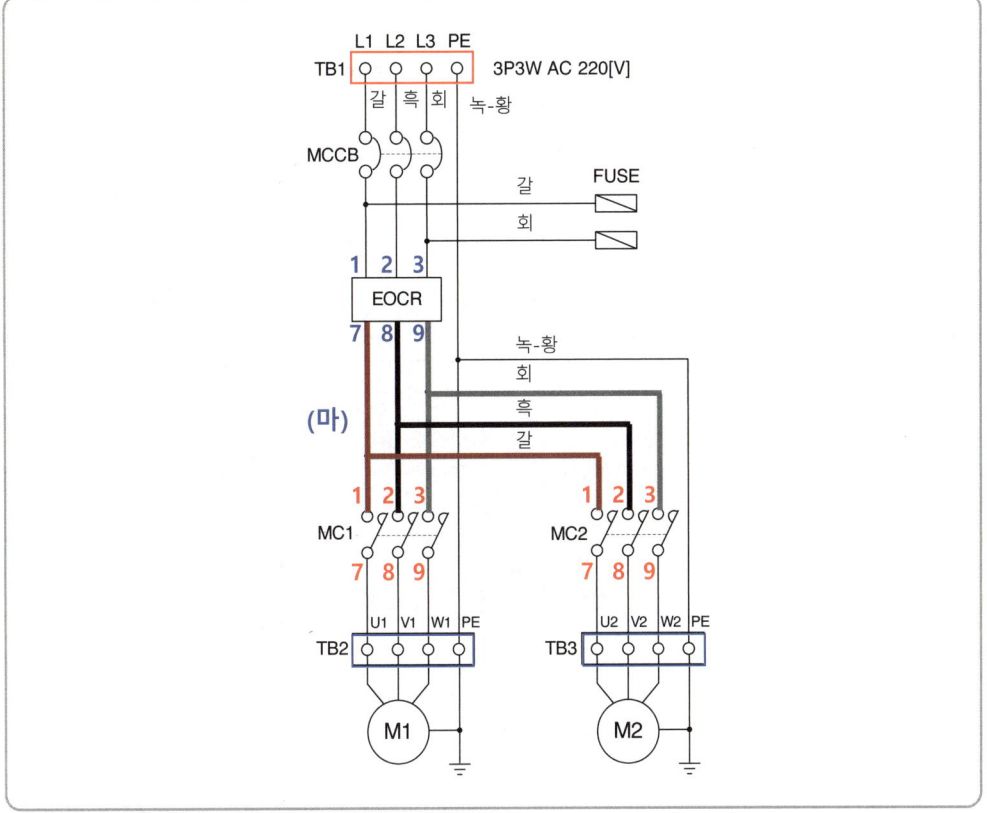

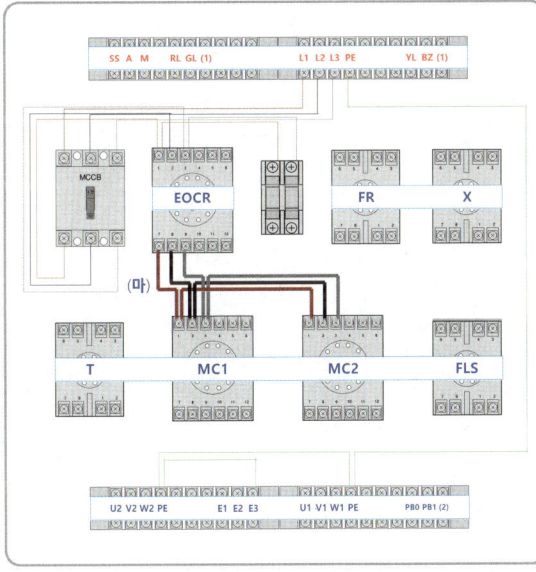

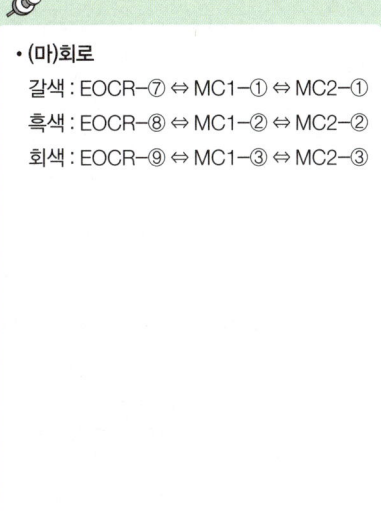

- (마)회로

  갈색 : EOCR-⑦ ⇔ MC1-① ⇔ MC2-①

  흑색 : EOCR-⑧ ⇔ MC1-② ⇔ MC2-②

  회색 : EOCR-⑨ ⇔ MC1-③ ⇔ MC2-③

III 공개문제 작업과정

4 (바)~(사)회로

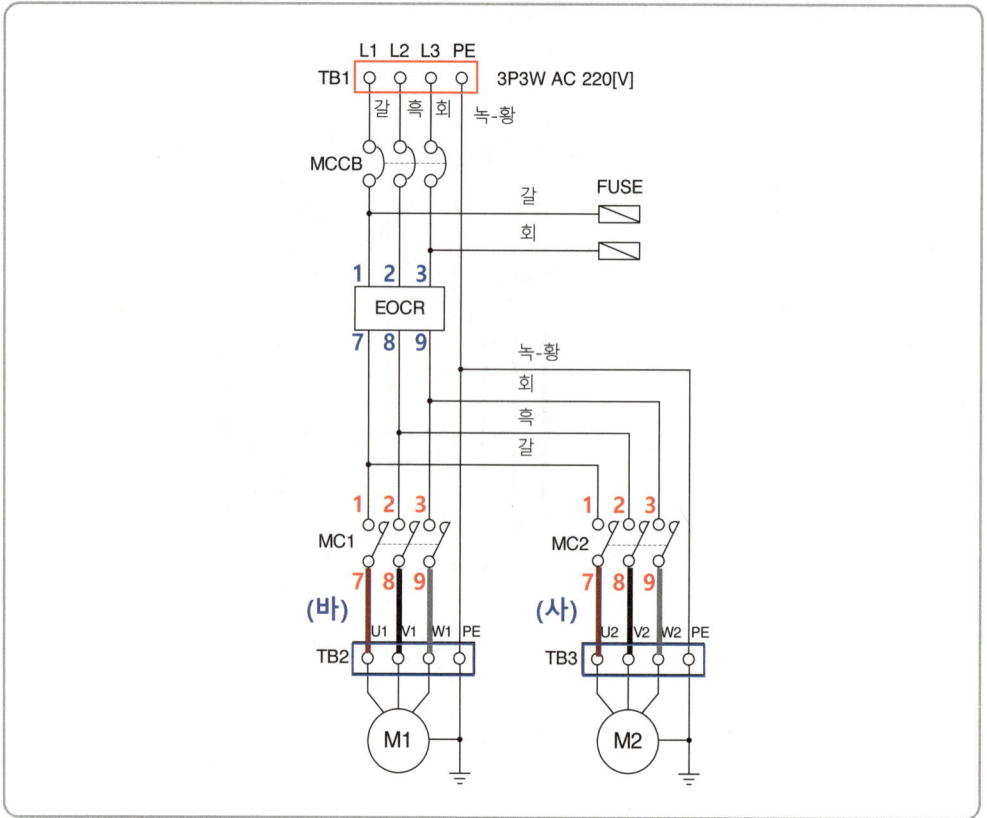

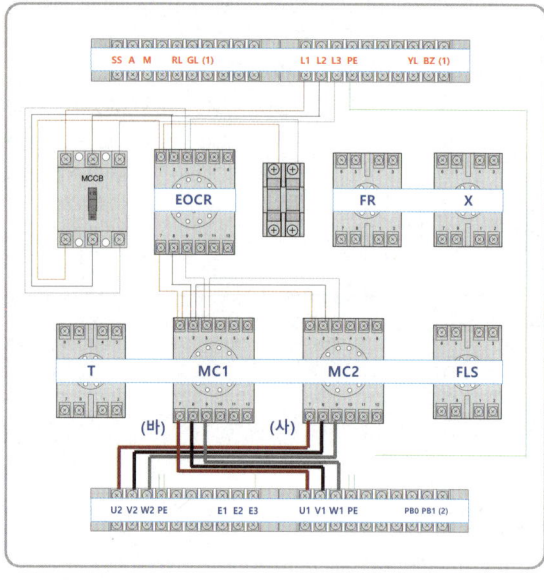

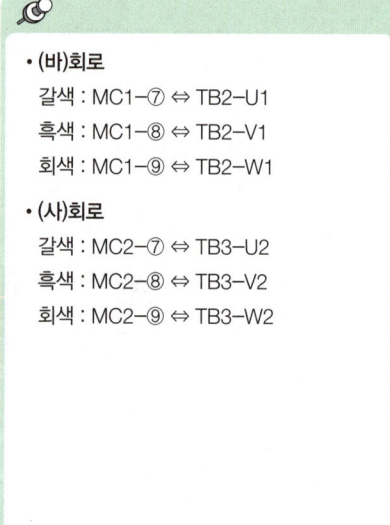

- (바)회로
  - 갈색 : MC1-⑦ ↔ TB2-U1
  - 흑색 : MC1-⑧ ↔ TB2-V1
  - 회색 : MC1-⑨ ↔ TB2-W1

- (사)회로
  - 갈색 : MC2-⑦ ↔ TB3-U2
  - 흑색 : MC2-⑧ ↔ TB3-V2
  - 회색 : MC2-⑨ ↔ TB3-W2

8 보조회로 배선

1 (1)번 회로

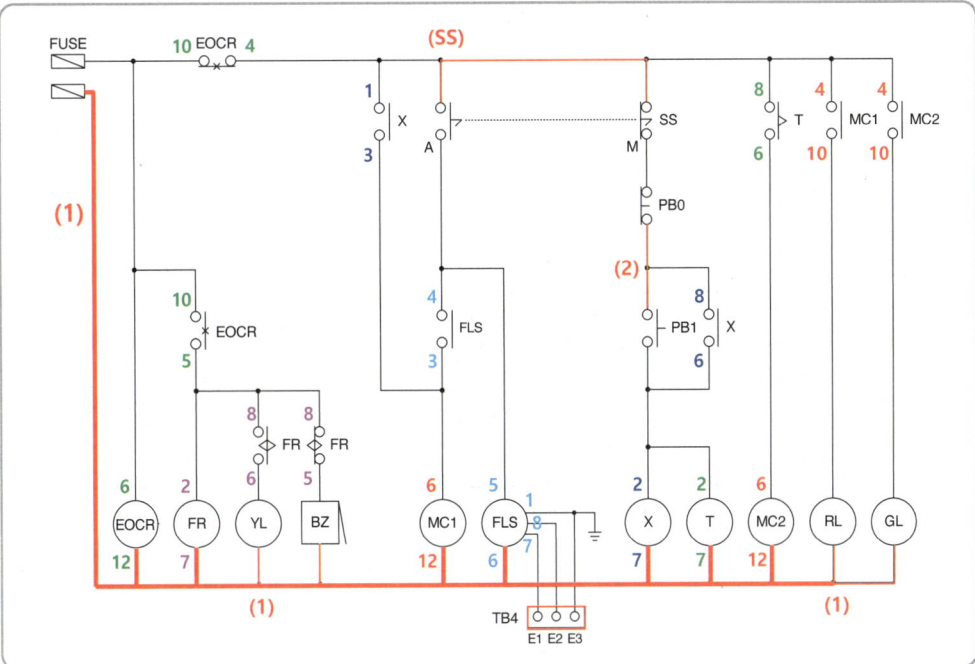

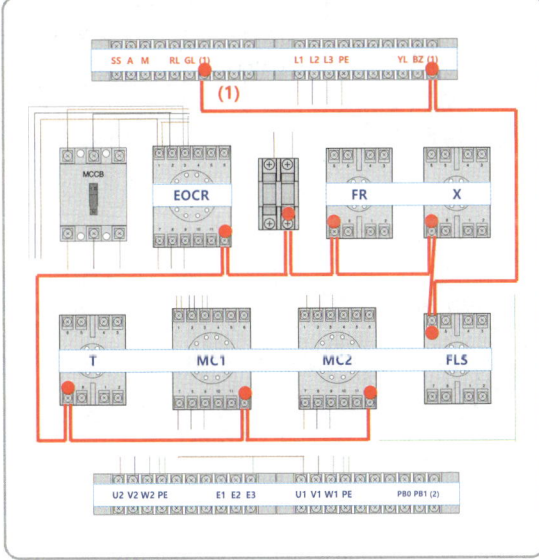

- 보조회로는 황색 전선을 사용한다. 연결해야 할 단자가 많은 경우 제어회로도를 보고 순서대로 표시한 후 최단 거리로 연결한다.

- (1)번 회로
  퓨즈 2차 ⇔ EOCR-⑫ ⇔ FR-⑦ ⇔ (1) ⇔ MC1-⑫ ⇔ FLS-⑥ ⇔ X-⑦ ⇔ T-⑦ ⇔ MC2-⑫ ⇔ (1) 등 10개의 단자를 연결한다.

- 앞쪽의 (1)은 YL과 BZ을 연결한 공통단자 번호이고, 뒷쪽의 (1)은 RL과 GL을 연결한 공통단자 번호이다.

III 공개문제 작업과정

2 (2)번 회로

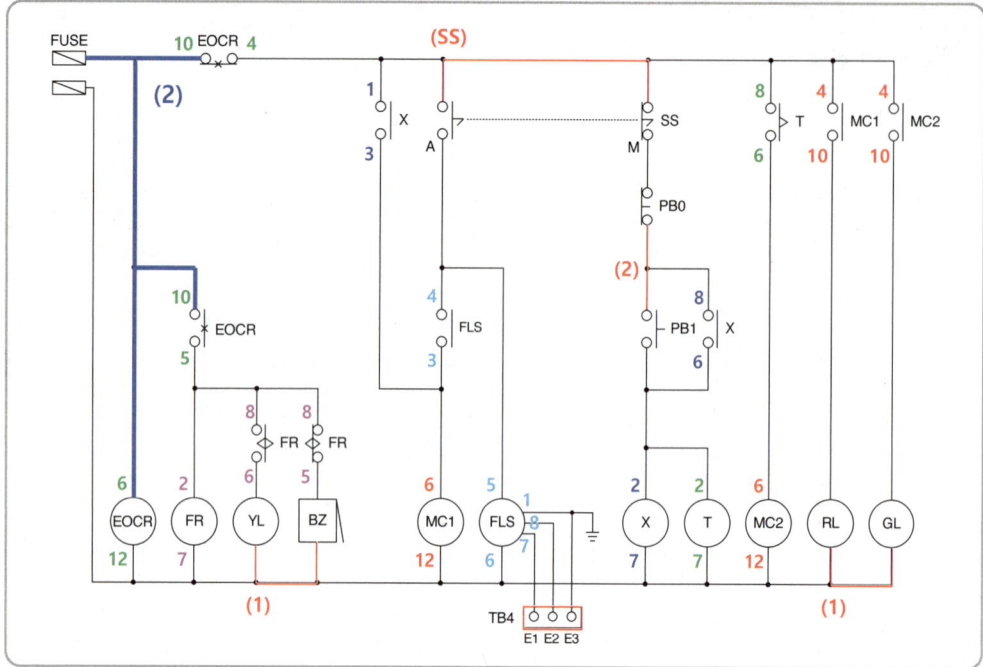

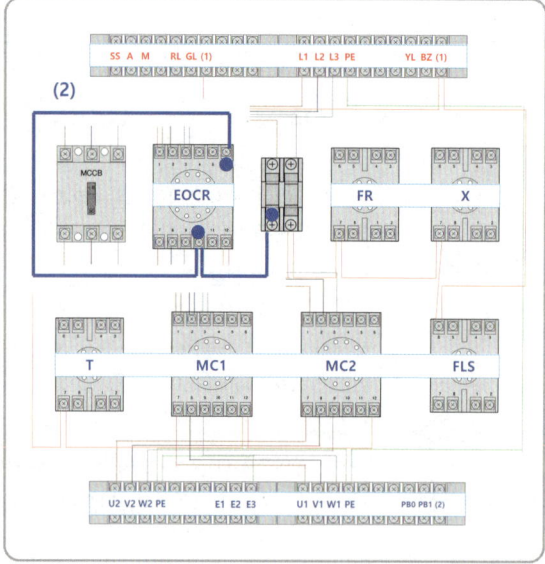

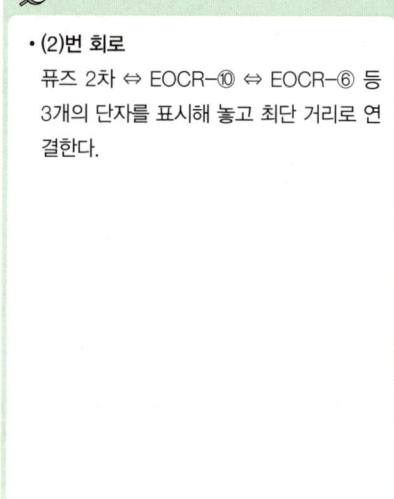

- (2)번 회로
  퓨즈 2차 ⇔ EOCR-⑩ ⇔ EOCR-⑥ 등 3개의 단자를 표시해 놓고 최단 거리로 연결한다.

4강 공개문제 9번: 전기 설비의 배선 및 배관 공사

3 (3)번 회로

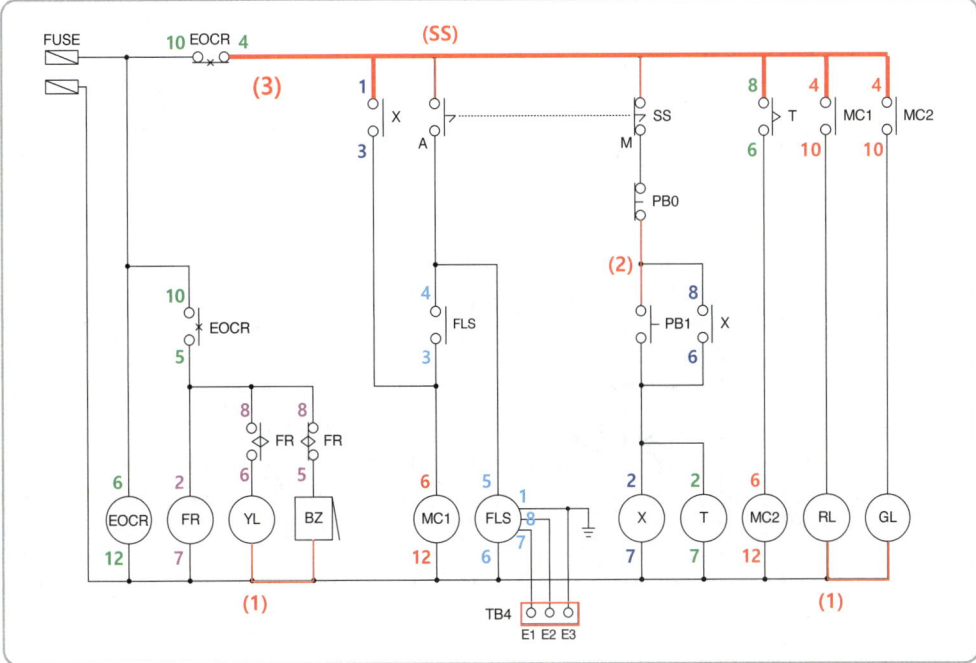

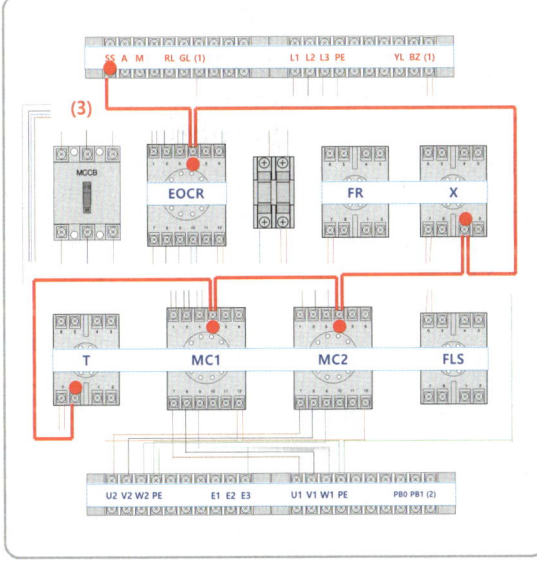

🔧
- (3)번 회로

  EOCR-④ ⇔ X-① ⇔ SS ⇔ T-⑧ ⇔ MC1-④ ⇔ MC2-④ 등 6개의 단자를 연결한다.

- SS는 셀렉터 스위치의 두 단자를 연결한 공통단자이다.

4 (4)번 회로

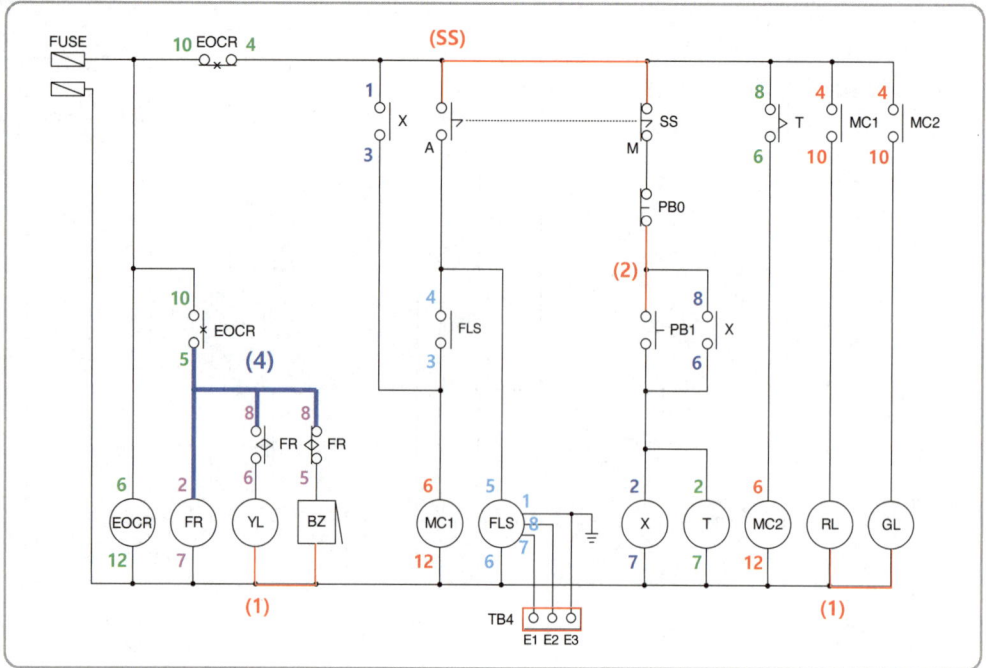

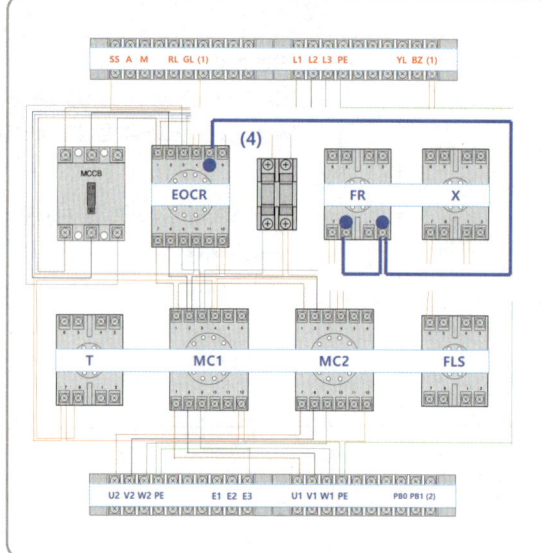

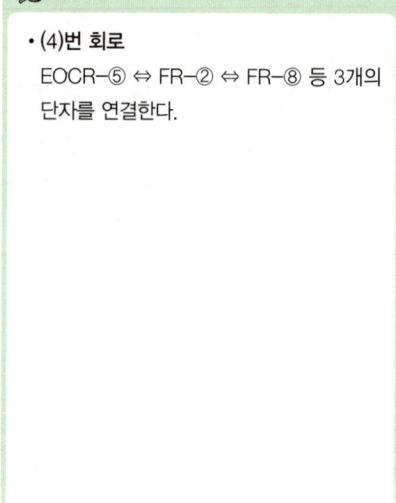

- (4)번 회로

  EOCR-⑤ ⇔ FR-② ⇔ FR-⑧ 등 3개의 단자를 연결한다.

4강 공개문제 9번: 전기 설비의 배선 및 배관 공사 Ⅲ

5 (5)~(6)번 회로

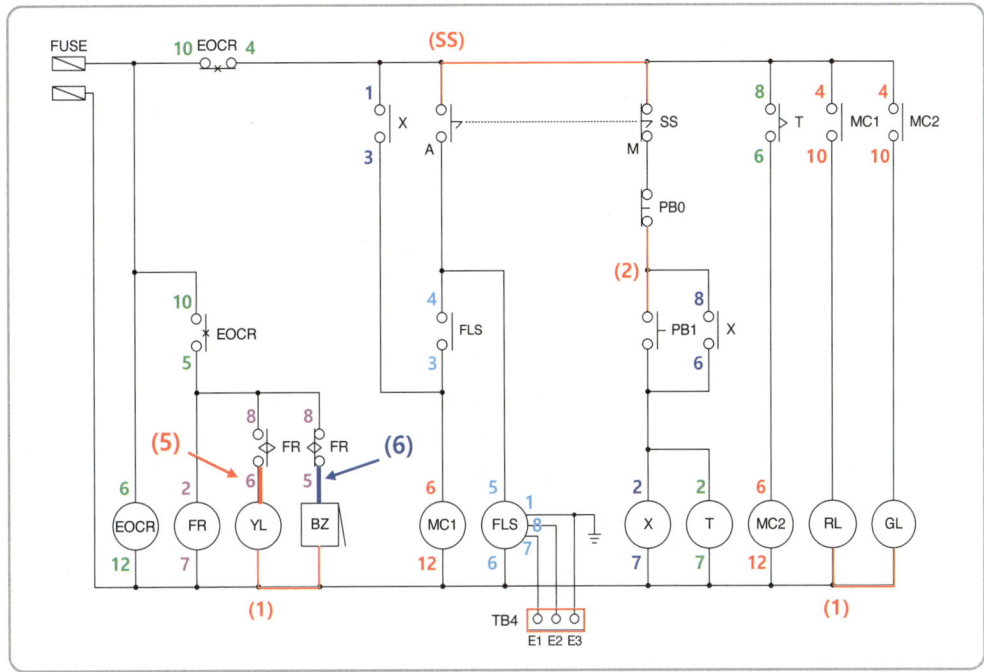

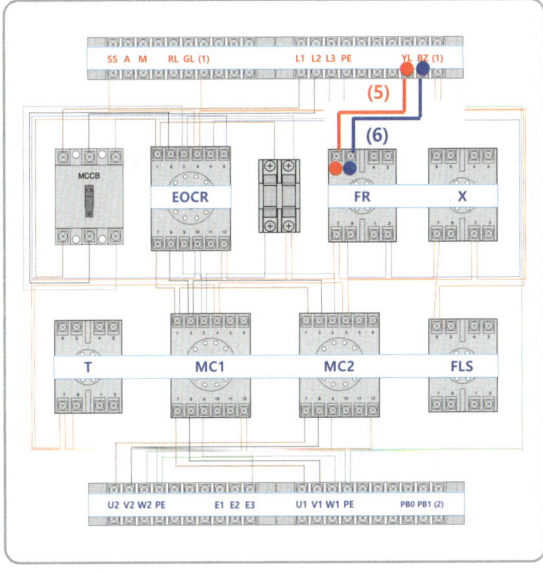

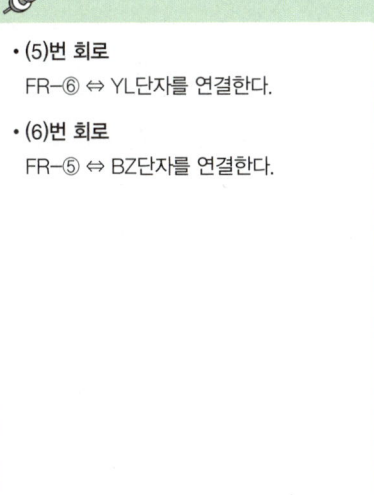

- (5)번 회로
  FR-⑥ ⇔ YL단자를 연결한다.

- (6)번 회로
  FR-⑤ ⇔ BZ단자를 연결한다.

225

III 공개문제 작업과정

6 (7)번 회로

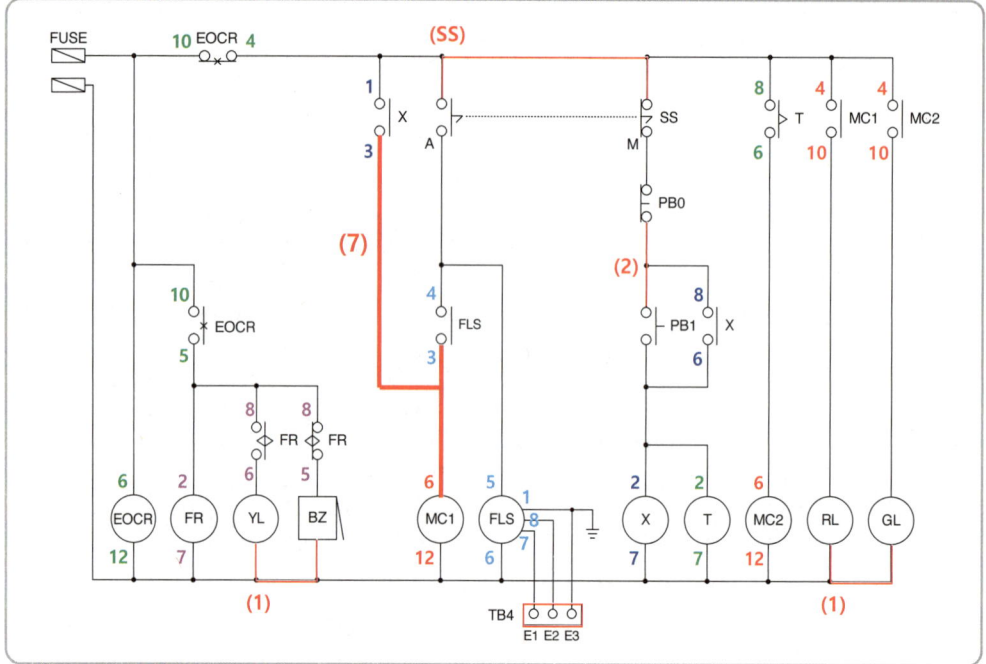

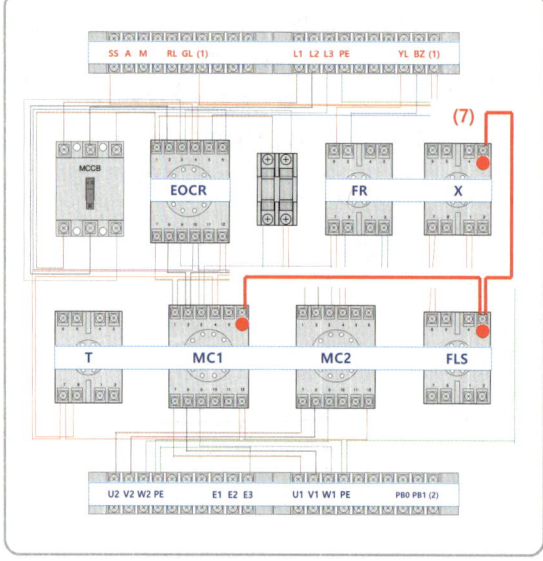

- (7)번 회로

  X-③ ⇔ FLS-③ ⇔ MC1-⑥ 등 3개의 단자를 연결한다.

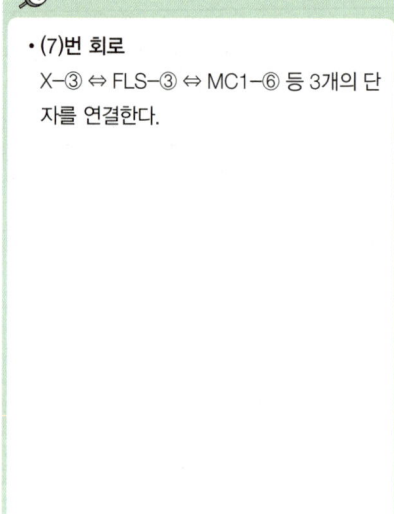

7 (8)번 회로

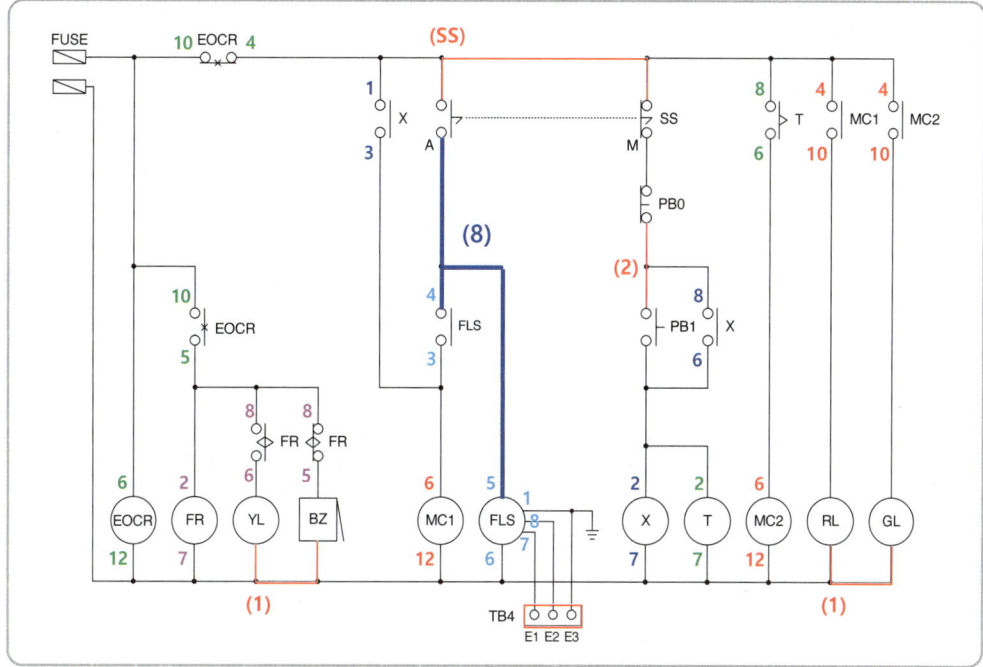

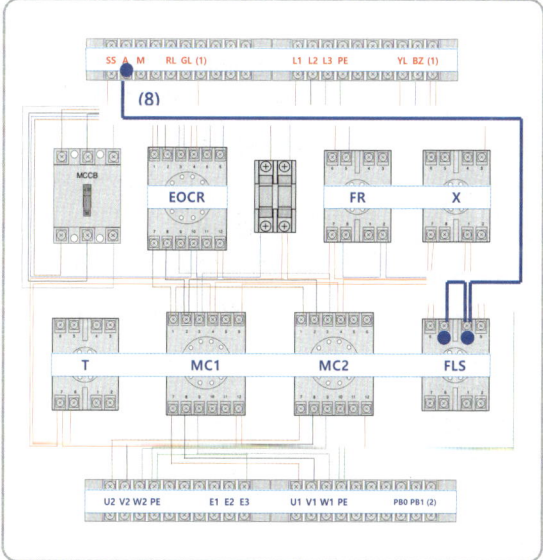

🔌
- (8)번 회로
  A ⇔ FLS-④ ⇔ FLS-⑤ 등 3개의 단자를 연결한다.

8 (9)~(11)번 회로

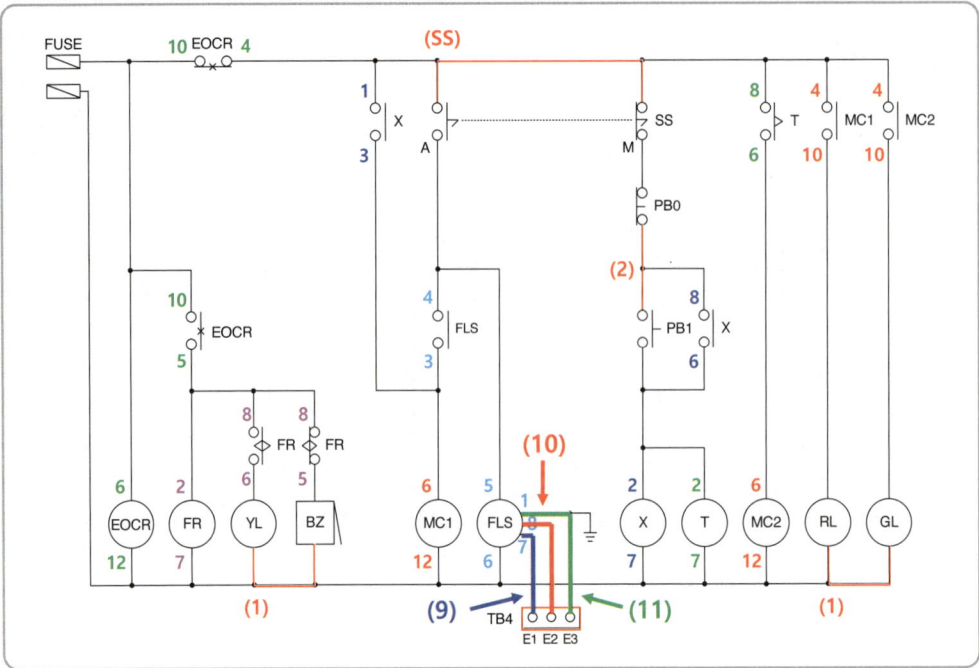

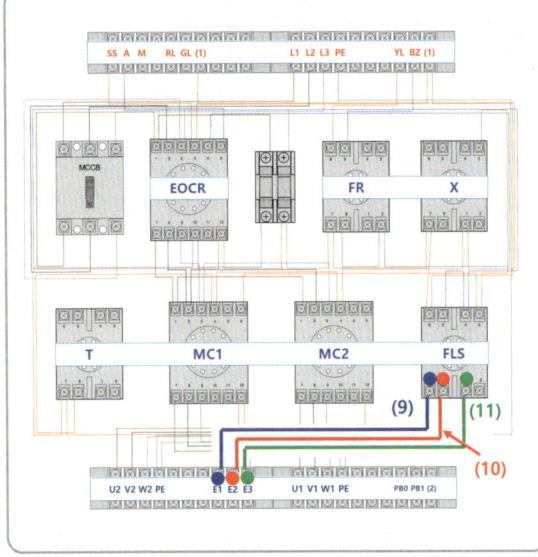

- (9)번 회로
  FLS-⑦ ⇔ E1단자를 연결한다.

- (10)번 회로
  FLS-⑧ ⇔ E2단자를 연결한다.

- (11)번 회로
  FLS-① ⇔ E3단자를 연결한다.

- FLS 접지는 주회로 배선작업 시 PE단자에서 E3단자로 연결했다.

9 (12)~(13)번 회로

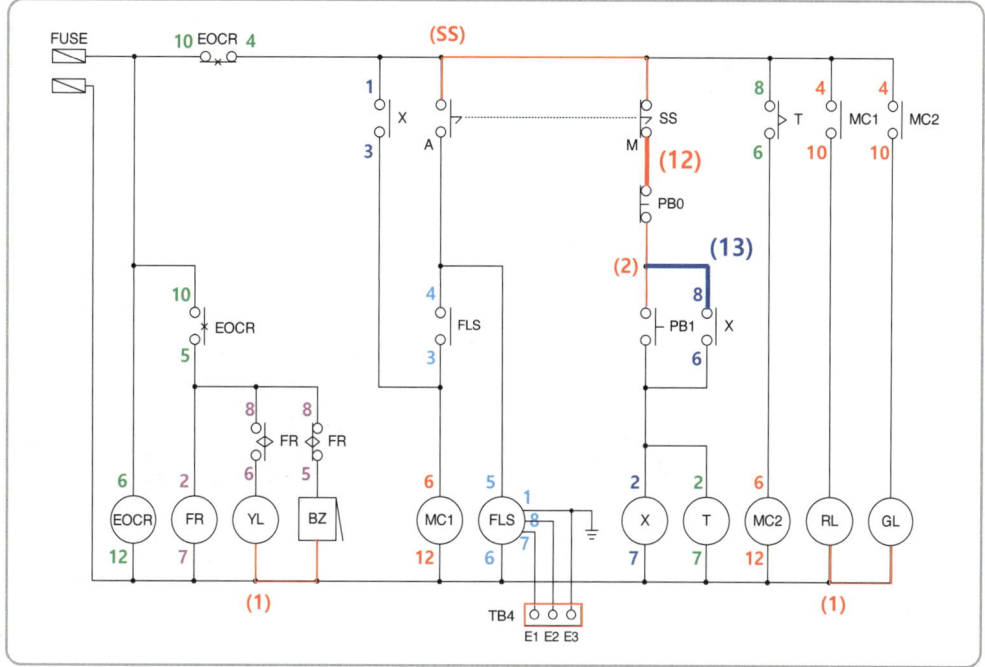

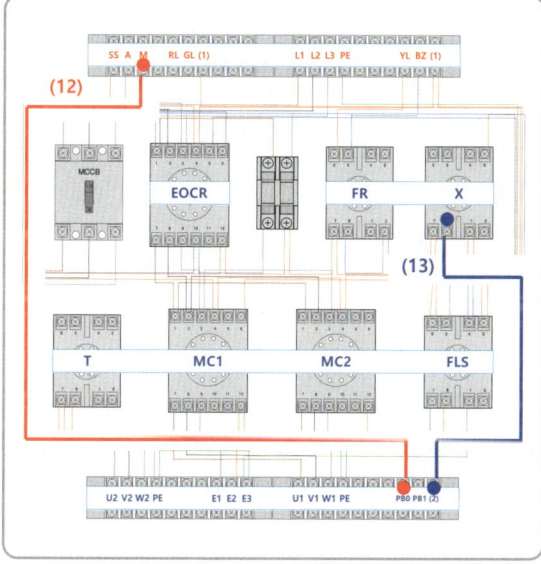

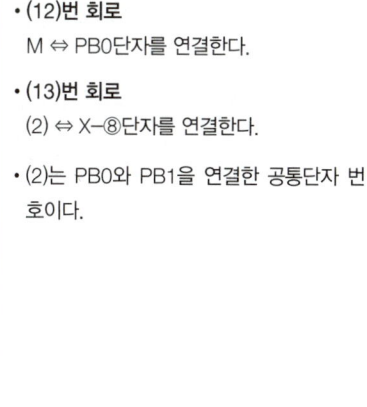

- (12)번 회로

  M ⇔ PB0단자를 연결한다.

- (13)번 회로

  (2) ⇔ X-⑧단자를 연결한다.

- (2)는 PB0와 PB1을 연결한 공통단자 번호이다.

III 공개문제 작업과정

10 (14)번 회로

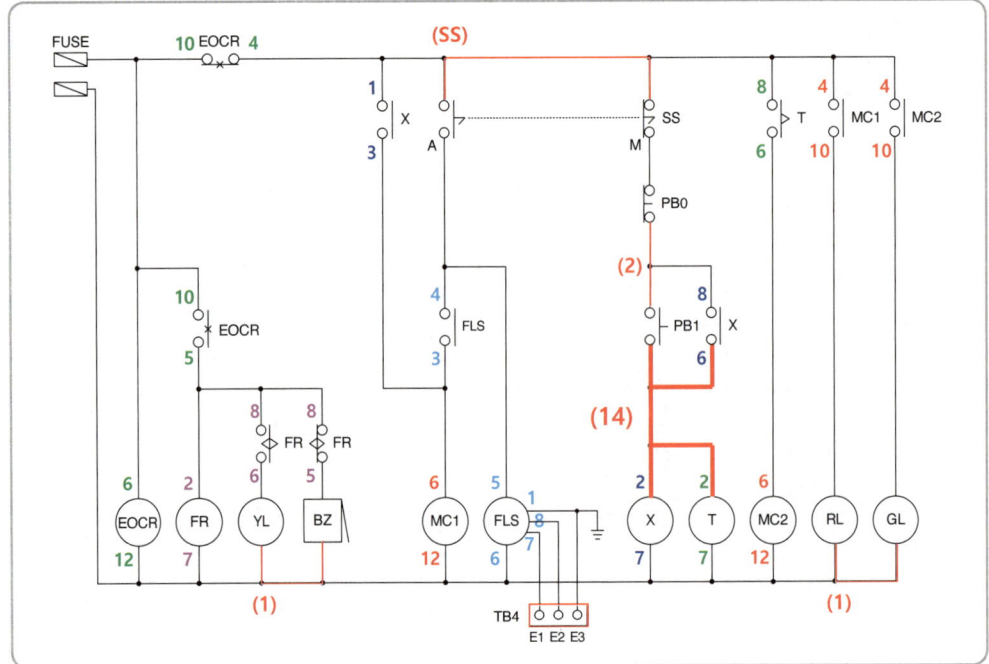

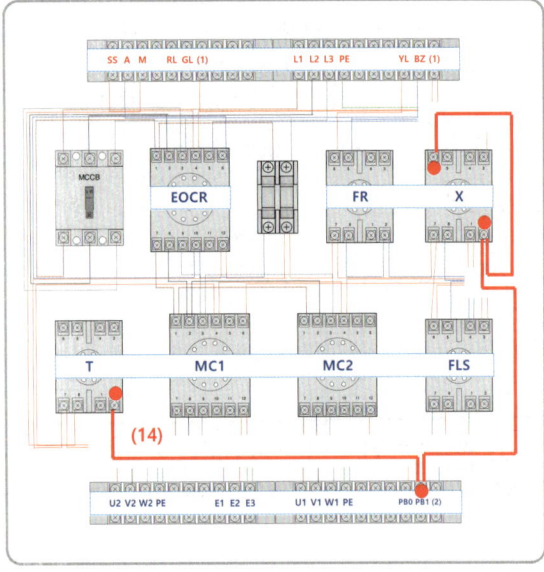

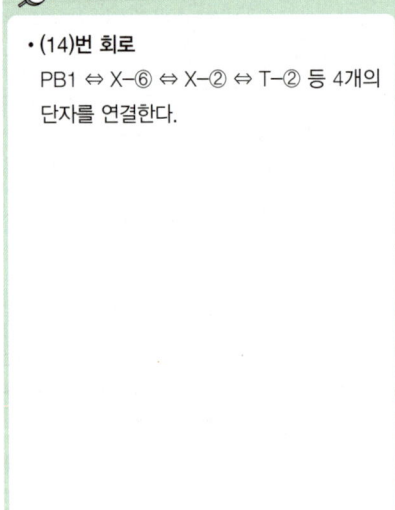

- (14)번 회로
  PB1 ⇔ X-⑥ ⇔ X-② ⇔ T-② 등 4개의 단자를 연결한다.

4강 공개문제 9번: 전기 설비의 배선 및 배관 공사

11 (15)~(17)번 회로

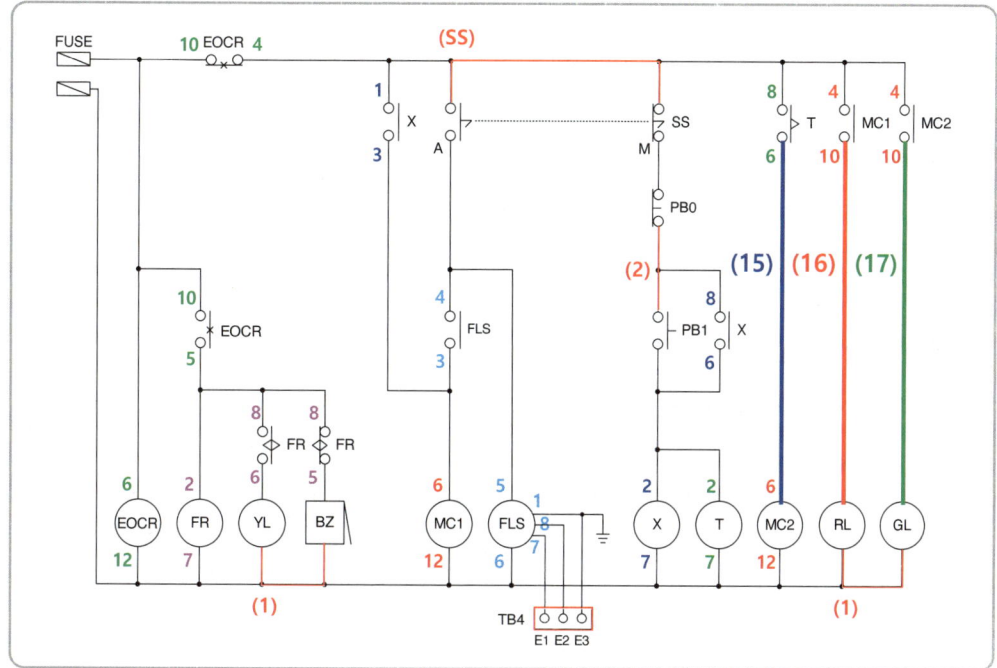

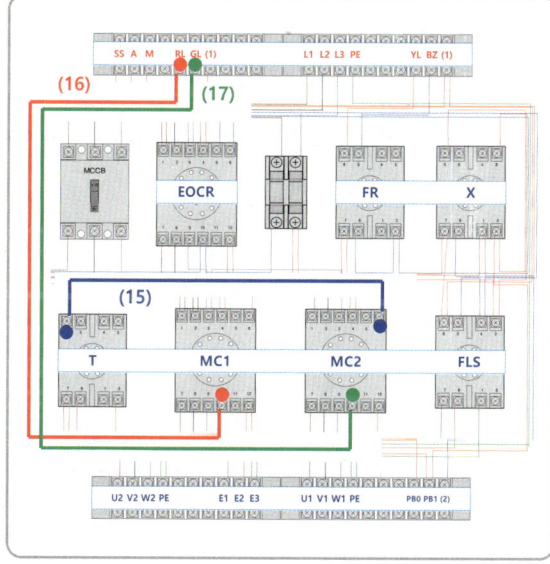

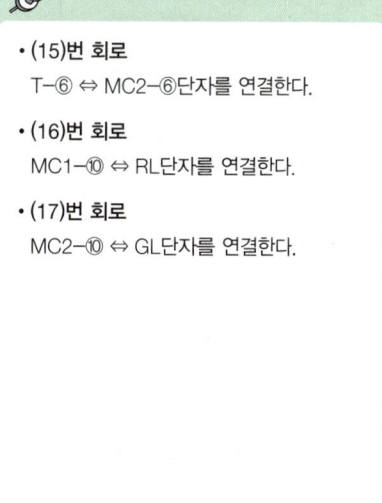

- (15)번 회로

  T-⑥ ⇔ MC2-⑥단자를 연결한다.

- (16)번 회로

  MC1-⑩ ⇔ RL단자를 연결한다.

- (17)번 회로

  MC2-⑩ ⇔ GL단자를 연결한다.

9 제어판 점검

제어판 배선이 끝나면 회로를 점검한다.

1 육안 점검

(1) 단자대 이름이 부여된 곳에 전선 연결이 누락된 곳이 있는지 확인한다.
(2) 계전기의 전원단자와 접점이 잘 사용되었는지 확인한다.

2 벨 시험기로 점검

회로도를 보면서 아래쪽 모선, 위쪽 모선, 가운데 회로 순서로 회로를 점검한다.

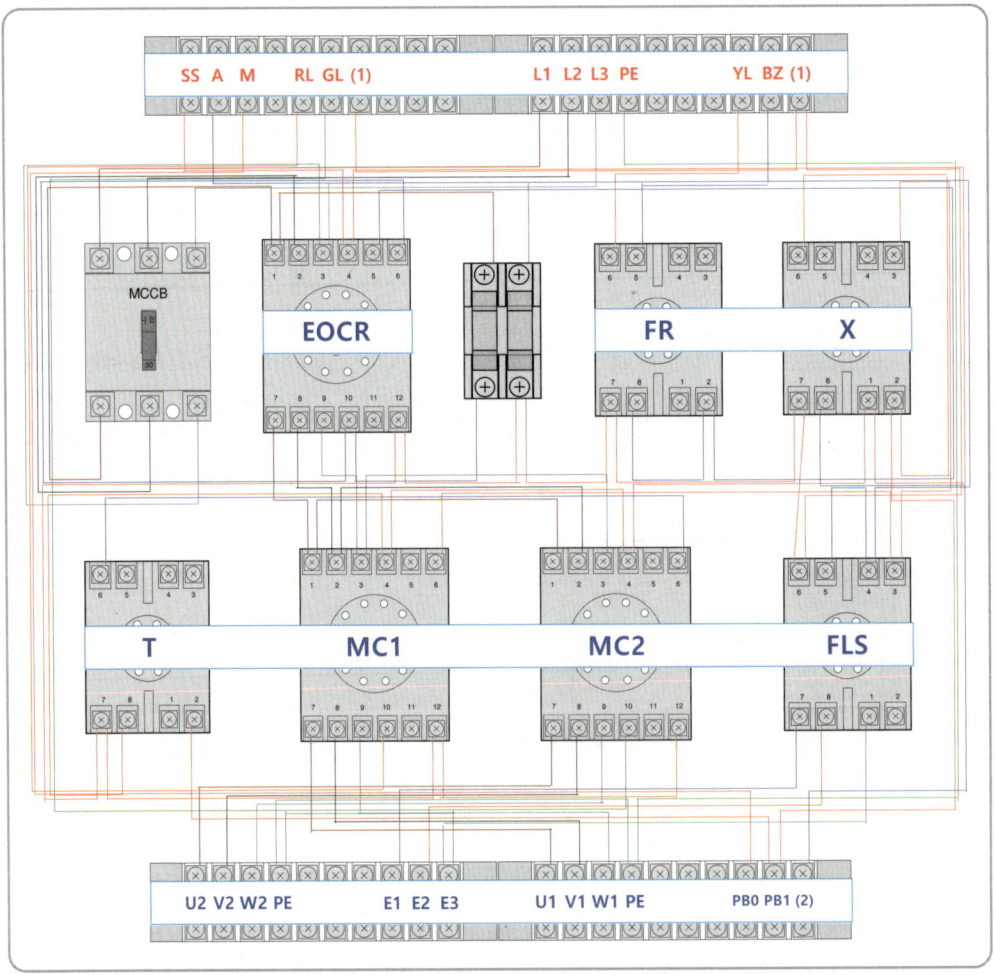

10 배관 및 입선작업 순서

(1) 제어판의 상단을 어깨 정도의 높이로 작업판에 부착한다.
(2) 배관할 위치를 도면의 치수에 맞게 제도하고 기구를 부착한다(단자대, 컨트롤 박스 등).
(3) 새들의 위치를 표시하고 배관의 종류에 맞게 커넥터를 조립한 후 배관을 실시한다.
(4) 배관에 입선할 전선 가닥수를 산출하여 입선한다. 제어판이나 컨트롤 박스 내부에서 결선할 전선의 길이를 여유 있게 계산해 주어야 한다.
(5) TB1은 4C 케이블을 사용한다(갈색, 흑색, 회색, 녹-황색).
(6) TB2, TB3는 2.5[mm²] 전선을 사용한다(갈색, 흑색, 회색, 녹-황색 전선을 사용).
(7) 이 과제에서 배관은 생략하고 제어판의 외부에 기구를 연결하여 동작하는 것으로 한다.

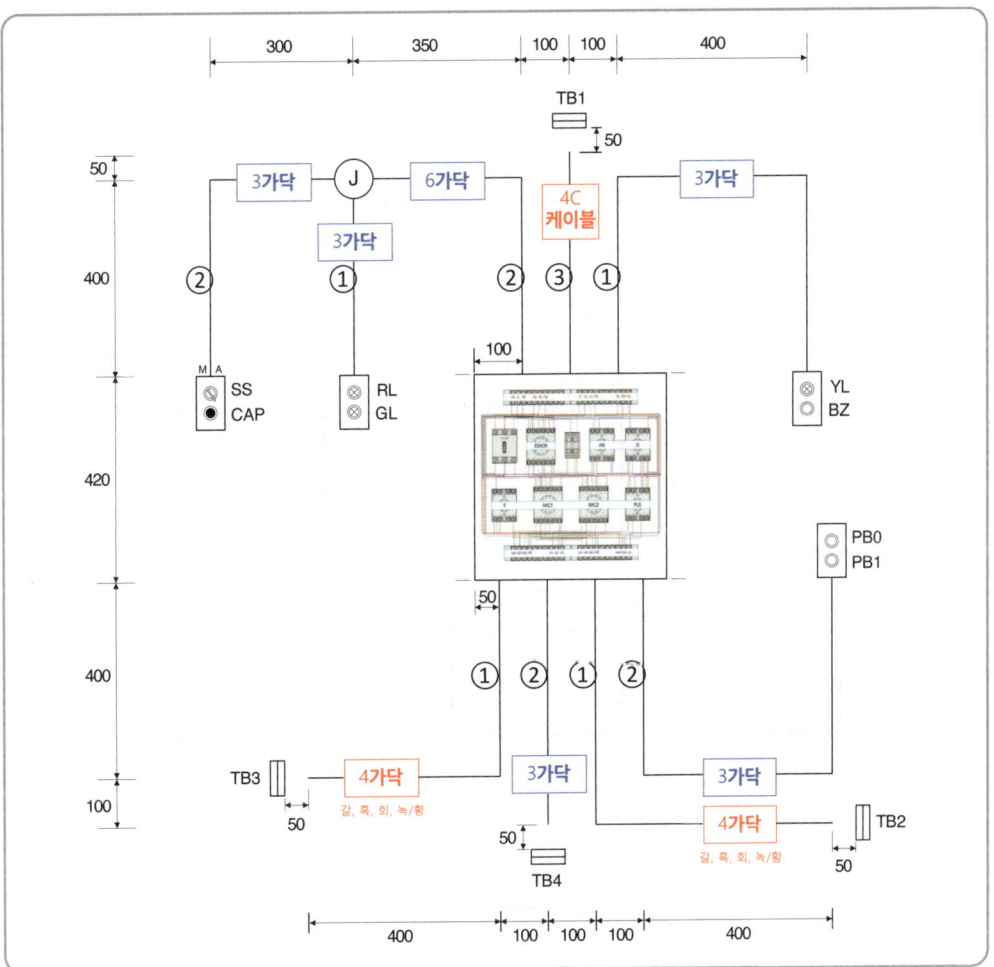

11 결선작업

1 위쪽 단자대 결선작업

2구 박스의 뚜껑에 셀렉터 스위치 SS와 CAP, 표시등 RL과 GL, 표시등 YL과 BZ를 각각 조립하고 공통단자를 연결해 놓는다.

(1) **셀렉터 스위치 결선** : 입선한 3선을 제어판 단자대에 먼저 연결하고, 벨 시험기로 SS, A, M단자에 연결된 선을 찾아 3방향으로 분리해 놓는다. SS선을 미리 연결해 놓은 공통선에 연결하고, A단자에 연결된 선은 왼쪽 단자에 연결하고, M단자에 연결된 선은 오른쪽 단자에 연결한다.

(2) **RL, GL 결선** : 입선한 3선을 제어판 단자대에 먼저 연결하고, 벨 시험기로 RL, GL, (1)번 선을 찾아 3방향으로 분리해 놓는다. (1)번 선을 미리 연결해 놓은 공통단자에 연결하고, RL선과 GL선을 연결한다.

(3) **TB1 결선** : 케이블을 사용하며, 단자대의 왼쪽부터 L1상(갈색), L2상(흑색), L3상(회색), PE(녹-황색) 순서로 연결한다. 전원측 단자대는 동작시험을 할 수 있도록 전원선의 색상에 맞춰 100[mm] 정도 인출하고, 피복은 전선 끝에서 10[mm] 정도 벗겨 놓는다.

(4) **YL, BZ 결선** : 입선한 3선을 제어판 단자대에 먼저 연결하고, 벨 시험기로 YL, BZ, (1)번 선을 찾아 3방향으로 분리해 놓는다. (1)번 선을 미리 연결해 놓은 공통단자에 연결하고, YL선과 BZ선을 연결한다.

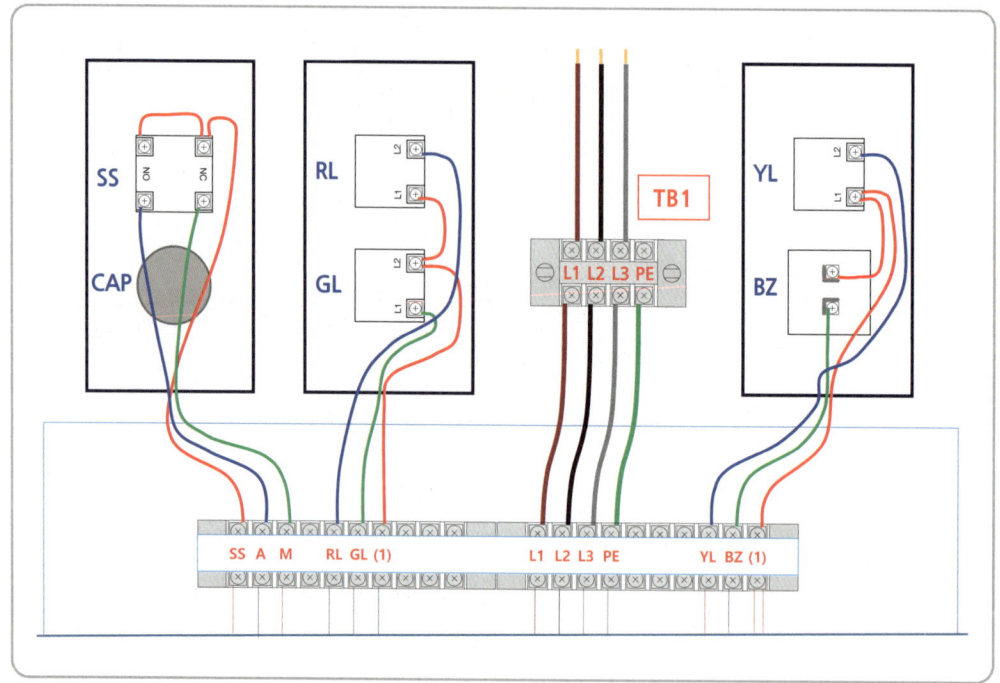

2 셀렉터 스위치 점검

결선작업이 끝나고 뚜껑을 닫으면 반드시 외부에서 스위치를 점검해야 한다.

(1) **자동(A) 단자 확인** : 제어판 단자대의 SS단자와 A단자에 벨 시험기의 리드선을 대고 손잡이를 자동(1시 방향)으로 돌리면 '삐' 소리가 난다. 손잡이를 수동(11시 방향)으로 돌렸을 때 벨 소리가 정지하면 정상이다.

(2) **수동(M) 단자 확인** : 제어판 단자대의 SS단자와 M단자에 벨 시험기의 리드선을 대고 손잡이를 수동(11시 방향)으로 돌리면 '삐' 소리가 난다. 손잡이를 자동(1시 방향)으로 돌렸을 때 벨 소리가 정지하면 정상이다.

3 아래쪽 단자대 결선작업

2구 박스의 뚜껑에 푸시버튼 스위치 PB0(적), PB1(녹)을 조립하고 공통단자를 연결해 놓는다.

(1) **TB3 결선** : 4P 단자대측을 먼저 연결하고 제어판 단자대 쪽을 연결한다. TB3 단자대는 위쪽부터 U2(갈색), V2(흑색), W2(회색), PE(녹-황색) 순서로 연결한다.

(2) **TB4 결선** : 왼쪽부터 E1, E2, E3의 순서로 결선하되 동작시험을 위해 E1은 50[mm], E2는 100[mm], E3는 150[mm] 정도의 선을 인출하고 피복은 전선 끝에서 약 10[mm] 정도 벗겨 놓는다.

(3) **TB2 결선** : 4P 단자대측을 먼저 연결하고 제어판 단자대 쪽을 연결한다. 부하측 단자대는 위쪽부터 U1(갈색), V1(흑색), W1(회색), PE(녹-황색) 순서로 연결한다.

(4) **PB0, PB1 결선** : 입선한 3선을 제어판 단자대에 먼저 연결하고, 벨 시험기로 (2)번 선을 찾아 푸시버튼 스위치의 공통단자에 연결한다. PB0선은 위쪽 단자에 연결하고. PB1선은 아래쪽 단자에 연결한다.

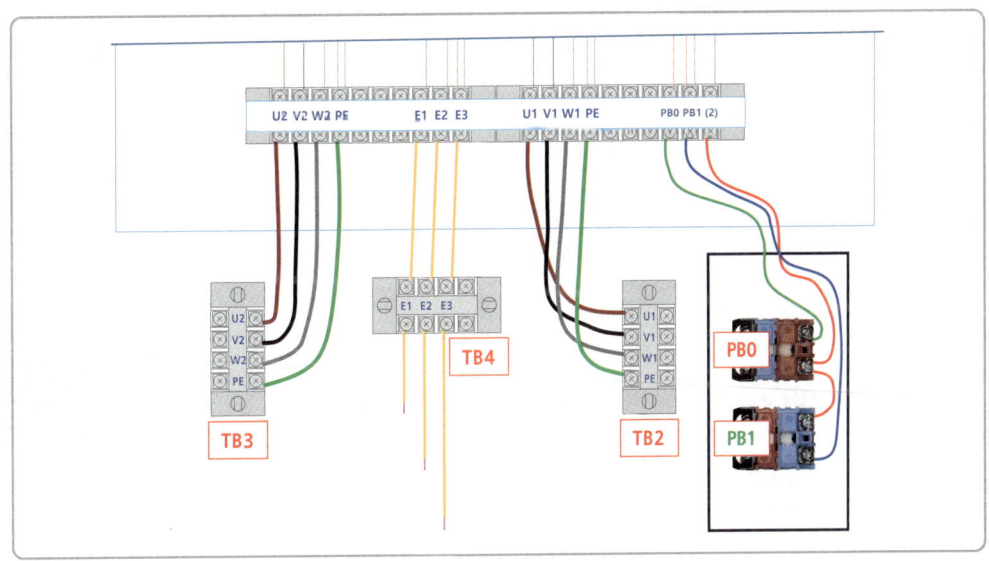

4 푸시버튼 스위치 점검

(1) PB0 확인 : 제어판 단자대 PB0 단자와 (2)번 단자에 벨 시험기의 리드선을 접촉하면 '삐' 소리가 나고, 눌렀을 때 벨 소리가 정지하면 정상이다.

(2) PB1 확인 : 제어판 단자대의 PB1 단자와 (2)번 단자에 벨 시험기의 리드선을 접촉하고 스위치를 누르면 '삐' 소리가 나고, 손을 떼었을 때 벨 소리가 정지하면 정상이다.

5 기구의 결선이 완료되면 다음과 같은 순서로 확인한다.

(1) TB1 단자대와 TB4 단자대에 전선을 연결하고 피복을 벗겨 놓았는지 확인한다.

(2) 퓨즈를 삽입하고 차단기를 올린 후 벨 시험기로 전원측 TB1에 인출해 놓은 L1단자와 퓨즈의 2차측 단자(왼쪽)를 확인한다. '삐' 소리가 나면 정상이며, L3단자와 퓨즈의 2차측 단자(오른쪽)를 확인한다.

(3) 배관 및 기구 배치도를 확인해 기구의 위치와 색상 등이 맞는지 다시 한 번 확인한다.

(4) 단자대와 소켓 위에 붙여놓은 종이테이프를 제거한다.

공개문제 9번 실제 작업영상 안내

오른쪽 QR코드를 스캔하면 4개의 영상으로 구성된 작업과정을 시청할 수 있다.

12 마무리 작업

점검 후 이상이 없으면 케이블 타이를 사용해 전선이 흐트러지지 않도록 적당한 간격으로 묶어준다.

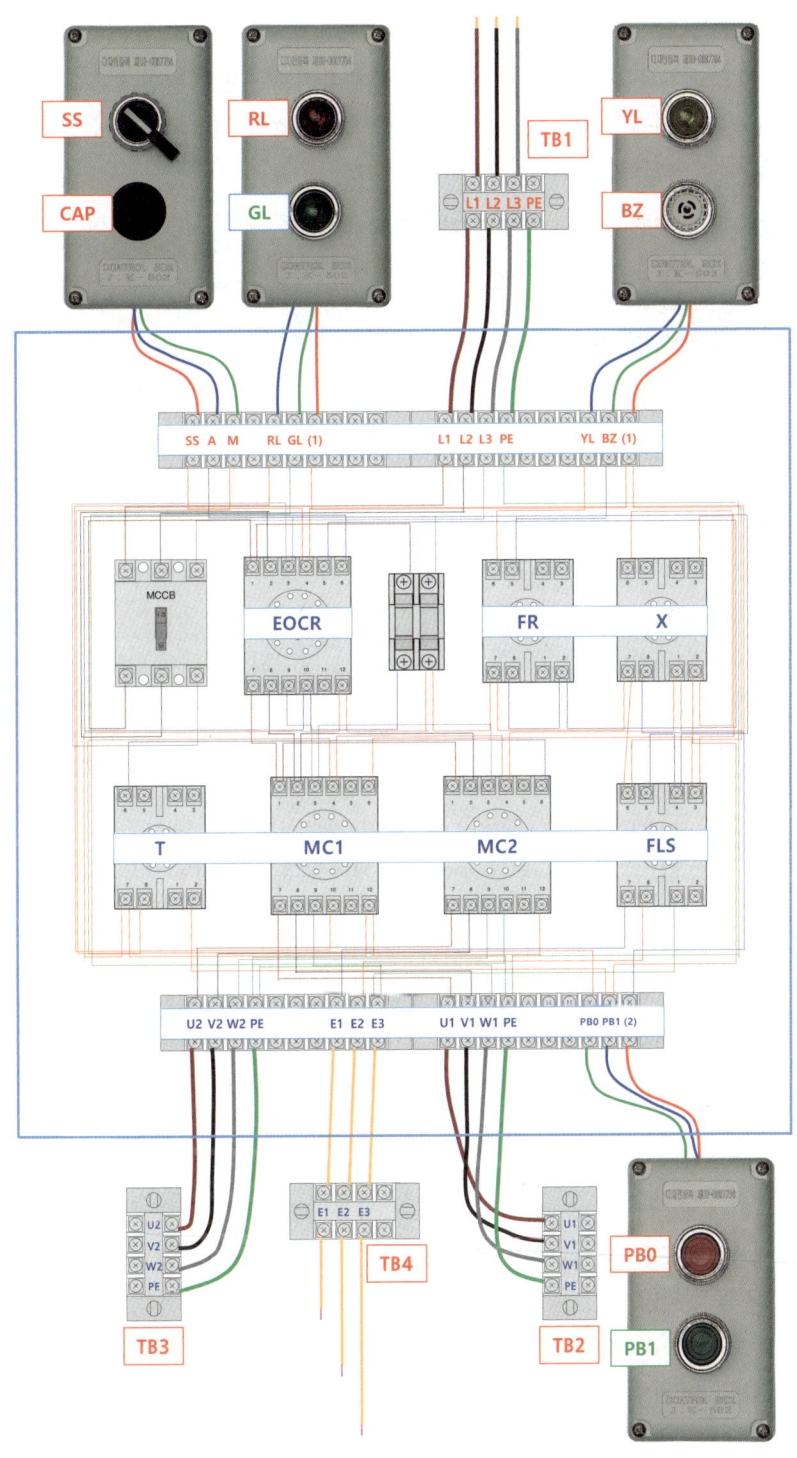

5강 공개문제 13번: 전기 설비의 배선 및 배관 공사

학습목표 미리보기 주어진 도면을 이용하여 제어판 작업을 완성하고 외부에 기구를 연결하는 방법을 연습해 보자.

지급된 재료와 시험장 시설을 사용하여 제한 시간 내에 주어진 과제를 안전에 유의하여 완성하시오. (단, 지급된 재료와 도면에서 요구하는 재료가 서로 상이할 수 있으므로 도면을 참고하여 필요한 재료를 지급된 재료에서 선택하여 작품을 완성하시오.)

1 배관 및 기구 배치 도면에 따라 배관 및 기구를 배치하시오.
(단, 제어판을 제어함이라고 가정하고 전선관 및 케이블을 접속하시오.)

2 전기 설비 운전 제어회로 구성
가) 제어회로의 도면과 동작 사항을 참고하여 제어회로를 구성하시오.
나) 전원 방식 : 3상 3선식 220[V]
다) 전동기의 접속은 생략하고 접속할 수 있게 단자대까지 배선하시오.

3 동작 사항
가) MCCB를 통해 전원을 투입하면, 전자식 과전류 계전기 EOCR에 전원이 공급된다.
나) 푸시버튼 스위치 PB1 동작 사항
  (1) PB1을 누르거나 리밋 스위치 LS1이 순간 감지된 후 해제(OFF → ON → OFF)되면, 릴레이 X1, 타이머 T1이 여자되어, WL이 점등된다.
  (2) 릴레이 X1이 여자된 상태
   (가) 리밋 스위치 LS2가 감지된 경우
    ① MC1 여자, T1 소자, M1 회전, RL 점등, WL 소등
    ② M1이 회전하는 중, LS2의 감지가 해제되면, T1 여자, MC1 소자, M1 정지, RL 소등, WL이 점등된다.
   (나) 리밋 스위치 LS2가 감지되지 않은 경우
    ① T1의 설정시간 t1초 후, X2, T2, MC2 여자, M2 회전, GL이 점등된다.
    ② T2의 설정시간 t2초 후, X1, T1, T2 소자, WL이 소등된다.
  (3) 제어회로가 동작하는 중 PB0를 누르면, 제어회로 및 전동기 동작은 모두 정지된다.
다) 푸시버튼 스위치 PB2 동작 사항
  (1) PB2를 누르면, X2, MC2 여자, M2 회전, GL이 점등된다(이때, 전동기 M1이 운전 중이면 WL이 점등된다).
  (2) 제어회로가 동작하는 중 PB0를 누르면, 제어회로 및 전동기 동작은 모두 정지된다.
라) EOCR 동작 사항
  (1) 운전 중 과전류가 흐르면, EOCR이 동작되어 전동기는 정지하고, YL이 점등된다.
  (2) EOCR을 리셋(RESET)하면 제어회로는 초기 상태로 복귀된다.

1 배관 및 기구 배치도

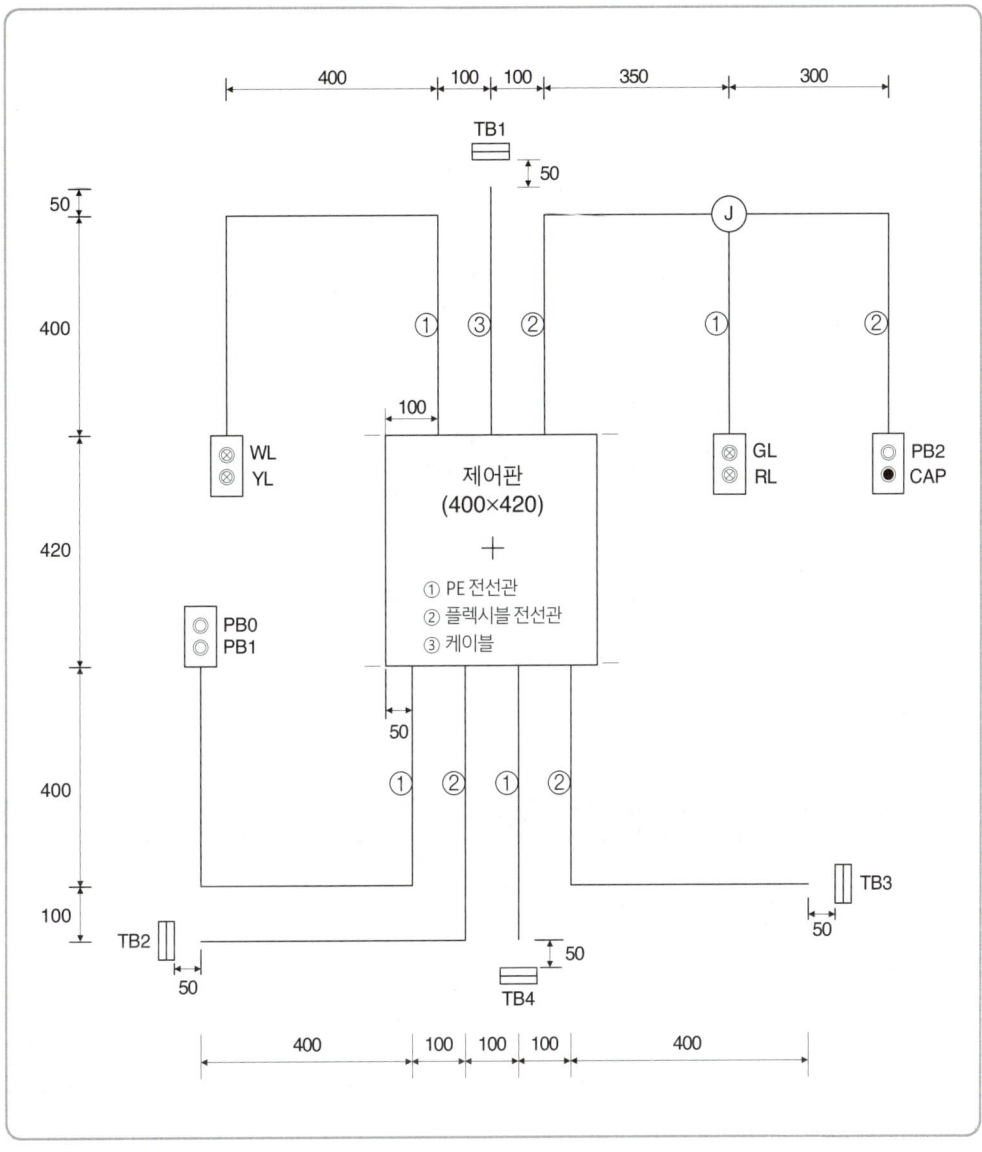

2 제어판 내부 기구 배치도

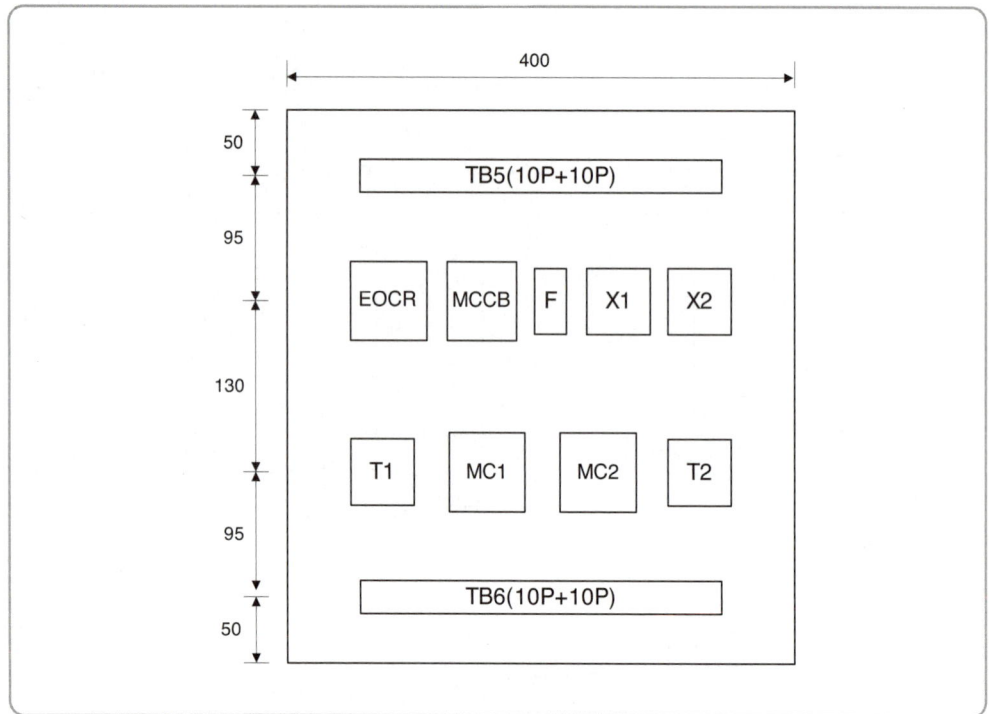

[범례]

기호	명칭	기호	명칭
TB1	전원(단자대 4P)	PB0	푸시버튼 스위치(적색)
TB2, TB3	전동기(단자대 4P)	PB1	푸시버튼 스위치(녹색)
TB4	플로트레스(단자대 4P)	PB2	푸시버튼 스위치(녹색)
TB5, TB6	단자대(10P+10P)	YL	램프(황색)
MC1, MC2	전자접촉기(12P)	GL	램프(녹색)
EOCR	EOCR(12P)	RL	램프(적색)
X1, X2	릴레이(8P)	WL	램프(백색)
T1, T2	타이머(8P)	CAP	홀마개
F	퓨즈 및 퓨즈 홀더	ⓙ	8각 박스
MCCB	배선용 차단기		

5강 공개문제 13번: 전기 설비의 배선 및 배관 공사

3 기구의 내부 결선도 및 구성도

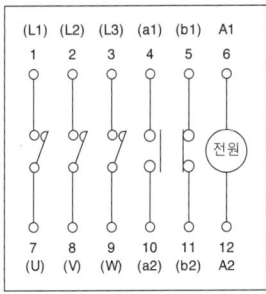
[전자접촉기]

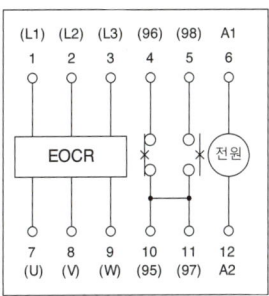
[EOCR]

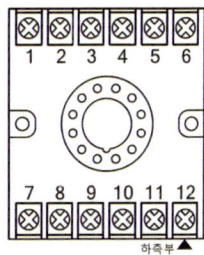
[12P 소켓 구성도]

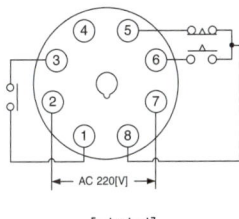
[타이머]

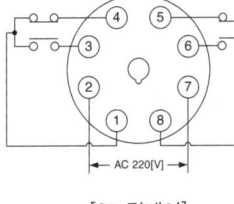
[8P 릴레이]

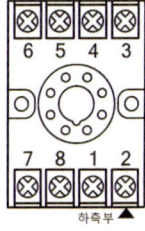
[8P 소켓 구성도]

4 회로도

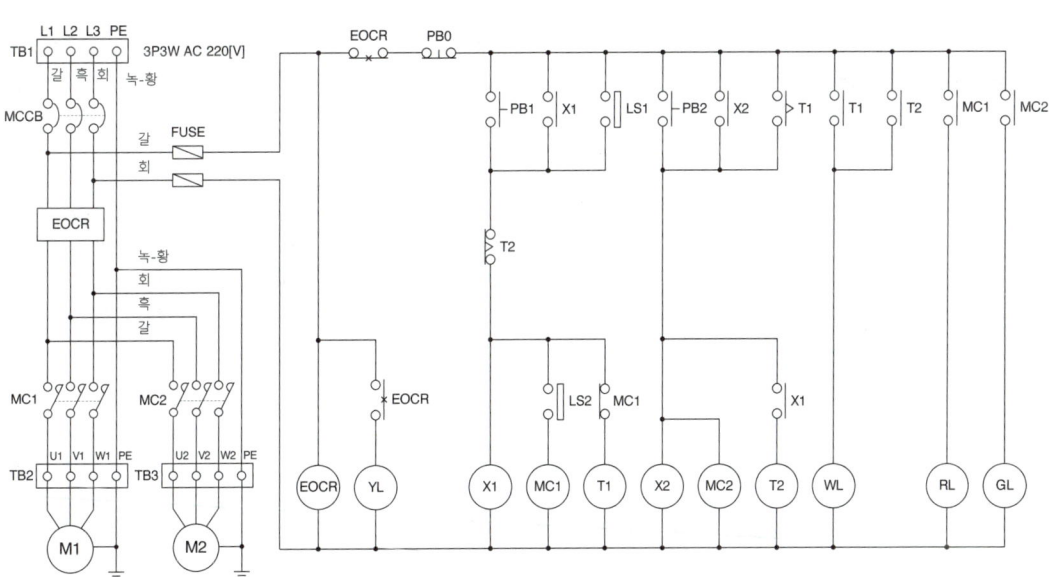

241

Ⅲ 공개문제 작업과정

5 계전기 접점번호 적어 넣기

1 주회로 부분

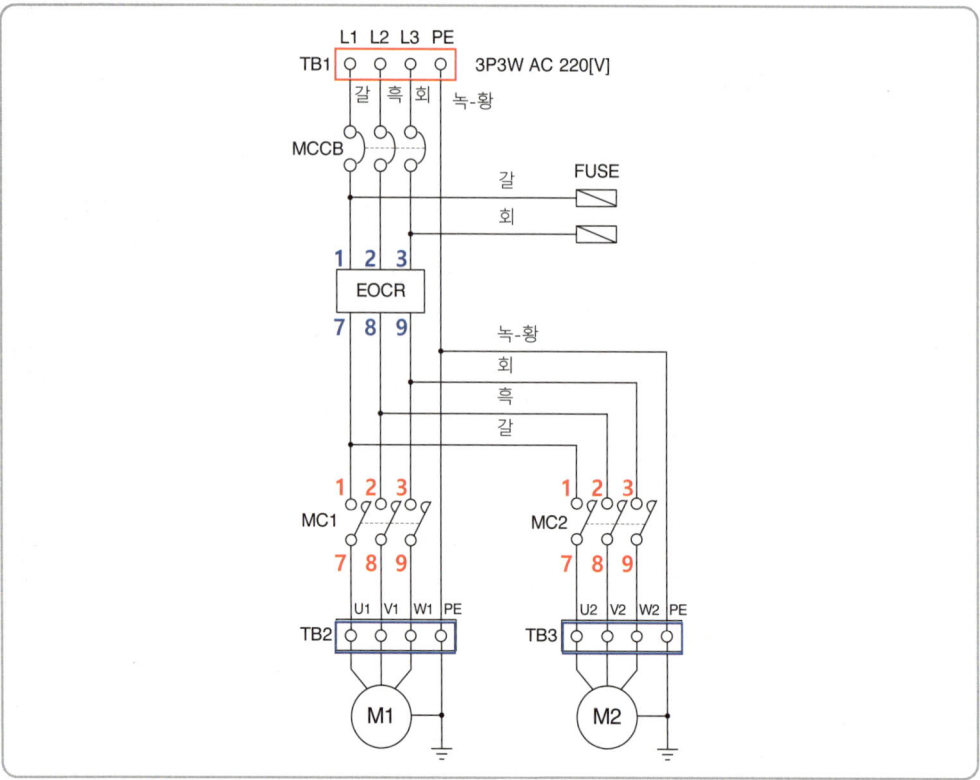

2 보조회로 부분

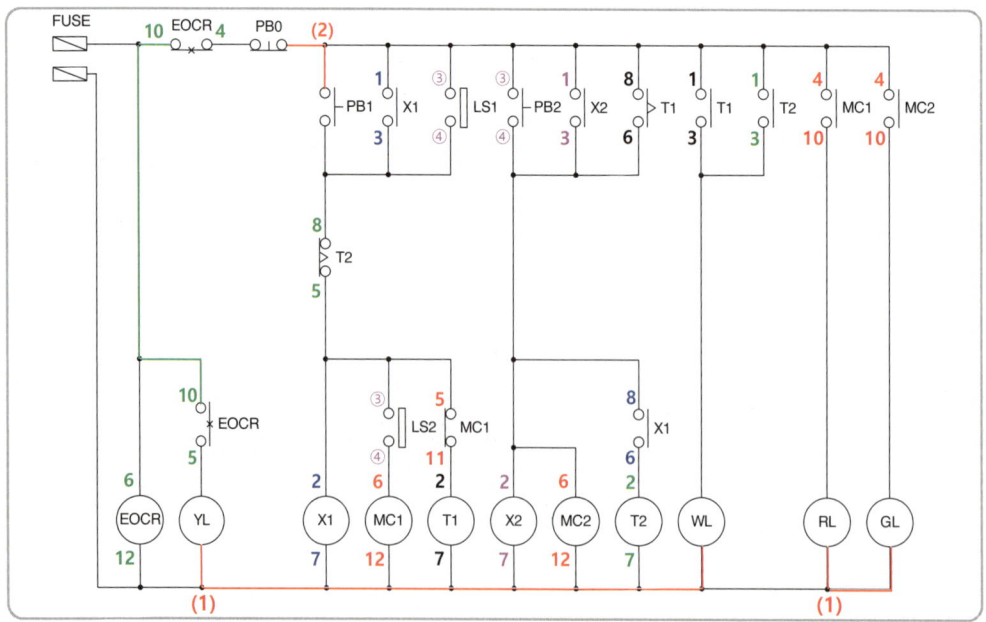

6 단자대 이름 적어 넣기

배관 및 기구 배치도를 참고하여 회로도에 인출할 기구를 표시하고 단자대 위쪽의 왼쪽 배관에 연결되어 있는 기구부터 차례로 이름을 적어 넣는다.

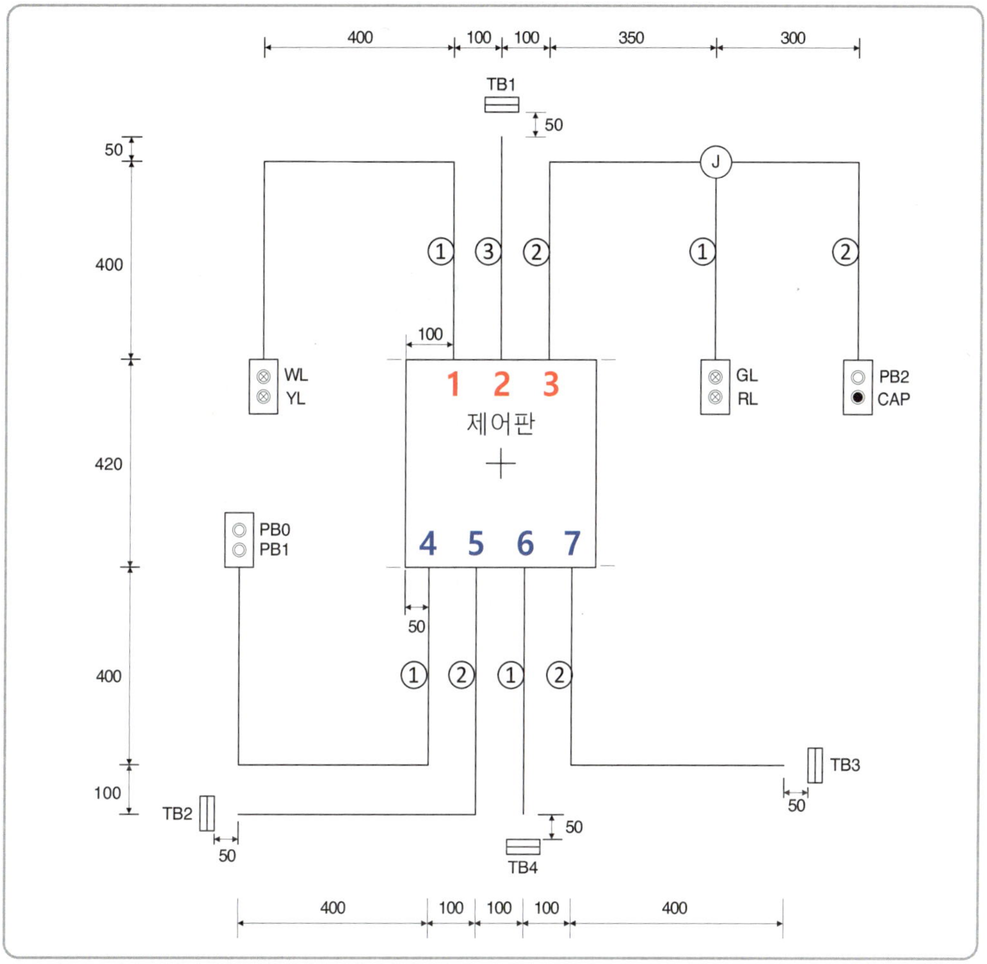

[회로도]

1 위쪽 단자대 이름 부여

2 아래쪽 단자대 이름 부여

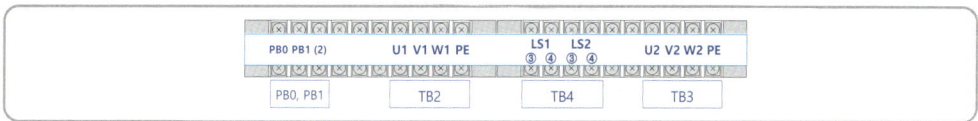

Ⅲ 공개문제 작업과정

7 주회로 배선

1 (가)~(나)회로

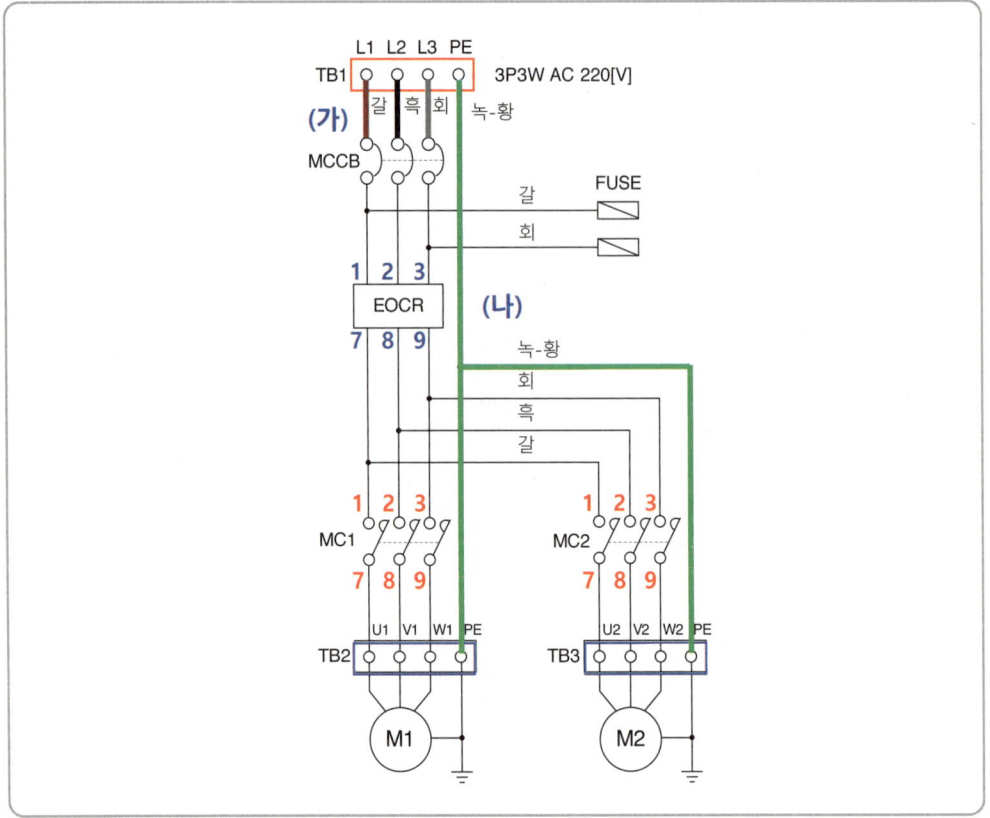

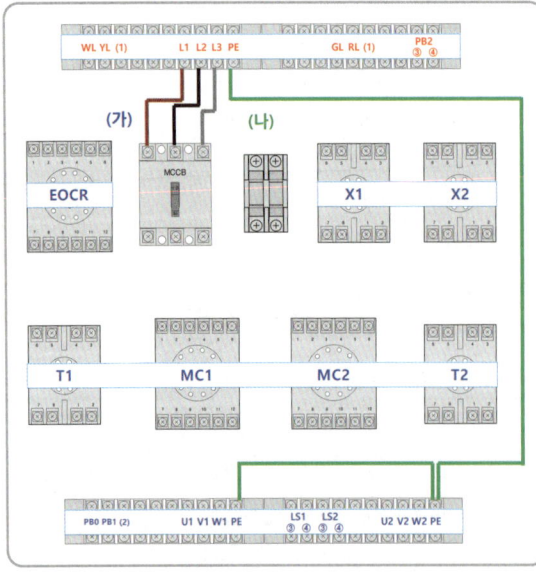

- 주회로는 모두 2.5[mm²] 전선을 사용하여 배선한다.
  L1상 : 갈색
  L2상 : 흑색
  L3상 : 회색
  PE(접지) : 녹-황색

- (가)회로
  갈색 : L1 ⇔ 차단기 1차측 L1상
  흑색 : L2 ⇔ 차단기 1차측 L2상
  회색 : L3 ⇔ 차단기 1차측 L3상

- (나)회로(녹-황색 전선)
  TB1-PE ⇔ TB2-PE ⇔ TB3-PE

2 (다)~(라)회로

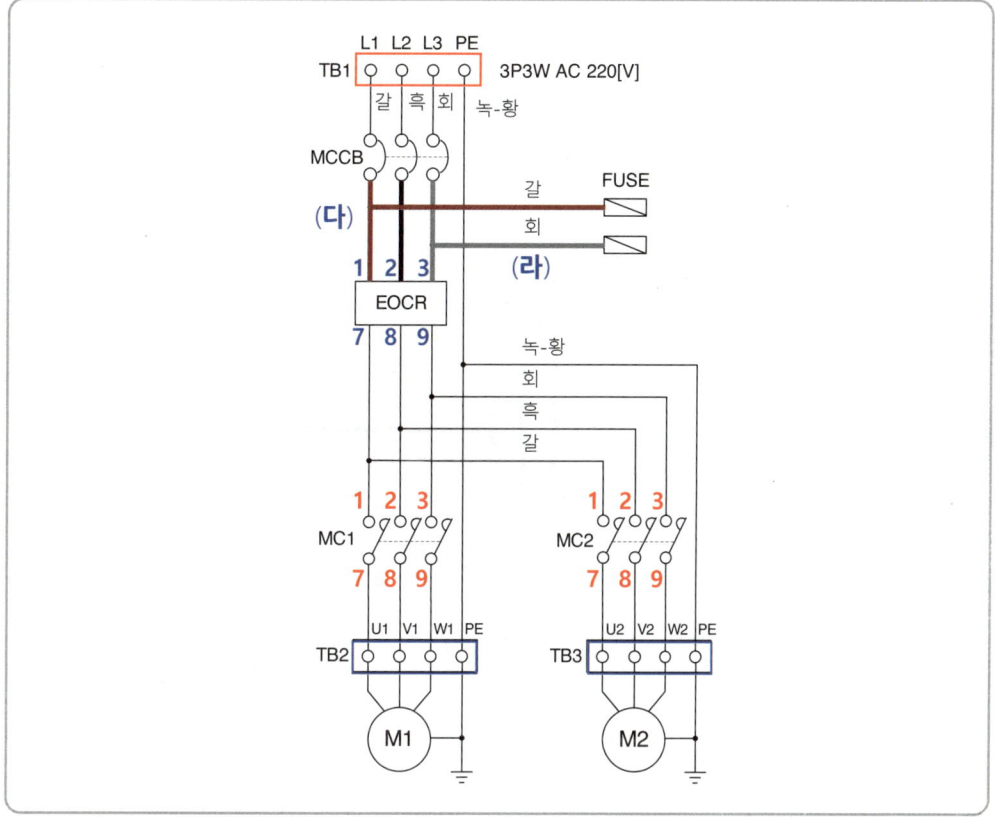

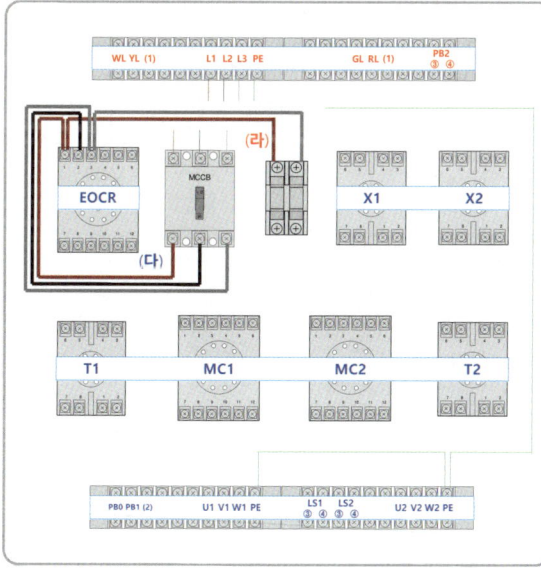

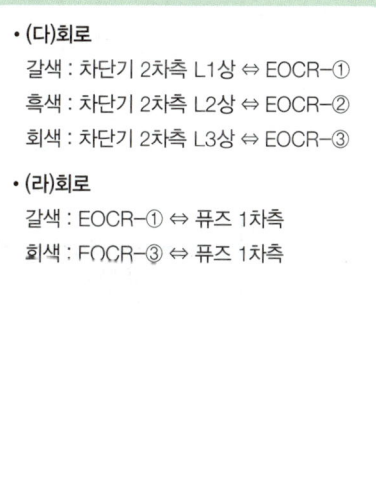

- (다)회로
  - 갈색 : 차단기 2차측 L1상 ⇔ EOCR-①
  - 흑색 : 차단기 2차측 L2상 ⇔ EOCR-②
  - 회색 : 차단기 2차측 L3상 ⇔ EOCR-③

- (라)회로
  - 갈색 : EOCR-① ⇔ 퓨즈 1차측
  - 회색 : EOCR-③ ⇔ 퓨즈 1차측

3 (마)회로

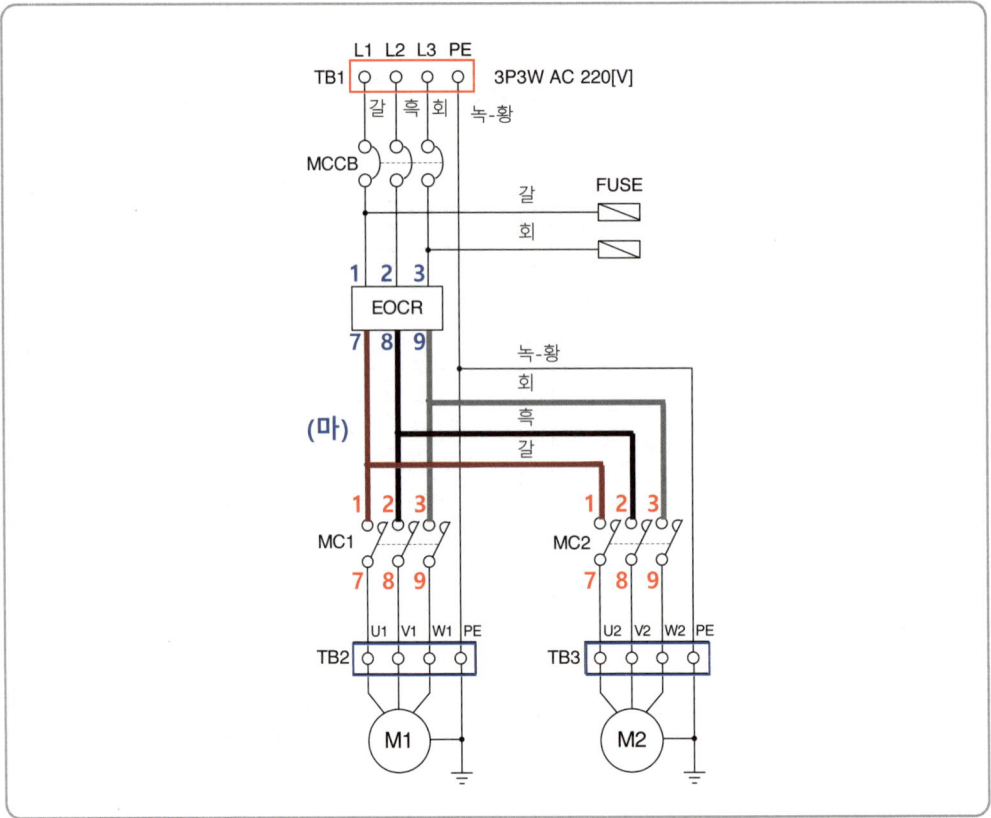

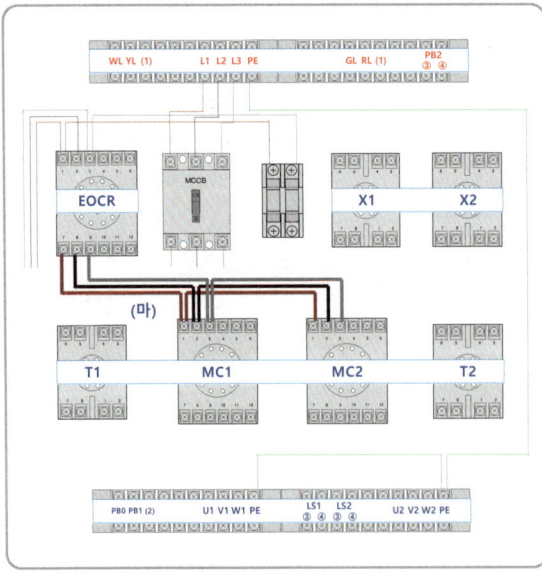

- (마)회로

갈색 : EOCR-⑦ ⇔ MC1-① ⇔ MC2-①
흑색 : EOCR-⑧ ⇔ MC1-② ⇔ MC2-②
회색 : EOCR-⑨ ⇔ MC1-③ ⇔ MC2-③

4 (바)~(사)회로

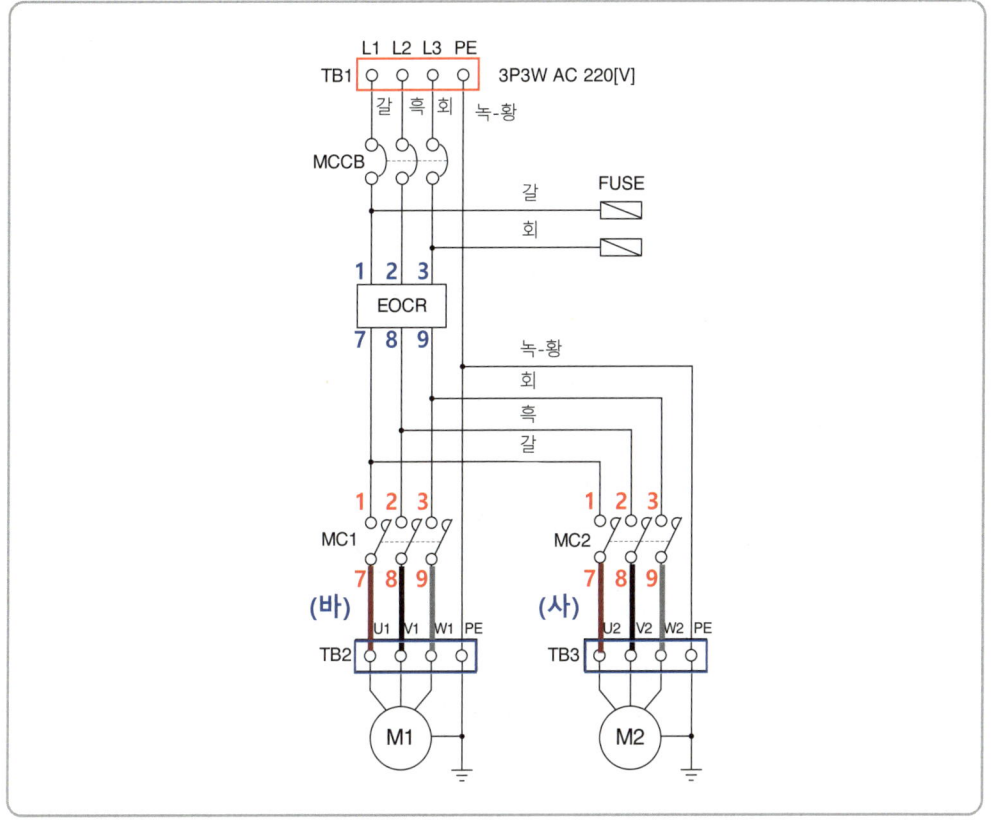

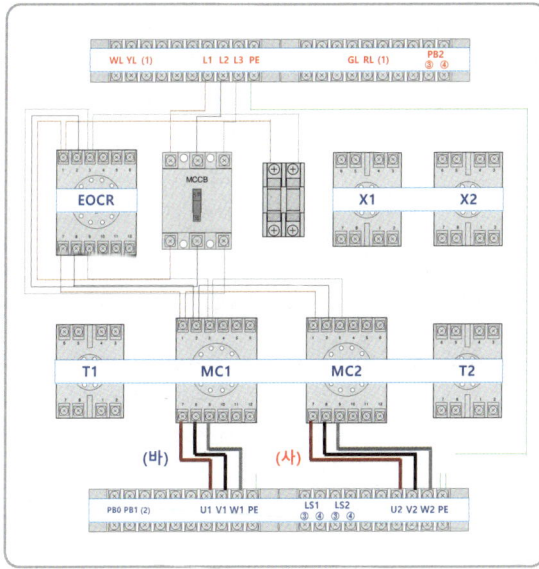

- (바)회로
  - 갈색 : MC1-⑦ ⇔ TB2-U1
  - 흑색 : MC1-⑧ ⇔ TB2-V1
  - 회색 : MC1-⑨ ⇔ TB2-W1

- (사)회로
  - 갈색 : MC2-⑦ ⇔ TB3-U2
  - 흑색 : MC2-⑧ ⇔ TB3-V2
  - 회색 : MC2-⑨ ⇔ TB3-W2

III 공개문제 작업과정

8 보조회로 배선

1 (1)번 회로

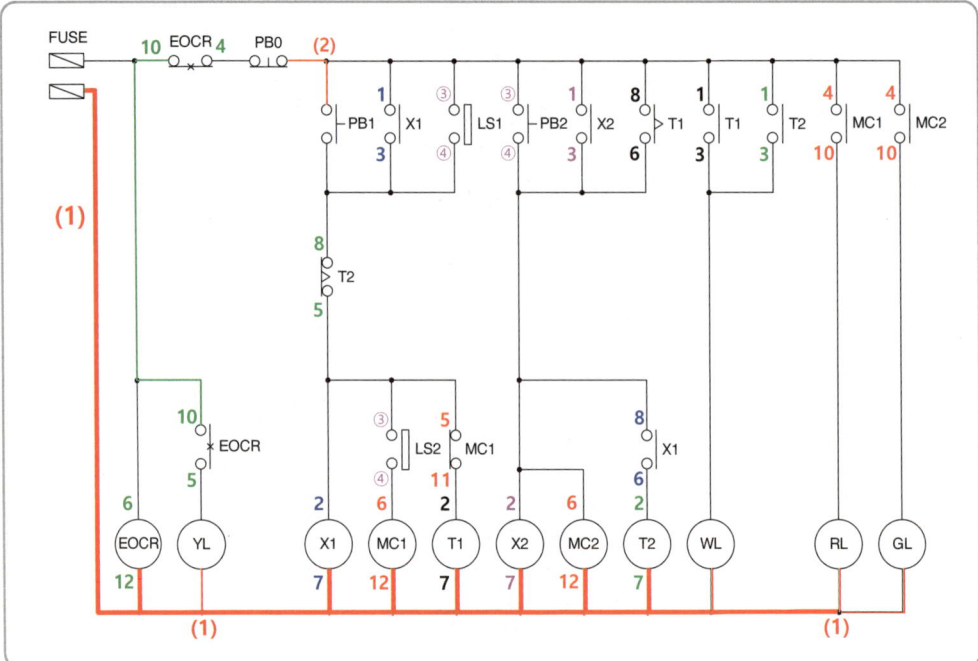

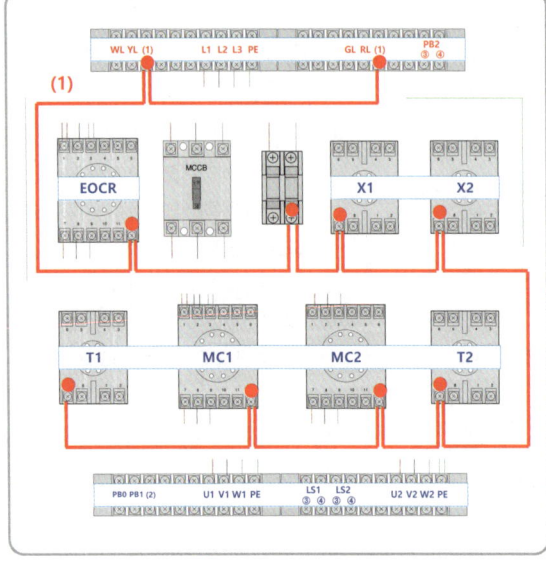

• 보조회로는 황색 전선을 사용한다. 연결해야 할 단자가 많은 경우 제어회로도를 보고 순서대로 표시한 후 최단 거리로 연결한다.

• (1)번 회로
퓨즈 2차 ⇔ EOCR-⑫ ⇔ (1) ⇔ X1-⑦ ⇔ MC1-⑫ ⇔ T1-⑦ ⇔ X2-⑦ ⇔ MC2-⑫ ⇔ T2-⑦ ⇔ (1) 등 10개의 단자를 연결한다.

• 앞쪽의 (1)은 YL과 WL을 연결한 공통단자 번호이고, 뒷쪽의 (1)은 RL과 GL을 연결한 공통단자 번호이다.

2 (2)번 회로

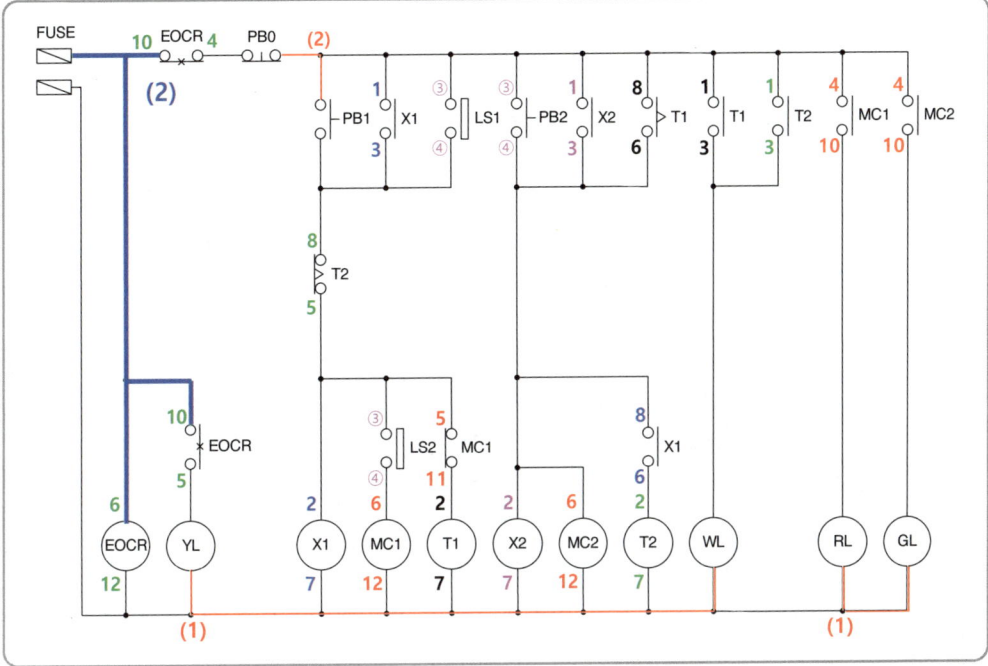

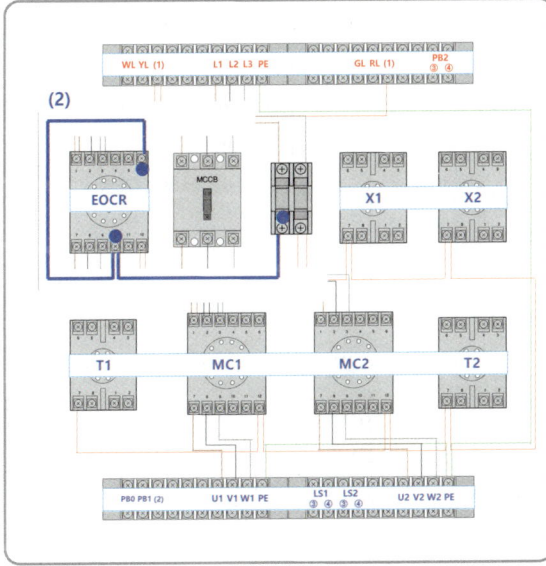

🔧
- (2)번 회로
퓨즈 2차 ⇔ EOCR-⑩ ⇔ EOCR-⑥ 등 3개의 단자를 표시해 놓고 최단 거리로 연결한다.

III 공개문제 작업과정

3 (3)~(4)번 회로

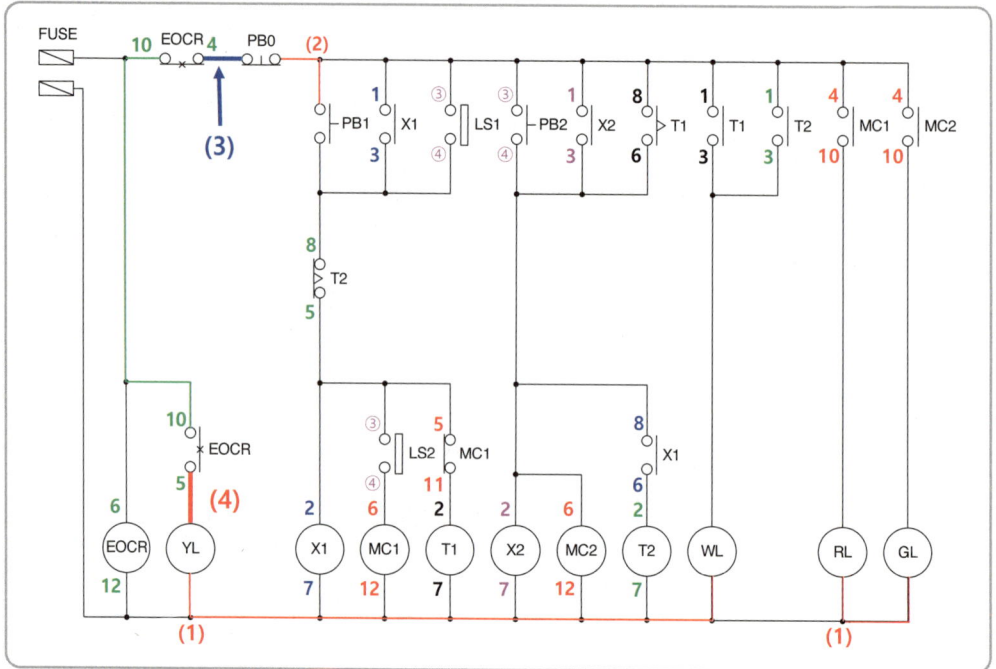

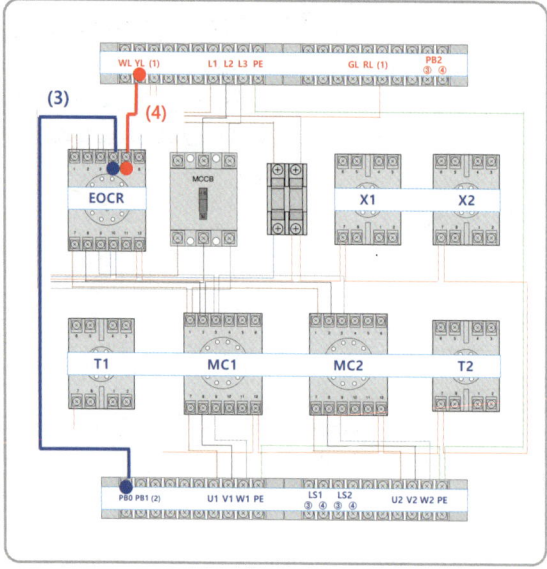

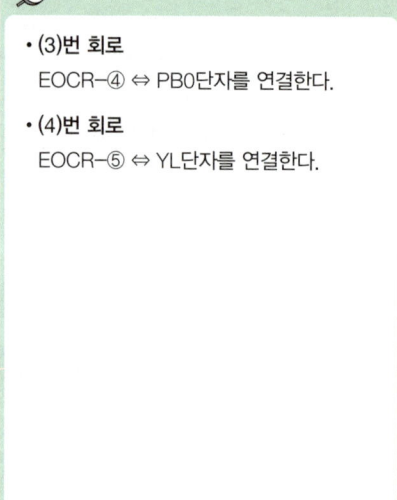

- (3)번 회로
  EOCR-④ ⇔ PB0단자를 연결한다.

- (4)번 회로
  EOCR-⑤ ⇔ YL단자를 연결한다.

4 (5)번 회로

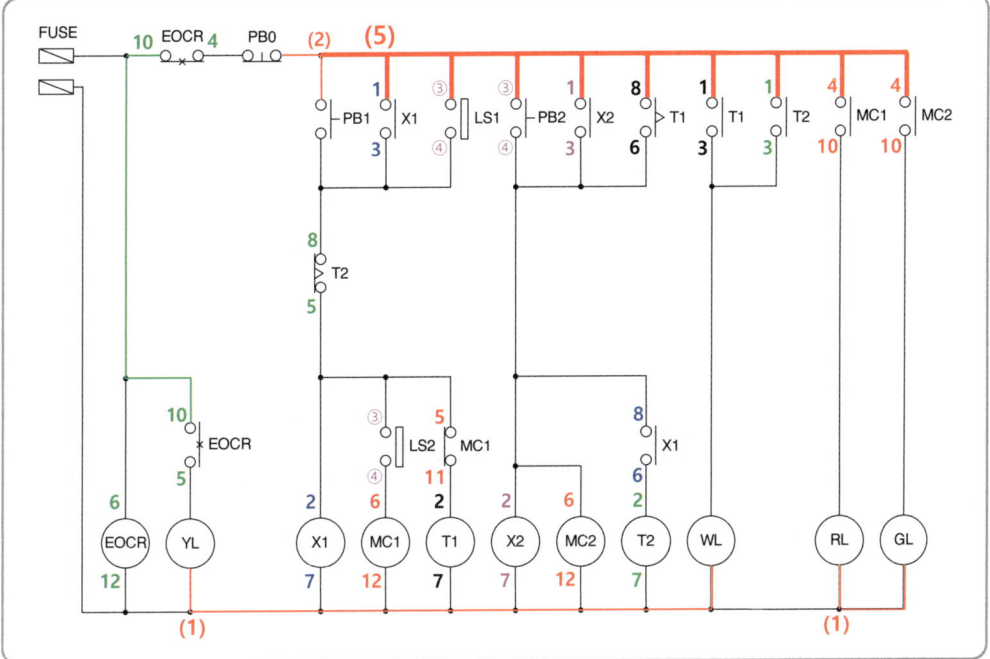

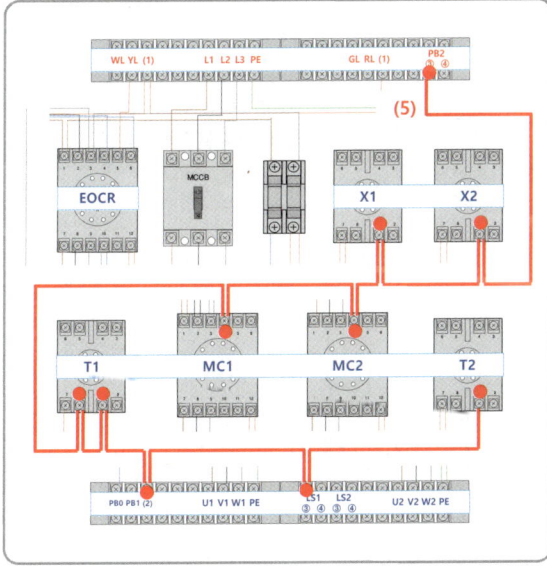

- (5)번 회로
(2) ⇔ X1-① ⇔ LS1-③ ⇔ PB2-③ ⇔ X2-① ⇔ T1-⑧ ⇔ T1-① ⇔ T2-① ⇔ MC1-④ ⇔ MC2-④ 등 10개의 단자를 연결한다.

- (2)는 PB0와 PB1을 연결한 공통단자 번호이다.

5 (6)번 회로

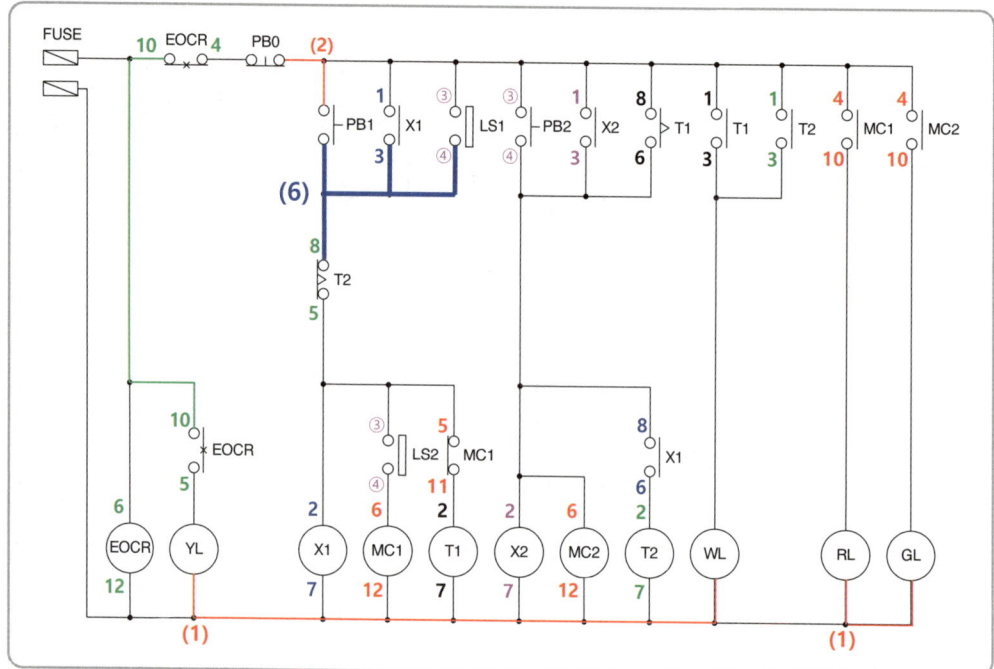

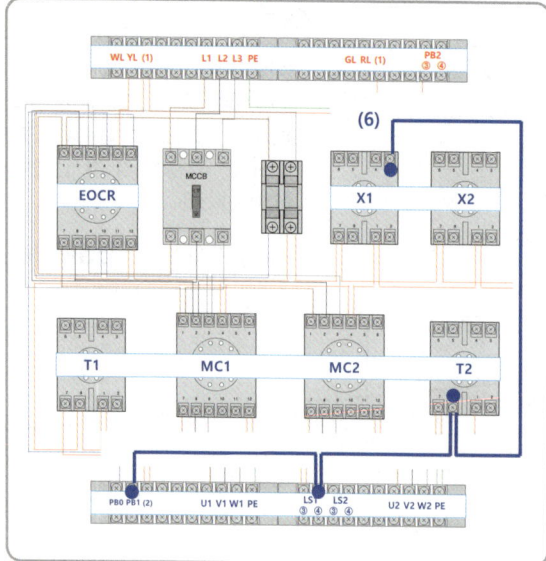

🔌
- (6)번 회로

PB1 ↔ X1-③ ↔ LS1-④ ↔ T2-⑧ 등 4개의 단자를 연결한다.

6 (7)번 회로

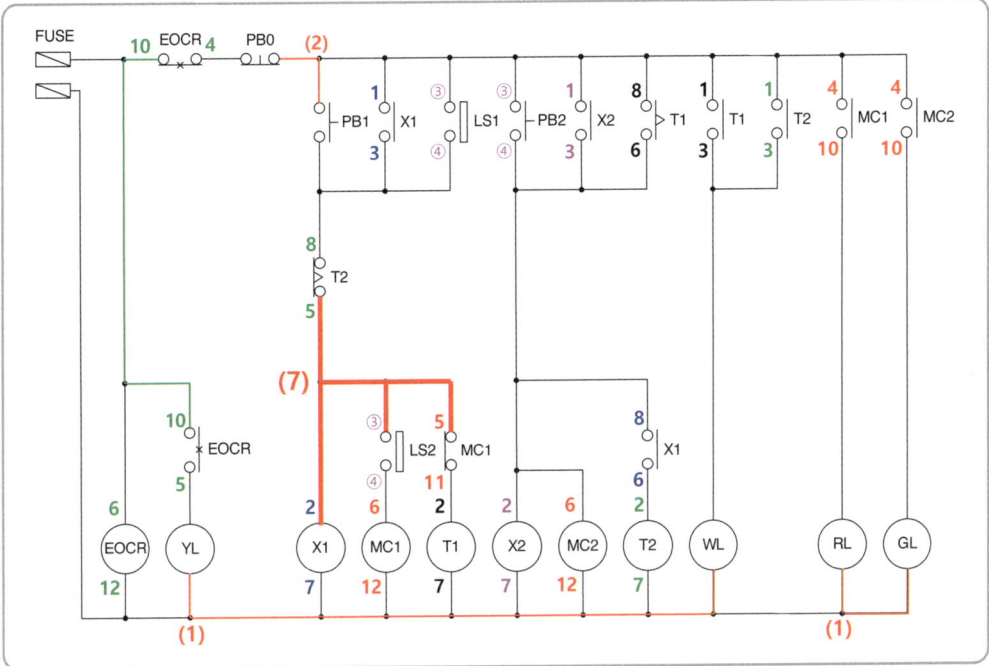

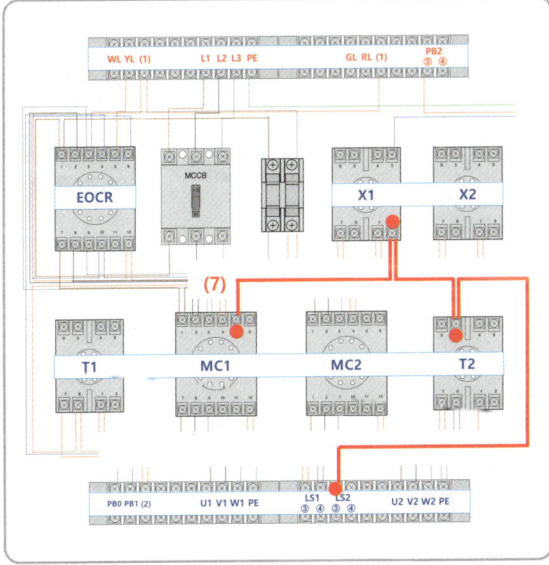

> • (7)번 회로
> T2-⑤ ⇔ LS2-③ ⇔ MC1-⑤ ⇔ X1-②
> 등 4개의 단자를 연결한다.

7 (8)~(9)번 회로

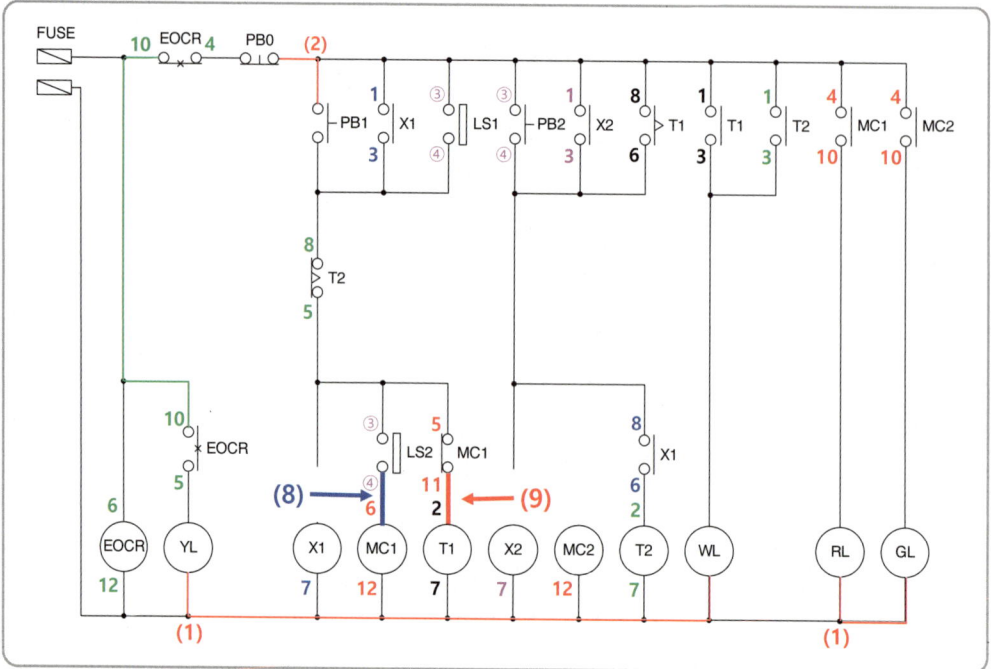

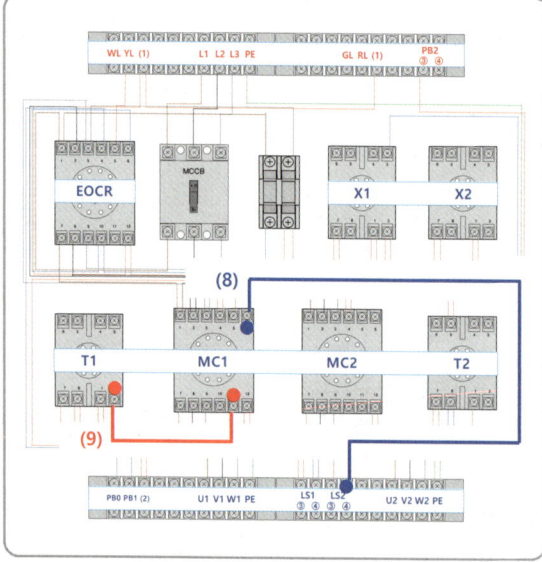

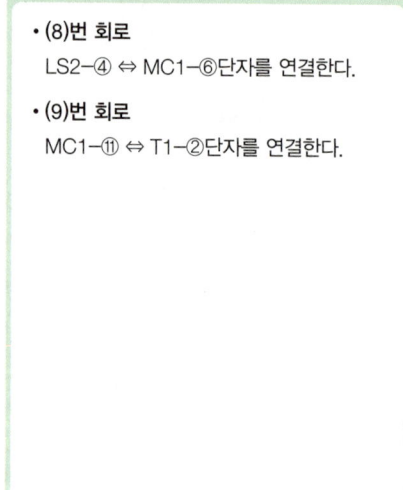

- (8)번 회로

  LS2-④ ⇔ MC1-⑥단자를 연결한다.

- (9)번 회로

  MC1-⑪ ⇔ T1-②단자를 연결한다.

8 (10)~(11)번 회로

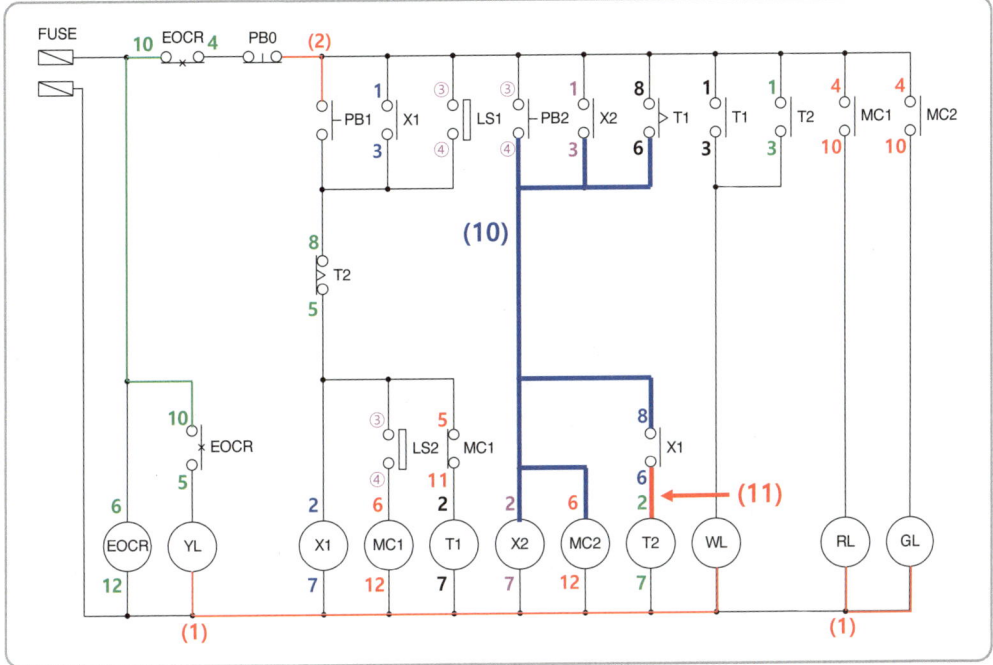

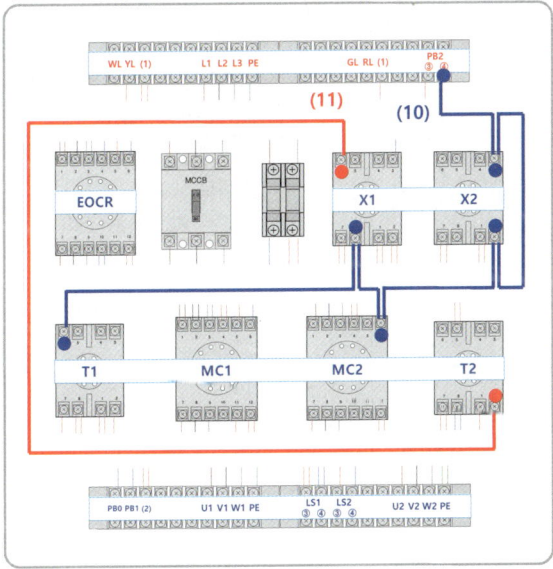

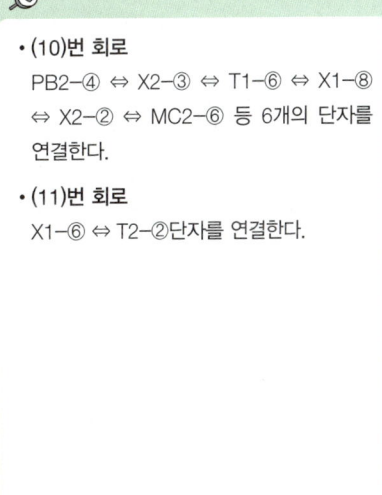

- (10)번 회로
PB2-④ ⇔ X2-③ ⇔ T1-⑥ ⇔ X1-⑧ ⇔ X2-② ⇔ MC2-⑥ 등 6개의 단자를 연결한다.

- (11)번 회로
X1-⑥ ⇔ T2-②단자를 연결한다.

9 (12)~(14)번 회로

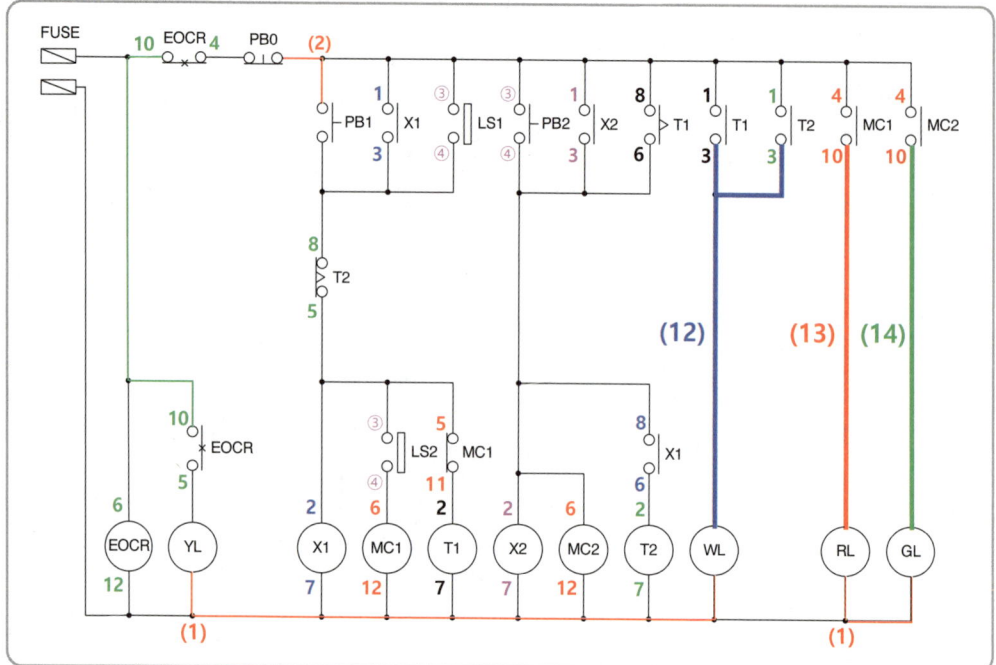

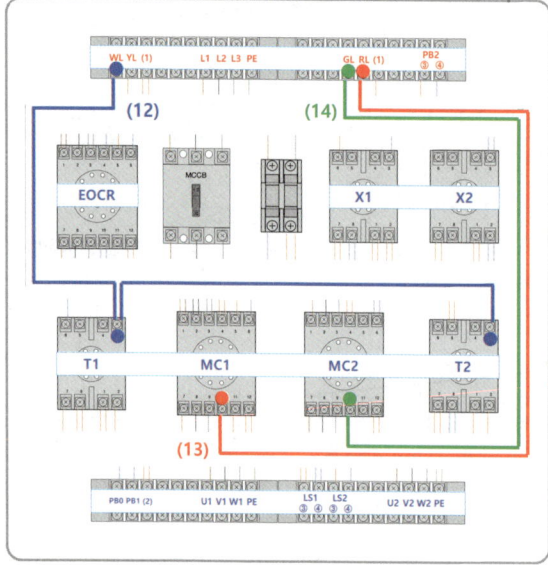

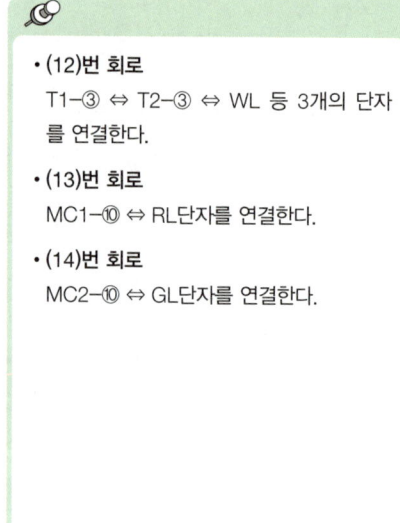

- (12)번 회로
  T1-③ ⇔ T2-③ ⇔ WL 등 3개의 단자를 연결한다.

- (13)번 회로
  MC1-⑩ ⇔ RL단자를 연결한다.

- (14)번 회로
  MC2-⑩ ⇔ GL단자를 연결한다.

9 제어판 점검

제어판 배선이 끝나면 회로를 점검한다.

1 육안 점검

(1) 단자대 이름이 부여된 곳에 전선 연결이 누락된 곳이 있는지 확인한다.
(2) 계전기의 전원단자와 접점이 잘 사용되었는지 확인한다.

2 벨 시험기로 점검

회로도를 보면서 아래쪽 모선, 위쪽 모선, 가운데 회로 순서로 회로를 점검한다.

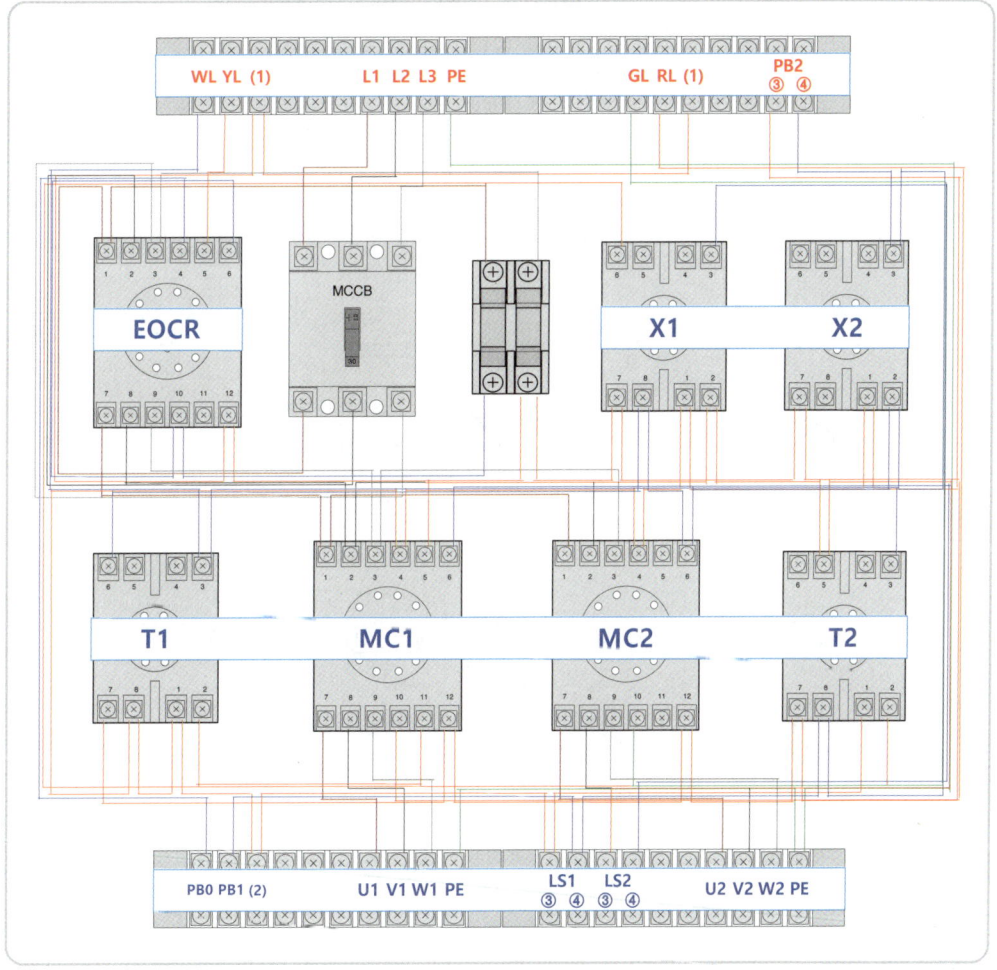

10 배관 및 입선작업 순서

(1) 제어판의 상단을 어깨 정도의 높이로 작업판에 부착한다.
(2) 배관할 위치를 도면의 치수에 맞게 제도하고 기구를 부착한다(단자대, 컨트롤 박스 등).
(3) 새들의 위치를 표시하고 배관의 종류에 맞게 커넥터를 조립한 후 배관을 실시한다.
(4) 배관에 입선할 전선 가닥수를 산출하여 입선한다. 제어판이나 컨트롤 박스 내부에서 결선할 전선의 길이를 여유 있게 계산해 주어야 한다.
(5) TB1은 4C 케이블을 사용한다(갈색, 흑색, 회색, 녹-황색).
(6) TB2, TB3는 2.5[mm^2] 전선을 사용한다(갈색, 흑색, 회색, 녹-황색 전선을 사용).
(7) 이 과제에서 배관은 생략하고 제어판의 외부에 기구를 연결하여 동작하는 것으로 한다.

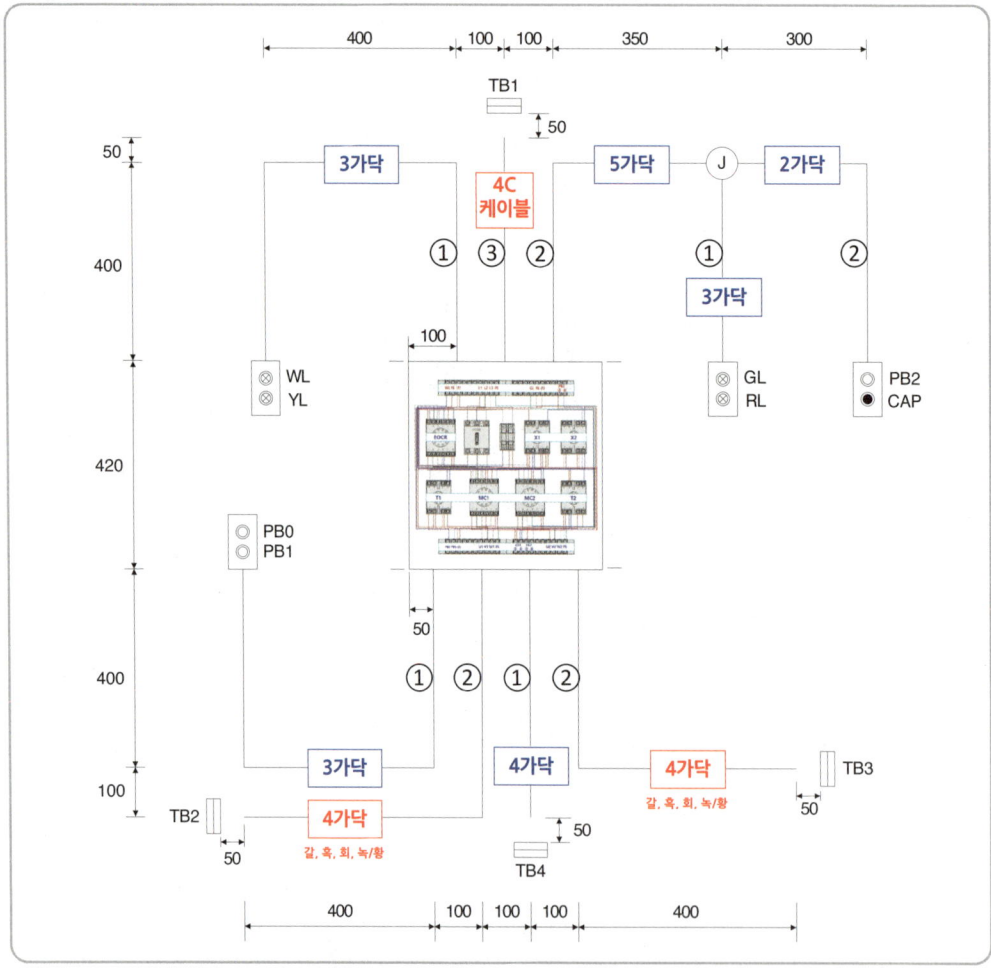

11 결선작업

1 위쪽 단자대 결선작업

2구 박스의 뚜껑에 표시등 WL과 YL, 표시등 GL과 RL, 푸시버튼 스위치 PB2를 각각 조립하고 공통단자를 연결해 놓는다.

(1) WL, YL 결선 : 입선한 3선을 제어판 단자대에 먼저 연결하고, 벨 시험기로 WL, YL, (1)번 선을 찾아 3방향으로 분리해 놓는다. (1)번 선을 미리 연결해 놓은 공통선에 연결하고, WL선과 YL선을 연결한다.

(2) TB1 결선 : 케이블을 사용하며, 단자대의 왼쪽부터 L1상(갈색), L2상(흑색), L3상(회색), PE(녹-황색) 순서로 연결한다. 전원측 단자대는 동작시험을 할 수 있도록 전원선의 색상에 맞춰 100[mm] 정도 인출하고, 피복은 전선 끝에서 10[mm] 정도 벗겨 놓는다.

(3) GL, RL 결선 : 입선한 3선을 제어판 단자대에 먼저 연결하고, 벨 시험기로 GL, RL, (1)번 선을 찾아 3방향으로 분리해 놓는다. (1)번 선을 미리 연결해 놓은 공통선에 연결하고, GL선과 RL선을 연결한다.

(4) PB2 결선 : 2구 박스의 뚜껑에 푸시버튼 스위치 PB2를 조립하고 아래쪽은 홀마개를 끼워 놓은 후 입선한 2선을 단자 구분 없이 파란색 부분의 단자에 연결한다.

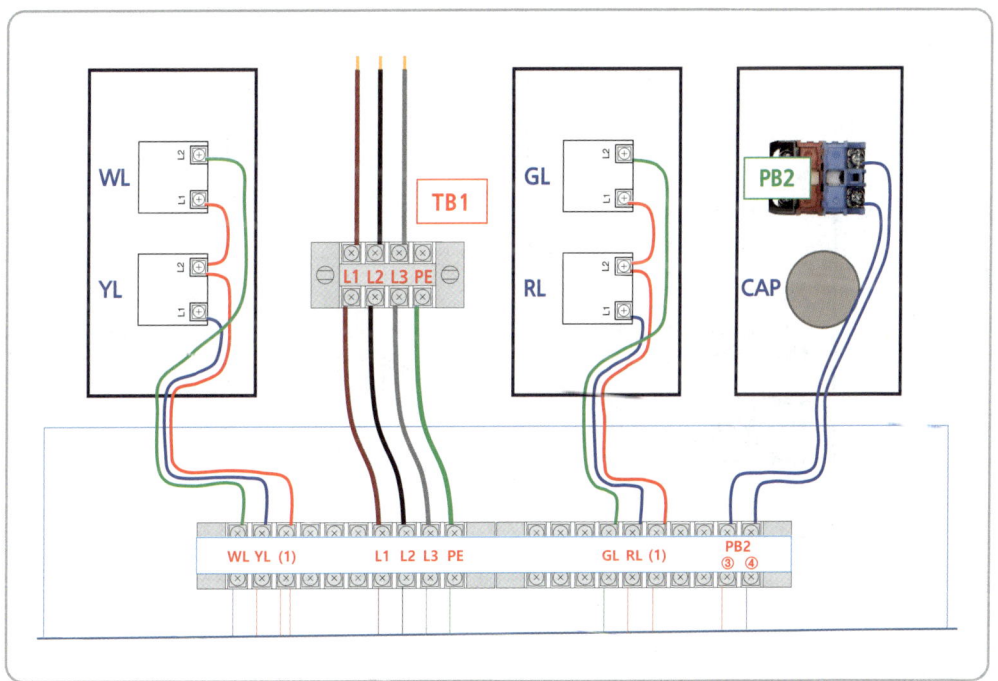

2 푸시버튼 스위치 점검

2구 박스의 뚜껑을 닫은 상태에서 제어판 단자대의 2단자에 벨 시험기의 리드선을 대고 PB2를 누르면 '삐'소리가 나고 놓았을 때 정지하면 정상이다.

3 아래쪽 단자대 결선작업

(1) PB0, PB1 결선 : 입선한 3선을 제어판 단자 쪽을 먼저 연결하고, 벨 시험기로 PB0, PB1, (2)번 선을 찾아 3방향으로 분리해 놓는다. (2)번 선을 푸시버튼 스위치의 공통단자에 연결한다. PB0선과 PB1선을 찾아 각각 푸시버튼 스위치에 연결한다.

(2) TB2 결선 : 4P 단자대측을 먼저 연결하고 제어판 단자대 쪽을 연결한다. TB2 단자대는 위쪽부터 U1(갈색), V1(흑색), W1(회색), PE(녹-황색) 순서로 연결한다.

(3) TB4 결선 : 왼쪽부터 LS1, LS2의 순서로 결선하되 TB4 단자대까지만 연결해 놓으면 된다. 동작시험을 위해 2차측에는 4가닥의 선을 인출해 놓았다.

(4) TB3 결선 : 4P 단자대측을 먼저 연결하고 제어판 단자대 쪽을 연결한다. TB3 단자대는 위쪽부터 U2(갈색), V2(흑색), W2(회색), PE(녹-황색) 순서로 연결한다.

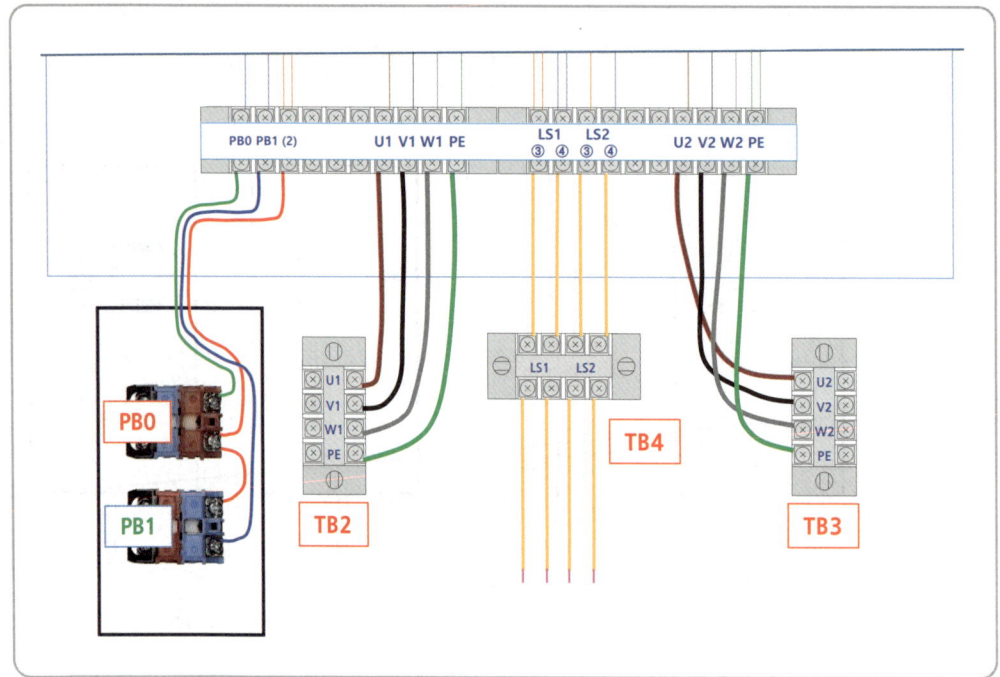

4 푸시버튼 스위치 점검

(1) PB0 확인 : 제어판 단자대 PB0단자와 (2)번 단자에 벨 시험기의 리드선을 대면 '삐' 소리가 나고, 눌렀을 때 벨 소리가 정지하면 정상이다.

(2) PB1 확인 : 제어판 단자대의 PB1단자와 (2)번 단자에 벨 시험기의 리드선을 대고 스위치를 누르면 '삐' 소리가 나고, 손을 떼었을 때 벨 소리가 정지하면 정상이다.

5 기구의 결선이 완료되면 다음과 같은 순서로 확인한다.

(1) TB1 단자대에 전선을 연결하고 피복을 벗겨 놓았는지 확인한다.

(2) 퓨즈를 삽입하고 차단기를 올린 후 벨 시험기로 전원측 TB1에 인출해 놓은 L1단자와 퓨즈의 2차측 단자(왼쪽)를 확인한다. '삐' 소리가 나면 정상이며, L3단자와 퓨즈의 2차측 단자(오른쪽)를 확인한다.

(3) 배관 및 기구 배치도를 확인해 기구의 위치와 색상 등이 맞는지 다시 한 번 확인한다.

(4) 단자대와 소켓 위에 붙여놓은 종이테이프를 제거한다.

공개문제 13번 실제 작업영상 안내

오른쪽 QR코드를 스캔하면 3개의 영상으로 구성된 작업과정을 시청할 수 있다.

12 마무리 작업

점검 후 이상이 없으면 케이블 타이를 사용해 전선이 흐트러지지 않도록 적당한 간격으로 묶어준다.

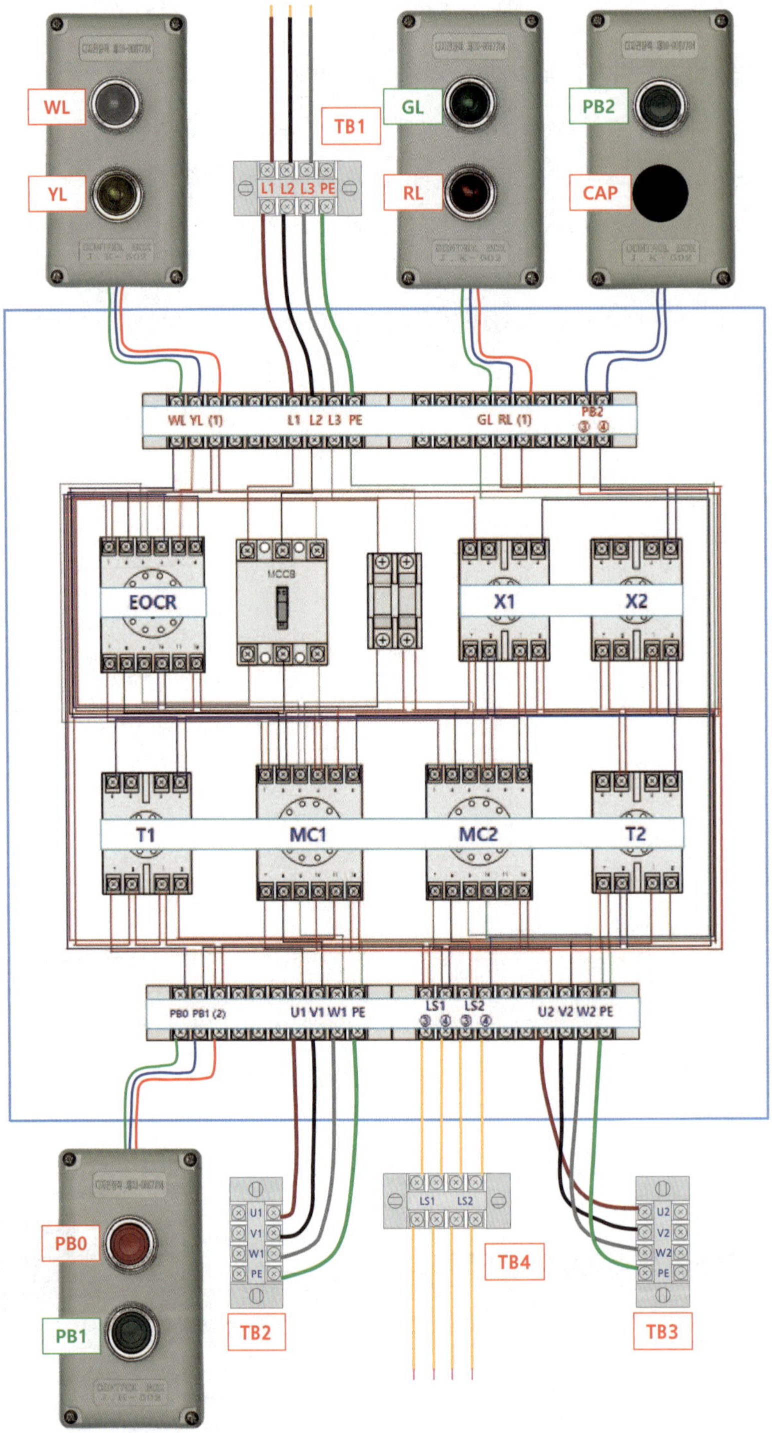

6강 공개문제 16번: 전기 설비의 배선 및 배관 공사

학습목표 미리보기 주어진 도면을 이용하여 제어판 작업을 완성하고 외부에 기구를 연결하는 방법을 연습해 보자.

지급된 재료와 시험장 시설을 사용하여 제한 시간 내에 주어진 과제를 안전에 유의하여 완성하시오.
(단, 지급된 재료와 도면에서 요구하는 재료가 서로 상이할 수 있으므로 도면을 참고하여 필요한 재료를 지급된 재료에서 선택하여 작품을 완성하시오.)

1 배관 및 기구 배치 도면에 따라 배관 및 기구를 배치하시오.
(단, 제어판을 제어함이라고 가정하고 전선관 및 케이블을 접속하시오.)

2 전기 설비 운전 제어회로 구성
가) 제어회로의 도면과 동작 사항을 참고하여 제어회로를 구성하시오.
나) 전원 방식 : 3상 3선식 220[V]
다) 전동기의 접속은 생략하고 접속할 수 있게 단자대까지 배선하시오.

3 동작 사항
가) MCCB를 통해 전원을 투입하면, EOCR에 전원이 공급된다.
나) 푸시버튼 스위치 PB1 동작 사항
 (1) 리밋 스위치 LS1이 감지되면, 타이머 T1이 여자되고, PB2 또는 타이머 T2에 의한 전동기 M2의 동작이 가능한 상태로 된다.
 (2) PB1을 누르거나 타이머 T1의 설정시간 t1초 후, X1, MC1이 여자되고 M1이 회전하고, RL이 점등된다.
 (3) LS1의 감지가 해제되어도 전동기 M1에 대한 동작의 변화는 없다.
다) 푸시버튼 스위치 PB2 동작 사항
 (1) 리밋 스위치 LS1이 감지된 경우
  PB2를 누르면 X2, MC2가 여자되어, M2가 회전하고, GL이 점등된다.
 (2) 리밋 스위치 LS2가 감지된 경우
  ① T2, X2, MC2가 여자되어, M2가 회전하며 GL이 점등된다.
  ② T2의 설정시간 t2초 후, MC2가 소자되어, M2가 정지하고, GL이 소등, WL이 점등된다.
  ③ LS2의 감지가 해제되면, MC2가 여자되어, M2가 회전하며, GL이 점등, WL이 소등된다.
 (3) 제어회로가 동작하는 중 PB0를 누르면, 제어회로 및 전동기 동작은 모두 정지된다.
라) EOCR 동작 사항
 (1) 운전 중 과전류가 흐르면, EOCR이 동작되어 전동기는 정지하고, YL이 점등된다.
 (2) EOCR을 리셋(RESET)하면 제어회로는 초기 상태로 복귀된다.

III 공개문제 작업과정

1 배관 및 기구 배치도

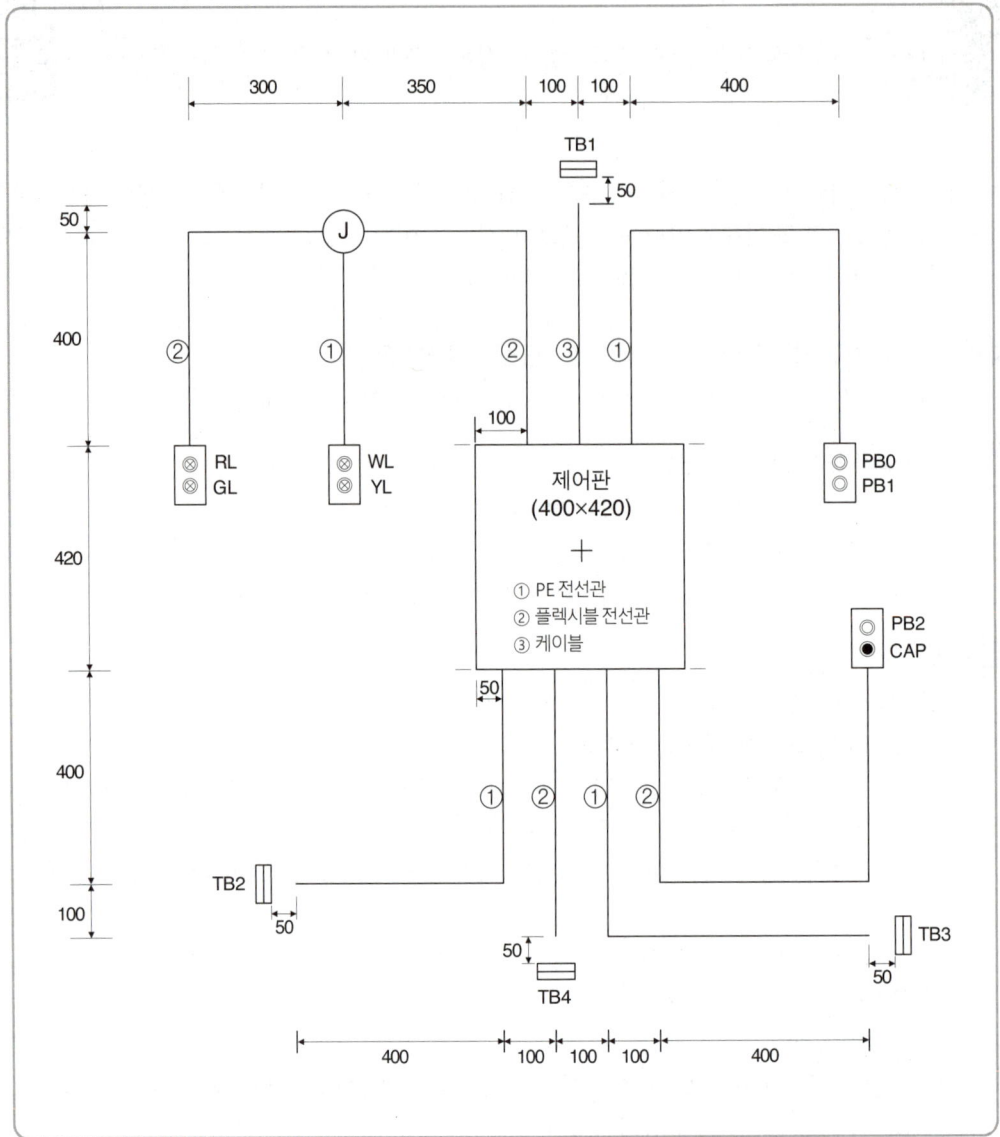

2. 제어판 내부 기구 배치도

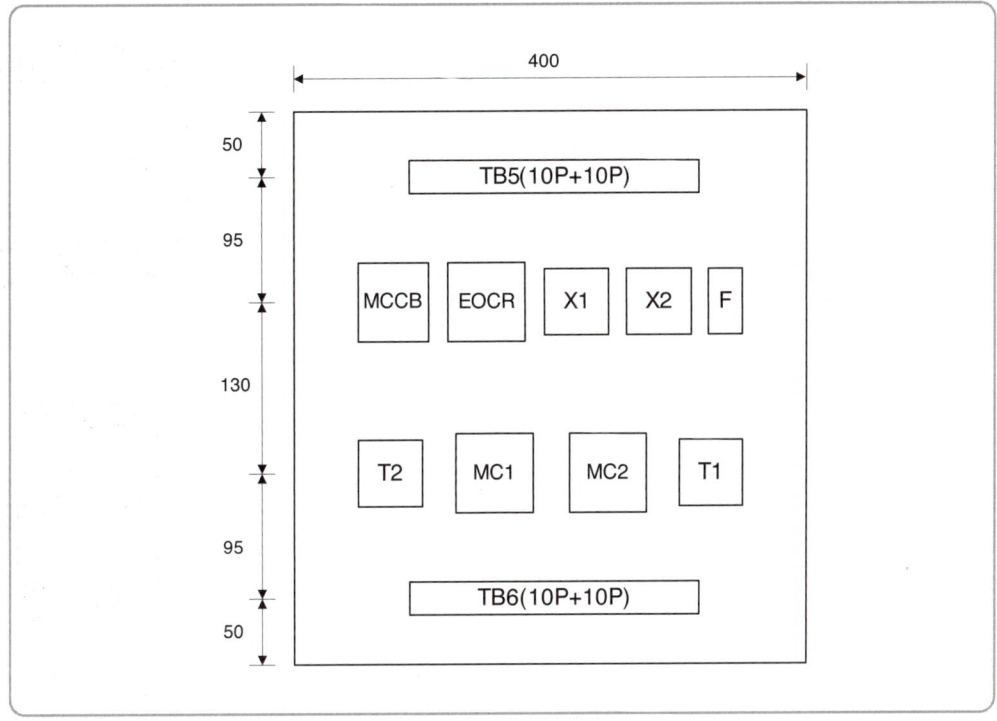

[범례]

기호	명칭	기호	명칭
TB1	전원(단자대 4P)	PB0	푸시버튼 스위치(적색)
TB2, TB3	전동기(단자대 4P)	PB1	푸시버튼 스위치(녹색)
TB4	플로트레스(단자대 4P)	PB2	푸시버튼 스위치(녹색)
TB5, TB6	단자대(10P+10P)	YL	램프(황색)
MC1, MC2	전자접촉기(12P)	GL	램프(녹색)
EOCR	EOCR(12P)	RL	램프(적색)
X1, X2	릴레이(8P)	WL	램프(백색)
T1, T2	타이머(8P)	CAP	홀마개
F	퓨즈 및 퓨즈 홀더	ⓙ	8각 박스
MCCB	배선용 차단기		

3 기구의 내부 결선도 및 구성도

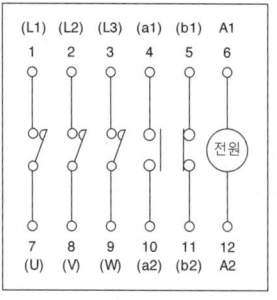

[전자접촉기]

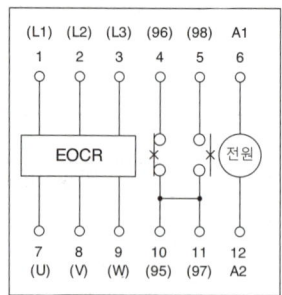

[EOCR]

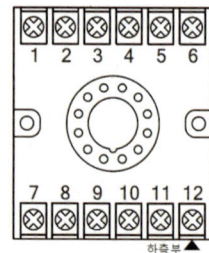

[12P 소켓 구성도]

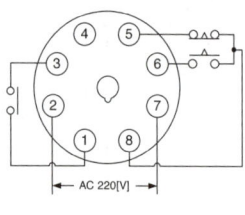

[타이머]

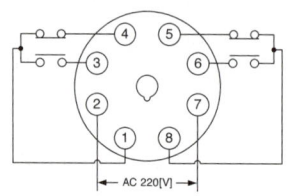

[8P 릴레이]

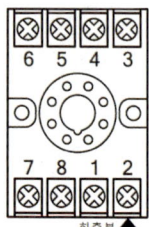

[8P 소켓 구성도]

4 회로도

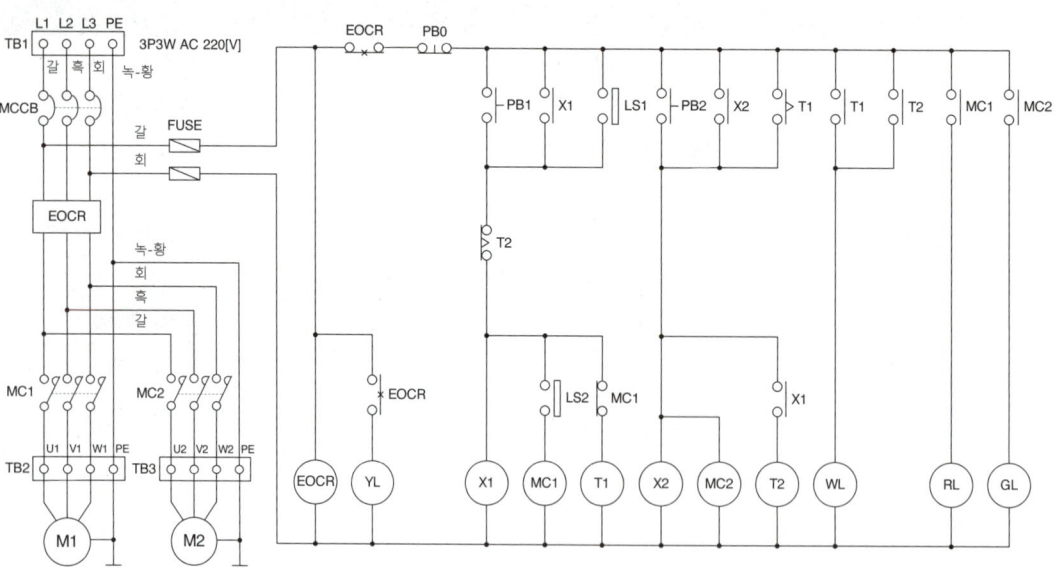

5 계전기 접점번호 적어 넣기

1 주회로 부분

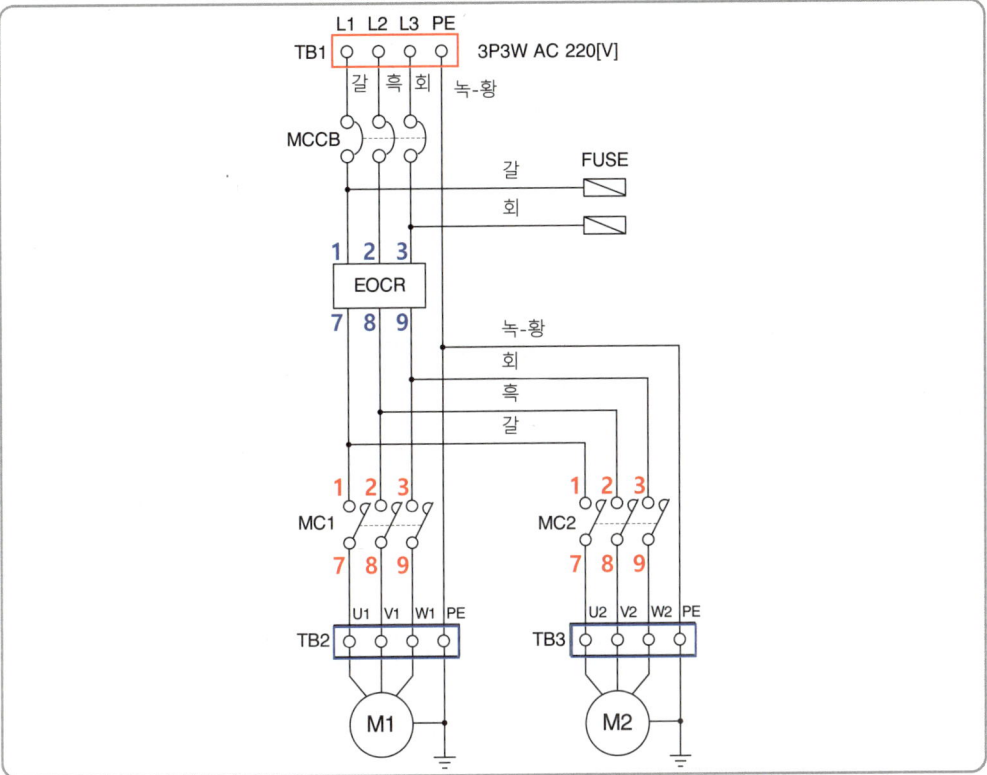

2 보조회로 부분

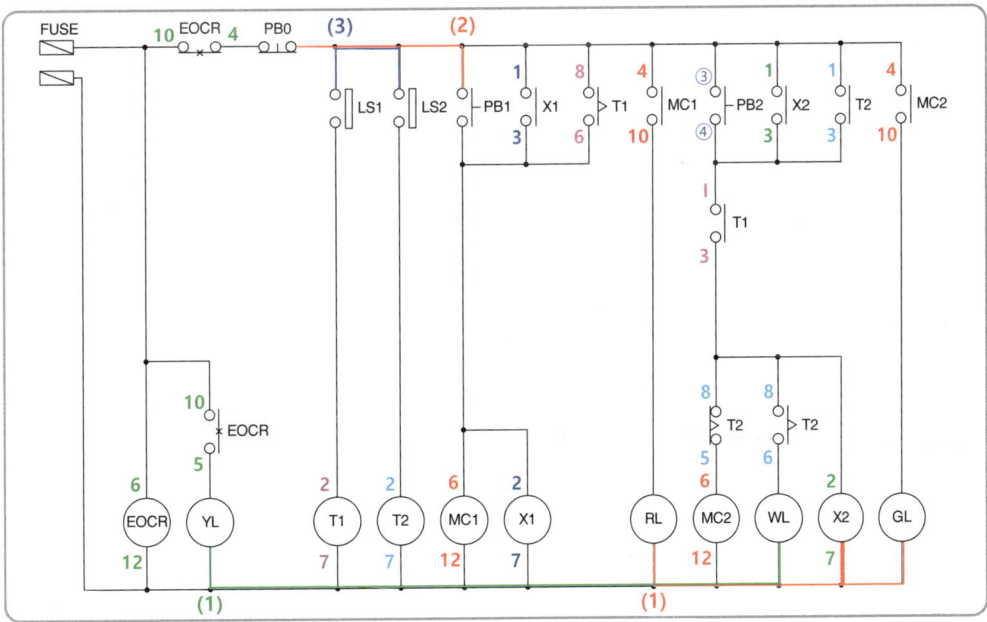

6 단자대 이름 적어 넣기

배관 및 기구 배치도를 참고하여 회로도에 인출할 기구를 표시하고 단자대 위쪽의 왼쪽 배관에 연결되어 있는 기구부터 차례로 이름을 적어 넣는다.

300
350
100
100
400
TB1
50
J
RL
GL
WL
YL
1 2 3
제어판
4 5 6 7
PB0
PB1
PB2
CAP
TB2
TB3
TB4
420

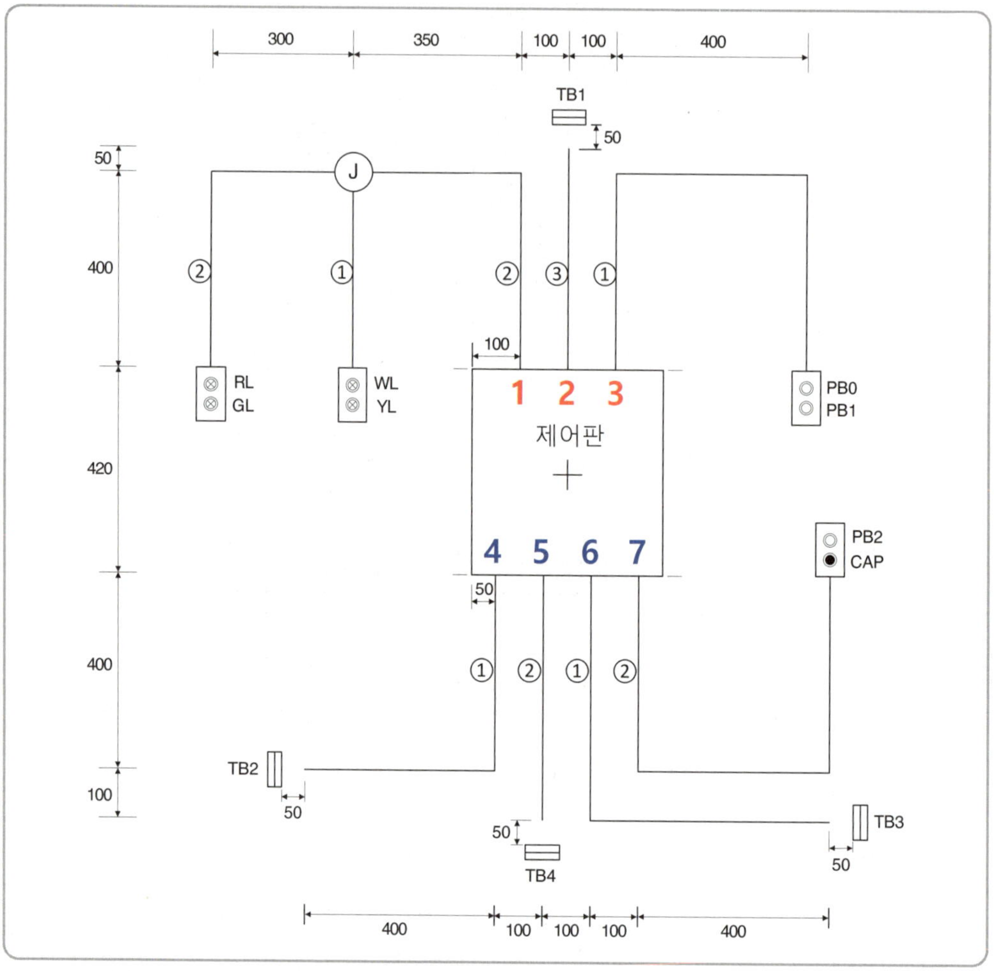

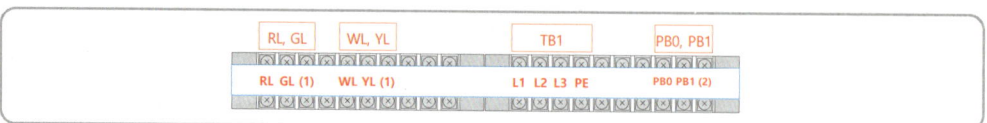

1 위쪽 단자대 이름 부여

RL, GL
WL, YL
TB1
PB0, PB1
RL GL (1)
WL YL (1)
L1 L2 L3 PE
PB0 PB1 (2)

2 아래쪽 단자대 이름 부여

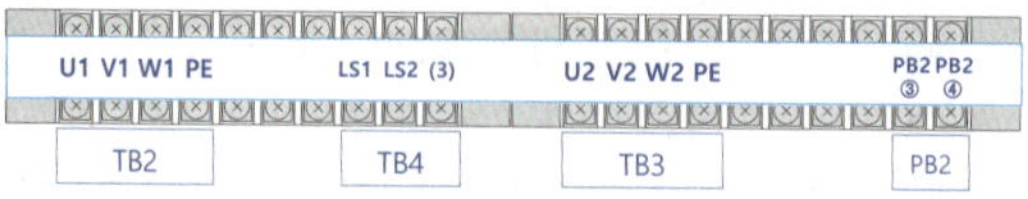

U1 V1 W1 PE
LS1 LS2 (3)
U2 V2 W2 PE
PB2 PB2
③ ④
TB2
TB4
TB3
PB2

7 주회로 배선

1 (가)~(나)회로

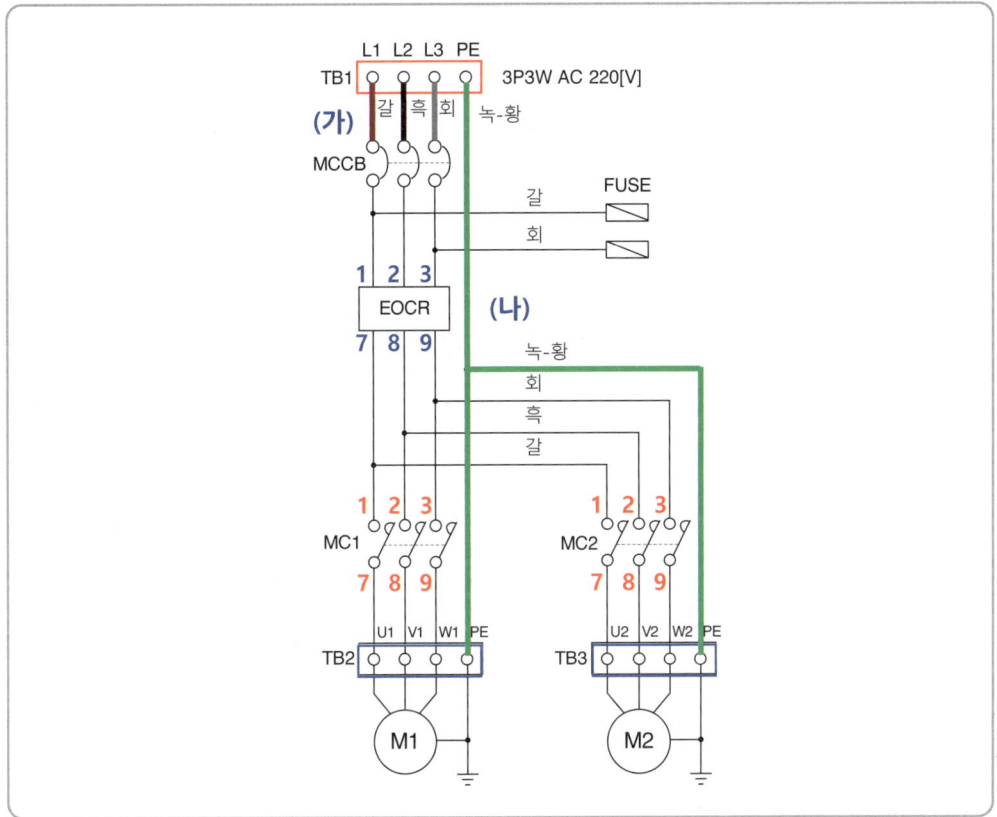

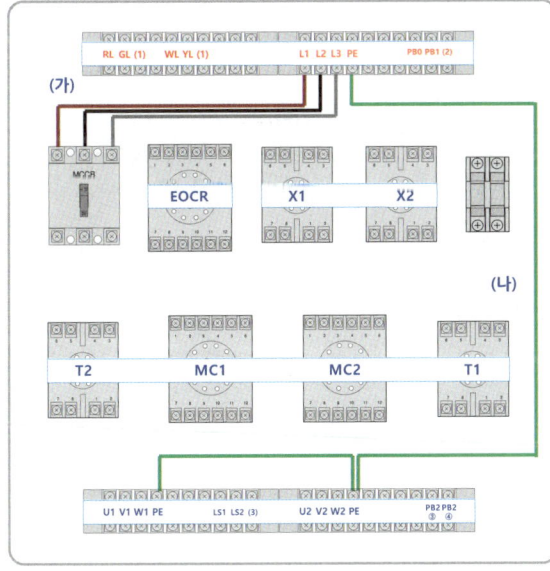

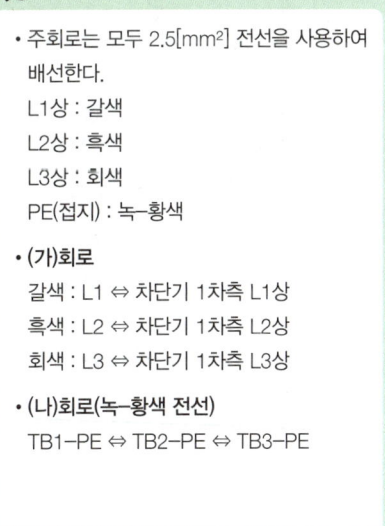

- 주회로는 모두 2.5[mm²] 전선을 사용하여 배선한다.
  L1상 : 갈색
  L2상 : 흑색
  L3상 : 회색
  PE(접지) : 녹-황색

- (가)회로
  갈색 : L1 ⇔ 차단기 1차측 L1상
  흑색 : L2 ⇔ 차단기 1차측 L2상
  회색 : L3 ⇔ 차단기 1차측 L3상

- (나)회로(녹-황색 전선)
  TB1-PE ⇔ TB2-PE ⇔ TB3-PE

2 (다)~(라)회로

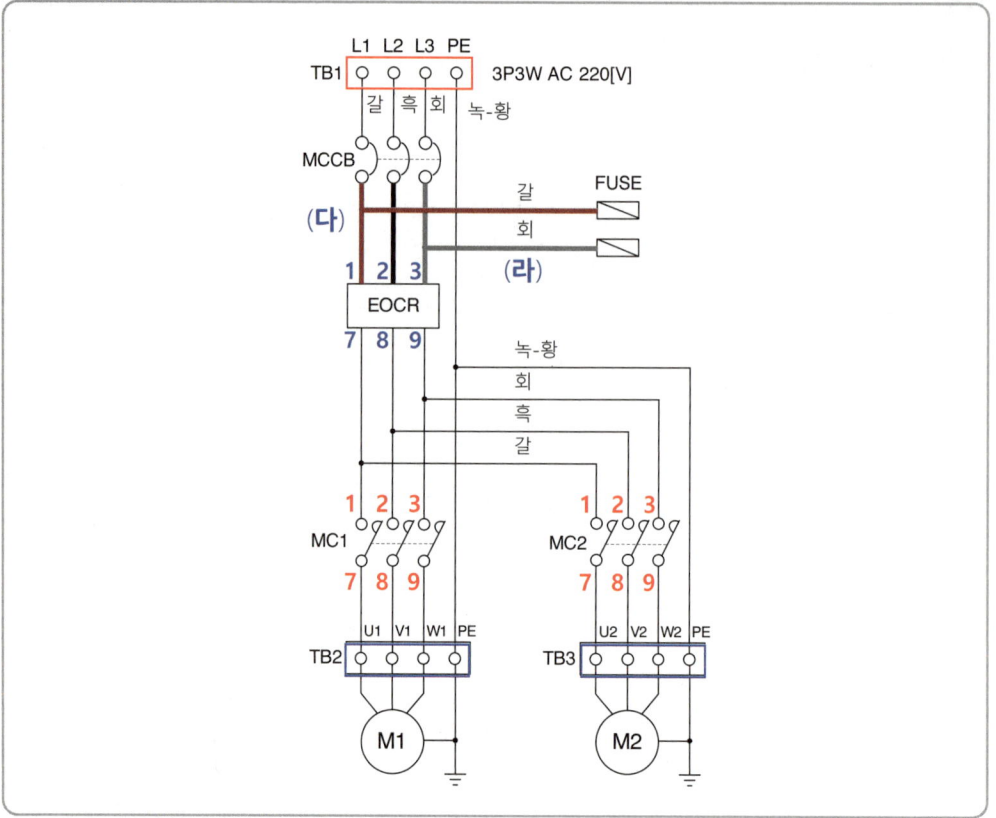

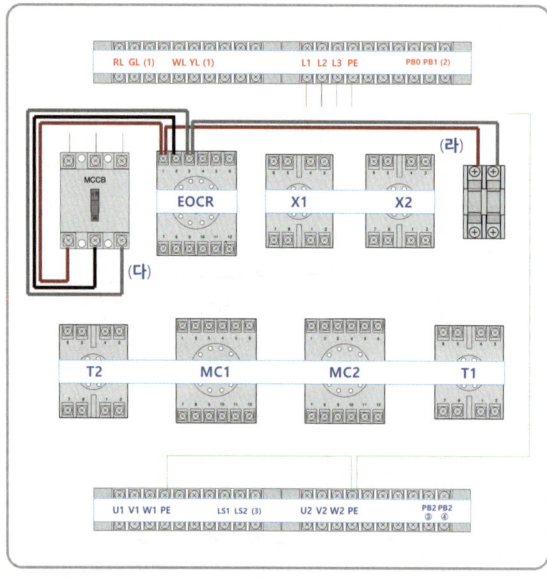

- (다)회로
  - 갈색 : 차단기 2차측 L1상 ⇔ EOCR-①
  - 흑색 : 차단기 2차측 L2상 ⇔ EOCR-②
  - 회색 : 차단기 2차측 L3상 ⇔ EOCR-③
- (라)회로
  - 갈색 : EOCR-① ⇔ 퓨즈 1차측
  - 회색 : EOCR-③ ⇔ 퓨즈 1차측

3 (마)회로

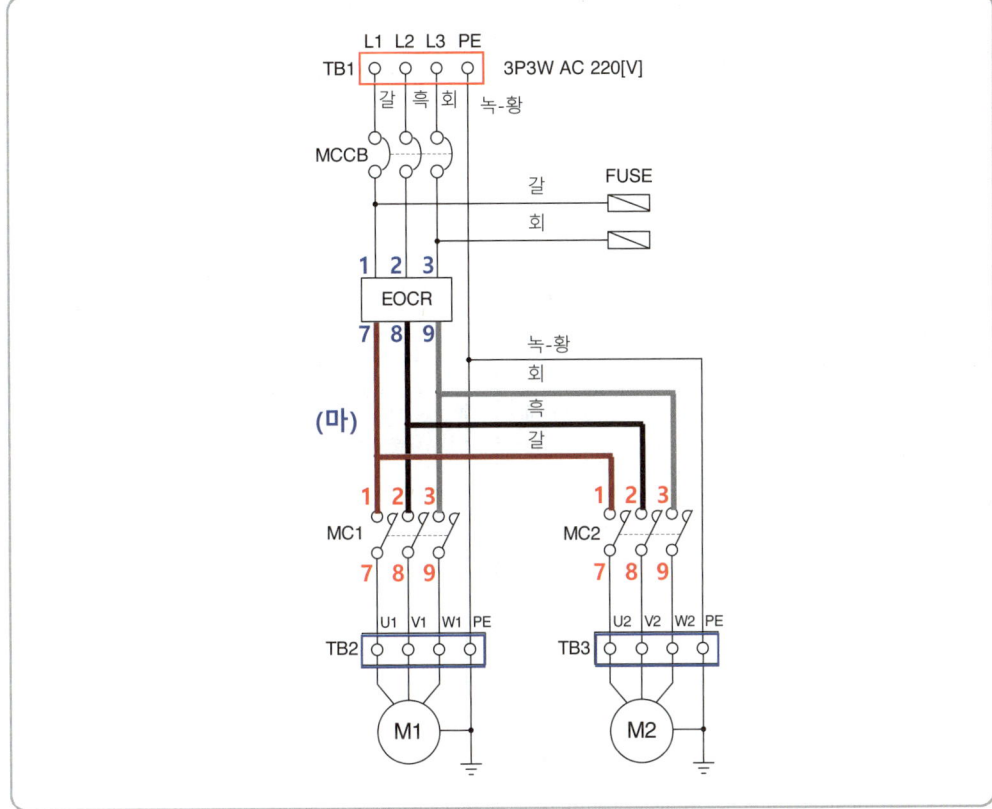

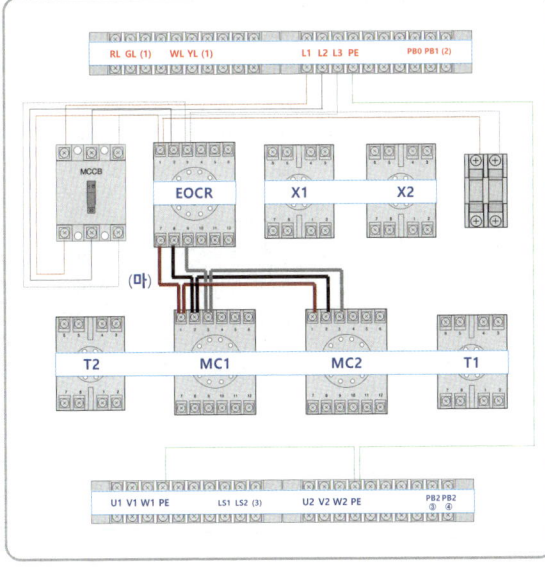

- (마)회로

  갈색 : EOCR-⑦ ⇔ MC1-① ⇔ MC2-①

  흑색 : EOCR-⑧ ⇔ MC1-② ⇔ MC2-②

  회색 : EOCR-⑨ ⇔ MC1-③ ⇔ MC2-③

4 (바)~(사)회로

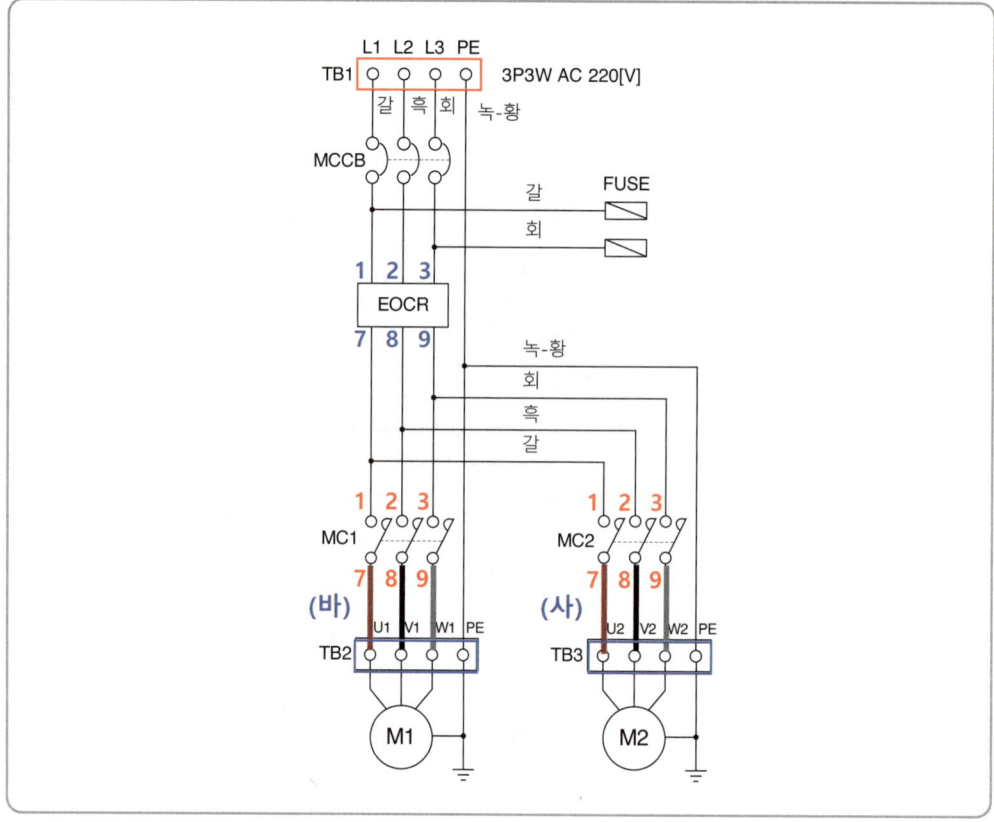

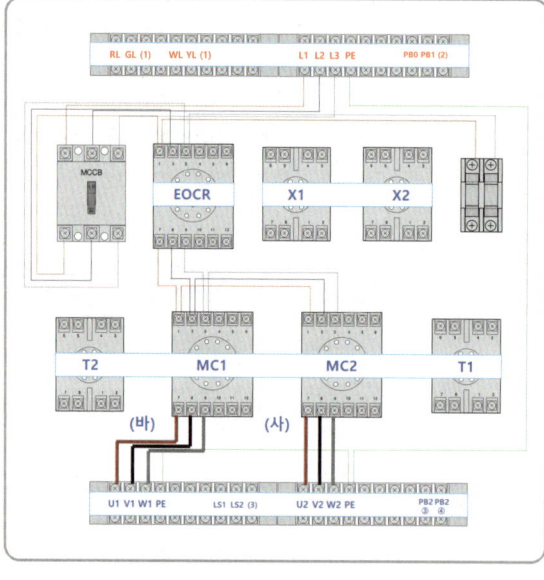

- (바)회로

  갈색 : MC1-⑦ ⇔ TB2-U1

  흑색 : MC1-⑧ ⇔ TB2-V1

  회색 : MC1-⑨ ⇔ TB2-W1

- (사)회로

  갈색 : MC2-⑦ ⇔ TB3-U2

  흑색 : MC2-⑧ ⇔ TB3-V2

  회색 : MC2-⑨ ⇔ TB3-W2

8 보조회로 배선

1 (1)번 회로

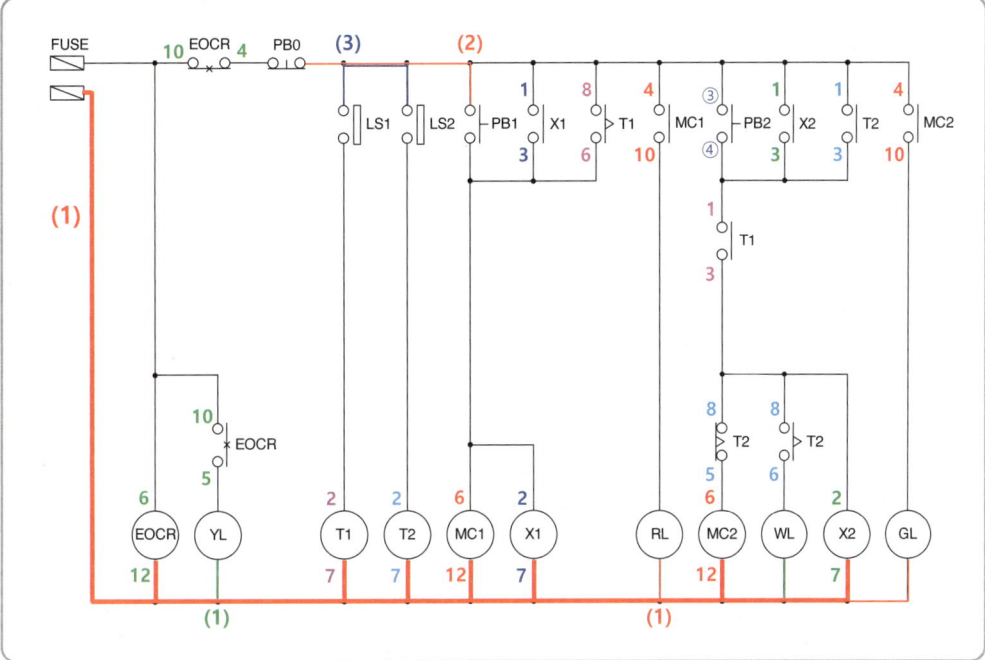

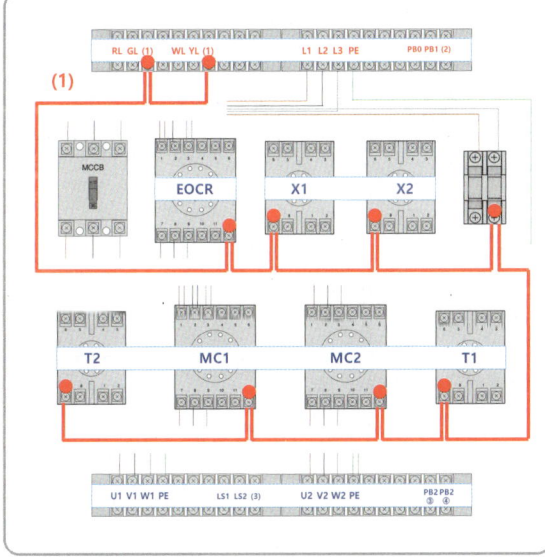

- 보조회로는 황색 전선을 사용한다. 연결해야 할 단자가 많은 경우 제어회로도를 보고 순서대로 표시한 후 최단 거리로 연결한다.

- (1)번 회로
퓨즈 2차 ⇔ EOCR-⑫ ⇔ (1) ⇔ T1-⑦ ⇔ T2-⑦ ⇔ MC1-⑫ ⇔ X1-⑦ ⇔ (1) ⇔ MC2-⑫ ⇔ X2-⑦ 등 10개의 단자를 연결한다.

- 앞쪽의 (1)은 YL과 WL을 연결한 공통단자 번호이고, 뒷쪽의 (1)은 RL과 GL을 연결한 공통단자 번호이다.

III 공개문제 작업과정

2 (2)~(3)번 회로

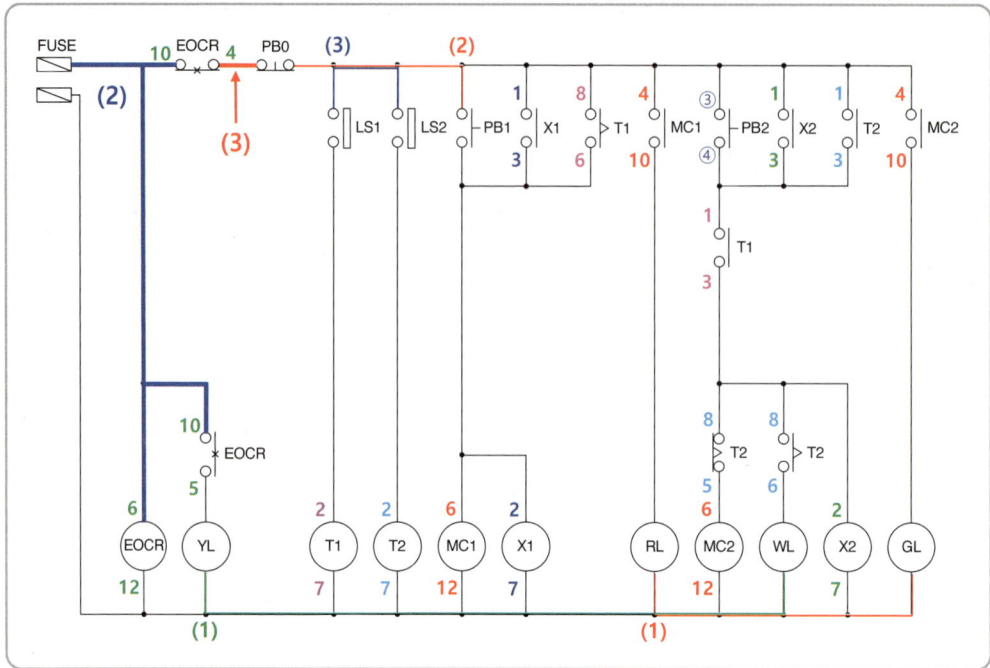

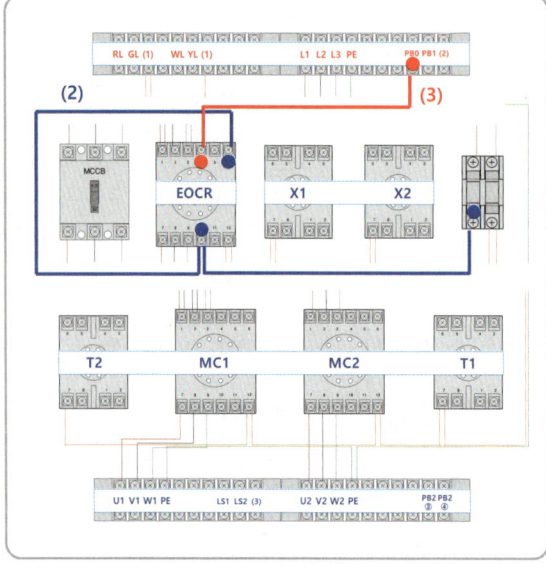

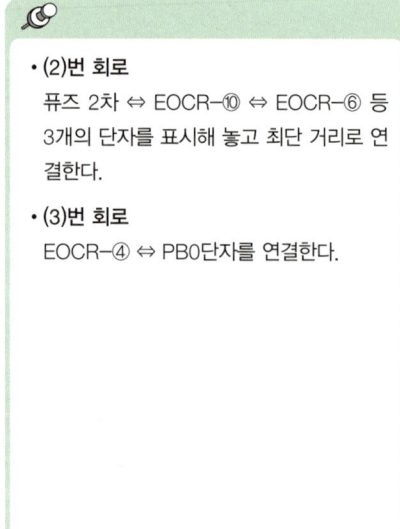

- (2)번 회로
  퓨즈 2차 ⇔ EOCR-⑩ ⇔ EOCR-⑥ 등 3개의 단자를 표시해 놓고 최단 거리로 연결한다.

- (3)번 회로
  EOCR-④ ⇔ PB0단자를 연결한다.

3 (4)번 회로

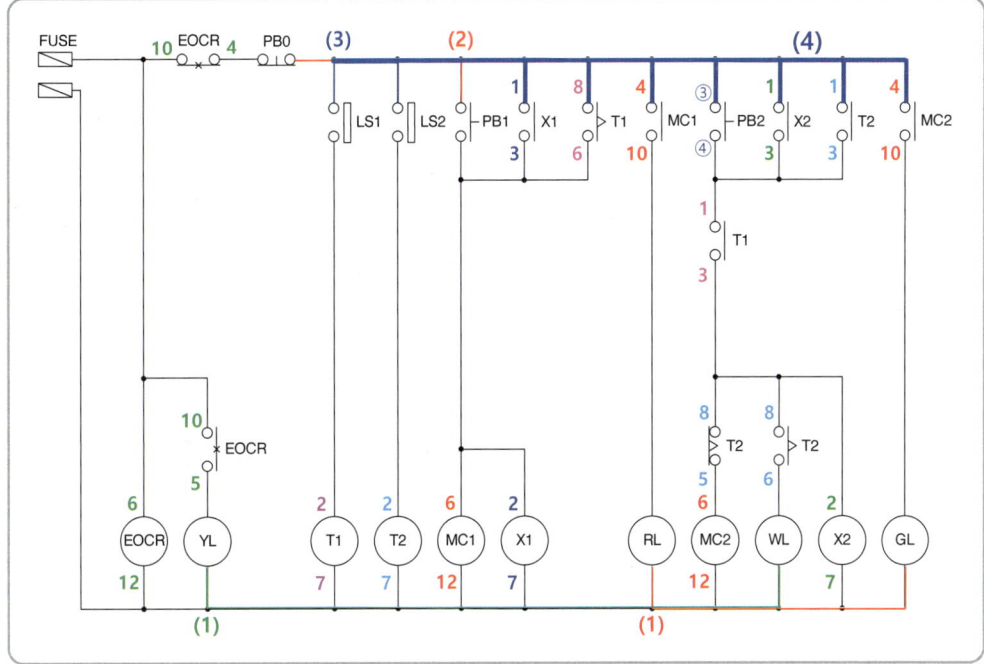

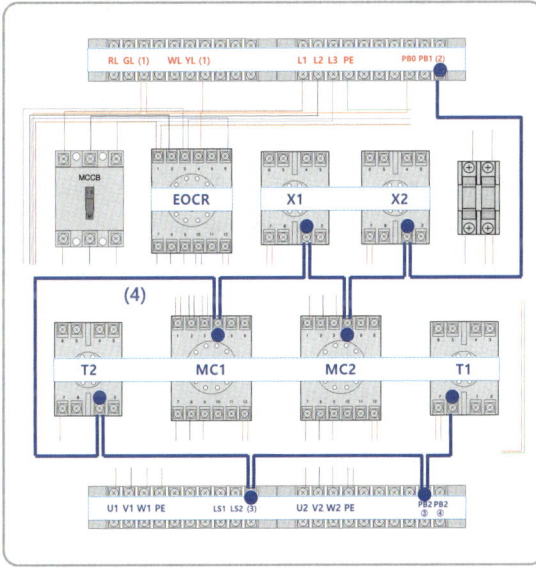

- (4)번 회로
  (3) ⇔ (2) ⇔ X1-① ⇔ T1-⑧ ⇔ MC1-④
  ⇔ PB2-③ ⇔ X2-① ⇔ T2-① ⇔ MC2-
  ④ 등 9개의 단자를 연결한다.

- (3)은 LS1과 LS2를 연결한 공통단자 번호 이고, (2)는 PB0와 PB1을 연결한 공통단자 번호이다.

4 (5)~(7)번 회로

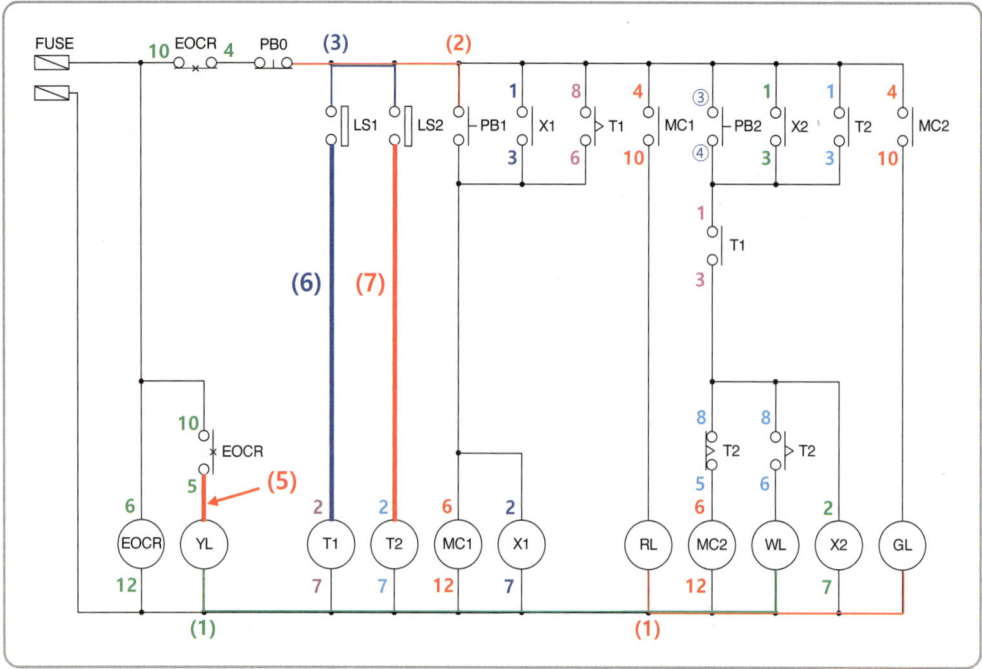

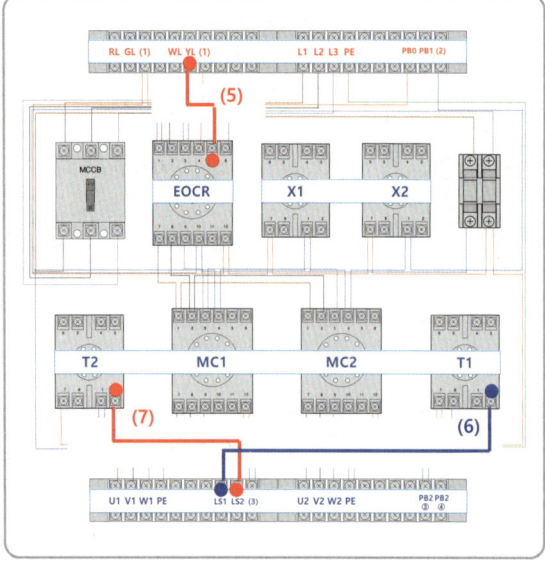

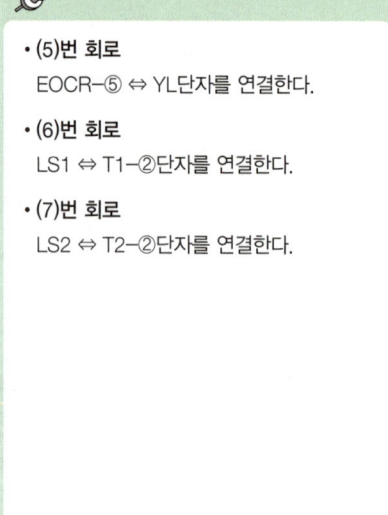

- (5)번 회로
  EOCR-⑤ ⇔ YL단자를 연결한다.

- (6)번 회로
  LS1 ⇔ T1-②단자를 연결한다.

- (7)번 회로
  LS2 ⇔ T2-②단자를 연결한다.

5 (8)~(9)번 회로

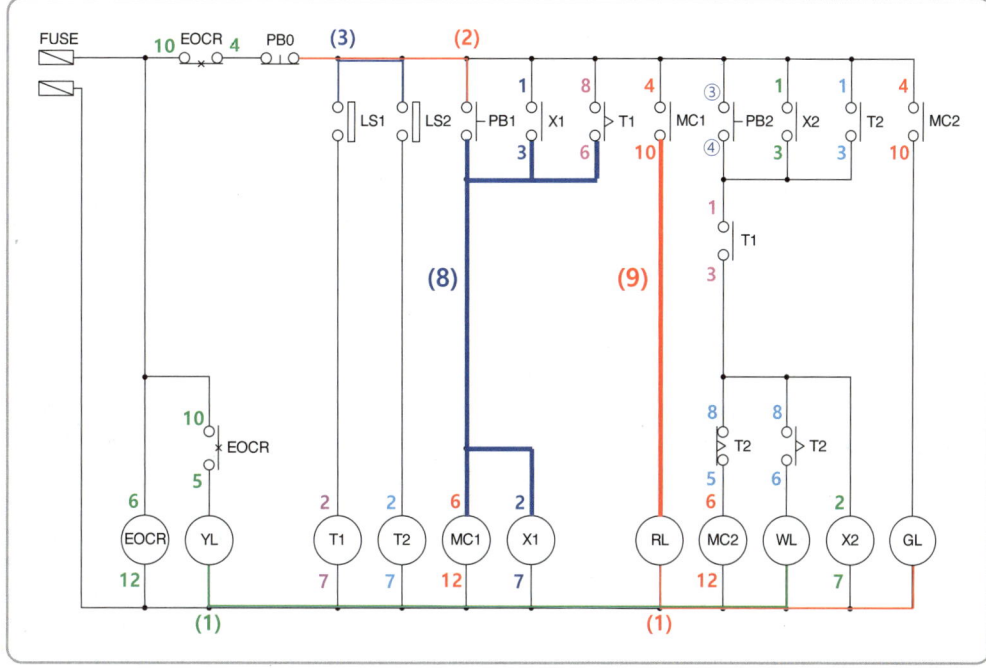

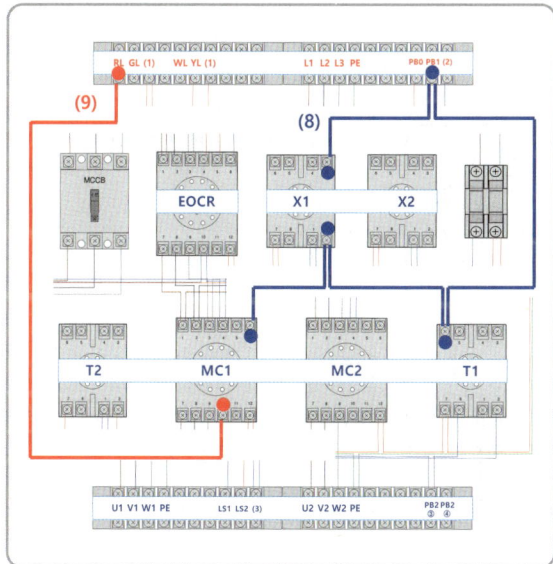

🔧
- (8)번 회로
PB1 ⇔ X1-③ ⇔ T1-⑥ ⇔ MC1-⑥ ⇔ X1-② 등 5개의 단자를 연결한다.

- (9)번 회로
MC1-⑩ ⇔ RL단자를 연결한다.

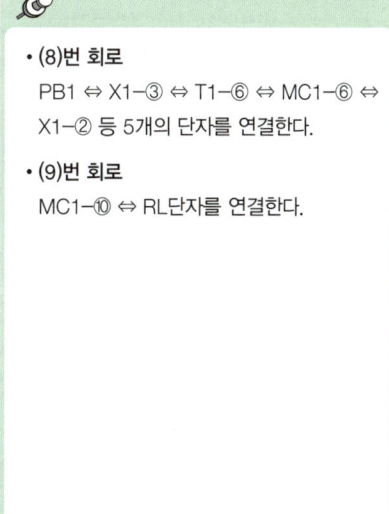

6 (10)번 회로

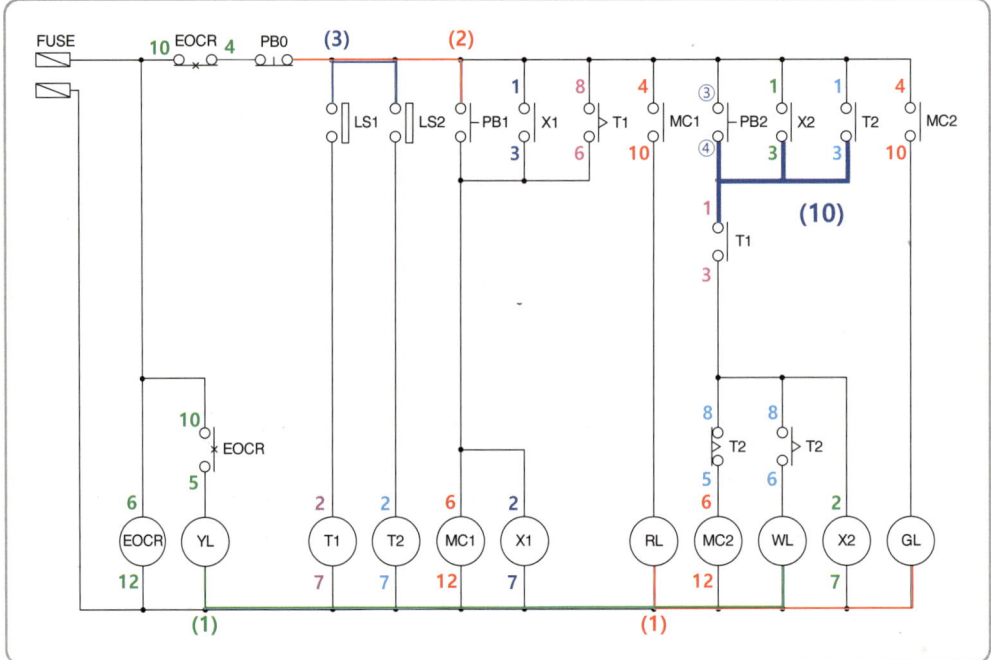

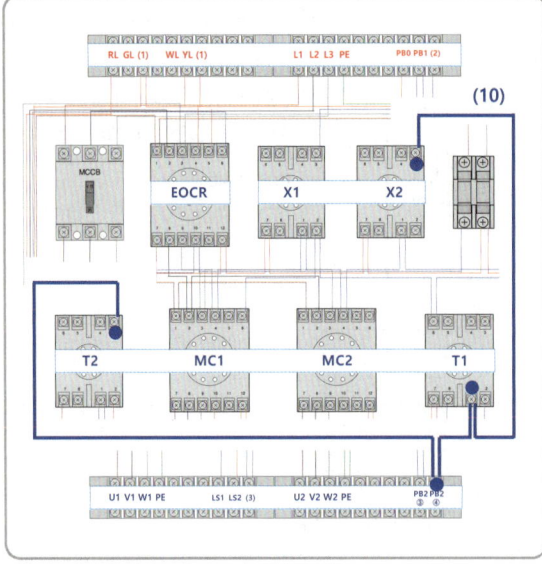

🔧
- (10)번 회로
PB2-④ ⇔ X2-③ ⇔ T2-③ ⇔ T1-① 등 4개의 단자를 연결한다.

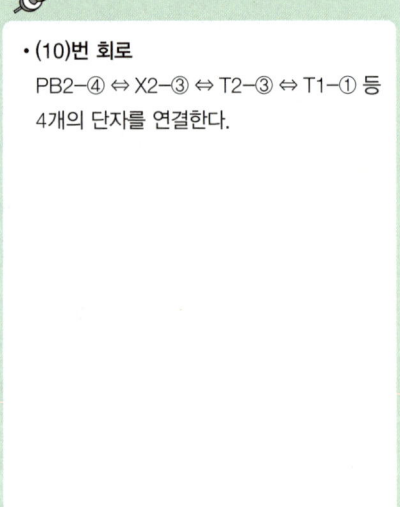

7 (11)번 회로

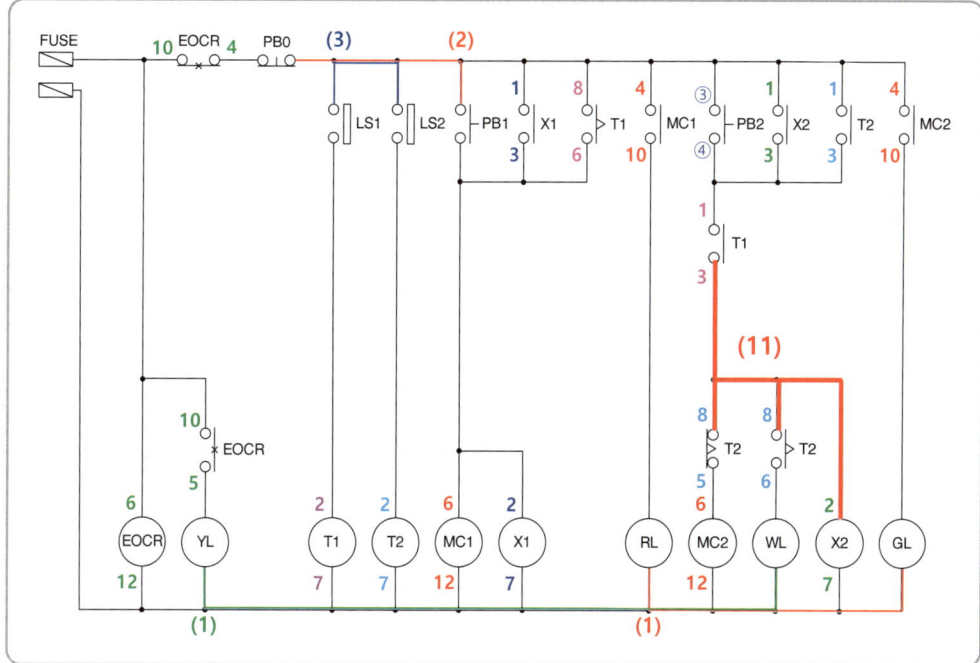

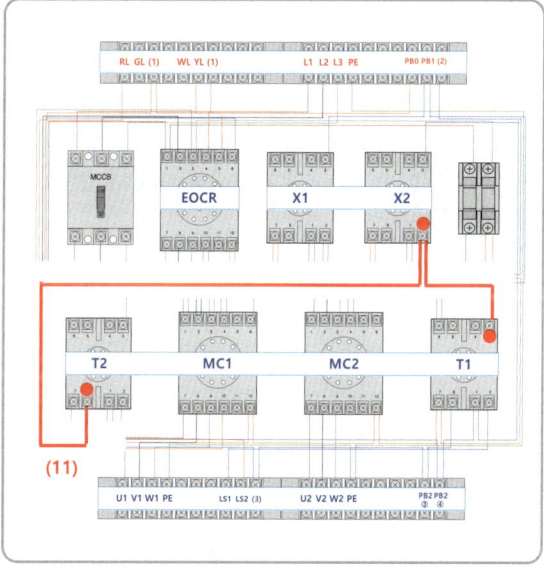

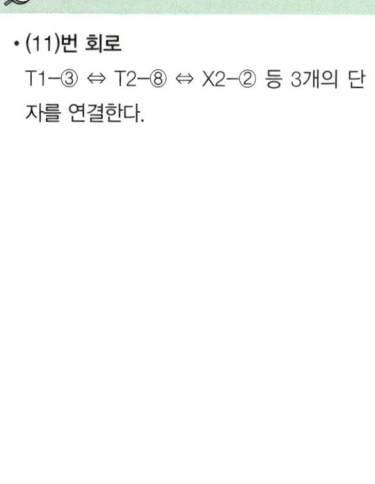

- (11)번 회로
  T1-③ ⇔ T2-⑧ ⇔ X2-② 등 3개의 단자를 연결한다.

III 공개문제 작업과정

8 (12)~(13)번 회로

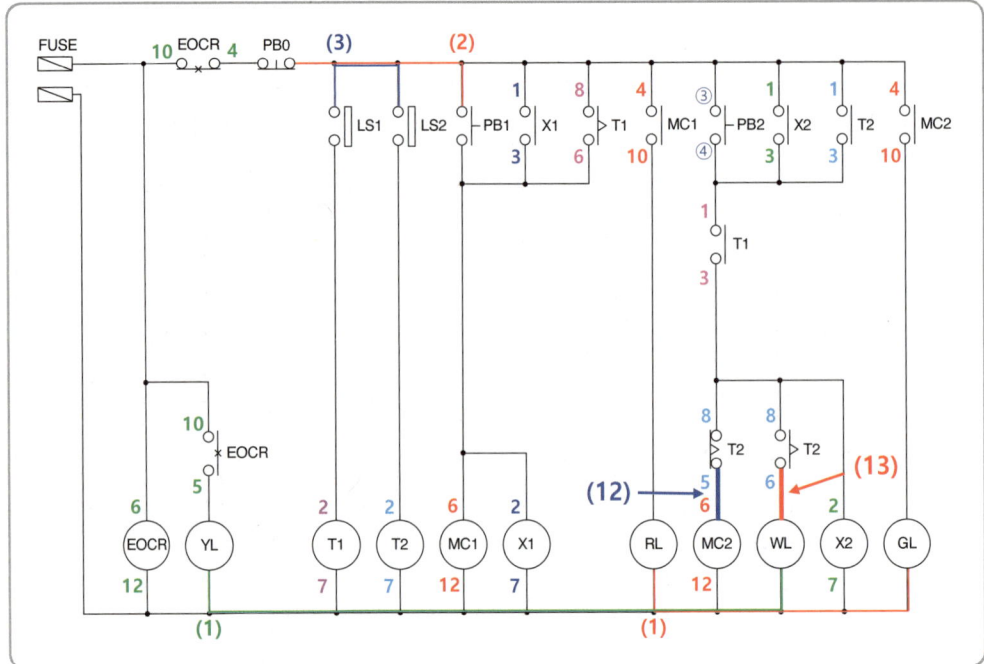

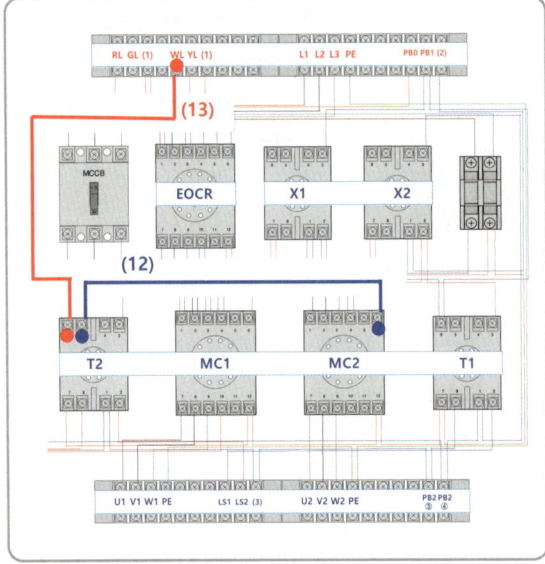

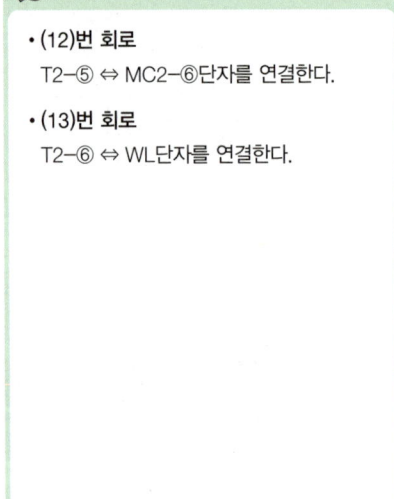

- **(12)번 회로**

  T2-⑤ ⇔ MC2-⑥단자를 연결한다.

- **(13)번 회로**

  T2-⑥ ⇔ WL단자를 연결한다.

9 (14)번 회로

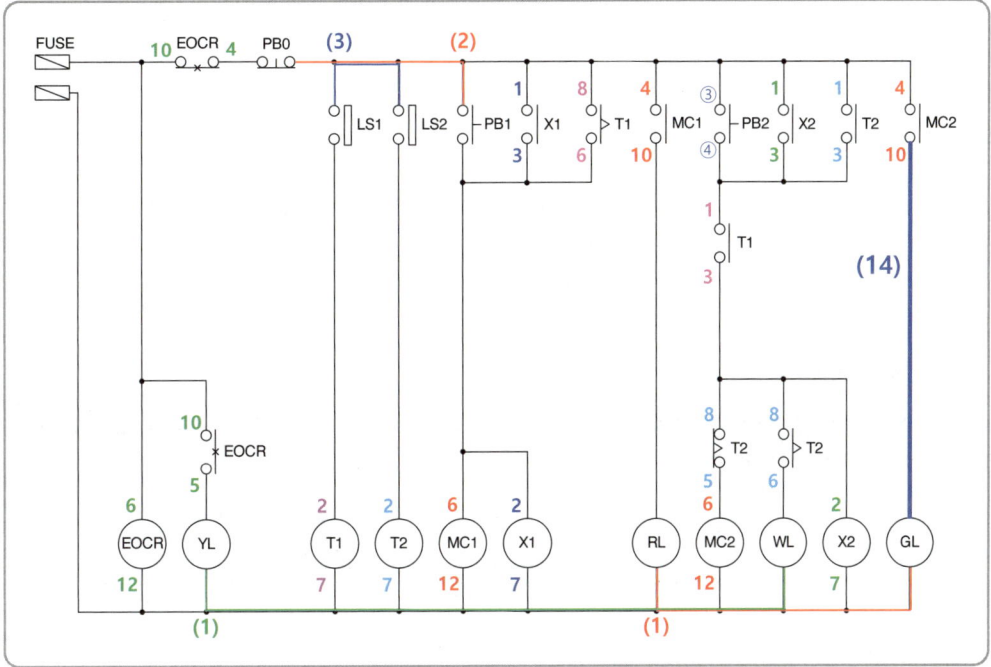

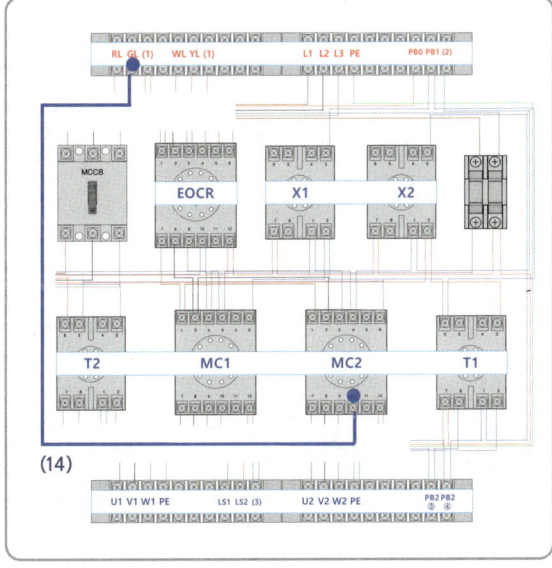

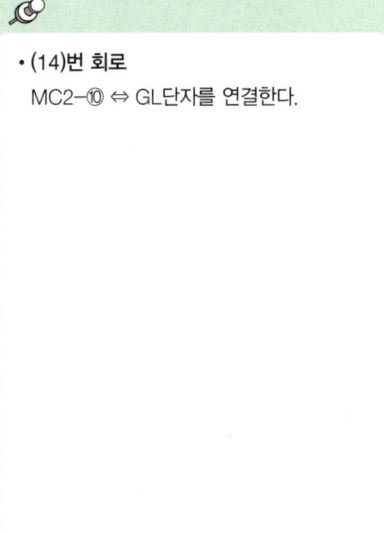

- (14)번 회로
MC2-⑩ ⇔ GL단자를 연결한다.

III 공개문제 작업과정

9 제어판 점검

제어판 배선이 끝나면 회로를 점검한다.

1 육안 점검

(1) 단자대 이름이 부여된 곳에 전선 연결이 누락된 곳이 있는지 확인한다.
(2) 계전기의 전원단자와 접점이 잘 사용되었는지 확인한다.

2 벨 시험기로 점검

회로도를 보면서 아래쪽 모선, 위쪽 모선, 가운데 회로 순서로 회로를 점검한다.

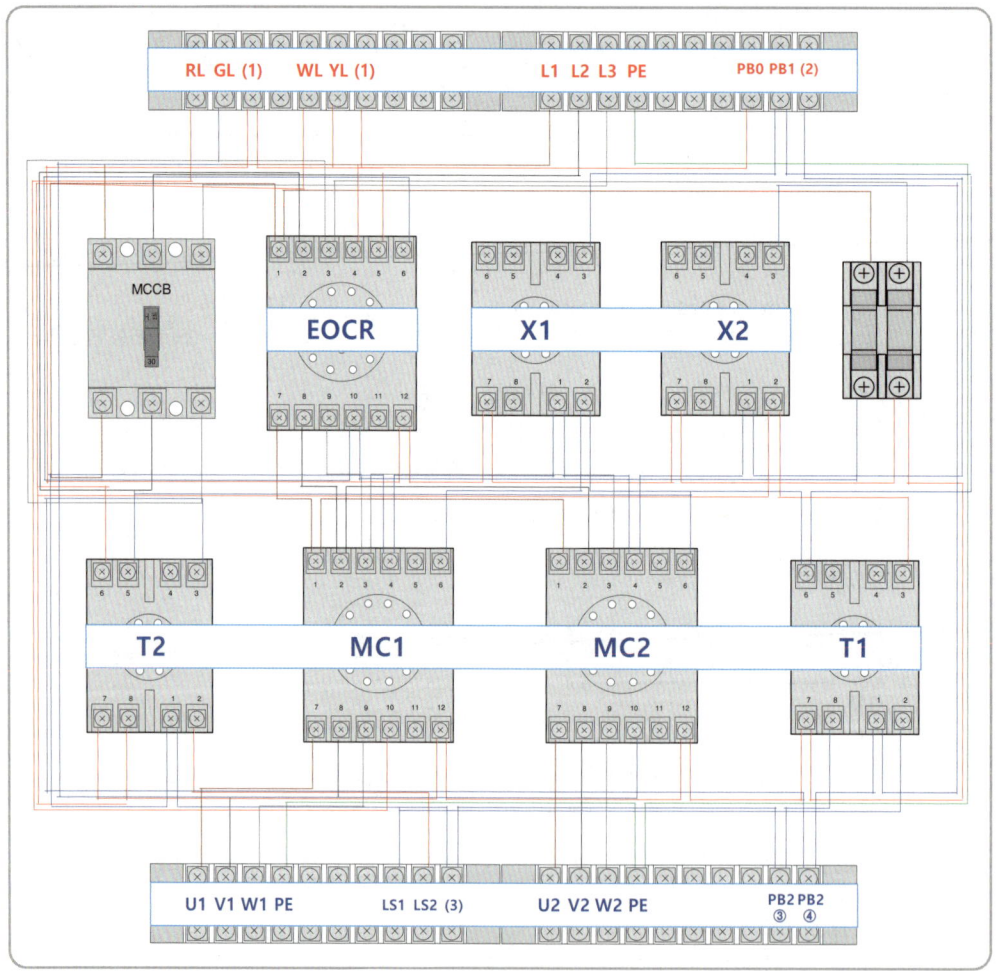

282

10 배관 및 입선작업 순서

(1) 제어판의 상단을 어깨 정도의 높이로 작업판에 부착한다.
(2) 배관할 위치를 도면의 치수에 맞게 제도하고 기구를 부착한다(단자대, 컨트롤 박스 등).
(3) 새들의 위치를 표시하고 배관의 종류에 맞게 커넥터를 조립한 후 배관을 실시한다.
(4) 배관에 입선할 전선 가닥수를 산출하여 입선한다. 제어판이나 컨트롤 박스 내부에서 결선할 전선의 길이를 여유 있게 계산해 주어야 한다.
(5) TB1은 4C 케이블을 사용한다(갈색, 흑색, 회색, 녹-황색).
(6) TB2, TB3는 2.5[mm²] 전선을 사용한다(갈색, 흑색, 회색, 녹-황색 전선을 사용).
(7) 이 과제에서 배관은 생략하고 제어판의 외부에 기구를 연결하여 동작하는 것으로 한다.

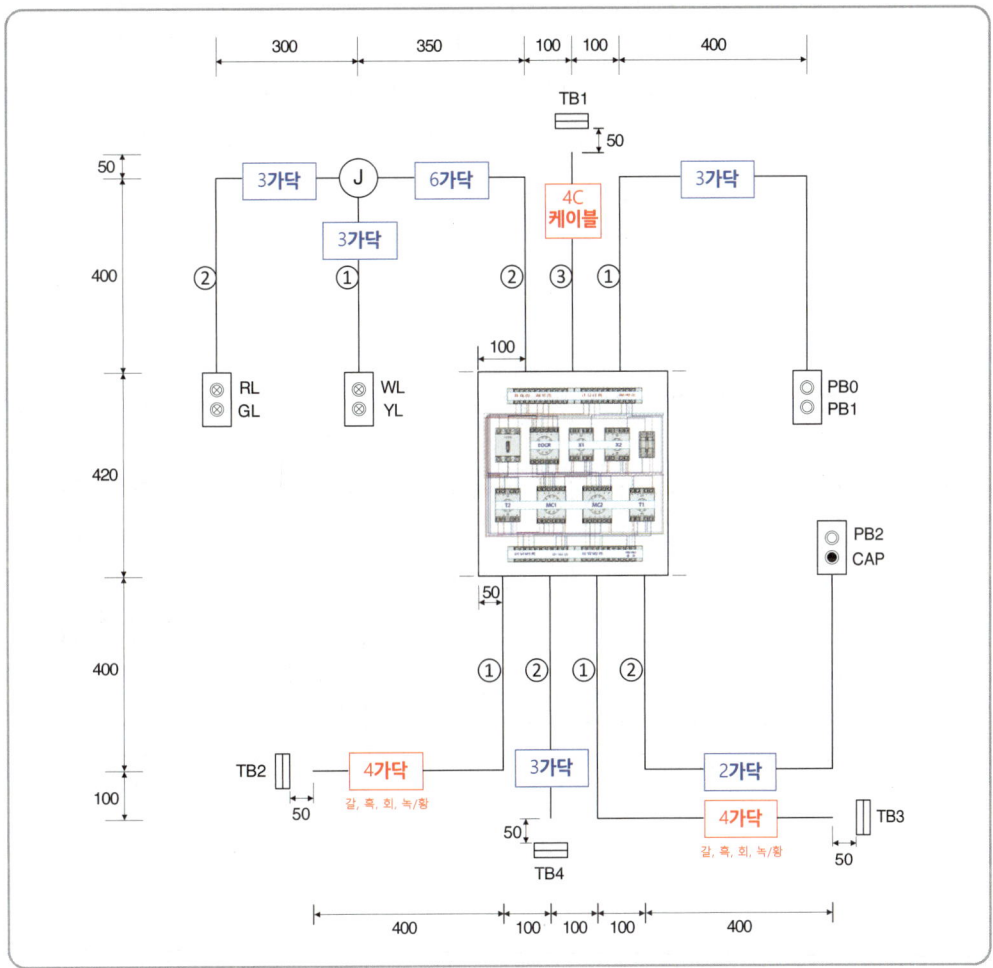

11 결선작업

1 위쪽 단자대 결선작업

2구 박스의 뚜껑에 표시등 RL과 GL, 표시등 WL과 YL, 푸시버튼 스위치 PB0(적), PB1(녹)을 각각 조립하고 공통단자를 연결해 놓는다.

(1) **RL, GL 결선** : 입선한 3선을 제어판 단자대에 먼저 연결하고, 벨 시험기로 RL, GL, (1)번 선을 찾아 3방향으로 분리해 놓는다. (1)번 선을 미리 연결해 놓은 공통선에 연결하고, RL선과 GL선을 연결한다.

(2) **WL, YL 결선** : 입선한 3선을 제어판 단자대에 먼저 연결하고, 벨 시험기로 WL, YL, (1)번 선을 찾아 3방향으로 분리해 놓는다. (1)번 선을 미리 연결해 놓은 공통선에 연결하고, WL선과 YL선을 연결한다.

(3) **TB1 결선** : 케이블을 사용하며, 단자대의 왼쪽부터 L1상(갈색), L2상(흑색), L3상(회색), PE(녹-황색) 순서로 연결한다. 전원측 단자대는 동작시험을 할 수 있도록 전원선의 색상에 맞춰 100[mm] 정도 인출하고, 피복은 전선 끝에서 10[mm] 정도 벗겨 놓는다.

(4) **PB0, PB1 결선** : 입선한 3선을 제어판 단자 쪽에 먼저 연결하고, 벨 시험기로 PB0, PB1, (2)번 선을 찾아 3방향으로 분리해 놓는다. (2)번 선을 푸시버튼 스위치의 공통단자에 연결한다. PB0선과 PB1선을 찾아 각각 푸시버튼 스위치에 연결한다.

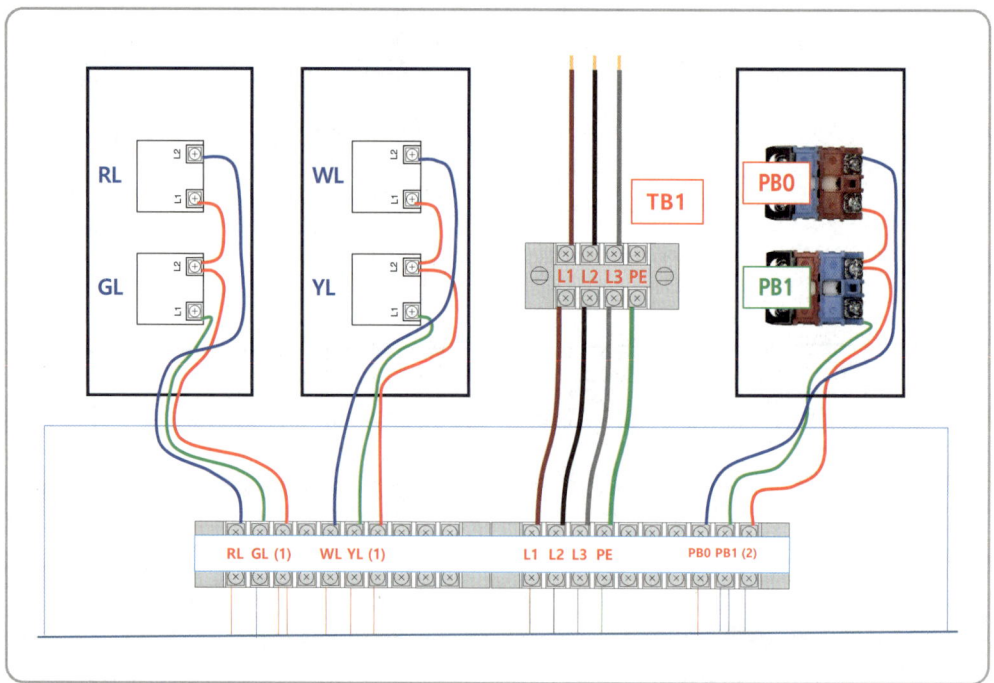

2 푸시버튼 스위치 점검

(1) PB0 확인 : 제어판 단자대 PB0 단자와 (2)번 단자에 벨 시험기의 리드선을 대면 '삐' 소리가 나고, 눌렀을 때 벨 소리가 정지하면 정상이다.

(2) PB1 확인 : 제어판 단자대의 PB1 단자와 (2)번 단자에 벨 시험기의 리드선을 대고 스위치를 누르면 '삐' 소리가 나고, 손을 떼었을 때 벨 소리가 정지하면 정상이다.

3 아래쪽 단자대 결선작업

(1) TB2 결선 : 4P 단자대측을 먼저 연결하고 제어판 단자대 쪽을 연결한다. TB2 단자대는 위쪽부터 U1(갈색), V1(흑색), W1(회색), PE(녹-황색) 순서로 연결한다.

(2) TB4 결선 : 왼쪽부터 LS1, LS2의 순서로 연결하되, TB4 단자대까지만 연결하면 된다. 동작시험을 위해 2차측에는 2가닥의 선을 인출해 놓았다.

(3) TB3 결선 : 4P 단자대측을 먼저 연결하고 제어판 단자대 쪽을 연결한다. TB3 단자대는 위쪽부터 U2(갈색), V2(흑색), W2(회색), PE(녹-황색) 순서로 연결한다.

(4) PB2 결선 : 2구 박스의 뚜껑에 푸시버튼 스위치 PB2를 조립하고 아래쪽은 홀마개를 끼워 놓은 후 입선한 2선을 단자 구분 없이 파란색 부분의 단자에 연결한다.

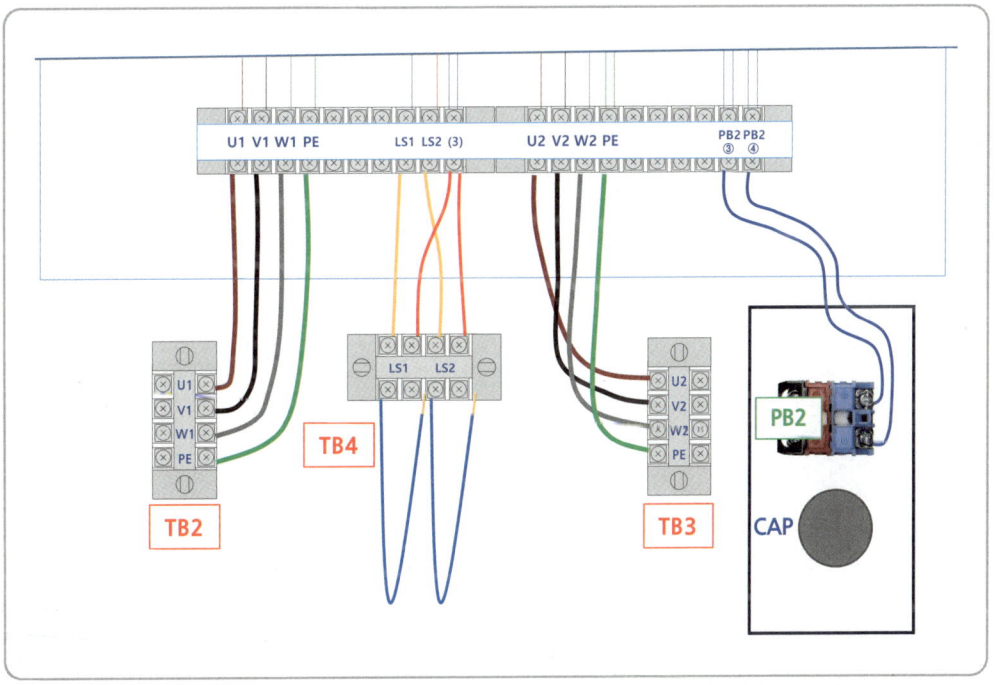

4 푸시버튼 스위치 점검

2구 박스의 뚜껑을 닫은 상태에서 제어판 단자대의 2단자에 벨 시험기의 리드선을 대고 PB2를 누르면 '삐' 소리가 나고 놓았을 때 정지하면 정상이다.

5 기구의 결선이 완료되면 다음과 같은 순서로 확인한다.

(1) TB1 단자대와 TB4 단자대에 전선을 연결하고 피복을 벗겨 놓았는지 확인한다.
(2) 퓨즈를 삽입하고 차단기를 올린 후 벨 시험기로 전원측 TB1에 인출해 놓은 L1단자와 퓨즈의 2차측 단자(왼쪽)를 확인한다. '삐' 소리가 나면 정상이며, L3단자와 퓨즈의 2차측 단자(오른쪽)를 확인한다.
(3) 배관 및 기구 배치도를 확인해 기구의 위치와 색상 등이 맞는지 다시 한 번 확인한다.
(4) 단자대와 소켓 위에 붙여놓은 종이테이프를 제거한다.

제어판 및 외부기구 연결 연습자료 안내

오른쪽 QR코드를 스캔하면 네이버 카페에서 제어판 배선연습자료를 다운받아 사용할 수 있다.

12 마무리 작업

점검 후 이상이 없으면 케이블 타이를 사용해 전선이 흐트러지지 않도록 적당한 간격으로 묶어준다.

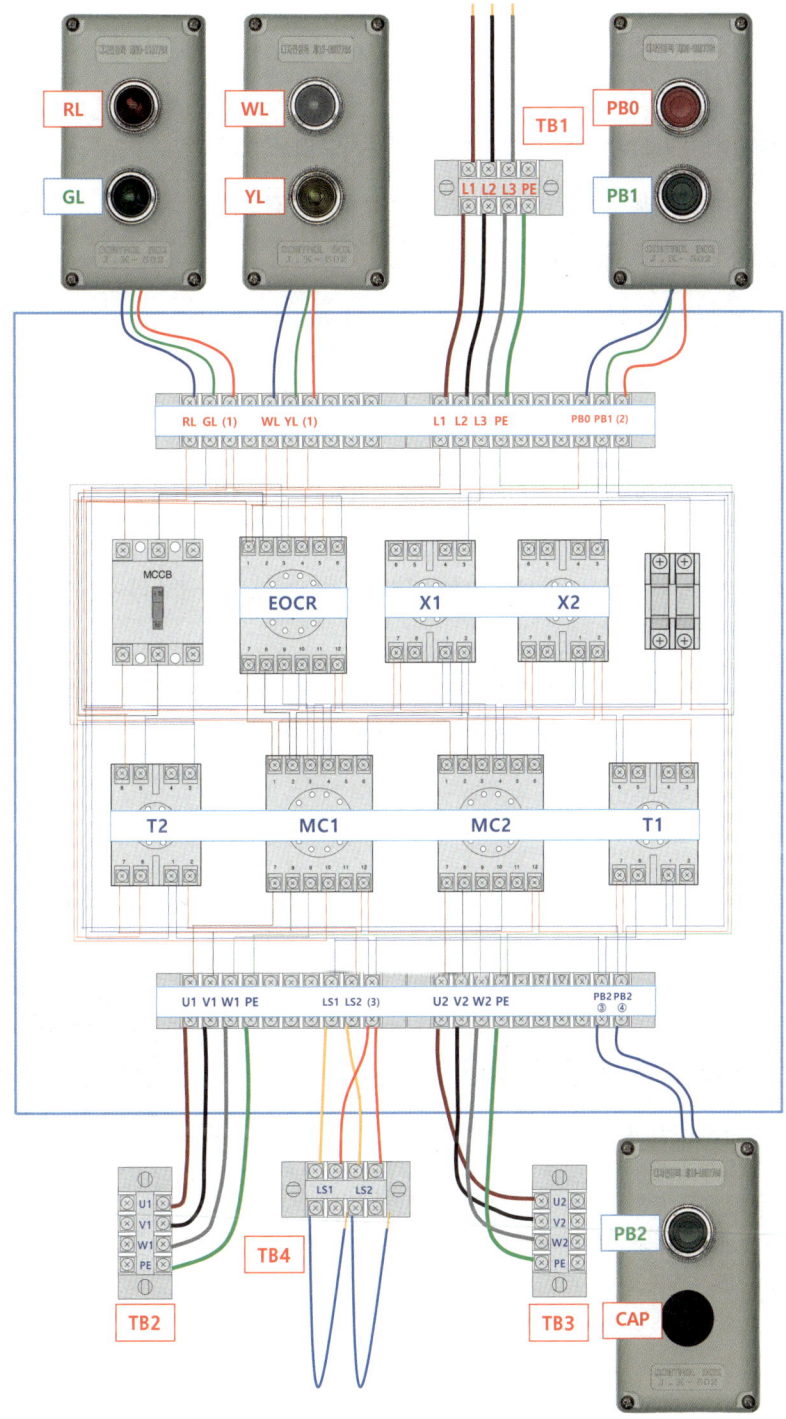

전기기능사 실기작업 연습방법 — 자세히 알아보기

전기기능사 실기작업 연습방법은 개인마다 다를 수 있으나 일반적인 순서는 다음과 같다. Ⅰ.의 핵심이론을 충분히 학습한 후 실제 작업을 시작하면 된다.

1. 도면에 계전기 접점번호를 적어 넣는다.
   내부 결선도를 보지 않고도 적어 넣을 수 있도록 연습해야 한다.

2. 제어판에 기구를 부착하고 주회로, 보조회로 순서로 배선작업을 한다.

3. 제어판이 완성되면 육안 점검 또는 벨 시험기로 회로를 점검한다.

4. 제어판의 외부에 기구를 부착하고 동작시험을 한다.

   > 여건이 갖추어져도 연습 시 처음부터 배관작업을 병행하면 힘이 많이 들고, 재료 소모도 많다. 기능은 연습한 시간에 비례해서 시간이 단축되므로 4번까지의 연습과정을 반복해 가면서 여러 문제를 연습해 본다.

5. 영상을 보면서 배관·입선·결선작업 방법을 이미지 트레이닝하며 익힌다.
   이 과정을 몇 번 반복한다.

6. 이제 실제로 배관·입선·결선작업을 해 보면 여러 번 연습한 것처럼 손이 자동으로 움직이게 될 것이다.

   > 작업시간은 4시간 30분이지만 연습에서는 3시간 40분 이내에 작업을 마치도록 연습해야 한다. 실제 시험에서는 연습했던 것보다 훨씬 많은 시간이 소요된다.

실기 작업 시 작업방법 팁 영상 안내

끝으로 여러 개의 핵심 내용만을 정리한 '실기작업 꿀팁 모음'이라고 제작한 영상을 공유하니 도움이 되었으면 좋겠다.
오른쪽의 QR코드를 스캔하여 영상을 시청하면 학습에 도움이 될 것이다.
늦었다 생각하지 말고 이제부터 시험준비를 잘 하여 모두 한 번에 합격하기를 바란다.

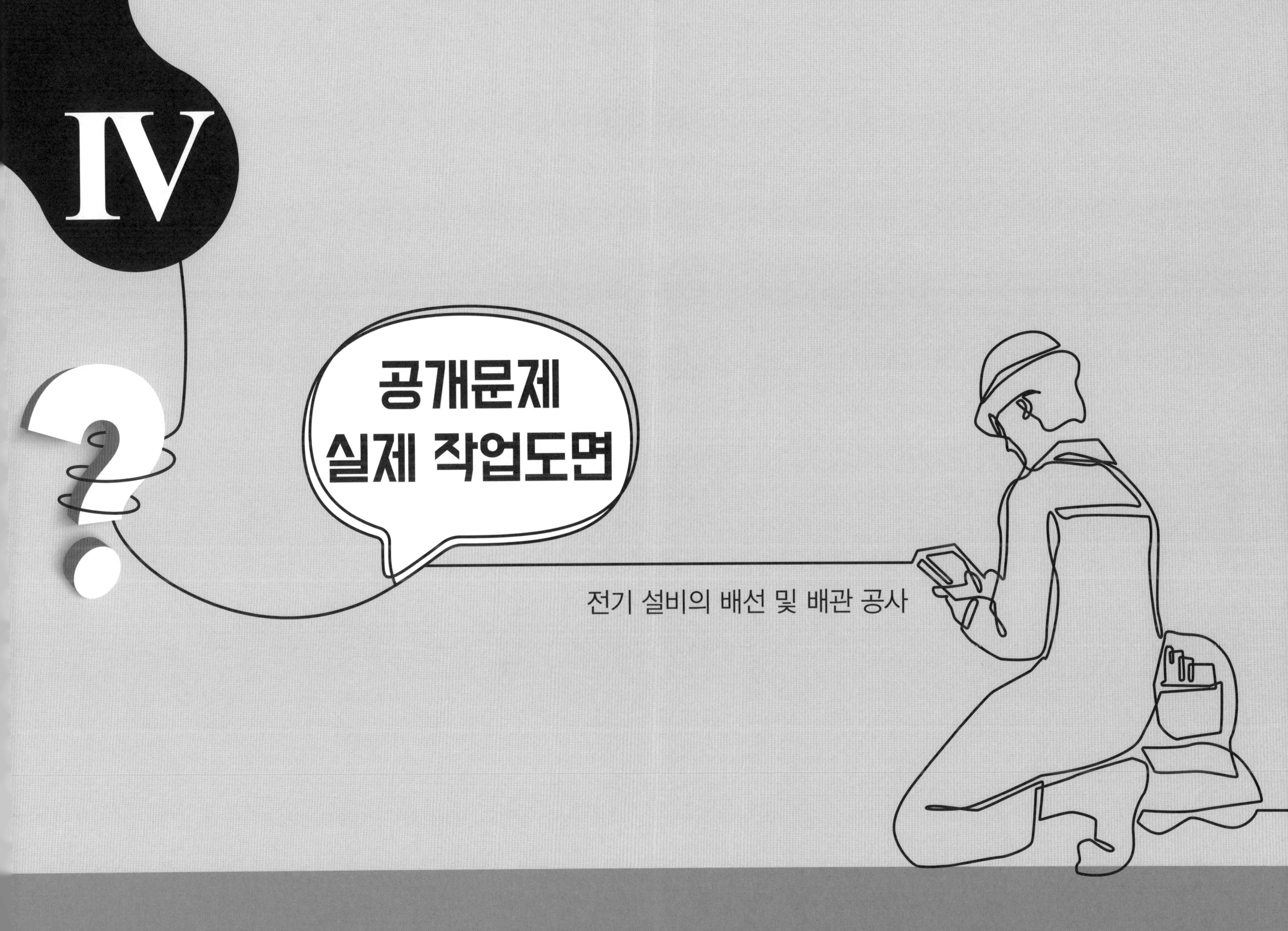

요구사항

1. 지급된 재료와 시험장 시설을 사용하여 제한시간 내에 주어진 과제를 안전에 유의하여 완성하시오.

   (단, 지급된 재료와 도면에서 요구하는 재료가 서로 상이할 수 있으므로 도면을 참고하여 필요한 재료를 지급된 재료에서 선택하여 작품을 완성하시오)

2. 배관 및 기구 배치 도면에 따라 배관 및 기구를 배치하시오.

   (단, 제어판을 제어함이라고 가정하고 전선관 및 케이블을 접속하시오)

3. 전기 설비 운전 제어회로 구성

   가) 제어회로의 도면과 동작사항을 참고하여 제어회로를 구성하시오.
   나) 전원방식 : 3상 3선식 220[V]
   다) 전동기의 접속은 생략하고 접속할 수 있게 단자대까지 배선하시오.

4. 특별히 명시되어 있지 않은 공사방법 등은 전기사업법령에 따른 행정규칙[전기설비기술기준, 한국전기설비규정(KEC)]에 따른다.

수험자 유의사항

※ 수험자 유의사항을 고려하여 요구사항을 완성하도록 한다.

(1) 시험 시작 전 지급된 재료의 이상 유무를 확인하고 이상이 있을 때에는 감독위원의 승인을 얻어 교환할 수 있다(단, 시험 시작 후 파손된 재료는 수험자 부주의에 의해 파손된 것으로 간주되어 추가로 지급받지 못한다).

(2) 제어판을 포함한 작업판에서의 제반 치수는 [mm]이고, 치수 허용 오차는 외관(전선관, 케이블, 박스, 전원 및 부하측 단자대 등)은 ±30[mm], 제어판 내부는 ±5[mm]이다(단, 치수는 도면에 표시된 사항에 의하며 표시되지 않은 경우 부품의 중심을 기준으로 한다).

(3) 전선관 및 케이블의 수직과 수평을 맞추어 작업하고, 전선관의 곡률 반지름은 전선관 안지름의 6배 이상, 8배 이하로 작업하여야 한다.

(4) 기구(컨트롤 박스, 8각 박스, 제어판, 단자대)와 전선관 및 케이블이 접속되는 부분에서 가까운 곳(300[mm] 이하)에 새들을 설치하고 전선관 및 케이블이 작업판에서 뜨지 않도록 새들을 적절히 배치하여 튼튼하게 고정한다(단, 굴곡부가 없는 배관에서 기구와 기구 끝단 사이의 치수가 400[mm] 미만이면 새들 1개도 가능하고, 새들로 고정 시 나사를 2개 모두 체결해야 고정된 것으로 인정).

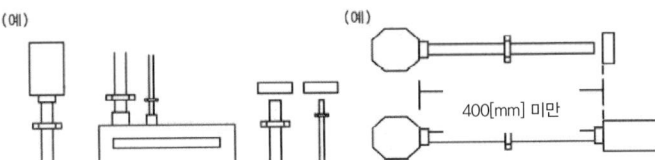

(5) 기구(컨트롤 박스, 8각 박스, 제어판)와 전선관 및 케이블이 접속되는 부분에 전선관 및 케이블용 커넥터를 사용하고 제어판에 전선관 및 케이블용 커넥터를 5[mm] 정도 올리고 새들로 고정하여야 한다(단, 단자대와 전선관 또는 케이블이 접속되는 부분에 전선관 및 케이블용 커넥터를 사용하는 것을 금지한다).

(6) 전선의 열적 용량에 대한 전선관의 용적률은 고려하지 않는다.

(7) 컨트롤 박스에서 사용하지 않는 홀(구멍)에 홀마개를 설치한다.

(8) 제어판 내의 기구는 기구 배치도와 같이 균형 있게 배치하고 흔들림이 없도록 고정한다.

(9) 소켓(베이스)에 채점용 기기가 들어갈 수 있도록 작업한다.

(10) 제어판 배선은 미관을 고려하여 전면에 노출 배선(수평수직)하고 전선의 흐트러짐 등이 없도록 케이블 타이를 이용하여 균형 있게 배선한다(단, 제어판 배선 시 기구와 기구 사이의 배선을 금지한다).

(11) 주회로는 2.5[mm²](1/1.78) 전선, 보조회로는 1.5[mm²](1/1.38) 전선(황색)을 사용하고 주회로의 전선 색상은 L1은 갈색, L2는 흑색, L3는 회색을 사용한다.

(12) 보호도체(접지)회로는 2.5[mm²](1/1.78) 녹색-황색 전선으로 배선하여야 한다.

(13) 퓨즈 홀더 1차측 주회로는 각각 2.5[mm²](1/1.78) 갈색과 회색 전선을 사용하고, 퓨즈 홀더 2차측 보조회로는 1.5[mm²](1/1.38) 황색 전선을 사용하며, 퓨즈 홀더에는 퓨즈를 끼워 놓아야 한다.

(14) 케이블의 색상이 주회로 색상과 상이한 경우 감독위원이 지정한 색상으로 대체한다(단, 보호도체(접지) 회로 전선은 제외).

(15) 단자에 전선을 접속하는 경우 나사를 견고하게 조인다. 단자 조임 불량이란 피복이 제거된 나선이 2[mm] 이상 보이거나, 피복이 단자에 물린 경우를 말한다(단, 한 단자에 전선 3가닥 이상 접속하는 것을 금지한다).

(16) 전원과 부하(전동기)측 단자대, 리밋 스위치의 단자대, 플로트리스 스위치의 단자대는 가로인 경우 왼쪽부터, 세로인 경우 위쪽부터 각각 'L1, L2, L3, PE(보호도체)'의 순서, 'U(X), V(Y), W(Z), PE(보호도체)'의 순서, 'LS1, LS2'의 순서, 'E1, E2, E3'의 순서로 결선한다.

(17) 배선점검은 회로 시험기 또는 벨 시험기만을 가지고 확인할 수 있고, 전원을 투입한 동작시험은 할 수 없다.

(18) 전원측 단자대는 동작시험을 할 수 있도록 전원선의 색상에 맞추어 100[mm] 정도 인출하고 피복은 전선 끝에서 약 10[mm] 정도 벗겨둔다.

(19) 전자접촉기, 타이머, 릴레이 등의 소켓(베이스)의 방향은 기구의 내부 결선도 및 구성도를 참고하여 홈이 아래로 향하도록 배치하고, 소켓 번호에 유의하여 작업한다.

   ※ 기구의 내부 결선도 및 구성도와 지급된 채점용 기구 및 소켓(베이스)이 상이할 경우 감독위원의 지시에 따라 작업한다.

(20) 8P 소켓을 사용하는 기구(타이머, 릴레이, 플리커 릴레이, 온도 릴레이, 플로트리스 등)는 기구의 구분 없이 지급된 8P 소켓(베이스)을 적용하여 작업한다(각 기구에 해당하는 소켓을 고려하지 않고 모두 동일하게 적용한다).

(21) 보호도체(접지)의 결선은 도면에 표시된 부분만 실시하고, 보호도체(접지)는 입력(전원) 단자대에서 제어판 내의 단자대를 거쳐 출력(부하) 단자대까지 결선하며, 도면에 별도로 표시하지 않더라도 모든 보호도체(접지)는 입력 단자대의 보호도체단자(PE)와 연결되어야 한다.

   ※ 기타 외부로의 보호도체(접지)의 결선은 실시하지 않아도 된다.

(22) 기타 공사방법 등은 감독위원의 지시사항을 준수하여 작업하며, 작업에 대한 문의사항은 시험 시작 전 질의하도록 하고 시험진행 중에는 질의를 삼가도록 한다.

(23) 특별히 지정한 것 이외에는 전기사업법령에 따른 행정규칙[전기설비기술기준, 한국전기설비규정(KEC)]에 의하되 외관이 보기 좋아야 하며 안전성이 있어야 한다.

(24) 시험 중 수험자는 반드시 안전수칙을 준수해야 하며, 작업복장 상태, 안전사항 등이 채점대상이 된다.

(25) 다음 사항은 실격에 해당하여 채점대상에서 제외된다.

  ① 과제 진행 중 수험자 스스로 작업에 대한 포기 의사를 표현한 경우
  ② 지급재료 이외의 재료를 사용한 작품

  ③ 시험 중 시설·장비의 조작 또는 재료의 취급이 미숙하여 위해를 일으킬 것으로 감독위원 전원이 합의하여 판단한 경우
  ④ 기능이 해당 등급 수준에 전혀 도달하지 못한 것으로 감독위원 전원이 합의하여 판단한 경우
  ⑤ 시험 관련 부정에 해당하는 장비(기기)·재료 등을 사용하는 것으로 감독위원 전원이 합의하여 판단한 경우(시험 전 사전 준비작업 및 범용 공구가 아닌 시험에 최적화된 공구는 사용할 수 없음)
  ⑥ 시험 시간 내에 제출된 작품이라도 다음과 같은 경우

  ㉠ 제출된 과제가 도면 및 배치도, 시퀀스 회로도의 동작사항, 부품의 방향, 결선상태가 상이한 경우(전자접촉기, 타이머, 릴레이, 푸시버튼 스위치 및 램프 색상 등)
  ㉡ 주회로(갈색, 흑색, 회색) 및 보조회로(황색) 배선의 전선 굵기 및 색상이 도면 및 유의사항과 상이한 경우
  ㉢ 제어판 밖으로 인출되는 배선이 제어판 내의 단자대를 거치지 않고 직접 접속된 경우
  ㉣ 제어판 내의 배선상태나 전선관 및 케이블 가공상태가 불량하여 전기 공급이 불가한 경우
  ㉤ 제어판 내의 배선상태나 기구의 접속 불가 등으로 동작상태의 확인이 불가한 경우
  ㉥ 보호도체(접지)의 결선을 하지 않은 경우와 보호도체(접지) 회로(녹색-황색) 배선의 전선 굵기 및 색상이 도면 및 유의사항과 다른 경우(단, 전동기로 출력되는 부분은 생략)
  ㉦ 컨트롤 박스 커버 등이 조립되지 않아 내부가 보이는 경우
  ㉧ 배관 및 기구 배치도에서 허용오차 ±50[mm]를 넘는 곳이 3개소 이상, 100[mm]를 넘는 곳이 1개소 이상인 경우(단, 박스, 단자대, 전선관, 케이블 등이 도면 치수를 벗어나는 경우 개별 개소로 판정)
  ㉨ 기구(컨트롤 박스, 8각 박스, 제어판)와 전선관 및 케이블이 접속되는 부분에 전선관 및 케이블용 커넥터를 정상 접속하지 않은 경우(미접속 및 불필요한 접속 포함)
  ㉩ 기구(컨트롤 박스, 8각 박스, 제어판, 단자대)와 전선관 및 케이블이 접속되는 부분에서 가까운 곳(300[mm] 이하)에 새들의 고정이 누락된 경우(단, 굴곡부가 없는 배관에서 기구와 기구 끝단 사이의 치수가 400[mm] 미만이면 새들 1개도 가능)
  ㉪ 전선관 및 케이블을 말아서 배관한 경우
  ㉫ 전원과 부하(전동기)측 단자대에서 L1, L2, L3, PE(보호도체)의 배치순서와 U(X), V(Y), W(Z), PE(보호도체)의 배치순서가 유의사항과 상이한 경우, 리밋 스위치 단자대에서 LS1, LS2의 배치순서가 유의사항과 상이한 경우, 플로트리스 스위치 단자대에서 E1, E2, E3의 배치순서가 유의사항과 상이한 경우
  ㉬ 한 단자에 전선 3가닥 이상 접속된 경우
  ㉭ 제어판 내의 배선 시 기구와 기구 사이로 수직 배선한 경우
  ㉮ 전기설비기술기준, 한국전기설비규정에 따라 공사를 진행하지 않은 경우

(26) 시험 종료 후 완성작품에 한해서만 작동 여부를 감독위원으로부터 확인받을 수 있다.

(27) 다음 시험의 원활한 진행을 위하여 수험자 본인의 작품 해체에 협조해야 한다.

공개문제 01 전기 설비의 배선 및 배관 공사

01 제어회로도

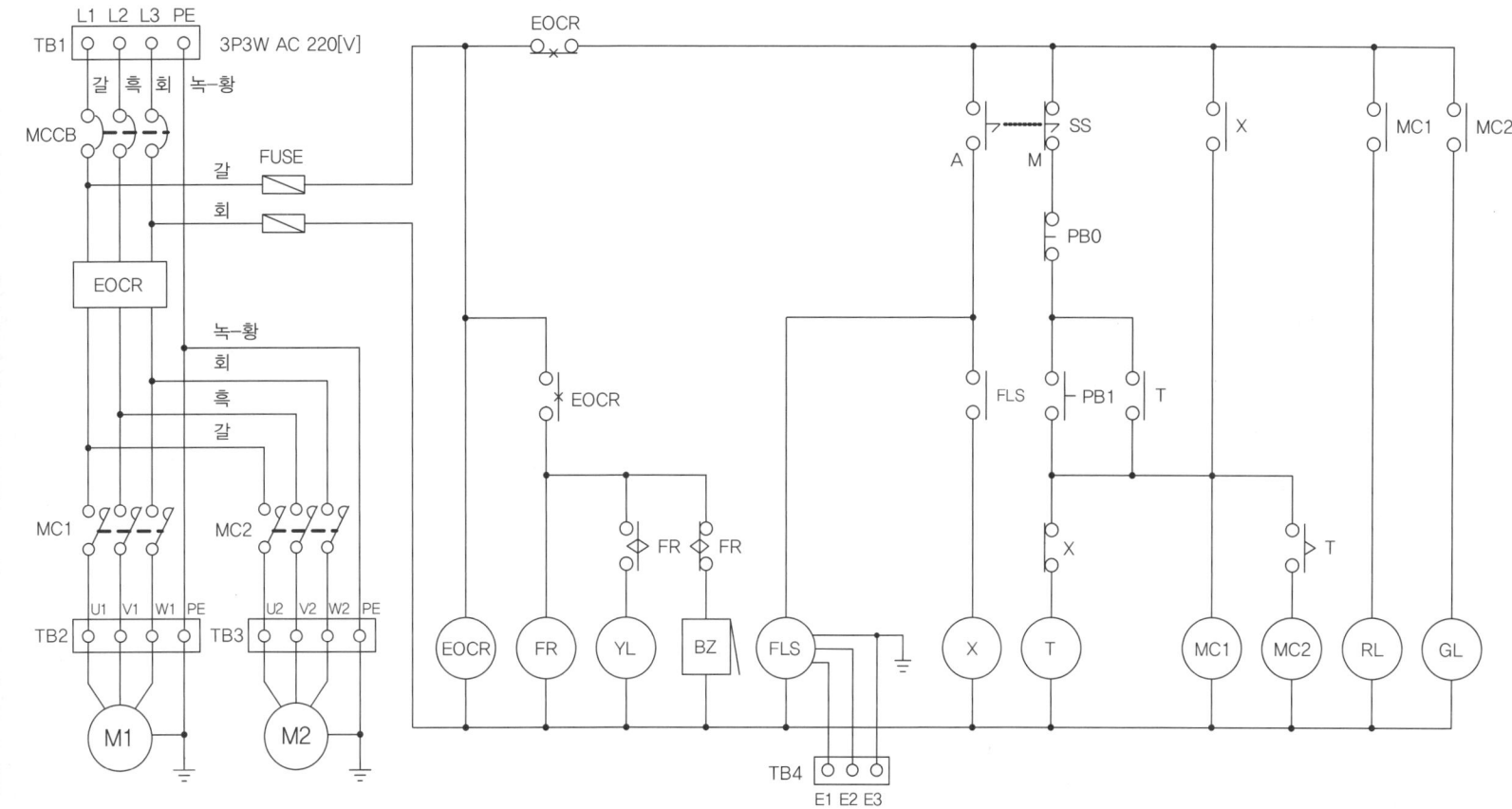

02 배관 및 기구 배치도

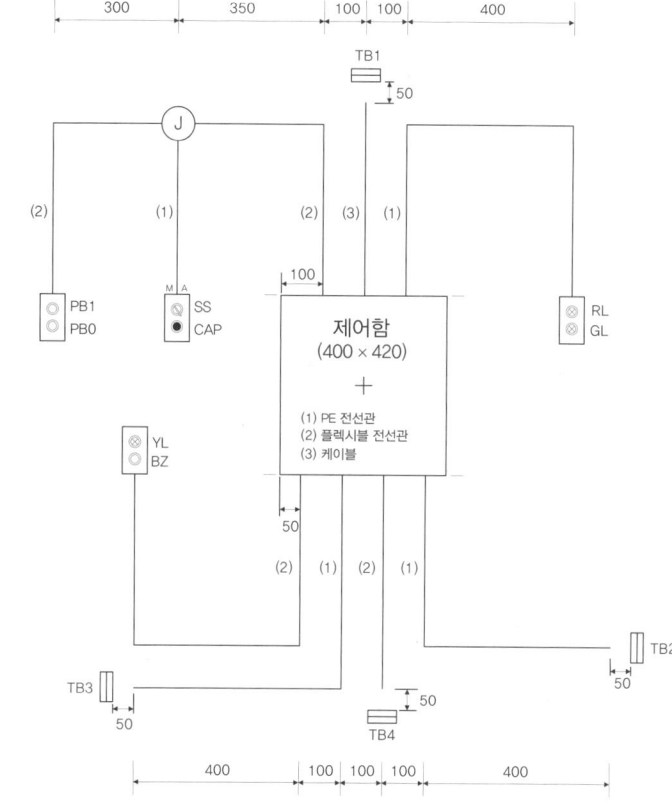

- 플로트레스 스위치 FLS에서 TB4로 배선되는 E1, E2, E3는 보조회로 전선을 사용한다.
- 플로트레스 스위치 FLS의 보호도체(접지) 결선은 제어판(TB6 또는 FLS 소켓)에서 보호도체 회로 전선으로 실시한다.

04 기구의 내부 결선도 및 구성도

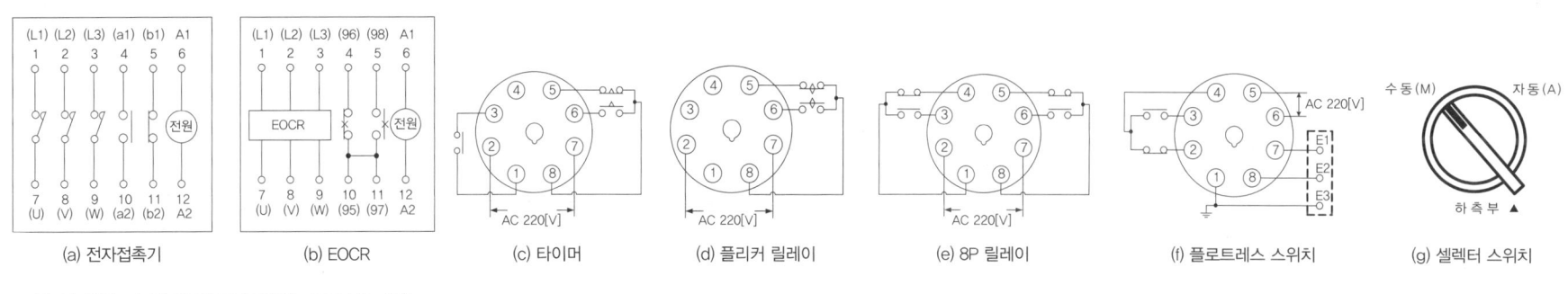

(a) 전자접촉기   (b) EOCR   (c) 타이머   (d) 플리커 릴레이   (e) 8P 릴레이   (f) 플로트레스 스위치   (g) 셀렉터 스위치

- 푸시버튼 스위치 PB0(적색), PB1(녹색)
- 8P 소켓을 사용하는 기구(타이머, 릴레이, 플리커 릴레이, 플로트레스 스위치)는 기구의 구분 없이 지급된 8P 소켓을 적용하여 작업한다.

03 제어판 내부 기구 배치도

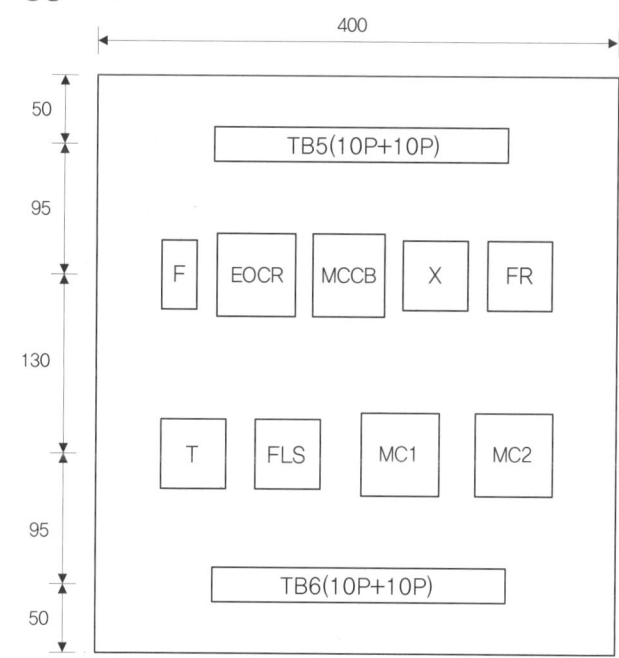

공개문제 02 전기 설비의 배선 및 배관 공사

01 제어회로도

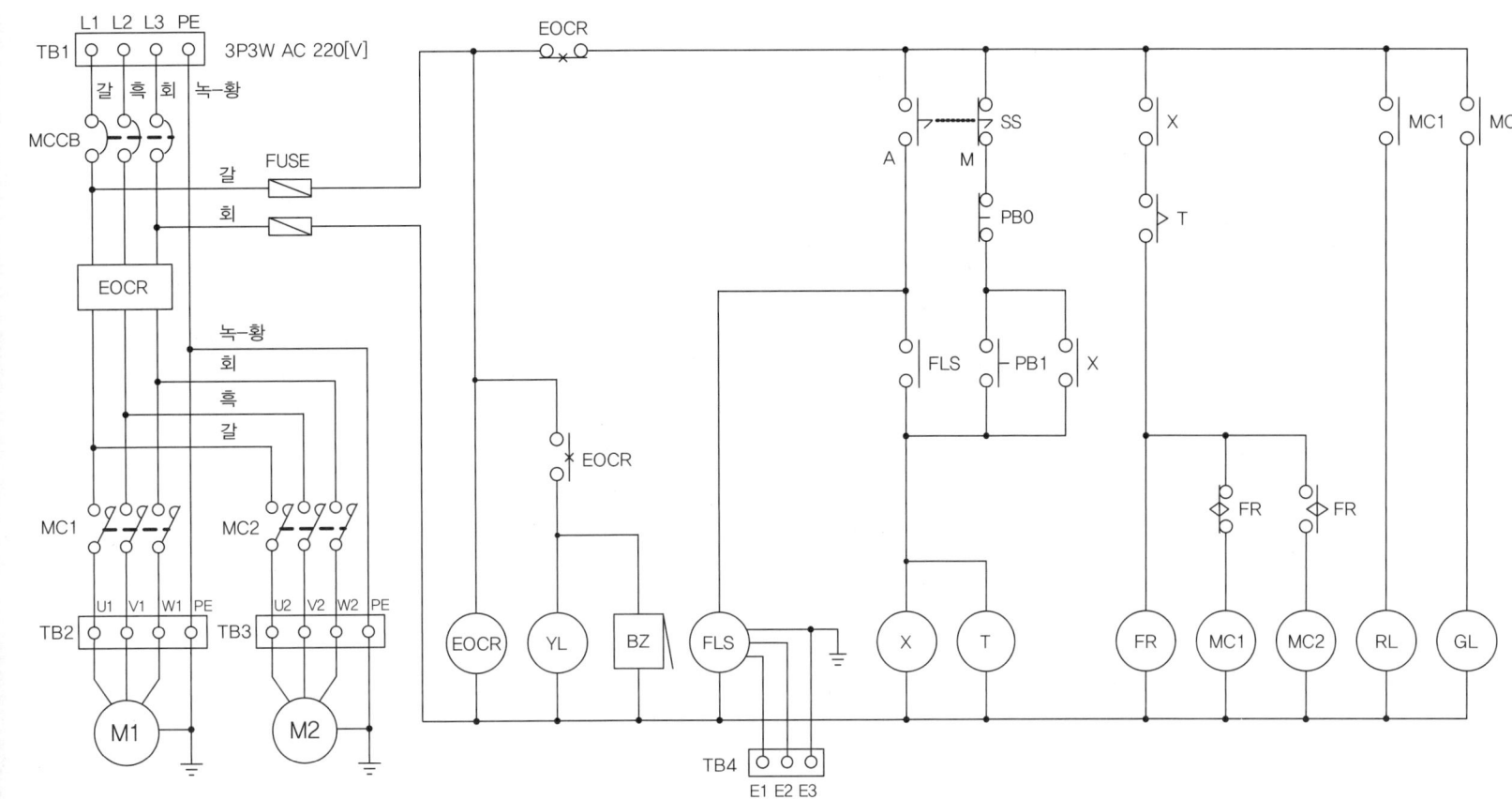

02 배관 및 기구 배치도

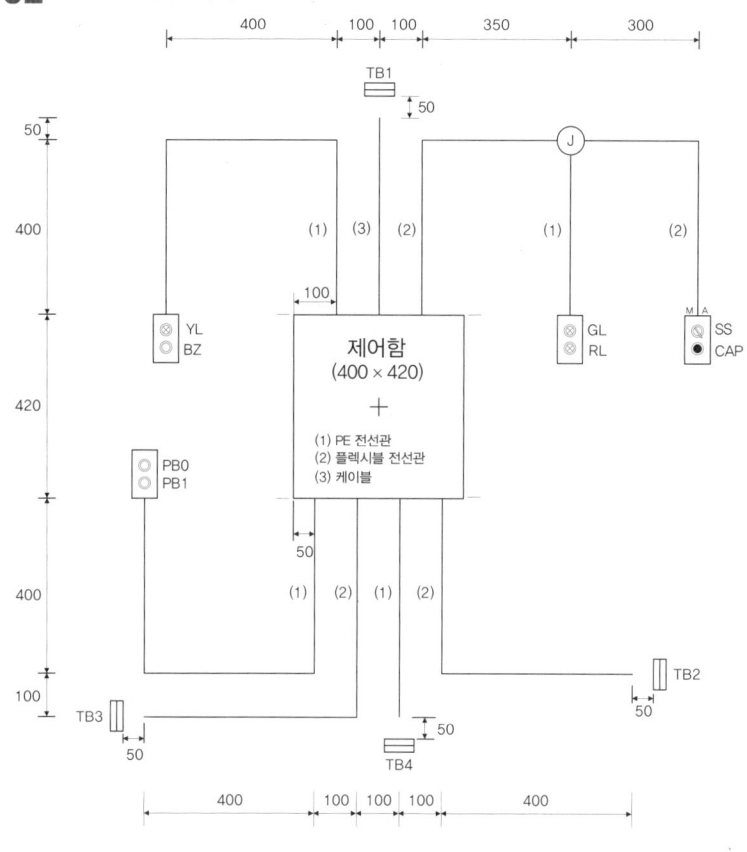

- 플로트레스 스위치 FLS에서 TB4로 배선되는 E1, E2, E3는 보조회로 전선을 사용한다.
- 플로트레스 스위치 FLS의 보호도체(접지) 결선은 제어판(TB6 또는 FLS 소켓)에서 보호도체 회로 전선으로 실시한다.

04 기구의 내부 결선도 및 구성도

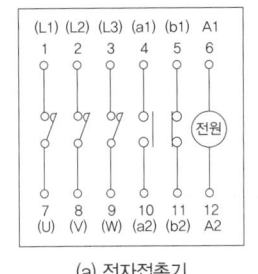
(a) 전자접촉기

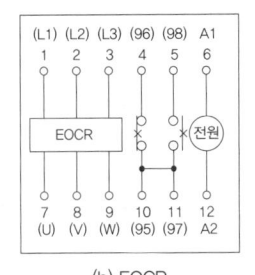
(b) EOCR

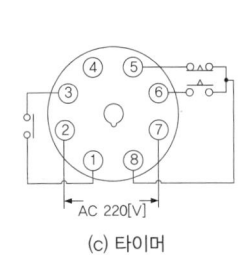
(c) 타이머

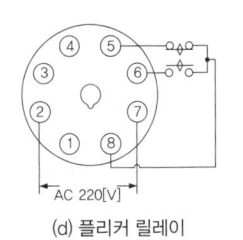
(d) 플리커 릴레이

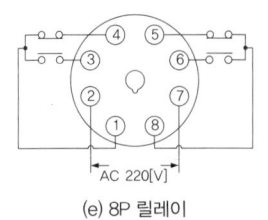
(e) 8P 릴레이

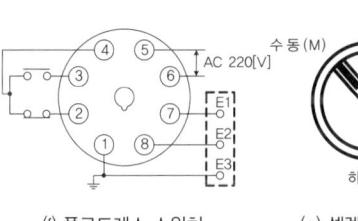
(f) 플로트레스 스위치

(g) 셀렉터 스위치

- 푸시버튼 스위치 PB0(적색), PB1(녹색)
- 8P 소켓을 사용하는 기구(타이머, 릴레이, 플리커 릴레이, 플로트레스 스위치)는 기구의 구분 없이 지급된 8P 소켓을 적용하여 작업한다.

03 제어판 내부 기구 배치도

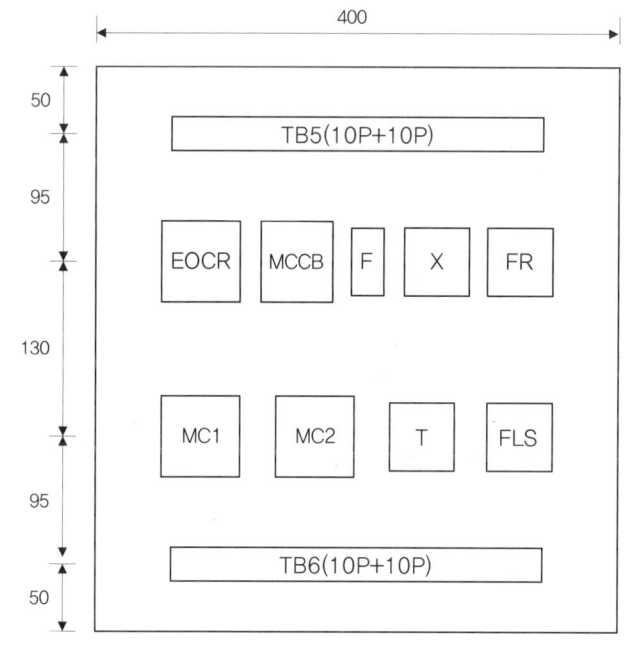

공개문제 03 전기 설비의 배선 및 배관 공사

01 제어회로도

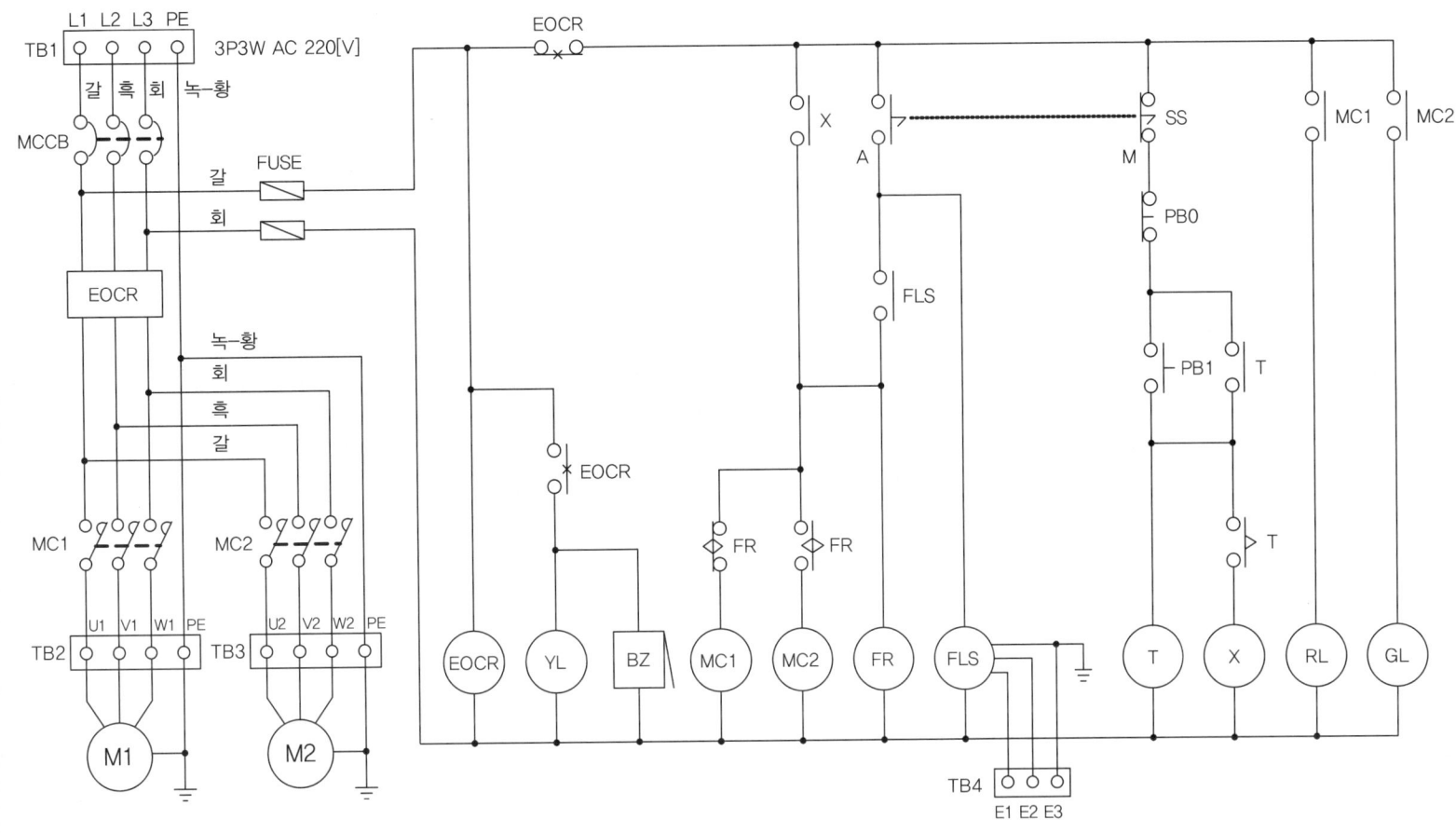

02 배관 및 기구 배치도

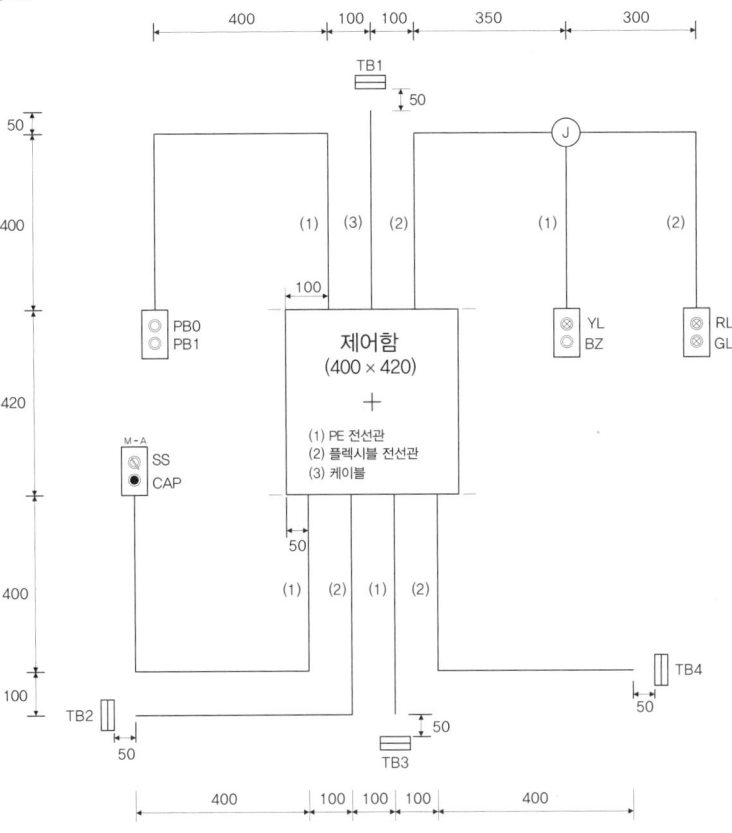

(1) PE 전선관
(2) 플렉시블 전선관
(3) 케이블

- 플로트레스 스위치 FLS에서 TB4로 배선되는 E1, E2, E3는 보조회로 전선을 사용한다.
- 플로트레스 스위치 FLS의 보호도체(접지) 결선은 제어판(TB6 또는 FLS 소켓)에서 보호도체 회로 전선으로 실시한다.

04 기구의 내부 결선도 및 구성도

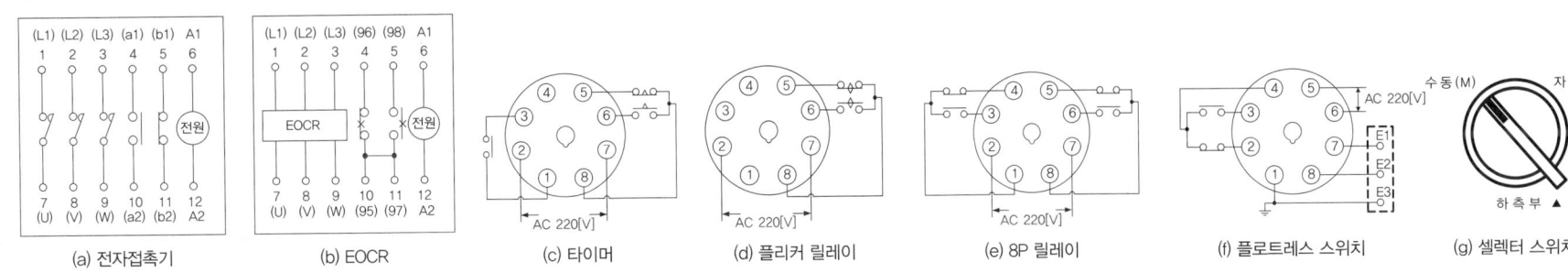

(a) 전자접촉기 (b) EOCR (c) 타이머 (d) 플리커 릴레이 (e) 8P 릴레이 (f) 플로트레스 스위치 (g) 셀렉터 스위치

- 푸시버튼 스위치 PB0(적색), PB1(녹색)
- 8P 소켓을 사용하는 기구(타이머, 릴레이, 플리커 릴레이, 플로트레스 스위치)는 기구의 구분 없이 지급된 8P 소켓을 적용하여 작업한다.

03 제어판 내부 기구 배치도

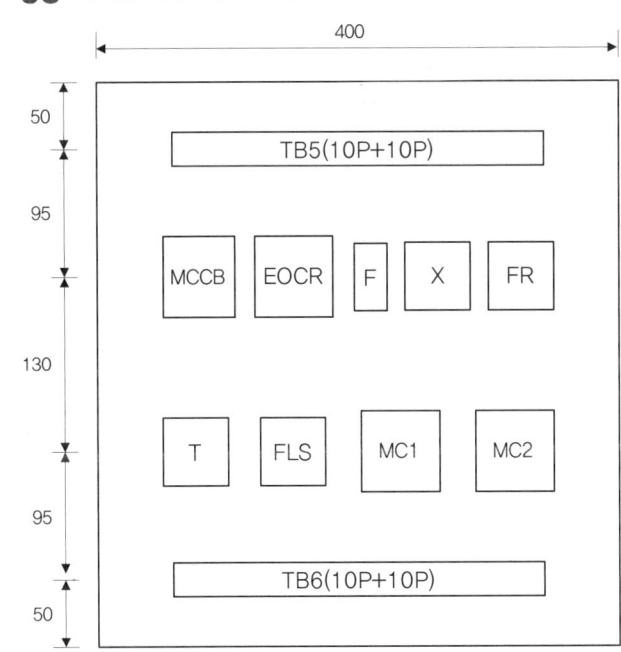

공개문제 04 전기 설비의 배선 및 배관 공사

01 제어회로도

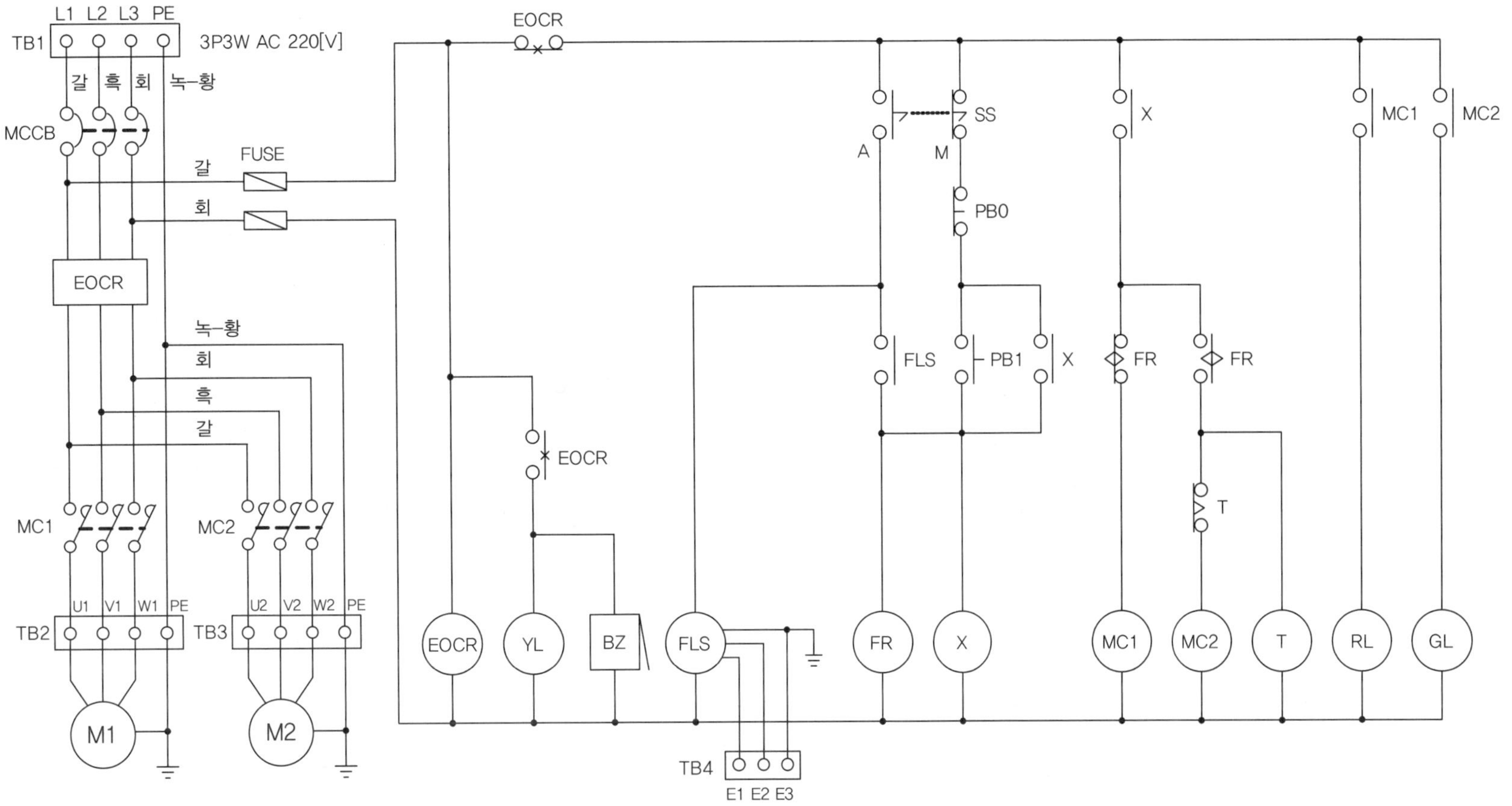

02 배관 및 기구 배치도

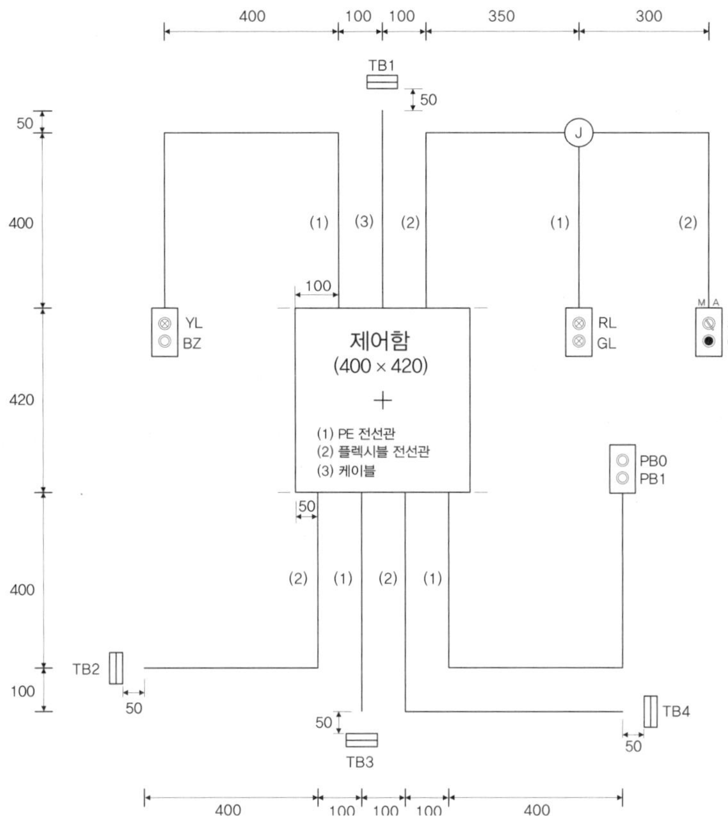

03 제어판 내부 기구 배치도

- 플로트레스 스위치 FLS에서 TB4로 배선되는 E1, E2, E3는 보조회로 전선을 사용한다.
- 플로트레스 스위치 FLS의 보호도체(접지) 결선은 제어판(TB6 또는 FLS 소켓)에서 보호도체 회로 전선으로 실시한다.

04 기구의 내부 결선도 및 구성도

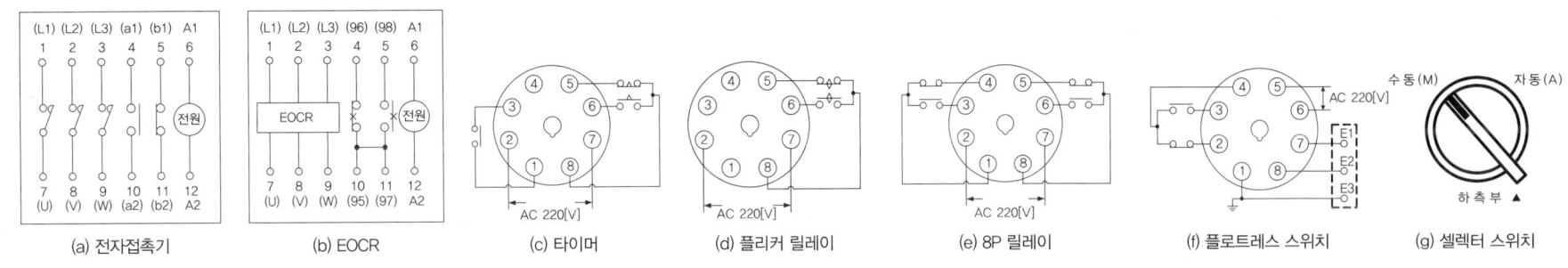

- 푸시버튼 스위치 PB0(적색), PB1(녹색)
- 8P 소켓을 사용하는 기구(타이머, 릴레이, 플리커 릴레이, 플로트레스 스위치)는 기구의 구분 없이 지급된 8P 소켓을 적용하여 작업한다.

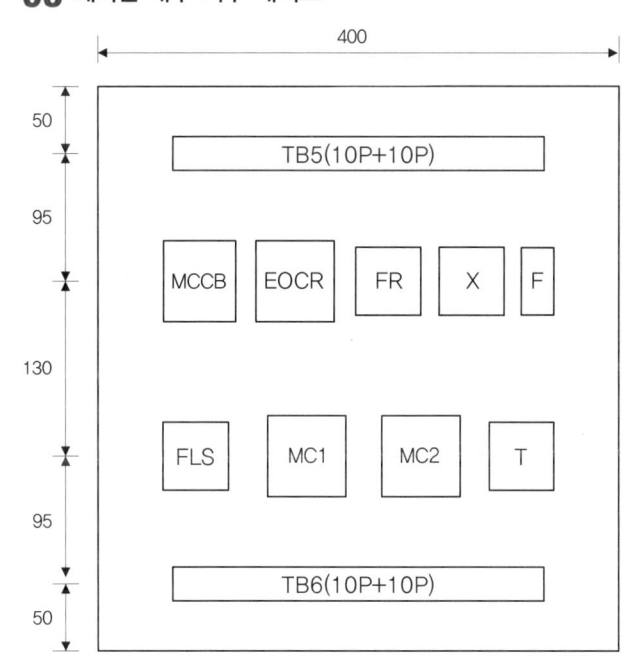

도면 4

공개문제 05 전기 설비의 배선 및 배관 공사

01 제어회로도

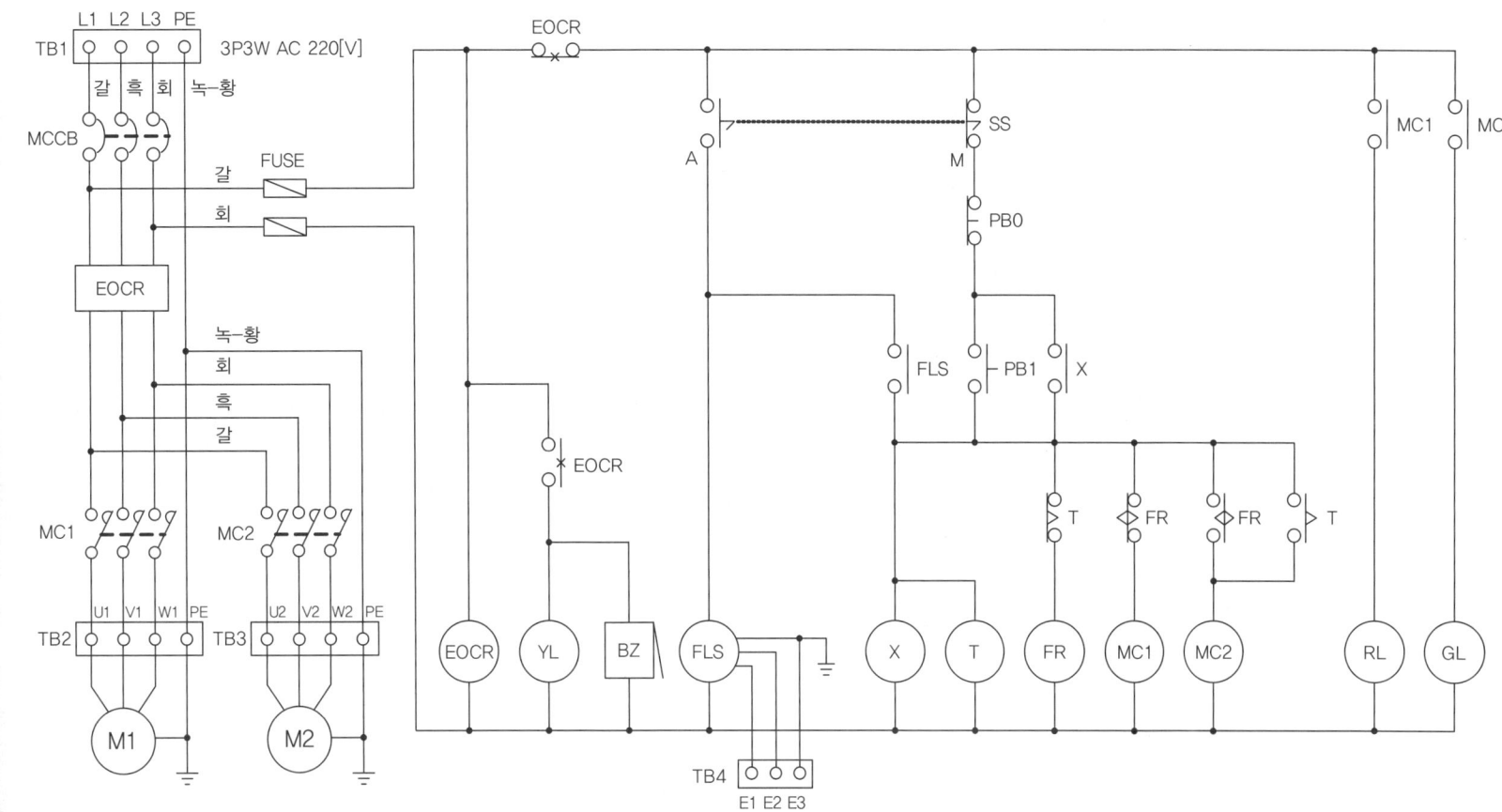

02 배관 및 기구 배치도

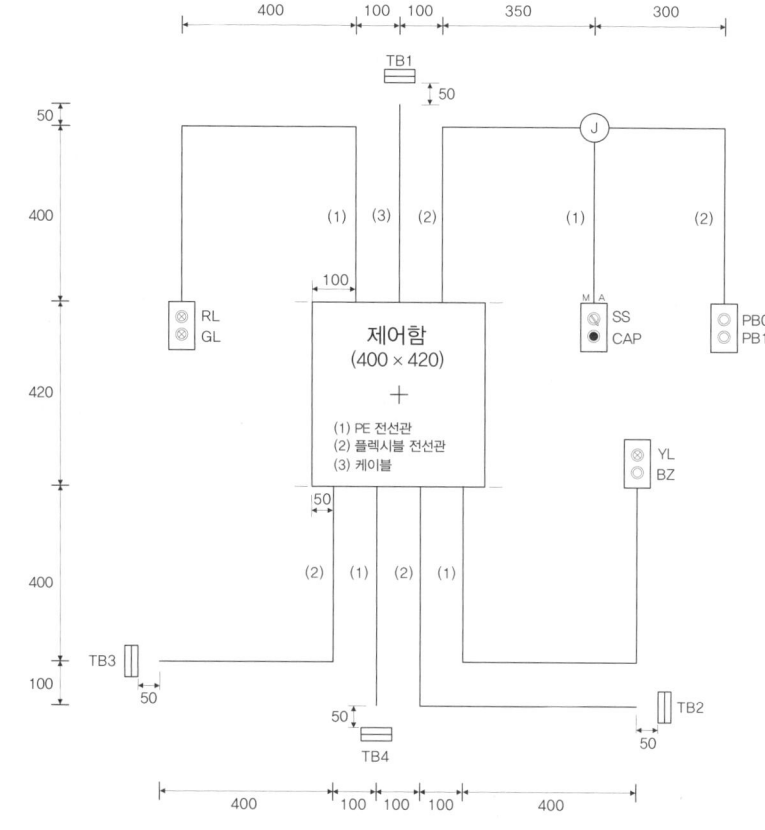

- 플로트레스 스위치 FLS에서 TB4로 배선되는 E1, E2, E3는 보조회로 전선을 사용한다.
- 플로트레스 스위치 FLS의 보호도체(접지) 결선은 제어판(TB6 또는 FLS 소켓)에서 보호도체 회로 전선으로 실시한다.

03 제어판 내부 기구 배치도

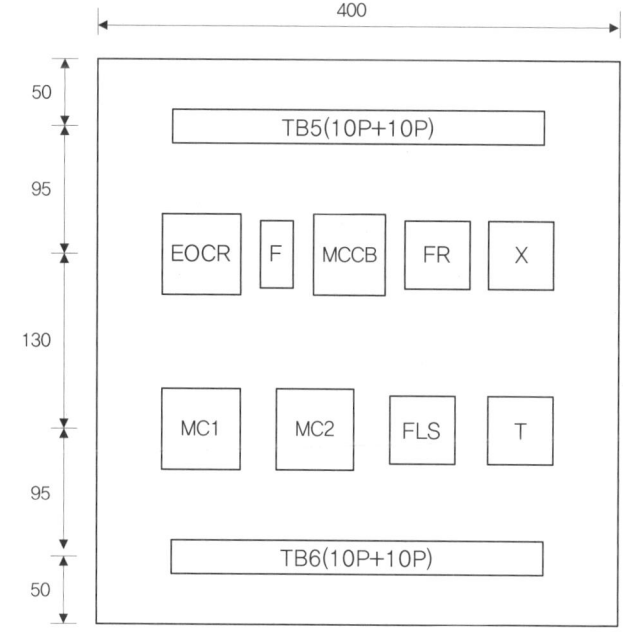

04 기구의 내부 결선도 및 구성도

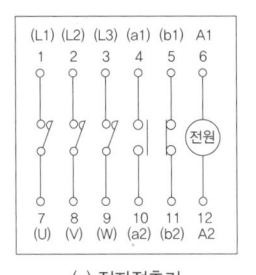 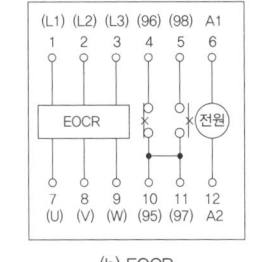 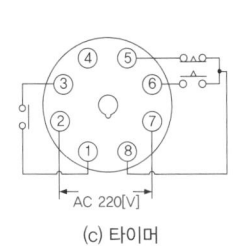 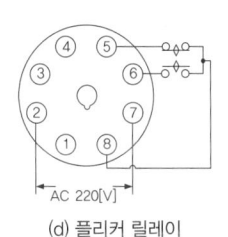 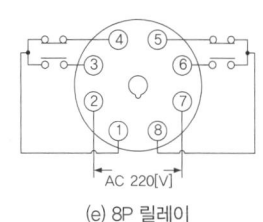 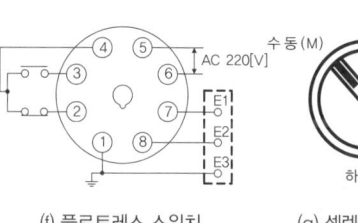  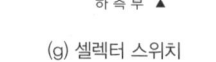

(a) 전자접촉기 (b) EOCR (c) 타이머 (d) 플리커 릴레이 (e) 8P 릴레이 (f) 플로트레스 스위치 (g) 셀렉터 스위치

- 푸시버튼 스위치 PB0(적색), PB1(녹색)
- 8P 소켓을 사용하는 기구(타이머, 릴레이, 플리커 릴레이, 플로트레스 스위치)는 기구의 구분 없이 지급된 8P 소켓을 적용하여 작업한다.

도면 5

공개문제 06 전기 설비의 배선 및 배관 공사

01 제어회로도

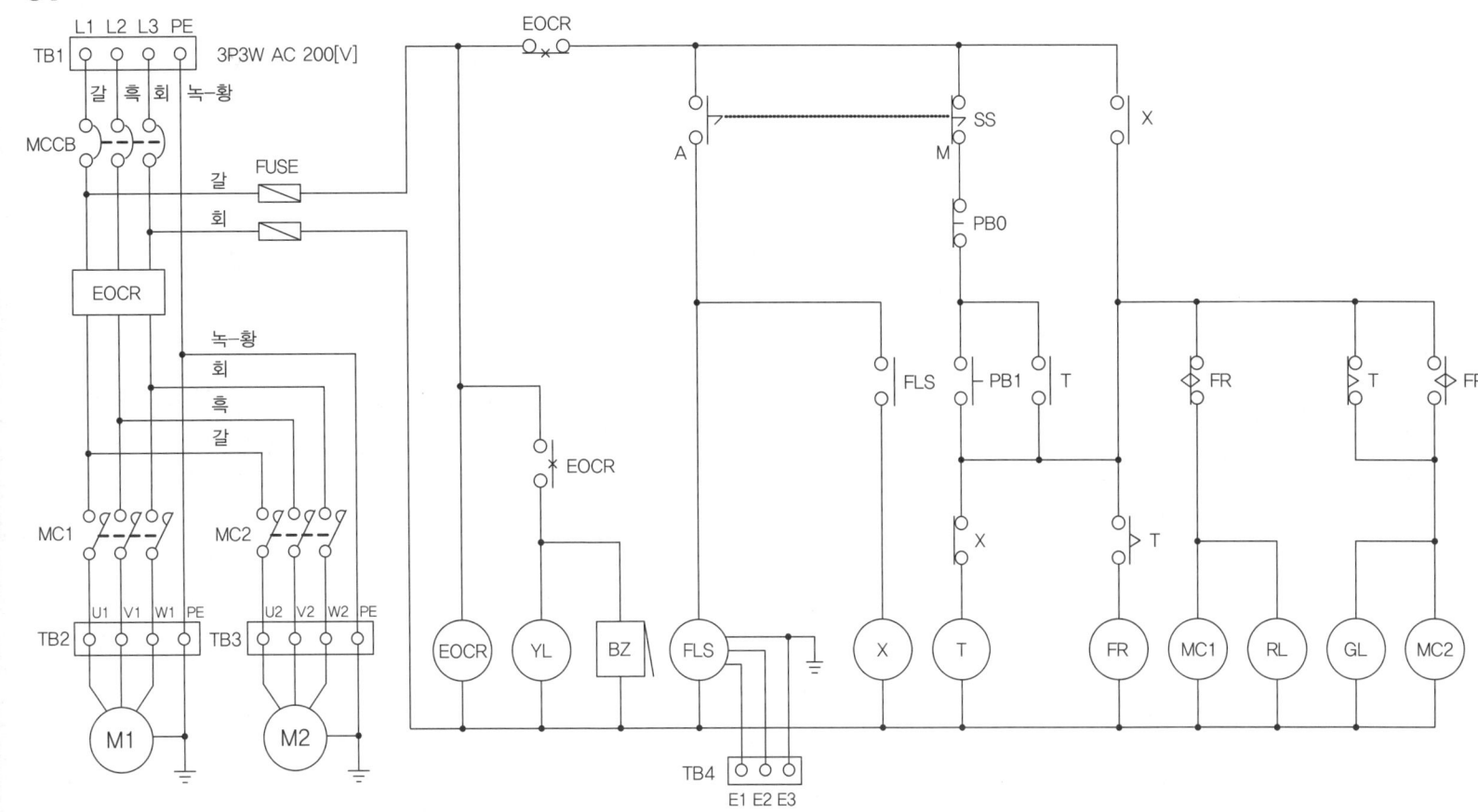

02 배관 및 기구 배치도

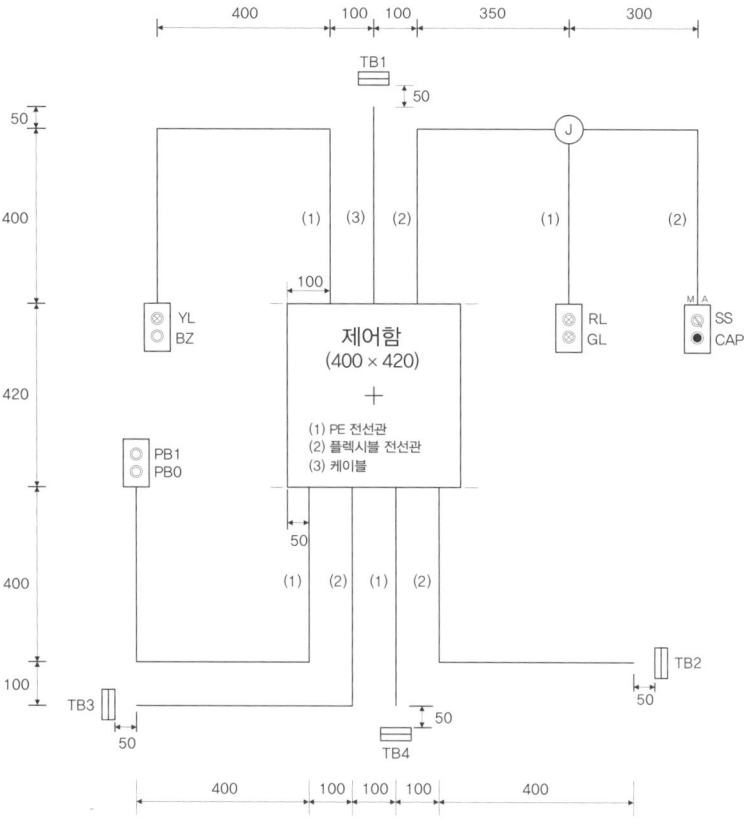

- 플로트레스 스위치 FLS에서 TB4로 배선되는 E1, E2, E3는 보조회로 전선을 사용한다.
- 플로트레스 스위치 FLS의 보호도체(접지) 결선은 제어판(TB6 또는 FLS 소켓)에서 보호도체 회로 전선으로 실시한다.

04 기구의 내부 결선도 및 구성도

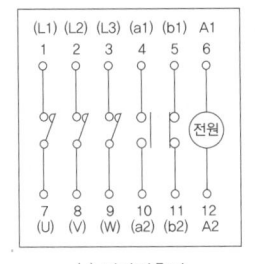 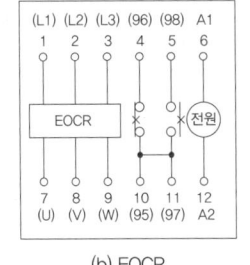 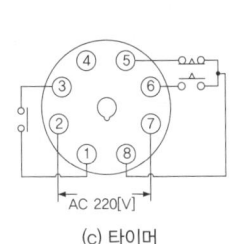 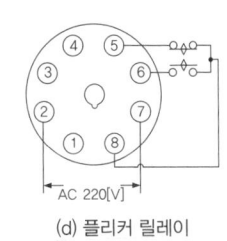 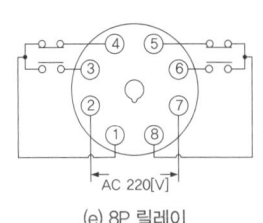 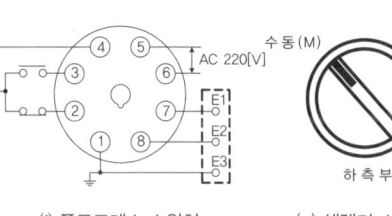 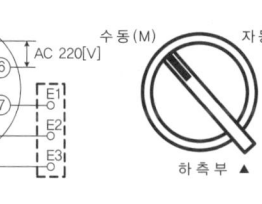 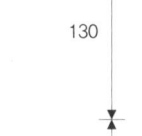

(a) 전자접촉기   (b) EOCR   (c) 타이머   (d) 플리커 릴레이   (e) 8P 릴레이   (f) 플로트레스 스위치   (g) 셀렉터 스위치

- 푸시버튼 스위치 PB0(적색), PB1(녹색)
- 8P 소켓을 사용하는 기구(타이머, 릴레이, 플리커 릴레이, 플로트레스 스위치)는 기구의 구분 없이 지급된 8P 소켓을 적용하여 작업한다.

03 제어판 내부 기구 배치도

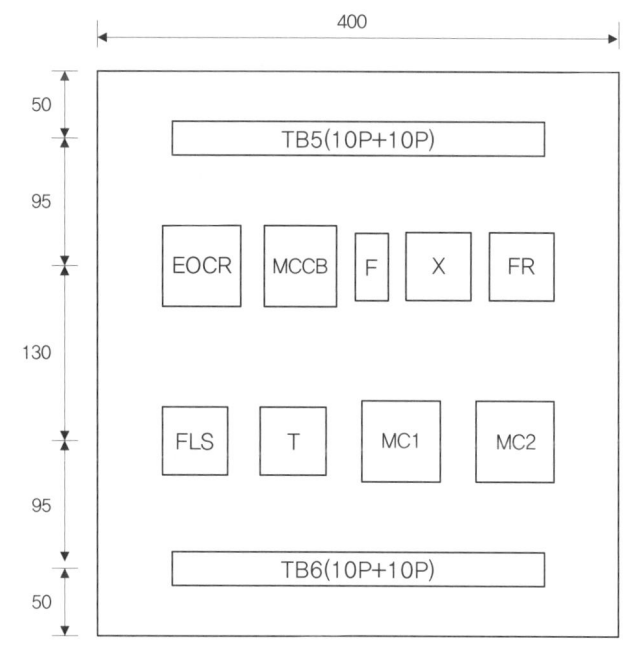

공개문제 11 전기 설비의 배선 및 배관 공사

01 제어회로도

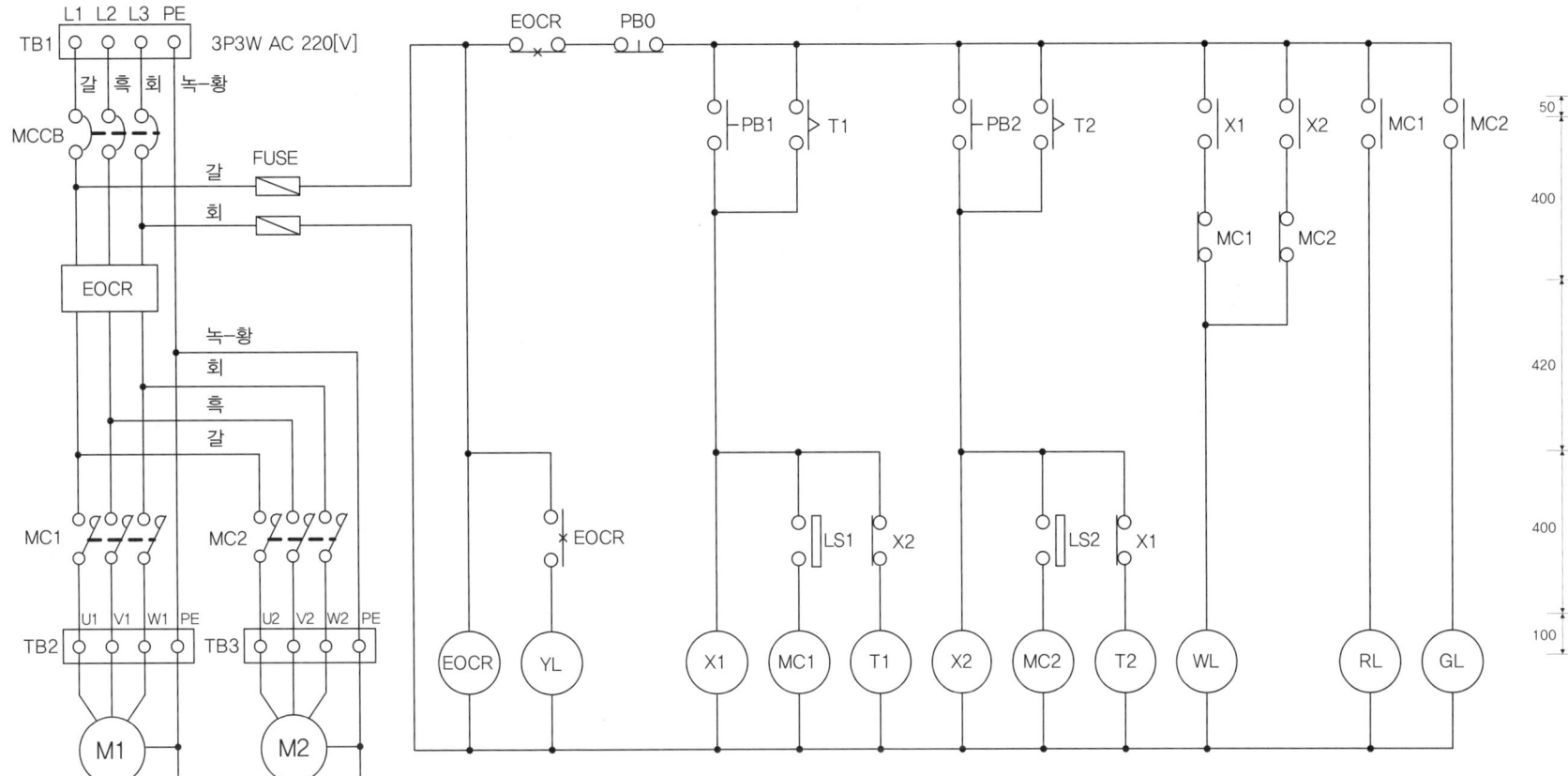

02 배관 및 기구 배치도

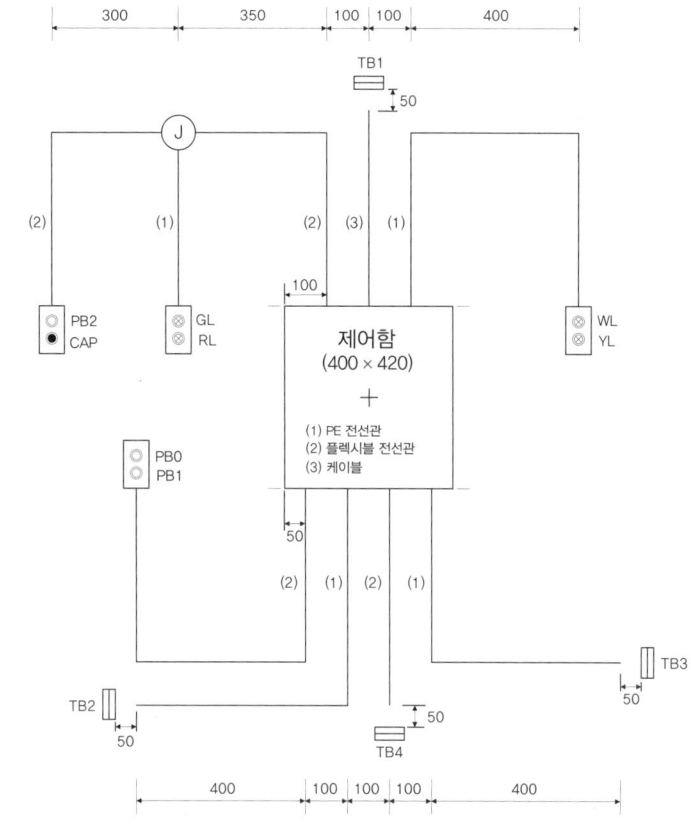

(1) PE 전선관
(2) 플렉시블 전선관
(3) 케이블

04 기구의 내부 결선도 및 구성도

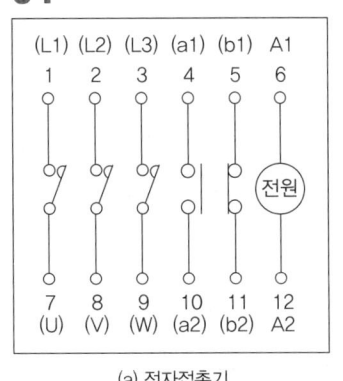

(a) 전자접촉기

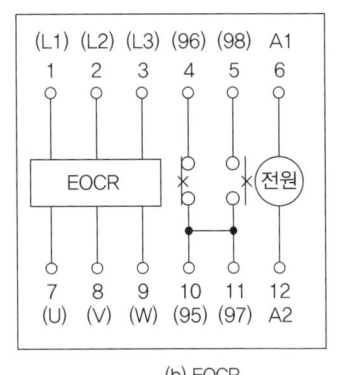

(b) EOCR

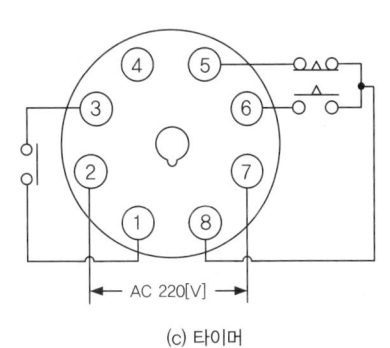

(c) 타이머

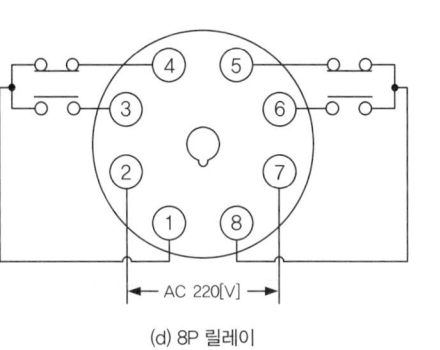

(d) 8P 릴레이

03 제어판 내부 기구 배치도

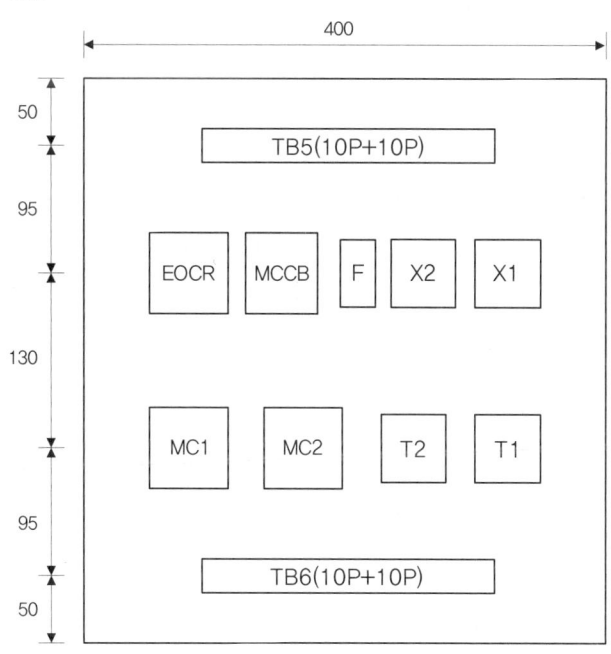

- 푸시버튼 스위치 PB0(적색), PB1(녹색), PB2(녹색)
- 8P 소켓을 사용하는 기구(타이머, 릴레이, 플리커 릴레이, 플로트레스 스위치)는 기구의 구분 없이 지급된 8P 소켓을 적용하여 작업한다.

도면 11

공개문제 12 전기 설비의 배선 및 배관 공사

01 제어회로도

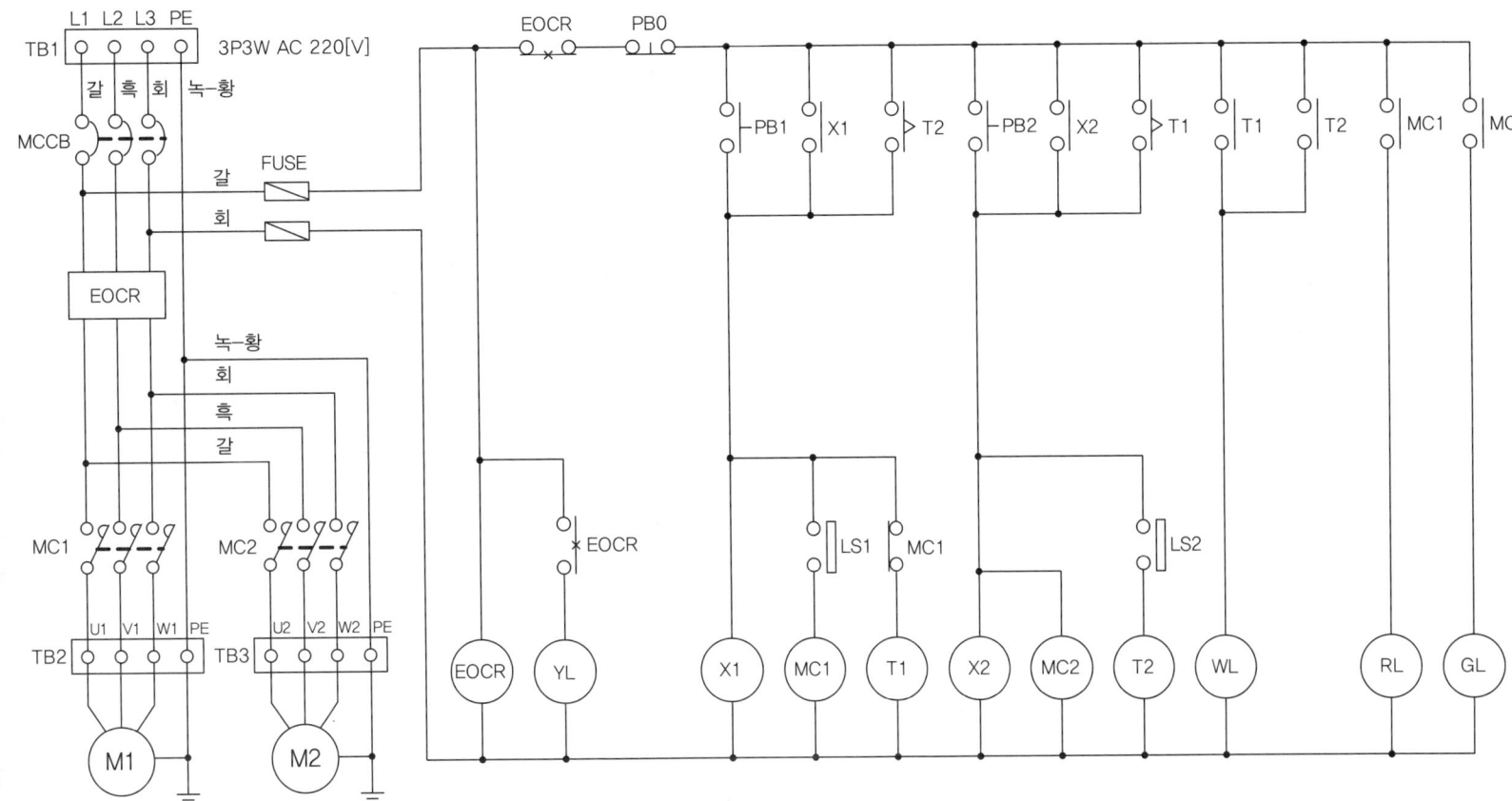

02 배관 및 기구 배치도

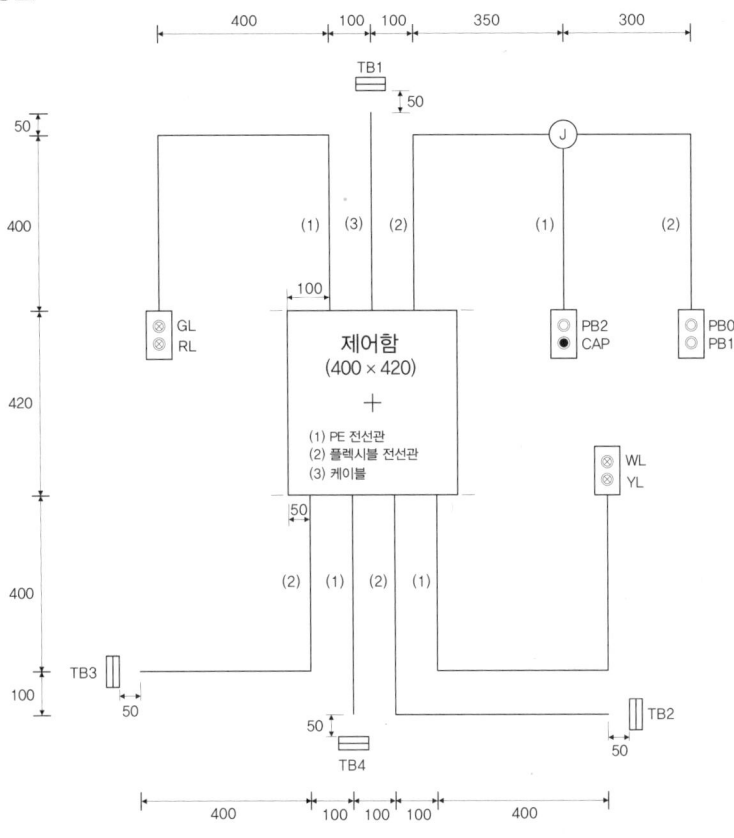

04 기구의 내부 결선도 및 구성도

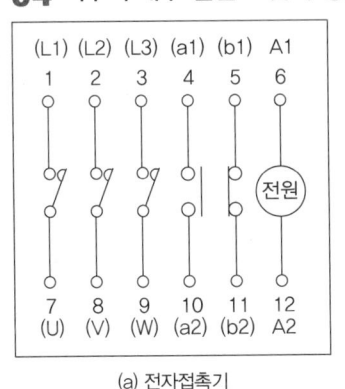
(a) 전자접촉기

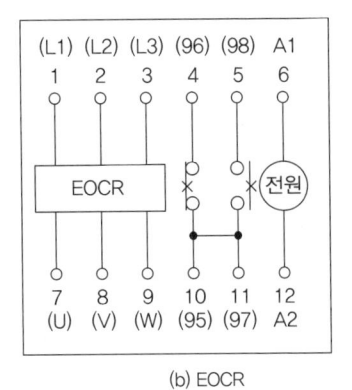
(b) EOCR

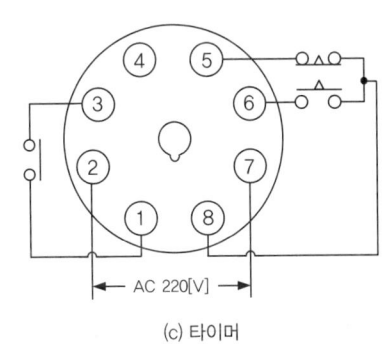
(c) 타이머

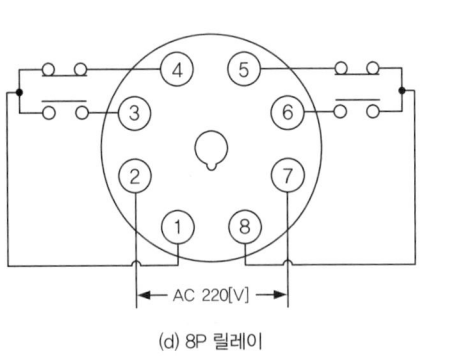
(d) 8P 릴레이

- 푸시버튼 스위치 PB0(적색), PB1(녹색), PB2(녹색)
- 8P 소켓을 사용하는 기구(타이머, 릴레이, 플리커 릴레이, 플로트레스 스위치)는 기구의 구분 없이 지급된 8P 소켓을 적용하여 작업한다.

03 제어판 내부 기구 배치도

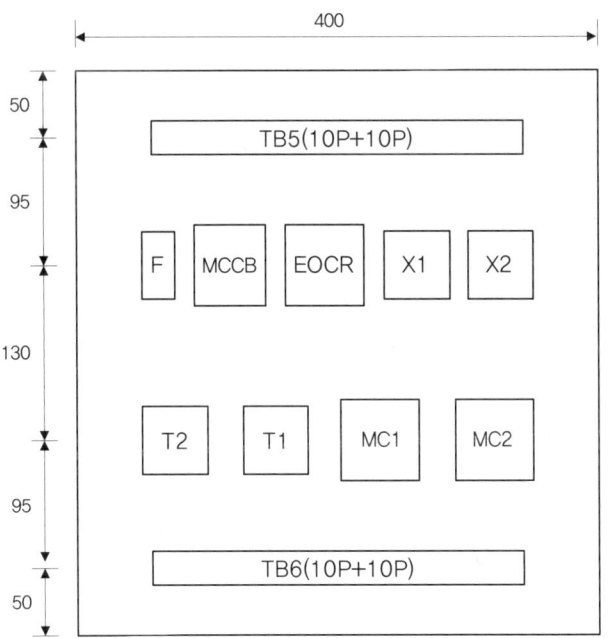

공개문제 13 전기 설비의 배선 및 배관 공사

01 제어회로도

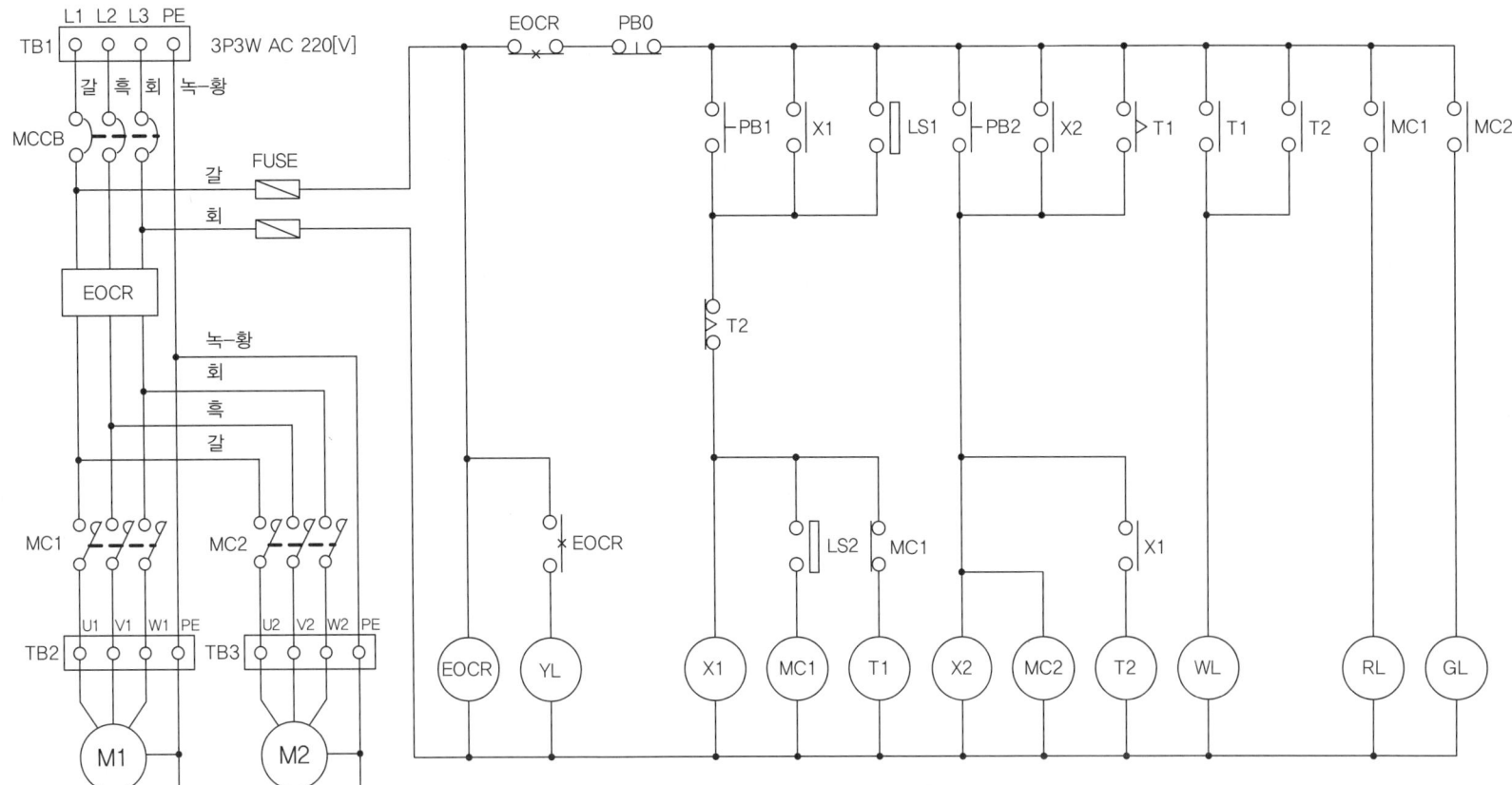

02 배관 및 기구 배치도

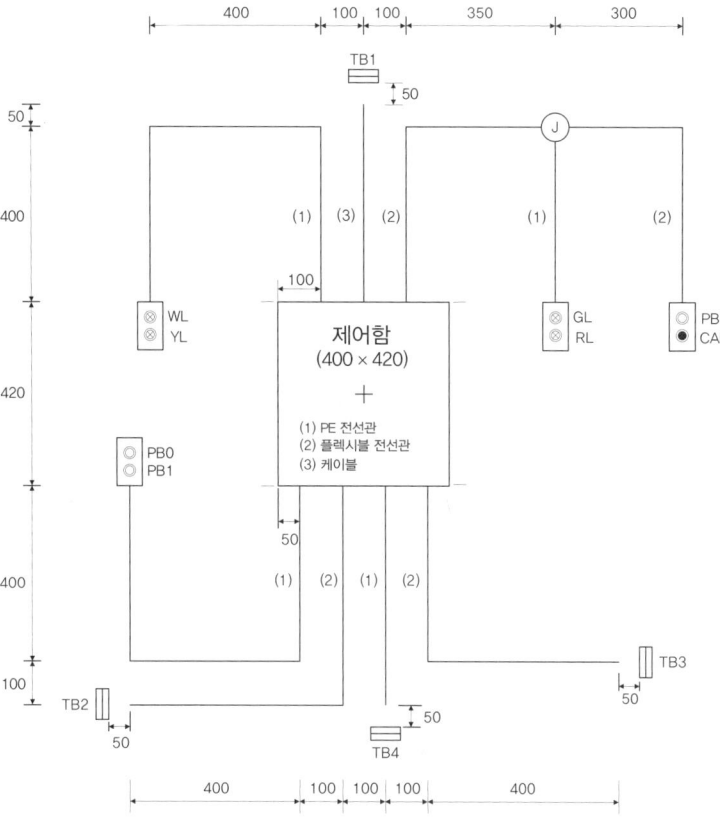

04 기구의 내부 결선도 및 구성도

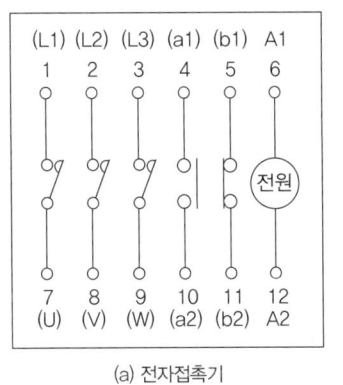 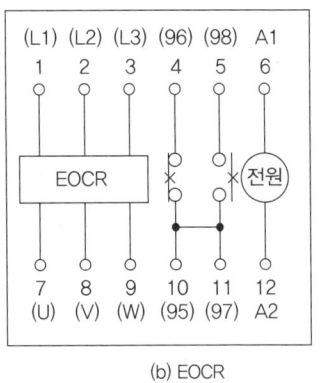 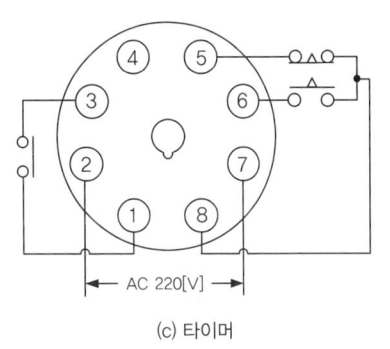 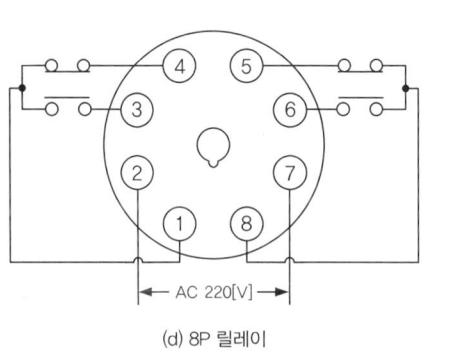

(a) 전자접촉기 (b) EOCR (c) 타이머 (d) 8P 릴레이

- 푸시버튼 스위치 PB0(적색), PB1(녹색), PB2(녹색)
- 8P 소켓을 사용하는 기구(타이머, 릴레이, 플리커 릴레이, 플로트레스 스위치)는 기구의 구분 없이 지급된 8P 소켓을 적용하여 작업한다.

03 제어판 내부 기구 배치도

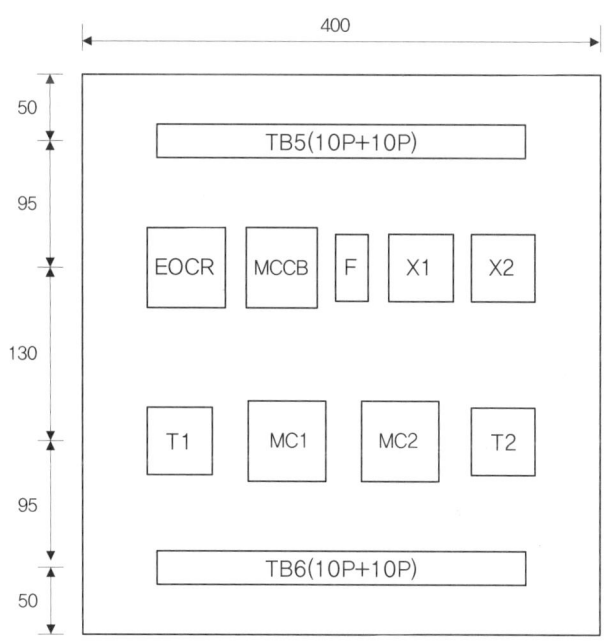

공개문제 14 전기 설비의 배선 및 배관 공사

01 제어회로도

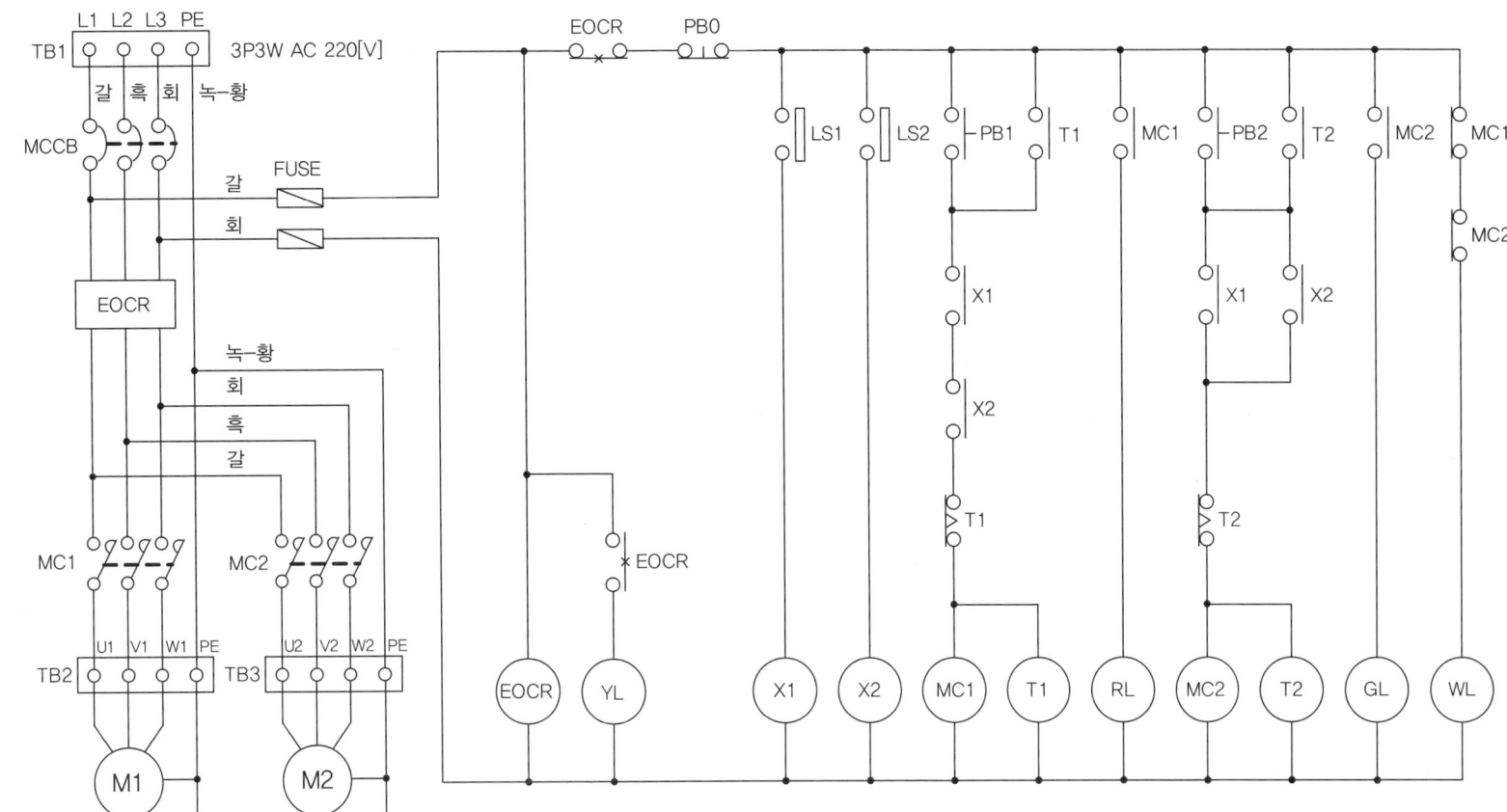

02 배관 및 기구 배치도

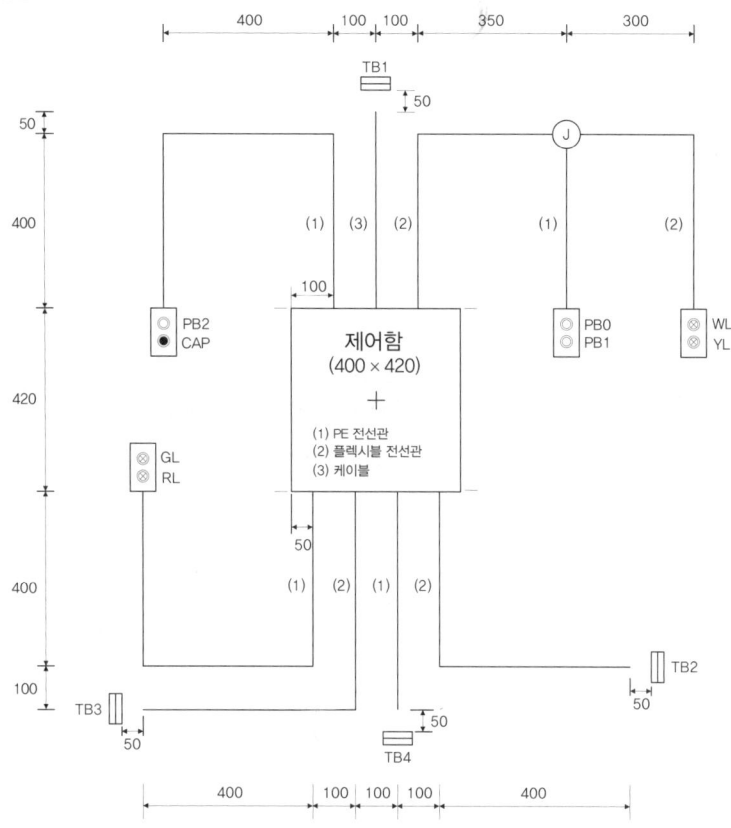

04 기구의 내부 결선도 및 구성도

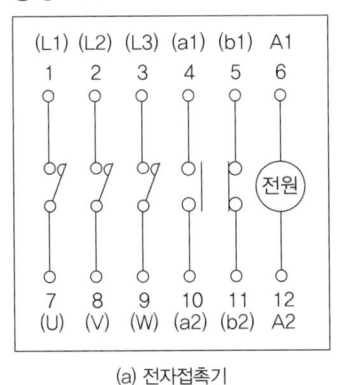
(a) 전자접촉기

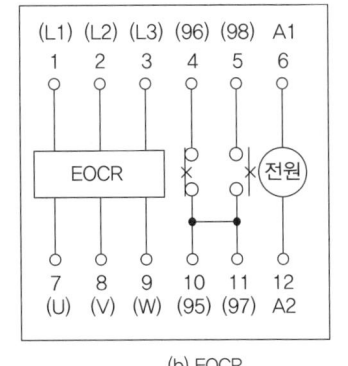
(b) EOCR

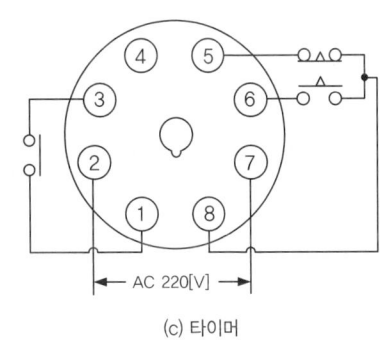
(c) 타이머

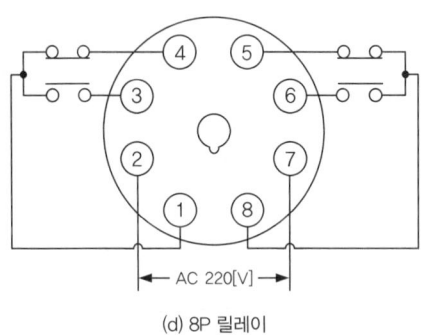
(d) 8P 릴레이

- 푸시버튼 스위치 PB0(적색), PB1(녹색), PB2(녹색)
- 8P 소켓을 사용하는 기구(타이머, 릴레이, 플리커 릴레이, 플로트레스 스위치)는 기구의 구분 없이 지급된 8P 소켓을 적용하여 작업한다.

03 제어판 내부 기구 배치도

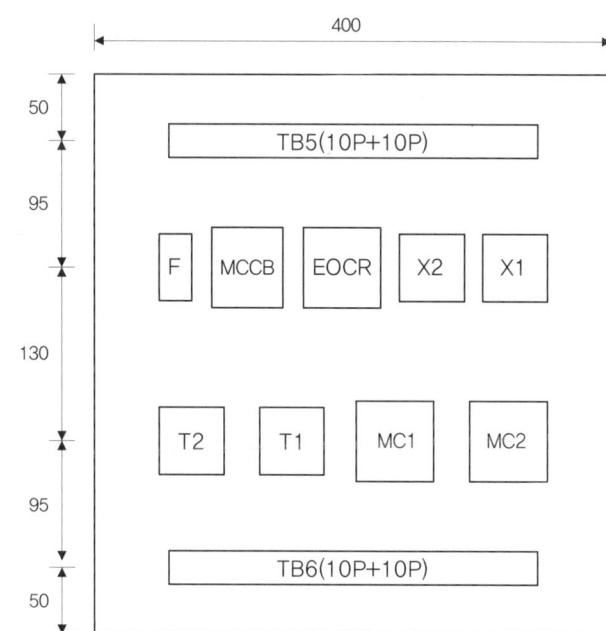

공개문제 15 전기 설비의 배선 및 배관 공사

01 제어회로도

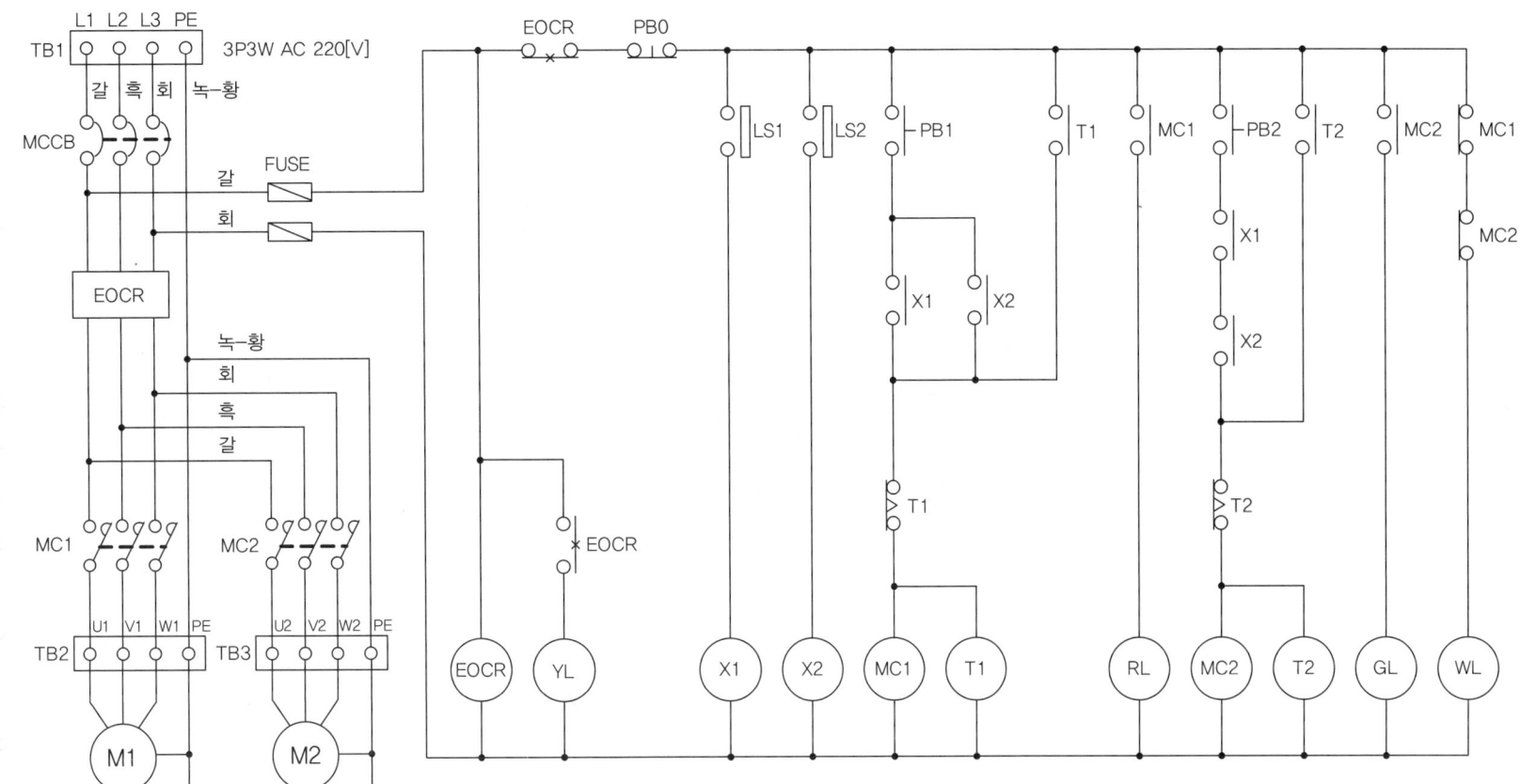

02 배관 및 기구 배치도

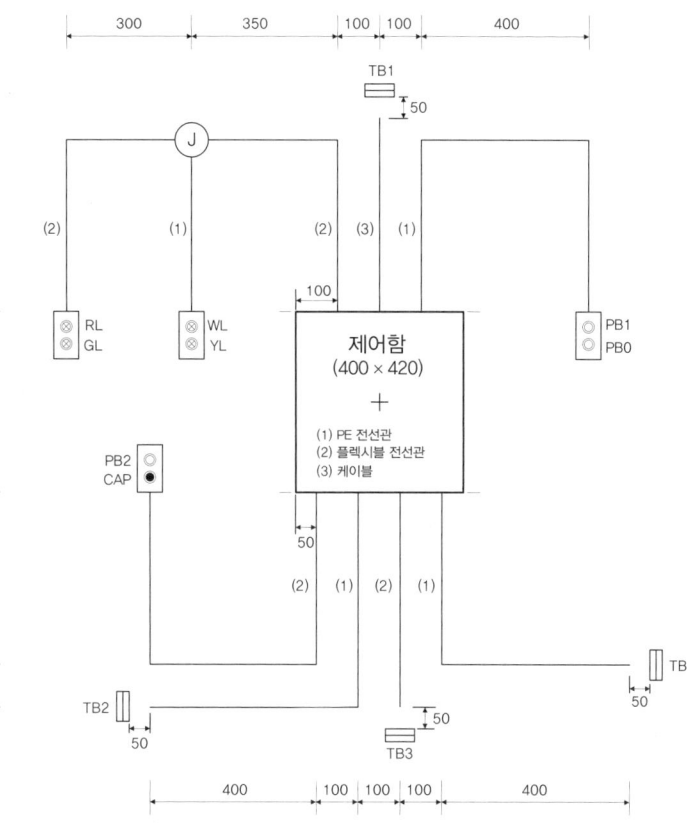

04 기구의 내부 결선도 및 구성도

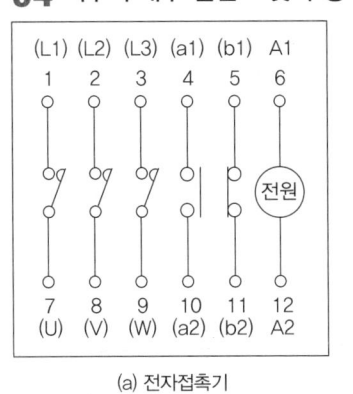 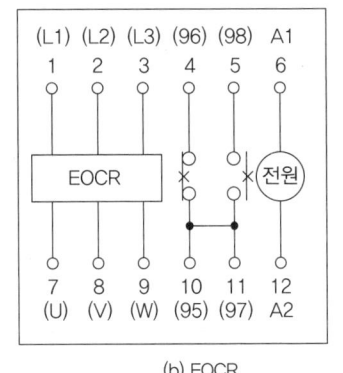 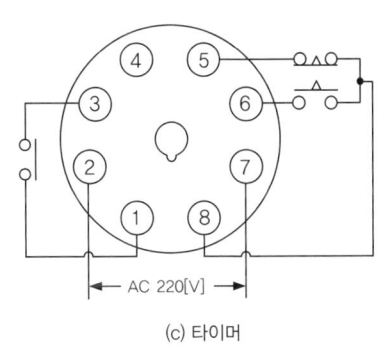 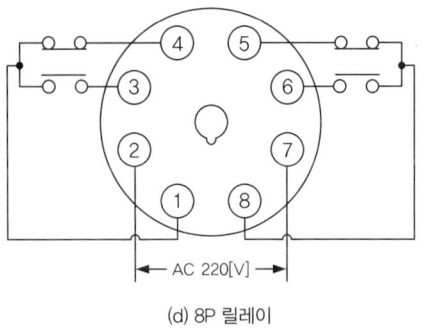

(a) 전자접촉기   (b) EOCR   (c) 타이머   (d) 8P 릴레이

- 푸시버튼 스위치 PB0(적색), PB1(녹색), PB2(녹색)
- 8P 소켓을 사용하는 기구(타이머, 릴레이, 플리커 릴레이, 플로트레스 스위치)는 기구의 구분 없이 지급된 8P 소켓을 적용하여 작업한다.

03 제어판 내부 기구 배치도

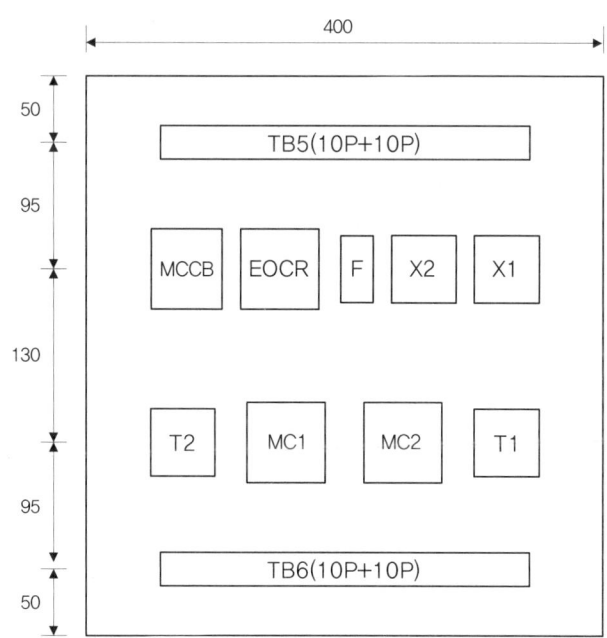

공개문제 16 전기 설비의 배선 및 배관 공사

01 제어회로도

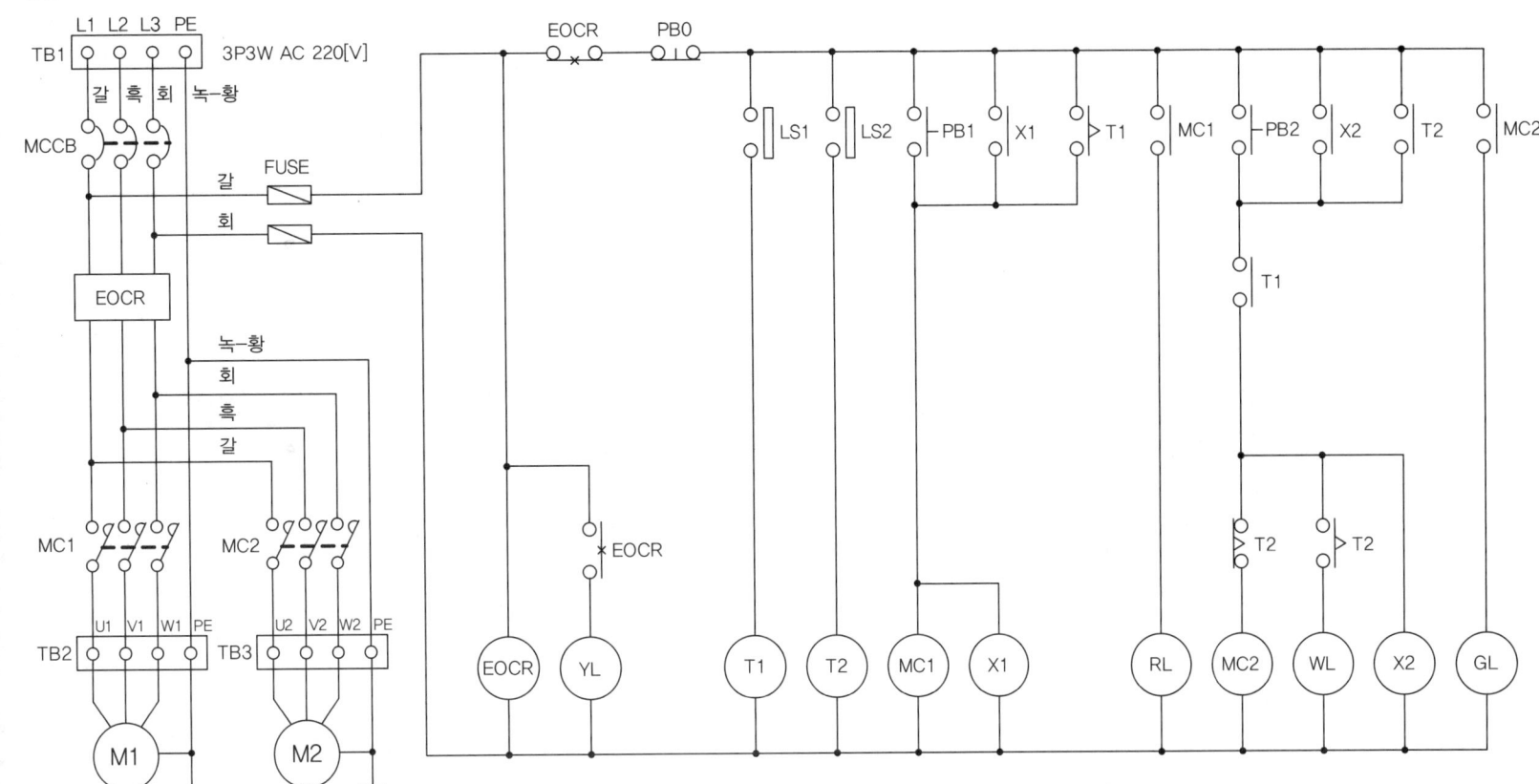

02 배관 및 기구 배치도

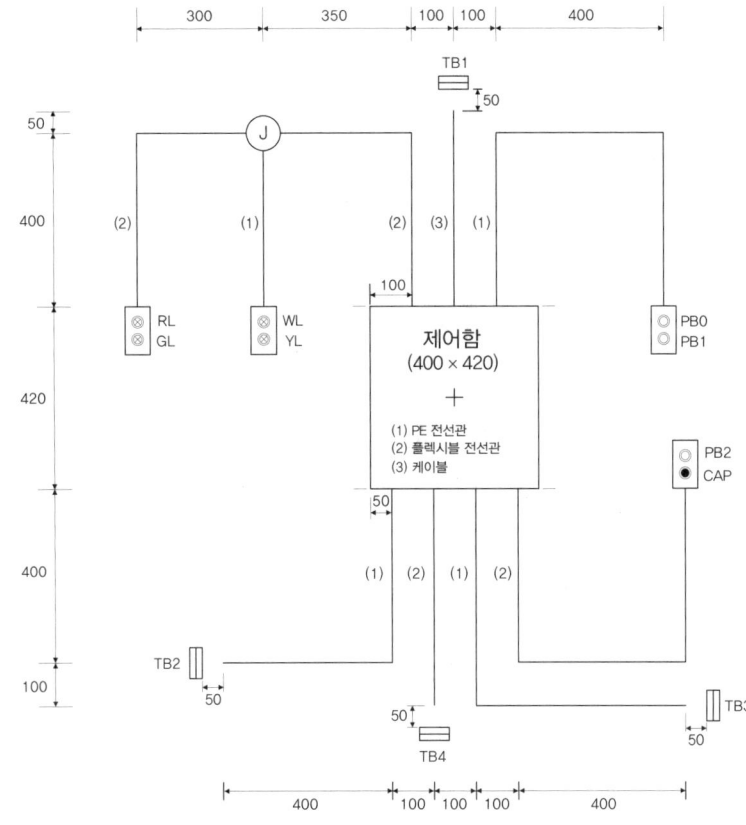

(1) PE 전선관
(2) 플렉시블 전선관
(3) 케이블

04 기구의 내부 결선도 및 구성도

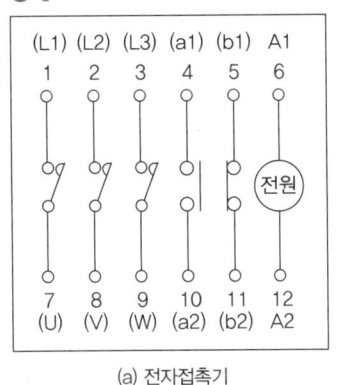
(a) 전자접촉기

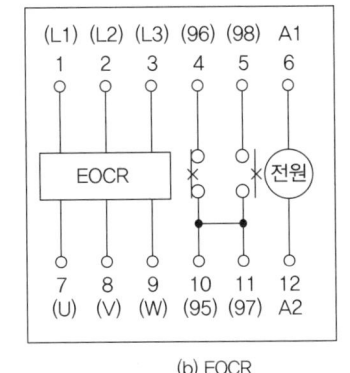
(b) EOCR

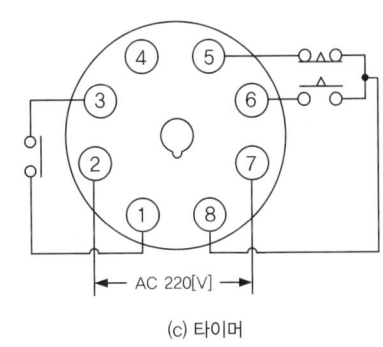
(c) 타이머

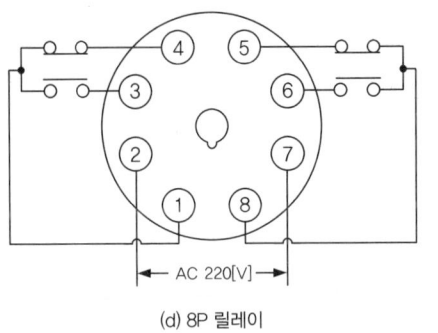
(d) 8P 릴레이

- 푸시버튼 스위치 PB0(적색), PB1(녹색), PB2(녹색)
- 8P 소켓을 사용하는 기구(타이머, 릴레이, 플리커 릴레이, 플로트레스 스위치)는 기구의 구분 없이 지급된 8P 소켓을 적용하여 작업한다.

03 제어판 내부 기구 배치도

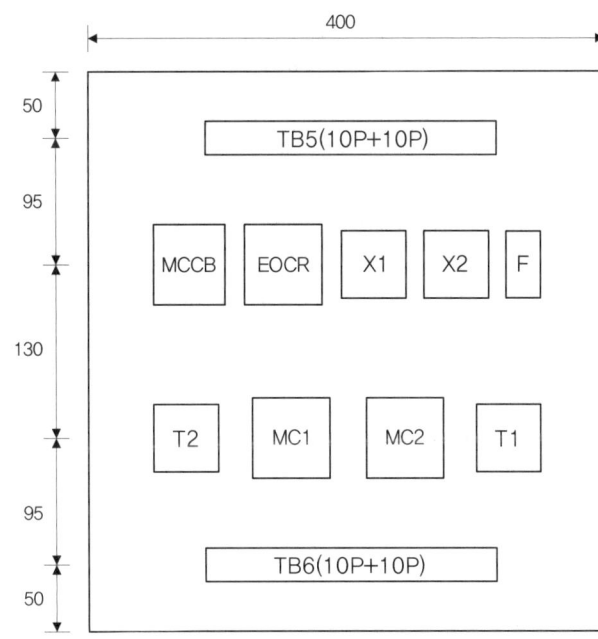

도면 16

공개문제 17 전기 설비의 배선 및 배관 공사

01 제어회로도

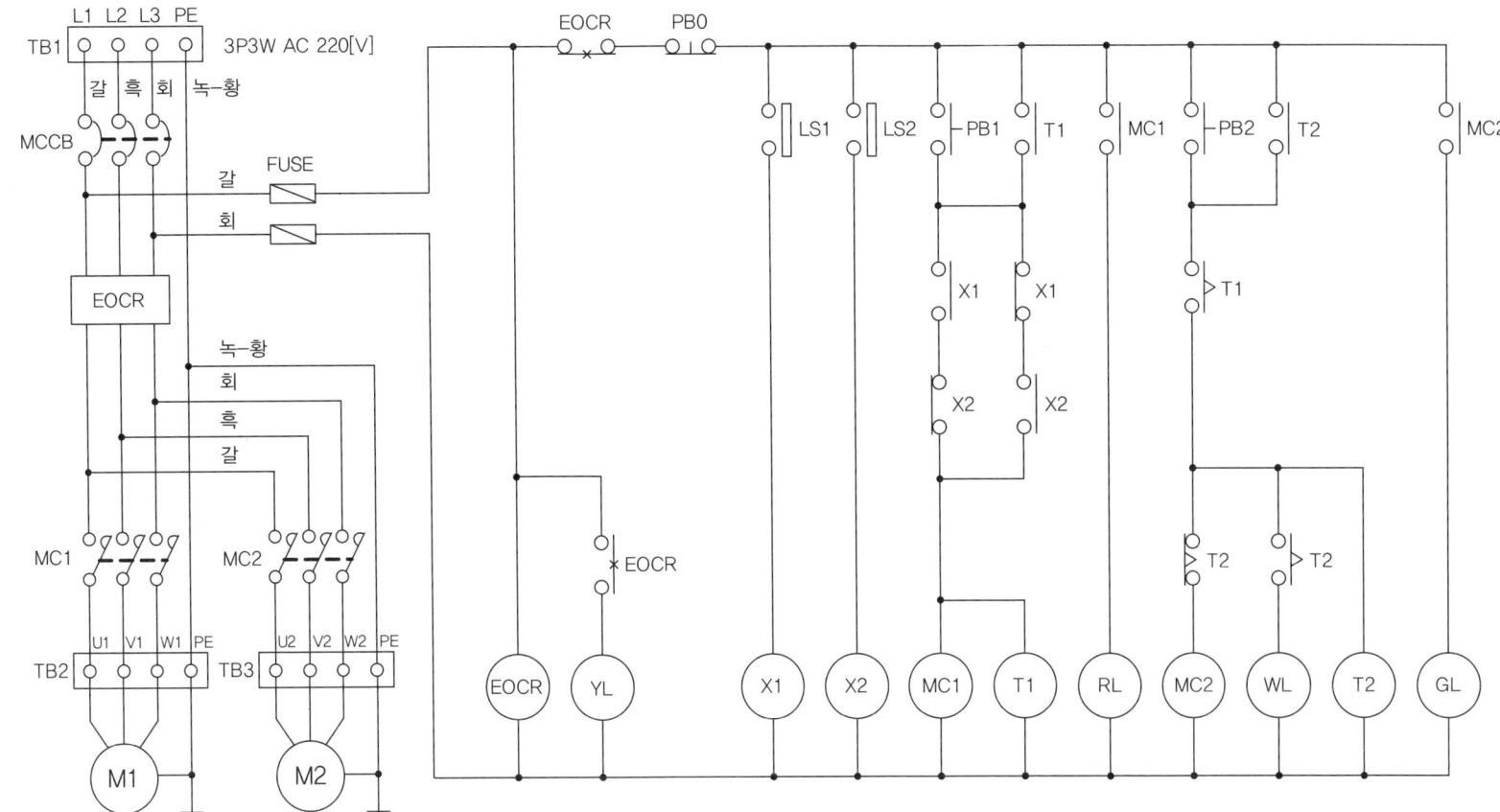

02 배관 및 기구 배치도

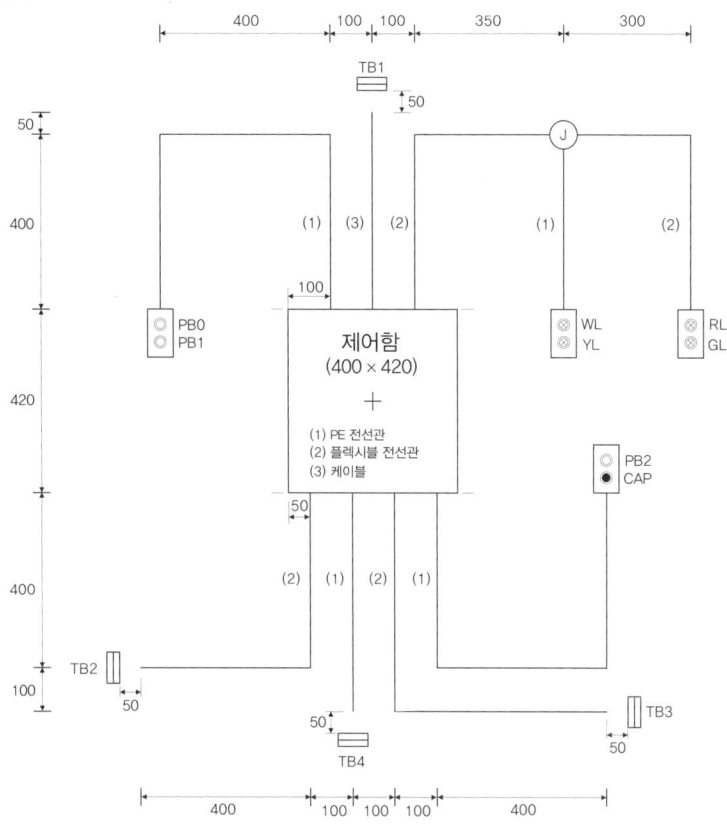

04 기구의 내부 결선도 및 구성도

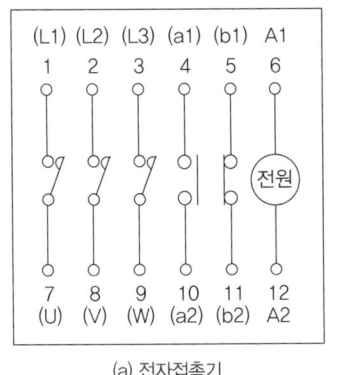
(a) 전자접촉기

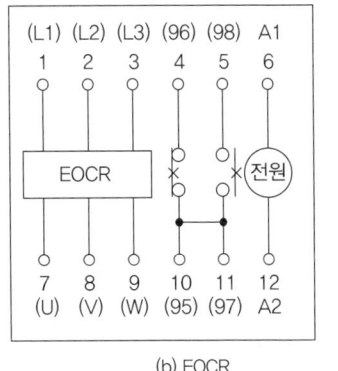
(b) EOCR

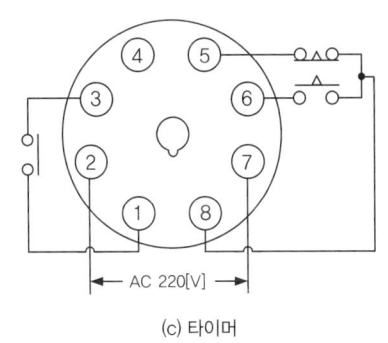
(c) 타이머

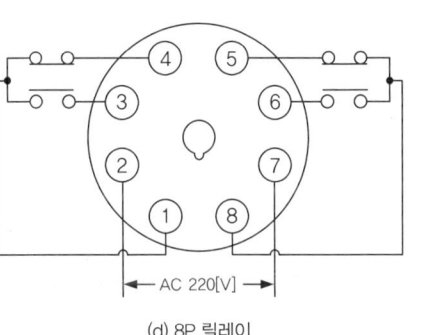
(d) 8P 릴레이

- 푸시버튼 스위치 PB0(적색), PB1(녹색), PB2(녹색)
- 8P 소켓을 사용하는 기구(타이머, 릴레이, 플리커 릴레이, 플로트레스 스위치)는 기구의 구분 없이 지급된 8P 소켓을 적용하여 작업한다.

03 제어판 내부 기구 배치도

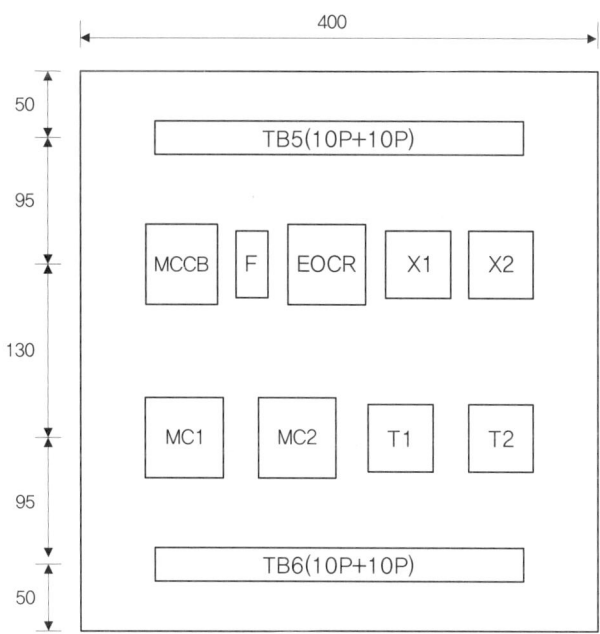

공개문제 18 전기 설비의 배선 및 배관 공사

01 제어회로도

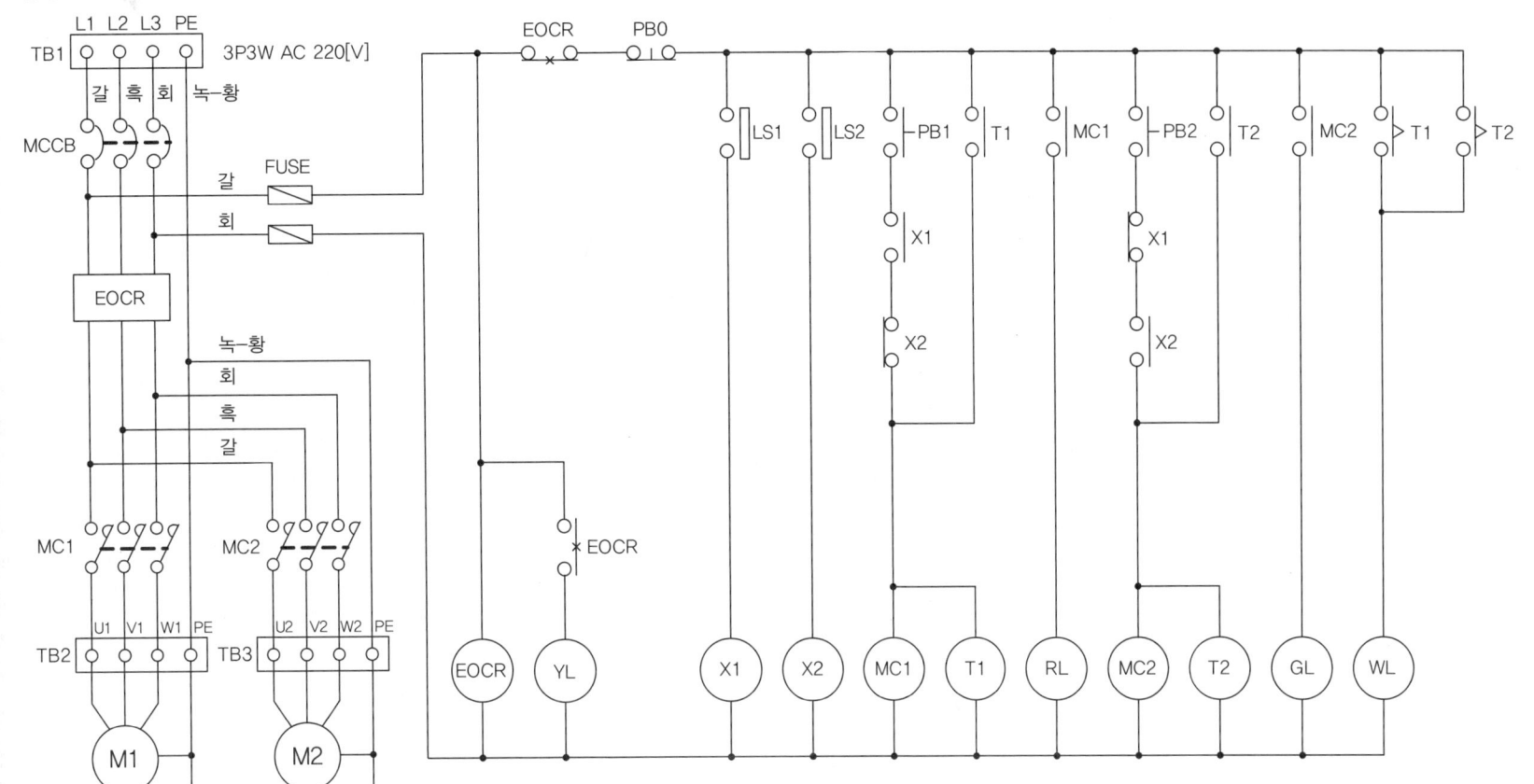

02 배관 및 기구 배치도

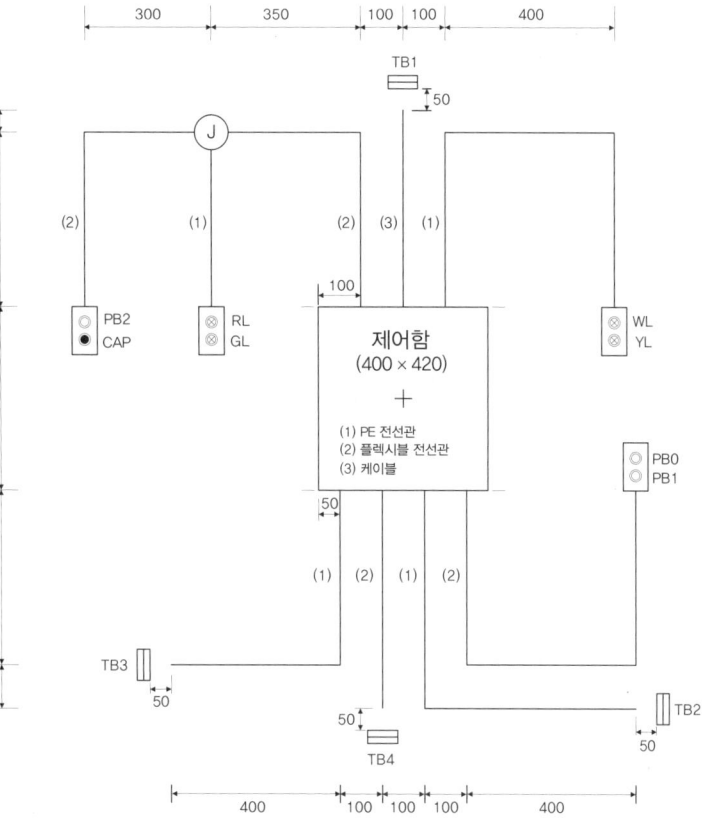

04 기구의 내부 결선도 및 구성도

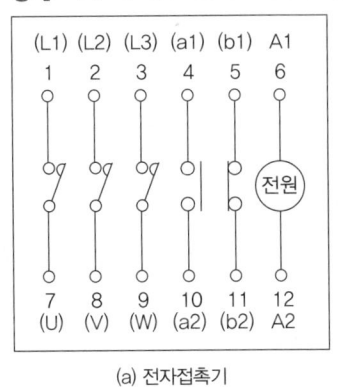
(a) 전자접촉기

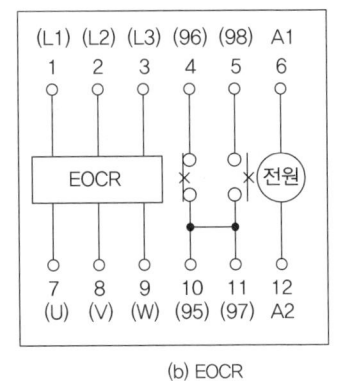
(b) EOCR

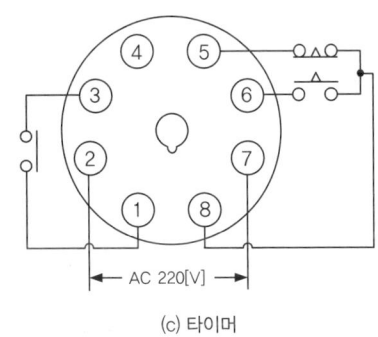
(c) 타이머

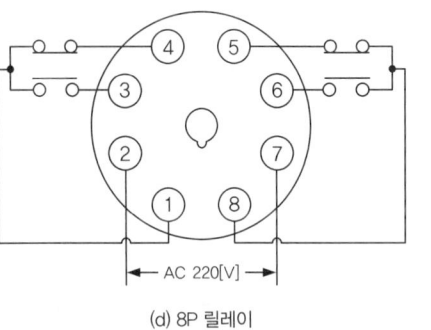
(d) 8P 릴레이

- 푸시버튼 스위치 PB0(적색), PB1(녹색), PB2(녹색)
- 8P 소켓을 사용하는 기구(타이머, 릴레이, 플리커 릴레이, 플로트레스 스위치)는 기구의 구분 없이 지급된 8P 소켓을 적용하여 작업한다.

03 제어판 내부 기구 배치도

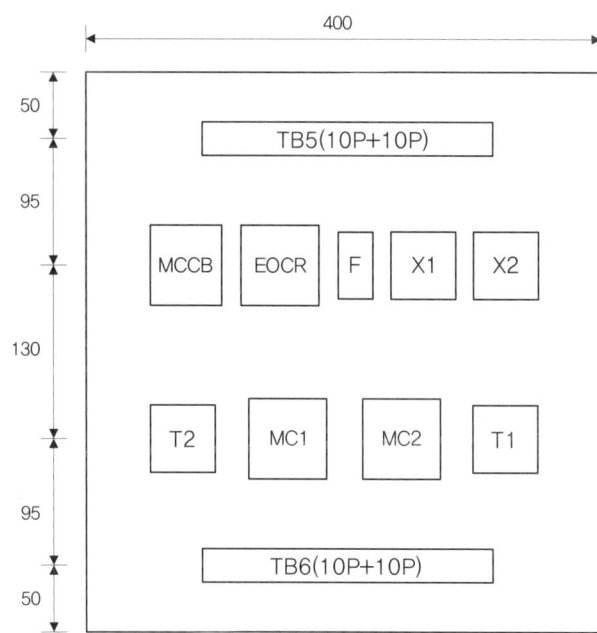

공개문제 07 전기 설비의 배선 및 배관 공사

01 제어회로도

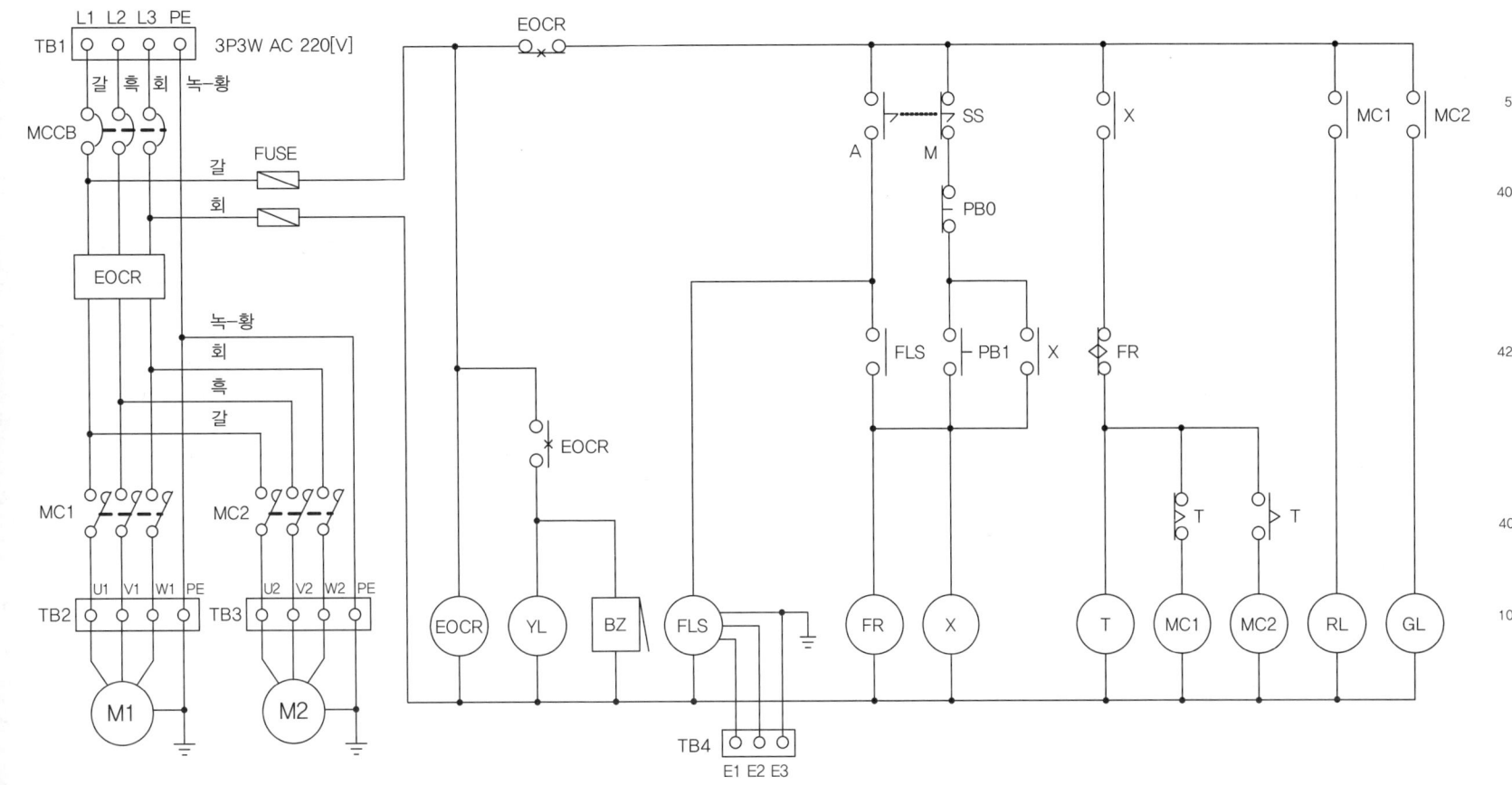

02 배관 및 기구 배치도

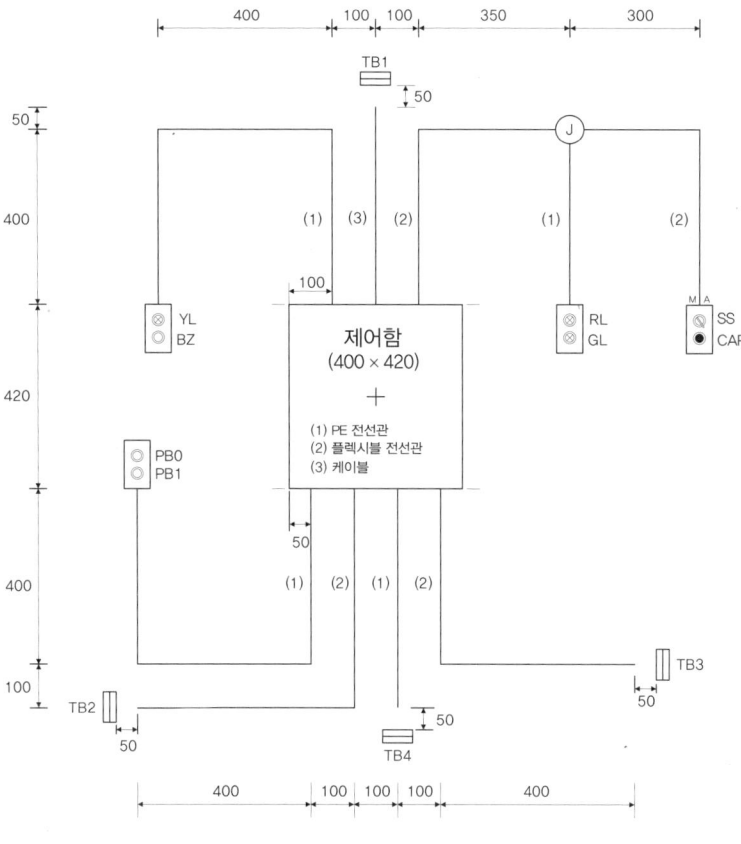

- 플로트레스 스위치 FLS에서 TB4로 배선되는 E1, E2, E3는 보조회로 전선을 사용한다.
- 플로트레스 스위치 FLS의 보호도체(접지) 결선은 제어판(TB6 또는 FLS 소켓)에서 보호도체 회로 전선으로 실시한다.

04 기구의 내부 결선도 및 구성도

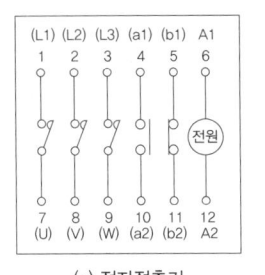
(a) 전자접촉기

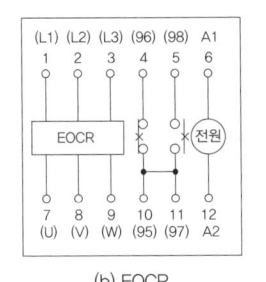
(b) EOCR

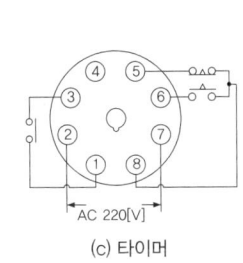
(c) 타이머

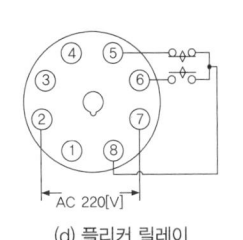
(d) 플리커 릴레이

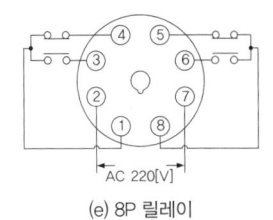
(e) 8P 릴레이

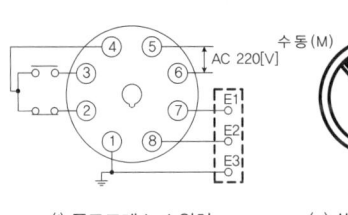
(f) 플로트레스 스위치

(g) 셀렉터 스위치

- 푸시버튼 스위치 PB0(적색), PB1(녹색)
- 8P 소켓을 사용하는 기구(타이머, 릴레이, 플리커 릴레이, 플로트레스 스위치)는 기구의 구분 없이 지급된 8P 소켓을 적용하여 작업한다.

03 제어판 내부 기구 배치도

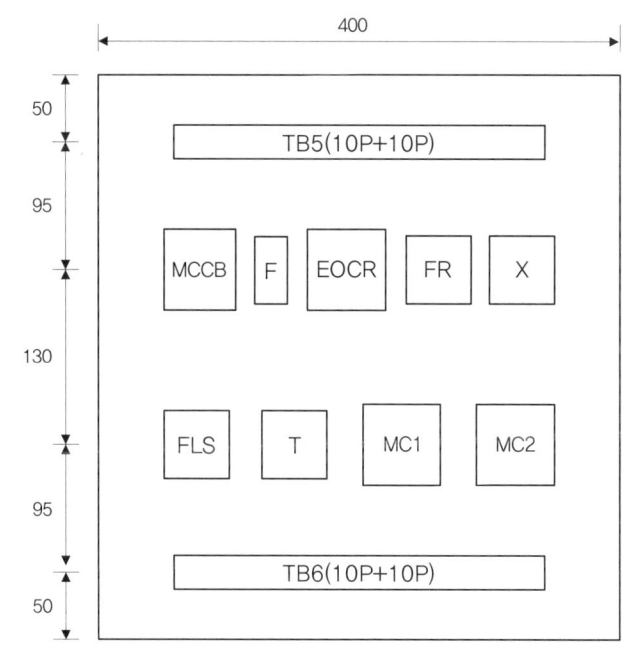

공개문제 08 전기 설비의 배선 및 배관 공사

01 제어회로도

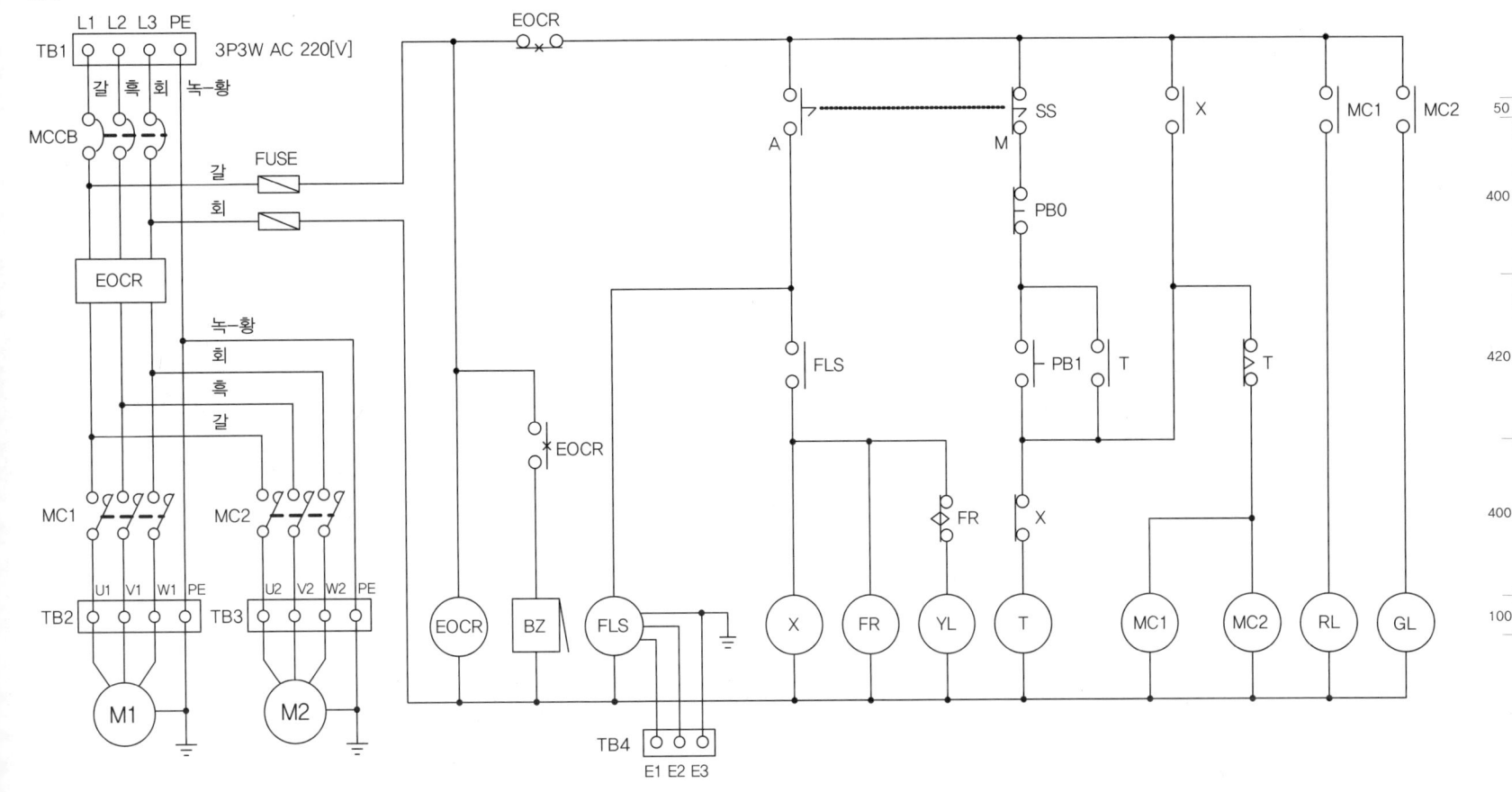

02 배관 및 기구 배치도

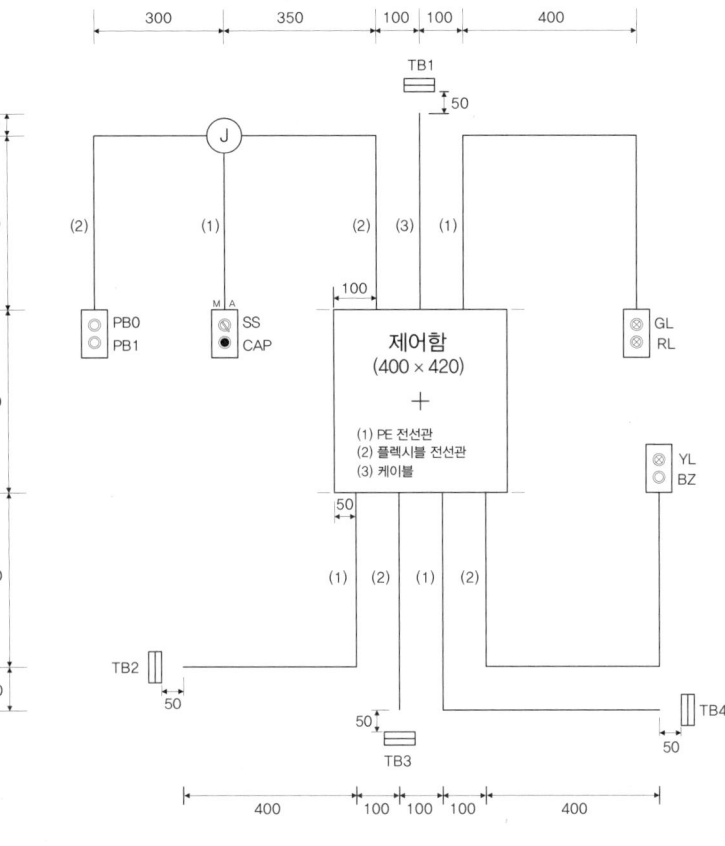

- 플로트레스 스위치 FLS에서 TB4로 배선되는 E1, E2, E3는 보조회로 전선을 사용한다.
- 플로트레스 스위치 FLS의 보호도체(접지) 결선은 제어판(TB6 또는 FLS 소켓)에서 보호도체 회로 전선으로 실시한다.

04 기구의 내부 결선도 및 구성도

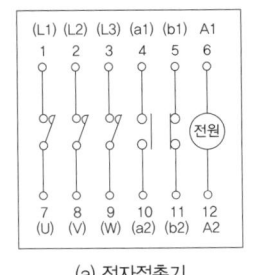 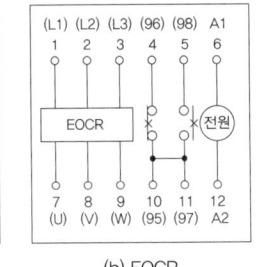 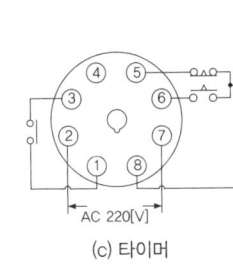 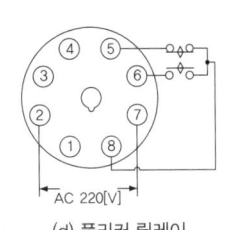 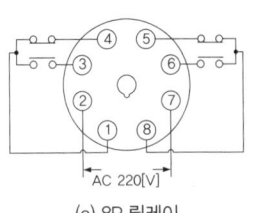 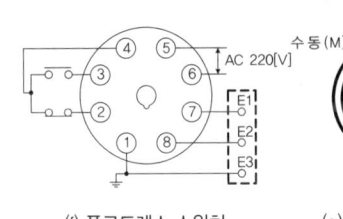 

(a) 전자접촉기　(b) EOCR　(c) 타이머　(d) 플리커 릴레이　(e) 8P 릴레이　(f) 플로트레스 스위치　(g) 셀렉터 스위치

- 푸시버튼 스위치 PB0(적색), PB1(녹색)
- 8P 소켓을 사용하는 기구(타이머, 릴레이, 플리커 릴레이, 플로트레스 스위치)는 기구의 구분 없이 지급된 8P 소켓을 적용하여 작업한다.

03 제어판 내부 기구 배치도

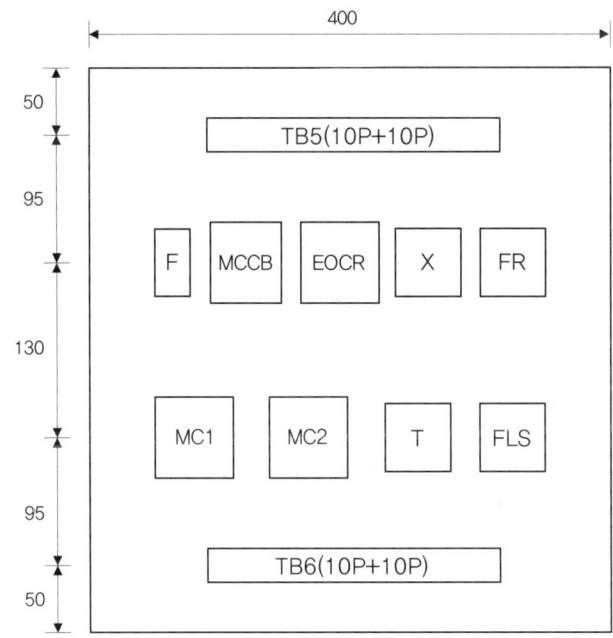

도면 8

공개문제 09 전기 설비의 배선 및 배관 공사

01 제어회로도

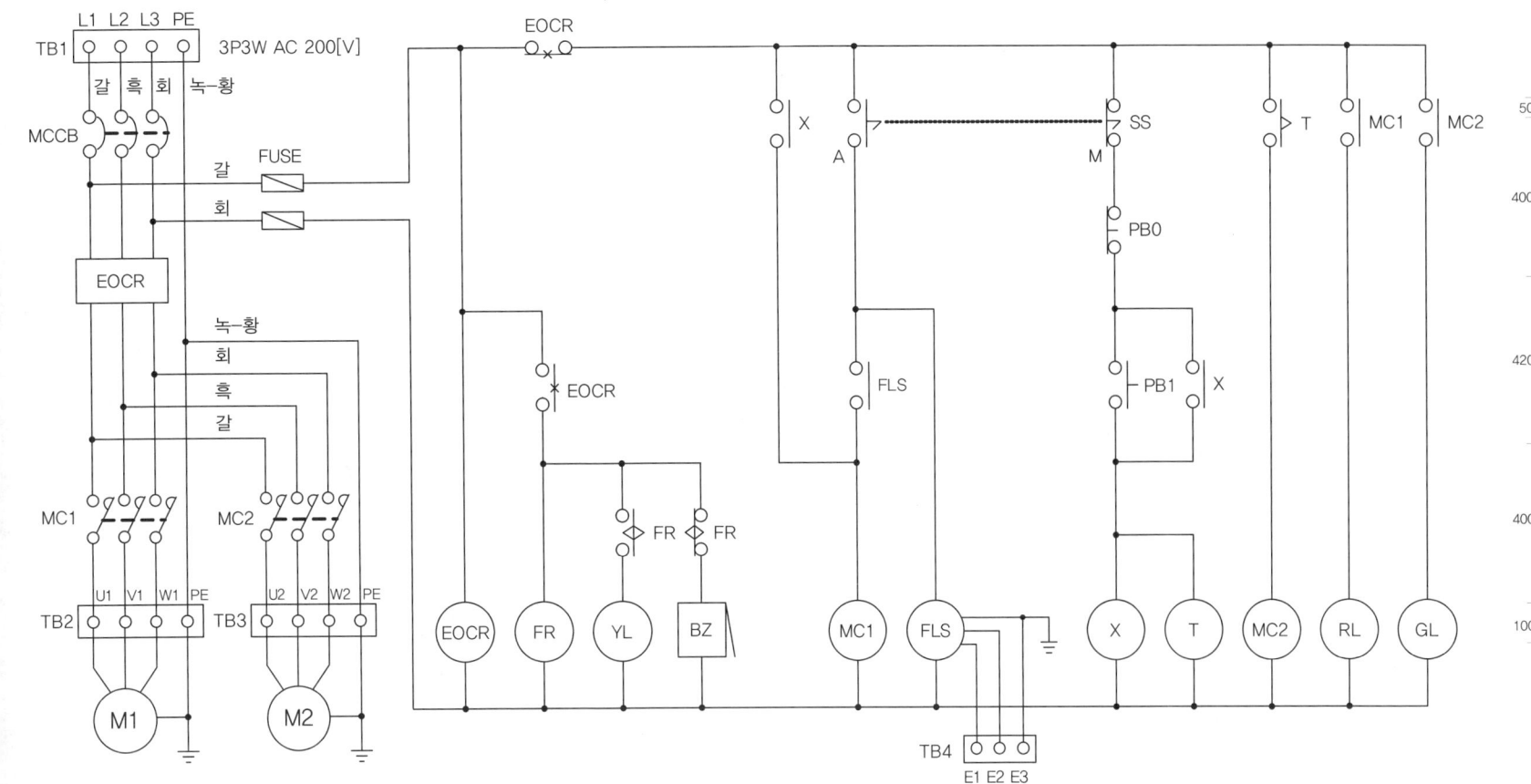

02 배관 및 기구 배치도

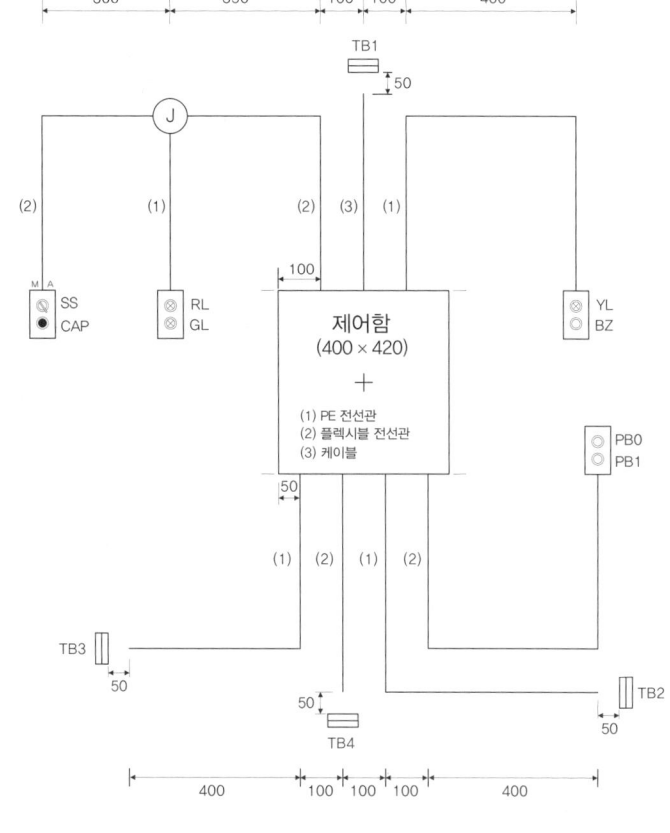

- 플로트레스 스위치 FLS에서 TB4로 배선되는 E1, E2, E3는 보조회로 전선을 사용한다.
- 플로트레스 스위치 FLS의 보호도체(접지) 결선은 제어판(TB6 또는 FLS 소켓)에서 보호도체 회로 전선으로 실시한다.

03 제어판 내부 기구 배치도

04 기구의 내부 결선도 및 구성도

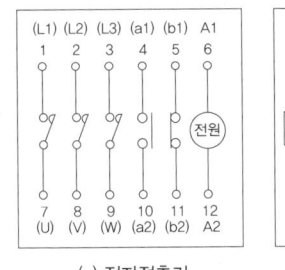 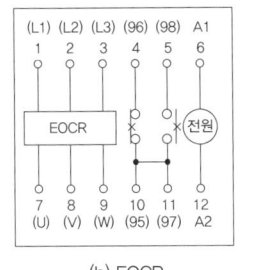 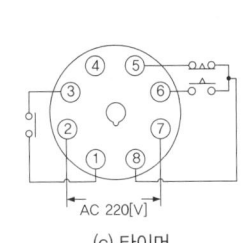 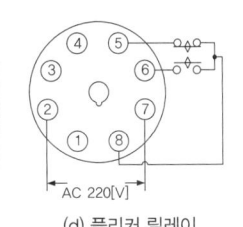 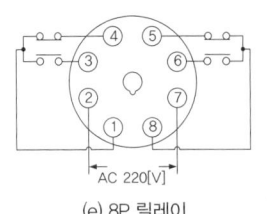 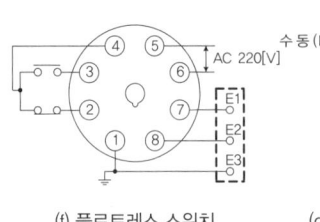  

(a) 전자접촉기   (b) EOCR   (c) 타이머   (d) 플리커 릴레이   (e) 8P 릴레이   (f) 플로트레스 스위치   (g) 셀렉터 스위치

- 푸시버튼 스위치 PB0(적색), PB1(녹색)
- 8P 소켓을 사용하는 기구(타이머, 릴레이, 플리커 릴레이, 플로트레스 스위치)는 기구의 구분 없이 지급된 8P 소켓을 적용하여 작업한다.

공개문제 10 전기 설비의 배선 및 배관 공사

01 제어회로도

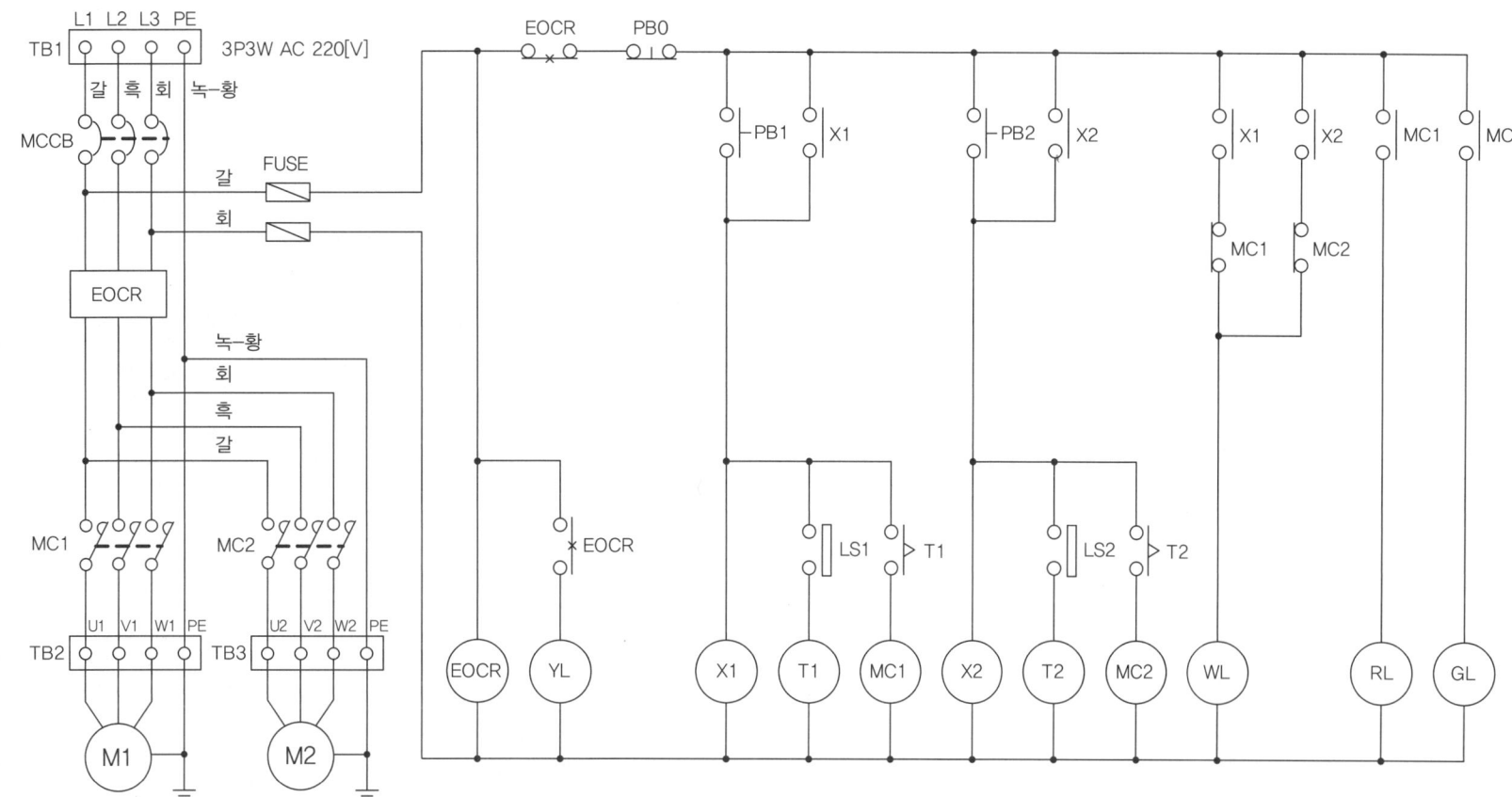

02 배관 및 기구 배치도

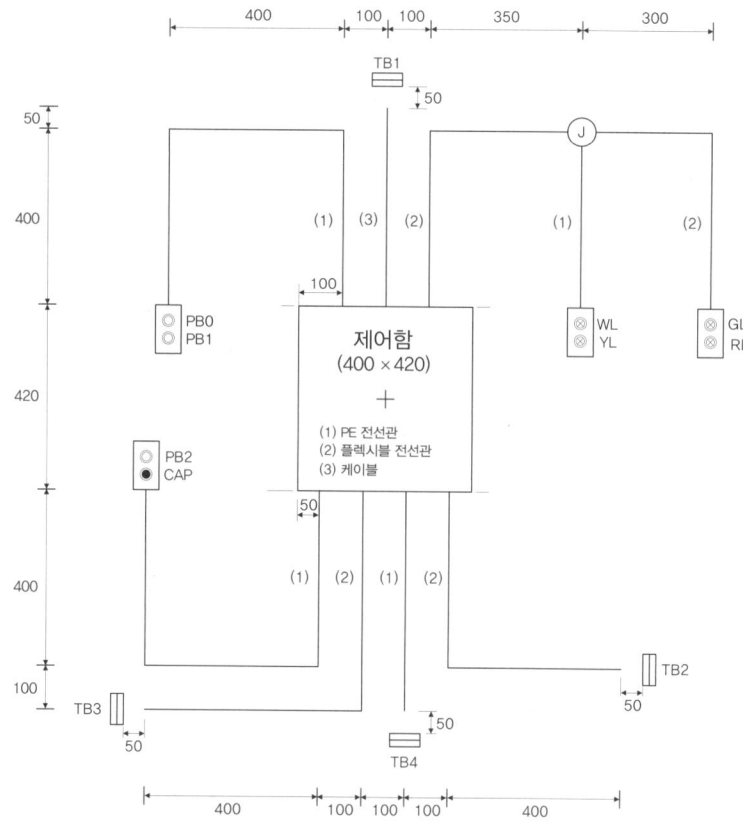

03 제어판 내부 기구 배치도

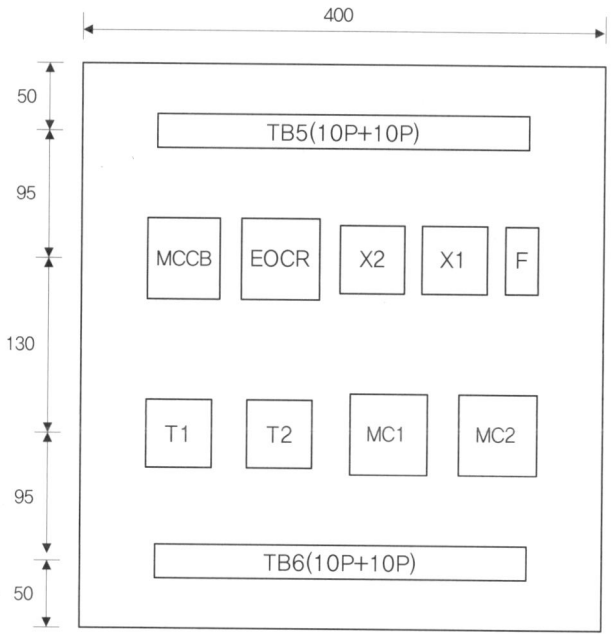

04 기구의 내부 결선도 및 구성도

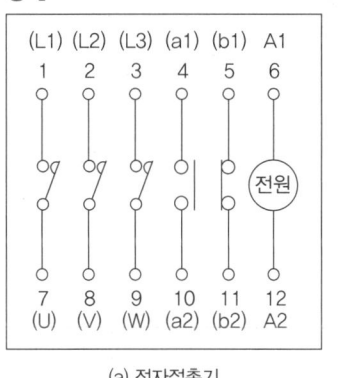 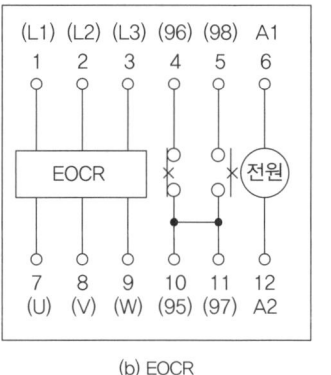 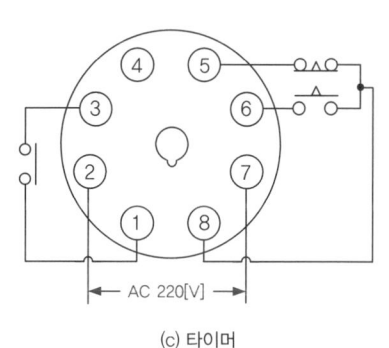 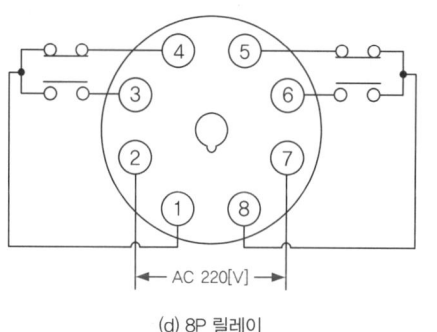

(a) 전자접촉기　　(b) EOCR　　(c) 타이머　　(d) 8P 릴레이

- 푸시버튼 스위치 PB0(적색), PB1(녹색), PB2(녹색)
- 8P 소켓을 사용하는 기구(타이머, 릴레이, 플리커 릴레이, 플로트레스 스위치)는 기구의 구분 없이 지급된 8P 소켓을 적용하여 작업한다.